Rで学ぶ
実験計画法

長畑秀和［著］

朝倉書店

謝辞　フリーソフトウェア R を開発された方，また，フリーの組版システム $\TeX$ の開発者とその環境を維持・管理・向上されている方々に敬意を表します．

免責　本書で記載されているソフトの実行手順，結果に関して万一障害などが発生しても，弊社および著者は一切の責任を負いません．

本書で使用しているフリーソフト R の日本語化版は，主に Windows 版の R-3.0.2 を用いての実行結果を用いて解説を行っております．その後の内容につきましては予告なく変更されている場合がありますのでご注意ください．なお，2016 年 3 月には，R-3.2.4 版となっています．Microsoft-Windows, Microsoft-Excel は，米国 Microsoft 社の登録商標です．

はしがき

世界初のインスタントラーメンが我が国で開発されたことをご存知の方も多いと思います．約 60 年ほど前，長期保存に耐える乾燥麺の研究開発には，粉の配合・茹で方・味付け・乾燥方法等，様々な試行錯誤が重ねられました．ゆで麺を油で揚げることに思い至り，その揚げ油の温度，時間調節と様々な条件を変え，実験が続けられました．このように実験の仕方を決め，そのもとでデータをとり解析するのが実験計画法です．統計的な手法の中でも積極的に実験をし，データをとり，構造（モデル）を決め解析することが実験計画法であり，有意義な手法です．そこで，扱われる実験の仕方（種類，要因，水準などの設定）とその後の解析について理解しておくことは大変役立ちます．

この本では，このように対象とする特性に関する要因を解析するための実験計画法に関して解説しています．そして，コンピュータ上でフリーソフトである R（および R コマンダー）を利用して実際に計算し，解析手法を会得するための実習書でもあります．実験計画を学ぶには具体例について計算し，実行してみることが必要です．複雑な計算をする必要があり，コンピュータ利用が不可欠となります．

本書の構成を以下に簡単に述べておきます．第 1 章で，まず実験計画法への導入ということでその基本的考え方と用語の解説をしています．次にデータ解析の基本となるデータのまとめ方，グラフ作成について述べています．そして，データの要約としての基礎統計量，基礎となる確率・確率分布について書いてあります．さらに，検定と推定の基本概念について例とともに解説しています．以上は R を利用して具体例について実行しながら説明してあります．次に，第 2 章では第 1 節で因子が 1 つの場合の 1 元配置法，第 2 節では要因が 2 つの場合の 2 元配置法について，述べています．さらに第 3 節では，要因が 3 つ以上ある多元配置法，第 3 章では，さらに要因が多い場合に効率よく実験するための直交法による実験計画法について述べています．4 章では乱塊法，5 章が分割法について書いてあります．このような内容について，R を使って逐次処理手順を図で示しながら実行する形で記述しています．さらに付章として，R への入門的な内容についてまとめて書いてあります．様々な関数とグラフについての事項を載せていますので参考にしてください．

以上では R コマンダーのメニューにある場合には，逐次メニューから選択して解析する手順を説明しています．対応したメニューがない場合（分析後の推定・予測部分に多い）はコマンド入力による実行方法についてのみ説明をしています．その場合は，コマンドを逐次入力して実行してみてください．本文で利用されているデータは，朝倉書店の公式ウェブサイト（http://www.asakura.co.jp/books/isbn/978-4-254-12216-9/）からダウンロードできるようにしています．

なお，R のバージョンにより，日本語をフォルダ名に用いると不都合が生じたり，層別をするとうまく動かないこともありますので，注意してください．なお，本書での実行結果は R-3.0.2 を用いて実行した結果を載せています．思わぬ間違いがあるかもしれません．また解釈も不十分な箇所もあると思いますが，ご意見をお寄せください．より改善していきたいと思っております．

原稿を読んでいただいて貴重な意見をくださった稲葉太一先生（神戸大），杉万郁夫先生（福岡大），林利治先生（大阪府立大）に感謝いたします．

なお，表紙のデザインのアイデアおよびイラストは大森綾子さんによるものです．心より感謝いたします．最後に，日頃，いろいろと励ましてくれた家族に一言お礼をいいたいと思います．

2016 年 7 月

長畑　秀和

凡例（記号など）

以下に，本書で使用される文字，記号などについてまとめる．

①$\sum$（サメンション）記号は普通，添え字とともに用いて，その添え字のある番地のものについて，$\sum$ 記号の下で指定された番地から $\sum$ 記号の上で指定された番地まで足し合わせることを意味する．

[例]　• $\displaystyle\sum_{i=1}^{n} x_i = x_1 + x_2 + \cdots + x_n = x.$

②順列と組合せ

異なる n 個のものから r 個をとって，1 列に並べる並べ方は

$$n(n-1)(n-2)\cdots(n-r+2)(n-r+1)$$

通りあり，これを ${}_{\boldsymbol{n}}\mathrm{P}_{\boldsymbol{r}}$ と表す．これは階乗を使って，${}_n\mathrm{P}_r = \dfrac{n!}{(n-r)!}$ とも表せる．なお，$n! = n(n-1)\cdots 2{\cdot}1$ であり，$0!=1$ である (cf. Permutation)．異なる n 個のものから r 個とる組合せの数は（とったものの順番は区別しない），順列の数をとってきた r 個の中での順列の数で割った

$$\frac{{}_n\mathrm{P}_r}{r!} = \frac{n!}{(n-r)!r!}$$

通りである．これを，${}_{\boldsymbol{n}}\mathrm{C}_{\boldsymbol{r}}$ または $\dbinom{\boldsymbol{n}}{\boldsymbol{r}}$ と表す (cf. Combination)．

[例]　• ${}_5\mathrm{P}_3 = 5 \times 4 \times 3 = 60,$　　• ${}_5\mathrm{C}_3 = \dfrac{5 \times 4 \times 3}{3 \times 2 \times 1} = 10$

③ギリシャ文字

表　ギリシャ文字の一覧表

大文字	小文字	読　み	大文字	小文字	読　み
A	α	アルファ	N	ν	ニュー
B	β	ベータ	$\varXi$	ξ	クサイ（グザイ）
$\varGamma$	γ	ガンマ	O	o	オミクロン
$\varDelta$	δ	デルタ	$\varPi$	π	パイ
E	ε	イプシロン	P	ρ	ロー
Z	ζ	ゼータ（ツェータ）	$\varSigma$	σ	シグマ
H	η	イータ	T	τ	タウ
$\varTheta$	θ	テータ（シータ）	$\varUpsilon$	υ	ユ（ウ）プシロン
I	ι	イオタ	$\varPhi$	ϕ	ファイ
K	κ	カッパ	X	χ	カイ
$\varLambda$	λ	ラムダ	$\varPsi$	ψ	サイ（プサイ）
M	μ	ミュー	$\varOmega$	ω	オメガ

なお，通常 μ を平均，σ^2 を分散を表すために用いることが多い．

• $\widehat{\ }$（ハット）記号は $\widehat{\mu}$ のように用いて，μ の推定量を表す．

目　　次

1

実験計画法への導入

1.1　実験計画法とは

一般の統計的な解析とその活用の流れは，準備としてデータをとり，モデルを仮定してその下で分析し，その結果として次のモデルを想定し，そのもとで推定・予測等を行う．そして，多くの要因の中から管理したい売上げ高，収量などの特性（結果）に大きな影響を持つ要因を見つけ出したり，それらの要因の影響の大きさを把握したり，それらの要因を除く他の要因が全体にどの程度影響しているかを把握したりする．なお，特性を対象として設定し，その特性とそれに影響するいろいろな原因を**要因**という．**実験計画法**は効率よく知るために統計学を応用した方法である．

実験計画法 (design of experiment) は，1920 年代にイギリスのロザムステッド農事試験場で統計学者フィッシャー (R.A.Fisher) が実験に適用した統計的方法である．実験者の管理できない自然の原因で，同じ条件で実験を行っても結果は同じ値とならず変動する．このような状況で要因の影響を正しく，効率よく把握するために用いられる．日本においては 1950 年代以降の統計的品質管理 (statistical quality of control, SQC) の普及にともない，企業や工場で活用されてきた．現在では，化学，医学，薬学，生物学，教育学，心理学，…など多分野で利用されている．

1.1.1　実験の原理

実験誤差を小さくし，正確に見積もるため，以下が重要である．

a.　無作為化

実験の場（実験の結果データに付随してくる可能性のある誤差が分布している空間）に対する処理の割り付けをランダムに行うことによって実験の時間・空間の順序は無作為となり，データに伴う誤差は確率変数として取り扱うことができる．これを無作為化という．

b.　局所化

実験の場を適当なブロック因子（1.1.2(3)②）により層別（群などで分ける）することによって，実験の場が条件で均一になるようなブロックに分かれると，処理効果の比較の精度が向上する．これを局所化の原理という．

c.　反復化

同じ処理の実験を同じ実験の場で 2 回以上行うことによって，誤差のばらつきの大きさを評価することが可能となる．取り上げた因子の同じ条件で 2 回以上実験する**繰返し** (repetition) と，一揃いの条件を 2 組以上実験する**反復** (replication) がある．また，繰返しのデータの平均をとることによって，処理母平均やその差の推定の精度は繰返しのない場合に比べて向上する．これを繰返しの原理という．

以上をまとめて，無作為化，反復化，局所化の無反局化（むはんきょくか）と覚えれば良いだろう．

1.1.2　因子

因子とは，特性に影響を及ぼす原因を因子という．

a.　計量因子と計数因子

温度，圧力などのように水準が連続量で表せるものを**計量因子**といい，添加剤の種類のように分類しかできず，水準が連続量で表せないものを**計数因子**という．

b.　母 数 因 子

水準の効果に再現性のある因子

①制御因子

実験によってその最適の水準を見出すことを目的として取り上げる因子.

②標示因子

この因子の水準ごとに他の因子の最適水準を見出すことを目的とする因子で，主効果よりは制御因子との間の交互作用についての情報を得ることを目的とする因子（製品の使用条件など).

c.　変 量 因 子

水準の効果に再現性のない因子

①集団因子

実験で取り上げる水準を多数の水準の中からランダムに選ぶことによって，主効果のばらつきを知ることを目的とする因子.

②ブロック因子

実験の場の層別のために取り上げられる因子で，誤差のばらつきを小さくし，処理効果の比較の精度をよくすることを目的とする因子．普通，制御との間に交互作用はないとされる．再現性のない因子である.

1.1.3　実 験 の 種 類

a.　因 子 の 数

要因配置法では，取り上げた因子の数が（ブロック因子を含めて）$1, 2, 3, \ldots$ のいずれかに応じて，**1 元配置**，**2 元配置**，**3 元配置**，…という．因子の数が 3 以上の場合を，**多元配置**という.

b.　因子のタイプ

母数因子のみを取り上げた実験を**母数模型**の実験，変量因子のみを取り上げた実験を**変量模型**の実験，両者を取り上げた実験を**混合模型**の実験という.

c.　実験の場の層別

実験の場をブロックに分けることを全く行わず，比較したい処理の n 揃いを実験の場全体にランダムに割り付けるものを**完全無作為化法** (completely randomized design) といい，場をブロックに分けて各ブロックごとに処理をランダムに割り付けるものを**乱塊法**(らんかいほう)(randomized block design) という.

ブロック分けを 2 方向に行った**ラテン方格法**，3 方向に行った**グレコラテン方格法**なども広義の**乱塊法**である.

d.　完備・不完備

比較したい処理の一定数を各ブロックにもれなく割り付けた実験を**完備型**といい，そうでないものを**不完備型**という．実験の場をブロック分けしない場合，完備型となる．不完備型配置の代表的なものとして**分割法**と**交絡法**がある.

e.　完全実施と一部実施

取り上げた因子と水準のすべての組合せについてもれなく実験するものを**要因配置法** (factorial experiment) といい，要因実験の一部分のみを実施するものを**一部実施法**という.

1.1.4　実 験 の 手 順

実験を組む（進める）のは現状において実際に問題が生じており，解決をするための対策を立てる（情報を得る）ためである．そして，実験に基づいてデータを得ることになる．そこで，まずどのように行うか実験を計画することが必要となる.

a.　準備（実験の前）

実験をする前に，問題を明確にし，予備的に解析し，特性値を選定する．特性値に対応して特性要因図等を作成して，要因を抽出し絞り込む．また各要因の水準を設定し（現状との変更など)，さらにどの種類の実験をする かを考える．実験の種類としては，完備型であれば要因配置型のうちで 1 元配置，2 元配置，多元配置なのかを決めていくことになる．また不完備型であれば，分割法による実験なのか，直交配列法による実験なのかなどを検討することになる．

b. 実験の実施

計画した実験を実際に実施し，データをとる．このとき，データは 実験の仕方に基づいた構造式を持つことに注意することが必要である．次の解析において影響する．

c. 解析（実験実施後）

実験結果によって得られたデータに基づいて解析を行い，情報を得る．実際のデータの解析手順である**予備解析**（数量での要約・グラフ化など），**分析**（分散分析），最適水準（特性値が最大または最小となる要因の水準）を求めその条件のもとで**分析後の推定・予測**などを行う．

d. 判断・処置

解析後に得られた情報をもとに 判断・処置 を行う．また，結果の検証として，確認実験を行ったり，考察とともに今後の課題も考える．

次に実際のデータの解析における予備解析，要因効果の確認で用いられる分散分析，分析後の推定・予測について考えてみよう．

1.1.5 予 備 解 析

データが得られると，まずそれらのデータに関して前もってどのように分布しているかを調べる．そのためには数量で捉えるか（平均，分散，相関などの基本統計量などを求め要約する：数量的なまとめ方），視覚的に捉えるか（ヒストグラム，箱ひげ図，散布図などのグラフに描いて要約する：グラフ化）が主な解析である．このような本解析の前にする解析のことをいう．

1.1.6 分 散 分 析

3 つあるいはそれ以上の母集団について，それらの母平均の間に差があるかどうか，またどれくらいの差があるかを検討するためにフィッシャー (R. A. Fisher) が考案したのが**分散分析法** (analysis of variance：ANOVA（アノーバ）) である．2 個の正規分布の平均値の差に関する検定では u 検定（分散既知），t 検定（分散未知）が使われたが，それを $k(\geqq 3)$ 個の正規分布の母平均が等しいかを検定する場合に広げた手法である．図 1.1 のように実際には特性値のばらつきを平方和として表し，その平方和を要因ごとに分けて誤差に比べて大きな影響を与えている要因を探し出し，推測に利用する．

例えば複数のスーパーのそれぞれの 1 日の売上げ高を考えよう．まずスーパーの店として 1 号店から 3 号店の 3 店舗を考え，各店舗で平日の 4 日間の売上げ高のデータが得られたとする．要因として店の違いを A で表し，店舗を A_1，A_2，A_3 とする．ここで店の違い A が**因子** (factor) といわれ，各店舗 A_1，A_2，A_3 が**水準** (level) といわれる．そして A_i 店の j 日の売上げ高を $x_{ij}(i = 1, 2, 3\ ;\ j = 1, 2, 3, 4)$ 万円とすると表 1.1 のようなデータが得られた．

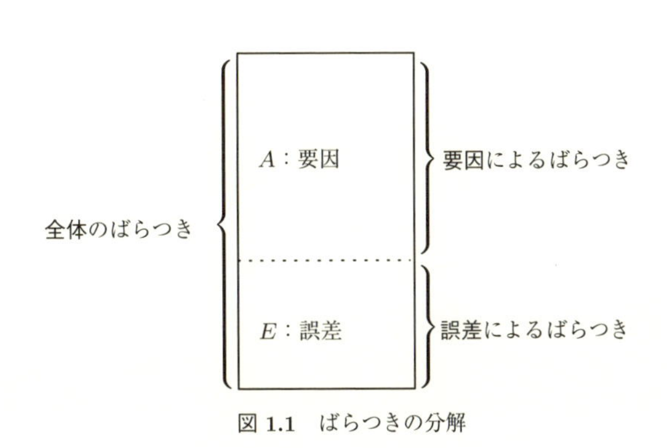

図 1.1 ばらつきの分解

個々の売上げ高と全平均との違い（偏差）を店舗による（要因 A による）違いと同じ店舗内（要因 A の同水準）での違いに分けて眺めることで店舗（要因 A）の影響を調べる．

グラフは図 1.2 のように横軸に 3 店舗をとり，縦軸に売上げ高を 4 日について打点している．そして全平均との違いを各店舗ごとの平均との違いと店舗内での違いに分けるのである．このような分析の詳

表 **1.1** 売上げ高（万円）

店舗＼日	1	2	3	4	計
A_1	8	10	8	6	32
A_2	10	12	13	11	46
A_3	5	6	4	7	22
計	23	28	25	24	100

図 **1.2** 店舗の違いによる売上げ高

細は 2 章以降で紹介する．

一般に実験を行う場合には，特性値（売上げ高，製品の強度のような対象とする特性の値）に影響がある原因の中から実験に取り上げた要因を**因子** (factor) または要因とよび，その因子を量的・質的にかえる条件を**水準** (level) という．通常，因子はローマ字大文字 $A, B, C, \ldots$，水準は $A_1, A_2, \ldots$ のように添え字をつけて表す．そして，図 1.3 のように取り上げる因子の数が 1 個の場合，**1 元配置法** (one-way layout design) といい，因子の数が 2 個の場合，**2 元配置法** (two-way layout design)，因子の数が 3 個の場合，**3 元配置法** (three-way layout design) という．そして因子が 3 個以上の場合には**多元配置法**という．また因子と水準の組合せごとに実験が繰り返されてデータがとられる場合を，**繰返しのある 2 元配置法**，**繰返しのある多元配置法**のようにいう．

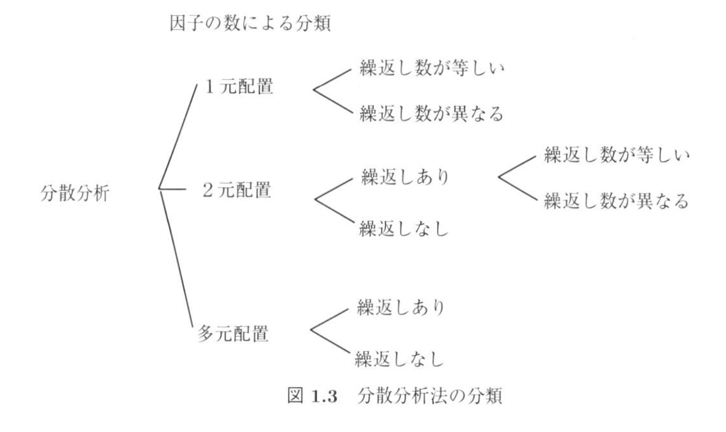

図 **1.3** 分散分析法の分類

● **実験の順序** 実験を行う順番はまず全実験の組合せに対して，1 番から順に番号をつけておく．それらの番号を一様乱数（どの数も同じ割合で出るデタラメな数）などを用いてランダムに選んで行う．

1.1.7 解析後の推定・予測

解析によってデータの構造がある程度限定される．そこでそのモデルの下で，特性値が最適（最も大きいとか小さくなる）要因の水準を求めることが可能となる．そこで要因をその水準としたときの，特性値の推定またその水準で実験したときの推定値を予測することができる．

1.2 データ解析の基礎

ここでは，R（および R コマンダー）を用いた解析の仕方を順を追って説明する．R の基礎については付録 A を参照されたい．

1.2.1 データ解析の流れ

以上の解析を考えると，以下のようなデータ解析の流れが考えられる．

データ解析の流れ（解析の **3** 段階）

1 段階　**(0)** 予備解析
　手順 **1**　データを読み込む（入力）
　手順 **2**　データの基本統計量の計算
　手順 **3**　データのグラフ化
2 段階　**(1)** 検定
　手順 **1**　データの構造式（モデル）の設定
　手順 **2**　仮説の設定
　手順 **3**　仮説の検定
3 段階　**(2)** 推定・予測
　手順 **1**　モデルの診断
　手順 **2**　モデルのもとでの推測

a.　検 定 と は

母集団に関する何かしらの命題を設定し（仮説を立てて），その命題が成り立っていないといえるかどうか（その真偽を判定する）をサンプルから得られたデータに基づいて判断することを（仮説）**検定** (test) という．つまり，ある命題が成り立つか否かを判定する．考えうる全体を仮説の対象とし，まず成り立たないと思われる仮説を**帰無**(きむ)**仮説** (null hypothesis) として立て，その残りを**対立**(たいりつ)**仮説** (alternative hypothesis) とする．つまり，帰無仮説が**棄却**(ききゃく)(reject) されたら**採択**(さいたく)(accept) する仮説が対立仮説である．帰無仮説はゼロ仮説ともいわれ，ここでは H_0（エイチゼロ）で表し，対立仮説を H_1（エイチワン）で表す．H_0 からみれば棄却するかどうか，H_1 からみれば採択するかどうかを判定する．

判定のためのデータから計算される統計量を**検定統計量** (test statistics) という．この検定統計量に基づいて実際に有意と判定される（H_0 が棄却される）確率を**有意確率**または ***p*** **値**(ピーち)（その検定統計量の実際の値以上で H_0 が棄却されるときには，H_0 のもとで検定統計量が計算された値以上である確率）という．帰無仮説のもとで（が正しいとして），検定統計量を計算すると異常に大きな値とか小さな値となった場合（棄却域の値をとる場合），帰無仮説のもとでこのような値をとるのは異常と考え，背理法と同様な考えで，帰無仮説が間違っていたと考え，帰無仮説を棄却する検定方式をとる．

まちがいなく判定（断）できれば良いが，少なからず判定には以下のような 2 つの誤りがある．例として，ある盗難事件があり，彼が犯人であると思われるとき，帰無仮説に彼は犯人でないという仮説をたて，対立仮説に彼は犯人であるという仮説をたてた場合を考えよう．判定では，彼は犯人でないにもかかわらず，犯人であるとする誤り（帰無仮説が正しいにもかかわらず，帰無仮説を棄却する誤り）があり，これを**第 1 種の誤り** (type I error)，生産者危険などという．そして，その確率を**有意水準** (significance level)，**危険率**または**検定のサイズ**といい，α（アルファ）で表す．必要な物で捨ててはいけない物をあわてて捨ててしまうあわて者（アルファ α）の誤りである．

さらに，犯人であるにもかかわらず犯人でないとする誤り（帰無仮説がまちがっているにもかかわらず，棄却しない誤り）もあり，これを**第 2 種の誤り** (type II error)，消費者危険などといい，その確率を β（ベータ）で表す．捨てないといけなかったのにぼんやり（ベータ β）してて捨てなかった誤りである．そして，犯人であるときは，ちゃんと犯人であるといえる（帰無仮説がまちがっているときは，まちがっているといえる）ことが必要で，その確率を**検出力** (power) といい，$1-\beta$ となる．2 つの誤りがどちらも小さいことが望まれるが，普通，一方を小さくすると他方が大きくなる関係（トレード・オフ (trade-off) の関係）がある．そこで第 1 種の誤りの確率 α を普通 5%，1%と小さく保ったもとで，できるだけ検出力の高い検定（判定）方式を与えることが望まれる．そして，検定における判定（判断）と真実（現実）との相違を一覧にすると，表 1.2 のようになる．

表 1.2　検定における判断と正誤

判断 ＼ 正しい仮説（真実）	H_0	H_1
H_0	$1-\alpha$(○)	β(×)
H_1	α(×)	$1-\beta$(○)
計	1	1

ここで簡単のため，分散が 1^2 で平均 μ の正規分布 $N(\mu, 1^2)$ の平均 μ に関して，次の検定問題を考えよう．つまり有意水準 α（$0<\alpha<1$：十分小）に対し，帰無仮説 $H_0: \mu=\mu_0$，対立仮説 $H_1: \mu>\mu_0$ を考える．これを

$$\begin{cases} H_0 & : \quad \mu=\mu_0 \\ H_1 & : \quad \mu>\mu_0,\ \text{有意水準}\quad \alpha \end{cases}$$

のように表すことにする．このときデータからの統計量 $T=\overline{X}$ に基づき

検定方式

$T>C \Longrightarrow H_0$ を棄却（H_1 を採択）

$T<C \Longrightarrow H_0$ を棄却しない（H_0 を受容）

ここに，$\overline{X} \sim N\left(\mu, \left(\dfrac{1}{\sqrt{n}}\right)^2\right)$ である．

とする検定方式をとるとする．添え字に対応して $f_i(x)(=0,1)$ を各仮説のもとでの密度関数とする．これを図示すると図 1.4 のようになる．

すると棄却域は (C,∞) となり，図 1.4 のように帰無仮説のもとで H_0 を棄却する確率 α は

(1.1)　$$\alpha = P_{H_0}(T>C) = H_0\text{のもとで } T>C \text{ である確率} = \int_C^\infty f_0(x)dx$$

であり，H_1 のもとで H_1 を採択しない（H_0 を棄却しない）確率は

(1.2)　$$\beta = P_{H_1}(T<C) = \int_{-\infty}^C f_1(x)dx$$

となる．ここで C は境となる値で**臨界値** (critical value) といわれる．図 1.4 から $(\mu_0<)\mu$ が大きくなると，第 2 種の誤り β が小さくなる．つまり，検出力 $1-\beta$ が大きくなることがわかる．また n が大きくなると，標準偏差 $1/\sqrt{n}$ が小さくなり，帰無仮説と対立仮説がはっきりと分離され，検出力があがる．

ここで対立仮説として $\mu \neq \mu_0$ のように棄却域が両側に設定される場合の検定は**両側検定** (two-sided test) といわれ，例のように棄却域を片側のみに設ける検定を**片側検定** (one-sided test) という．また対立仮説が $\mu>\mu_0$ で，棄却域がある値より大きい領域となるとき，**右片側検定**といい，対立仮説が $\mu<\mu_0$ で，棄却域がある値より小さい領域となるとき，**左片側検定**という．

検定の手順（検定の 5 段階）

手順 1　前提条件のチェック（分布，モデルの確認（データの構造式）など）

手順 2　仮説と有意水準 (α) の設定

手順 3　棄却域の設定（検定方式の決定）

手順 4　検定統計量の計算

手順 5　判定と結論

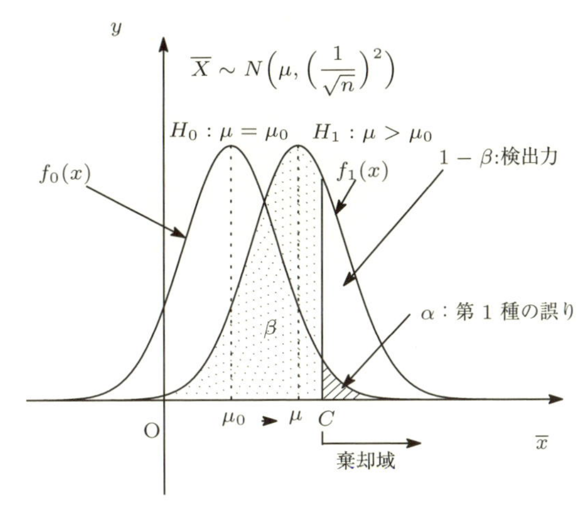

図 1.4　帰無仮説と対立仮説の分布

b.　推 定 と は

推定とは母集団の母平均や母分散といった母数を，サンプルから得られたデータに基づいて推測することをいう．点推定と区間推定があり，推測したい母数を 1 つの値で求めることを**点推定**という．推測したい母数が存在する範囲を求めることを**区間推定**という．

サンプルから得られたデータに基づいて，推定したい母数 μ が，区間 (μ_L, μ_U) に含まれると推測する場合，μ_L を**下側信頼限界**（信頼下限），μ_U を**上側信頼限界**（信頼上限）という．下側信頼限界と上側信頼限界をあわせて，**信頼限界**といい，挟まれる区間を**信頼区間**という．信頼区間が母数 μ を含む確率を**信頼度**（信頼係数）といい，$1-\alpha$ で表される．そして，普通 0.95（95 %）か，0.90（90 %）が用いられる．

母数について仮説をたて，検定を行って帰無仮説が受容された場合には，母数について帰無仮説を受容する状況での推定がされる．帰無仮説が棄却され，対立仮説が採択される場合には，普通母数があまり限定されないため，限定するために上述の点推定・区間推定を行う必要が生じてくる．

1.2.2　具体例への適用

以下具体的に，正規分布における母平均に関する検定と推定の例をもとに手順を示す．

a.　1 標本での母平均 $\boldsymbol{\mu}$ に関する検定と推定

データ $X_1, \ldots, X_n$ が母集団分布が $N(\mu, \sigma^2)$ である母集団からのランダムサンプルとする．このとき，分散 σ^2 が未知の場合，母平均 μ に関する検定方式は以下で与えられる．検定統計量は帰無仮説のもとで t 分布に従う．なお，$\overline{X} = \sum_{i=1}^n X_i/n$, $S = \sum_{i=1}^n (X_i - \overline{X})^2$ とする．また，両側検定，左片側検定，右片側検定の場合，それぞれの棄却域はそれぞれ図 1.5，図 1.6，図 1.7 のようになる．

検定方式

母平均 μ に関する検定 $H_0 : \mu = \mu_0$ について

σ^2: 未知 の場合　有意水準 α に対し，$t_0 = \dfrac{\overline{X} - \mu_0}{\sqrt{V/n}}$ $\left(V = \dfrac{S}{n-1}\right)$ とし，

$H_1 : \mu \neq \mu_0$（両側検定）のとき

$|t_0| > t(n-1, \alpha) \quad \Longrightarrow \quad H_0$ を棄却する

$H_1 : \mu < \mu_0$（左片側検定）のとき

$t_0 < -t(n-1, 2\alpha) \quad \Longrightarrow \quad H_0$ を棄却する

$H_1 : \mu > \mu_0$（右片側検定）のとき

$t_0 > t(n-1, 2\alpha) \quad \Longrightarrow \quad H_0$ を棄却する

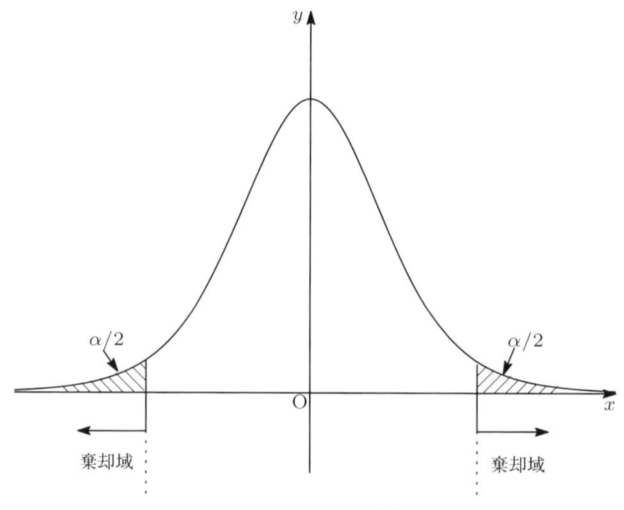

図 **1.5**　$H_0 : \mu = \mu_0$，$H_1 : \mu \neq \mu_0$ での棄却域

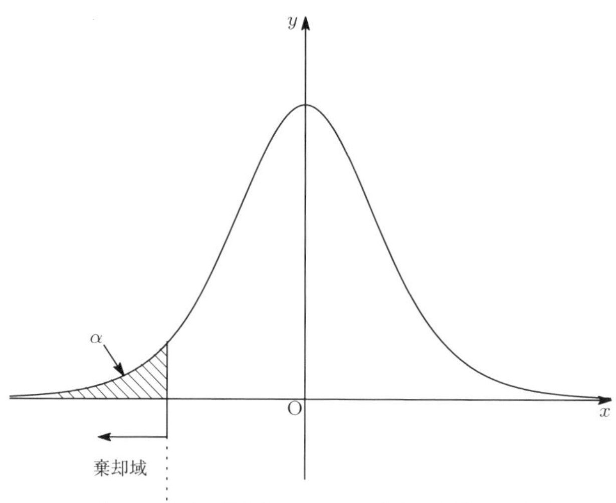

図 **1.6**　$H_0 : \mu = \mu_0$，$H_1 : \mu < \mu_0$ での棄却域

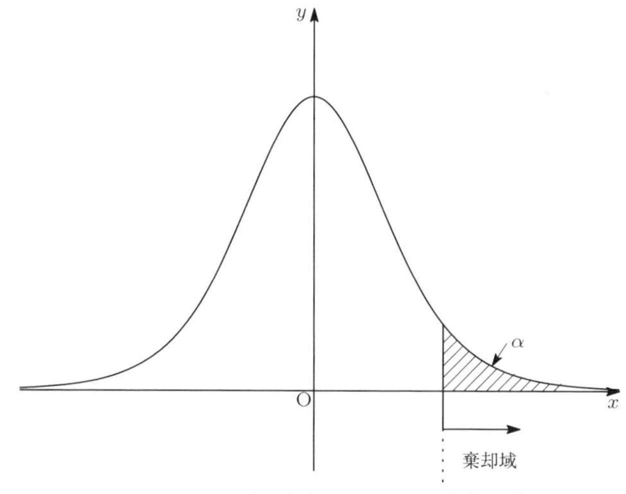

図 **1.7**　$H_0 : \mu = \mu_0$，$H_1 : \mu > \mu_0$ での棄却域

また，μ に関する推定方式は以下のようになる．

μ の点推定は　$\widehat{\mu} = \overline{X}$

μ の信頼率 $1-\alpha$ の信頼区間は

$$\overline{X} - t(n-1,\alpha)\sqrt{\frac{V}{n}} < \mu < \overline{X} + t(n-1,\alpha)\sqrt{\frac{V}{n}}$$

例題 1-1

ある都市に下宿して生活している学生の一か月の生活費について調査することになり，ランダムに抽出した 7 人の学生から一か月の生活費について次のデータを得た．ただし，生活費のデータは正規分布 $N(\mu, \sigma^2)$ に従っているとして，以下の設問に答えよ．

13，16，15，14，13，17，14（万円）

①平均生活費は 15 万円といえるか，有意水準 10%で検定せよ．

②生活費の信頼係数 95%の信頼区間（限界）を求めよ．

《**R**（コマンダー）による解析》

(0) 予備解析

手順 **1**　データの読み込み

【データ】▶【データのインポート】▶【テキストファイルまたはクリップボード，URL から...】を選択し，ダイアログボックスでフィールドの区切り記号でカンマをチェックし，OK をクリックする．そして，ファイルのあるフォルダでファイルを指定し，開く (O) をクリック後，図 1.8 で データセットを表示 をクリックして，図 1.9 のようにデータを表示（確認）する．

図 **1.8**　データ表示の指定

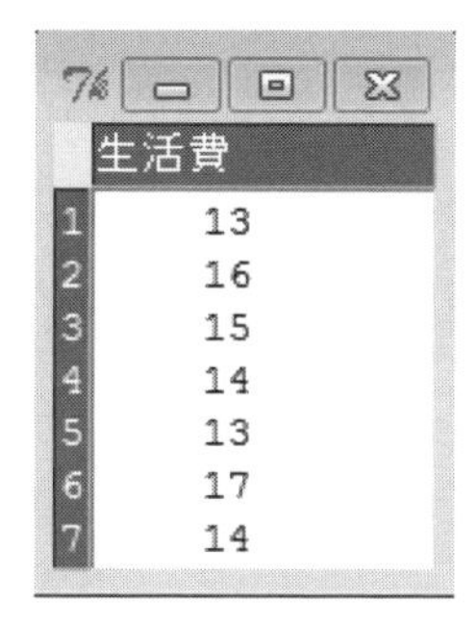

図 **1.9**　データ

```
>Dataset<-read.table("rei11.csv",
 header=TRUE, sep=", ", na.strings="NA", dec=".", strip.white=TRUE)
> library(relimp, pos=4)
> showData(Dataset, placement='-20+200', font=getRcmdr('logFont'),
+   maxwidth=80, maxheight=30)
```

手順 2　基本統計量の計算

【統計量】▶【要約】▶【アクティブデータセット】と選択し，OK をクリックすると次の出力結果が表示される．

```
> summary(Dataset)
     生活費
 Min.   :13.00
 1st Qu.:13.50
 Median :14.00
 Mean   :14.57
 3rd Qu.:15.50
 Max.   :17.00
```

【統計量】▶【要約】▶【数値による要約...】と選択し，図 1.10 の左側のダイアログボックスで，統計量をクリックし，右側のダイアログボックスですべての項目にチェックをいれて OK をクリックする．すると，次の出力結果が表示される．

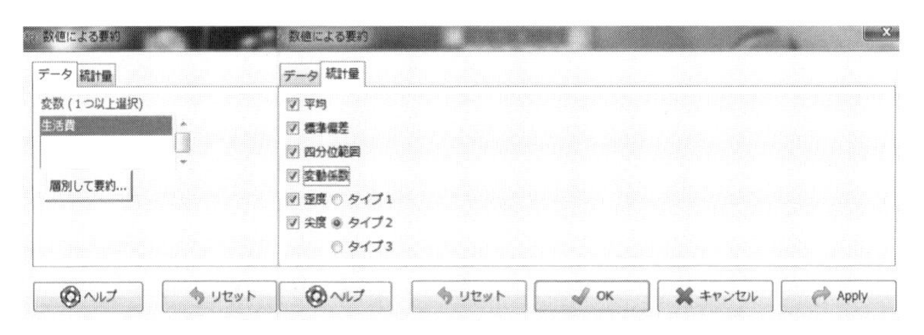

図 1.10　数値による要約ダイアログボックス

```
> numSummary(Dataset[,"生活費"], statistics=c("mean", "sd", "IQR",
+ "quantiles", "cv", "skewness", "kurtosis"), quantiles=c(0,.25,.5,.75,
+   1), type="2")
   mean     sd IQR    cv skewness  kurtosis 0%  25% 50% 75% 100% n
14.57143 1.511858  2 0.103755 0.620098 -0.809375 13 13.5 14 15.5   17 7
```

手順 3　データのグラフ化

【グラフ】▶【箱ひげ図】と選択し，図 1.11 のダイアログボックスで，OK をクリックする．すると図 1.12 のグラフが表示される．

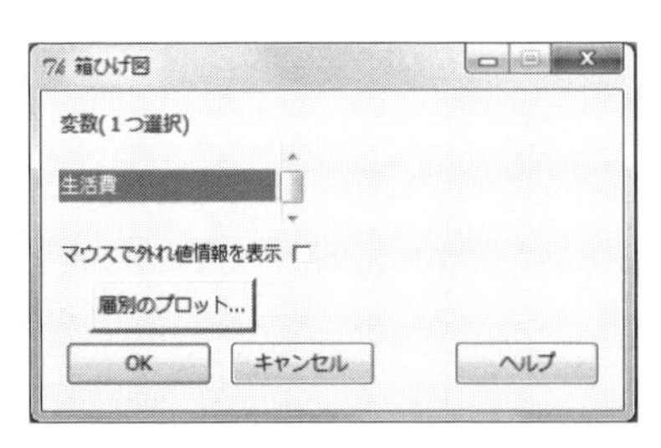

図 1.11　箱ひげ図ダイアログボックス

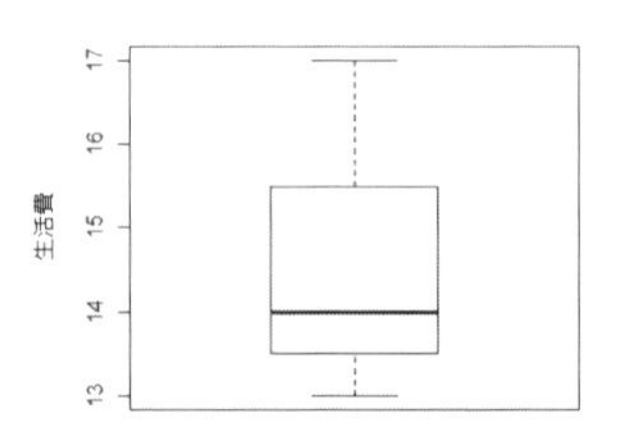

図 1.12　箱ひげ図

```
> Boxplot( ~ 生活費, data=Dataset, id.method="y")   #図 1.12
```

(1) 検　定 →　分散分析（の要因効果の検定）に対応する．

手順 1　データの構造式 → 手順 2　仮説と有意水準の設定　→ 手順 3　検定方式の決定　→ 手順 4　検定統計量の計算　→ 手順 5　判定と結論

の流れを以下の操作により行う．

【統計量】▶【平均】▶【1 標本 t 検定...】と選択し，問題では平均生活費は 15 万円といえるかなので，15 万円と等しいかどうかを検定するので両側検定となり，図 1.13 のダイアログボックスで，$\mu \neq \mu_0$ にチェックをいれ，$\mu_0 = 15.0$ をキー入力し，OK をクリックする．すると，次の出力結果が表示される．p 値が 0.4816 より，有意水準 10%で異なるとはいえない．

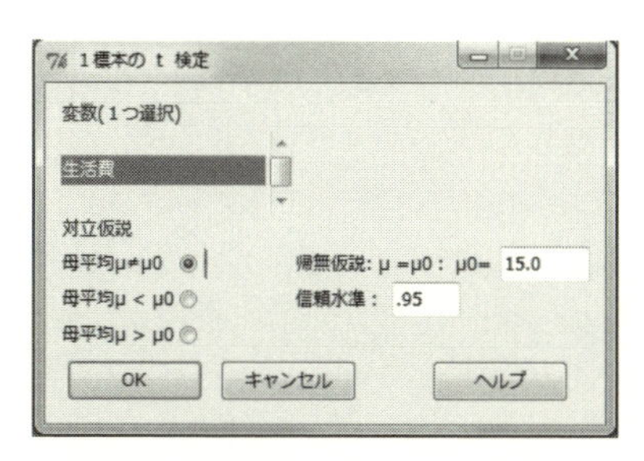

図 **1.13**　検定のダイアログボックス

```
>t.test(Dataset$生活費, alternative='two.sided', mu=15.0, conf.level=.95)
One Sample t-test
data:  Dataset$生活費
t = -0.75, df = 6, p-value = 0.4816
alternative hypothesis: true mean is not equal to 15
95 percent confidence interval:  #95 %信頼区間
 13.17319 15.96966      #95 %下側信頼限界   95 %上側信頼限界
sample estimates:
mean of x
 14.57143                    #  点推定値
```

(2) 推　定　→ 分散分析後の推定・予測に対応する．

検定により得られた結論に基づき，母数の推定を行う．

手順 1　データの構造式 → 手順 2　母平均の推定

上記の出力ウィンドウに推定結果も同時に表示される．*1)

演習 1-1　あるクラスの統計学の試験での得点は，平均 μ，分散 σ^2 の正規分布 $N(\mu, \sigma^2)$ に従っているとする．このときランダムに選んだ 8 人の成績が以下であった．

62，50，85，74，91，77，82，56

平均が 60 点あるかどうかを有意水準 5%で検定せよ．また，平均点の 95%信頼区間を求めよ．

ここで，解析の流れを再度まとめておこう．

---

*1)　平均値の差に関する検定（パッケージの利用）は次のように R Console においてコマンド入力することでも結果が得られる．
```
>t.test(Dataset$生活費, alternative='two.sided', mu=15.0, conf.level=.95)
```

実験計画における解析の流れ（3 段階）

(0) 予備解析

（⓪割り付け）　①データの読み込み　②基本統計量の計算　③グラフ作成

データの読み込み

→ { 数値による要約　基本統計量の計算（相関行列も含む）
　 視覚での要約　データのグラフ化（ヒストグラム，平均プロット，箱ひげ図，散布図行列等）

(1) 分散分析（による要因効果の検定）

①モデルの作成　②分散分析表の作成　③モデルの再検討

(2) 分散分析後の推定・予測

①最適条件の決定　②最適条件での推定　③現状との比較（差の推定）　④予測

2

分散分析

特性に対して要因がどれだけ効いているか，どのように水準を設定すれば最適となるかなどをばらつきに基づいて分析する手法であり，要因の数に応じて，1 元配置法，2 元配置法，…といわれる．以下で順に考えていこう．

2.1　1 元配置法

ある特性について効果を知ろうとする因子を 1 つ取り上げ，その因子の各水準で 2 回以上繰り返す実験を **1 元配置の実験**という．ここでは店舗（因子）の違いが，売上げ高（特性）に影響を与えているかどうかを調べ，影響があるならどの店舗が最も売上げ高が高いか（最適水準）を求め，そのときの売上げ高を推定したり今後の予測に利用しよう．

2.1.1　繰返し数が等しい場合

異なる店（要因）での，売上げ高（特性）の違いについて考える．各店で同じ日数（繰返し数が等しい）売上げ高のデータがあるとする．これはある特性値に対して影響をもつと思われる 1 個の因子 A を取り上げ，その水準として $A_1, \ldots, A_\ell$ を選んで実験し，影響を調べるのが 1 元配置法での実験である．水準でなく，条件や処理方法として ℓ 通りを考えてもよい．そして各水準で繰返し r 回の実験をしたとする．このとき，A_i 水準での j 番目のデータ x_{ij} が得られるとすると表 2.1 のようにまとめられる．

表 2.1　1 元配置法のデータ

因子の水準 ＼ 実験の繰返し	1	2	$\cdots$	j	$\cdots$	r	計
A_1	x_{11}	x_{12}	$\cdots$	x_{1j}	$\cdots$	x_{1r}	$x_{1\cdot} = T_{1\cdot}$
A_2	x_{21}	x_{22}	$\cdots$	x_{2j}	$\cdots$	x_{2r}	$x_{2\cdot} = T_{2\cdot}$
$\vdots$	$\vdots$	$\vdots$		$\vdots$		$\vdots$	$\vdots$
A_i	x_{i1}	x_{i2}	$\cdots$	x_{ij}	$\cdots$	x_{ir}	$x_{i\cdot} = T_{i\cdot}$
$\vdots$	$\vdots$	$\vdots$		$\vdots$		$\vdots$	$\vdots$
A_ℓ	$x_{\ell 1}$	$x_{\ell 2}$	$\cdots$	$x_{\ell j}$	$\cdots$	$x_{\ell r}$	$x_{\ell\cdot} = T_{\ell\cdot}$
計	$x_{\cdot 1} = T_{\cdot 1}$	$x_{\cdot 2} = T_{\cdot 2}$	$\cdots$	$x_{\cdot j} = T_{\cdot j}$	$\cdots$	$x_{\cdot r} = T_{\cdot r}$	T 総計

ここで，添え字にあるドット (.) はそのドットの位置にある添え字について足しあわせることを意味する．例えば $x_{i\cdot} = \sum_{j=1}^{r} x_{ij}$，$x_{\cdot j} = \sum_{i=1}^{\ell} x_{ij}$ のようにである．以下のように解析する．

(0) 予備解析

データの読込み，基本統計量の計算，グラフ化などを行い，データに関する予備的な情報を得る．

(1) 分散分析

まず得られたデータについて分析をするため，モデル（データの構造式）を仮定する．

手順 1　モデル化（データの構造式）

ここでは次のようにデータの構造を仮定する．

(2.1) データ ＝ 総平均＋ A_iの主効果＋誤差

(2.2) $$x_{ij} = \mu + a_i + \varepsilon_{ij} \ (i = 1, \ldots, \ell\,;\ j = 1, \ldots, r)$$

μ：一般平均（全平均）(grand mean)，a_i：要因 A の主効果 (main effect)，$\sum_{i=1}^{\ell} a_i = 0$

ε_{ij}：誤差は互いに独立に正規分布 $N(0, \sigma^2)$ に従う．

そして誤差については以下の4個の仮定（4つのお願い）がされる．

(i) 不偏性：$E(\varepsilon_{ij}) = 0$，誤差の期待値が0

(ii) 等分散性：$Var(\varepsilon_{ij}) = \sigma^2$，誤差ごとのばらつきが同じ

(iii) 独立性：ε_{ij}，異なる誤差は独立

(iv) 正規性：$\varepsilon_{ij} \sim N(0, \sigma^2)$，誤差が正規分布に従う

の不等独正（ふとうどくせい）である．

次に，このデータの構造式をもとに，モデルを限定する流れとして図2.1のような流れが考えられる．つまり，モデルの構造式について要因効果を検定して，最適なモデルを決め，そのモデルのもとで推定・予測を行う．

手順2　統計量の計算

(a) データの要因と誤差への（平方和の）分解

一般に x_{ij} を要因 A について第 i 水準 $(i = 1, \ldots, \ell)$ の j $(j = 1, \ldots, r)$ 番目のデータとするとき，各データ x_{ij} と全平均 $\overline{\overline{x}}$ との偏差（deviation：違い，かたより）を以下のように要因の同じ水準内での偏差と A_i 水準と全平均との偏差に分ける（図2.2）．

(2.3)
$$\underbrace{x_{ij} - \overline{\overline{x}}}_{\text{各データと全平均との偏差}} = x_{ij} - \widehat{\mu + a_i} + \widehat{\mu + a_i} - \widehat{\mu} + \widehat{\mu} - \overline{\overline{x}} \quad (\widehat{\mu + a_i} = \overline{x}_{i\cdot}, \widehat{\mu} = \overline{\overline{x}})$$
$$= \underbrace{x_{ij} - \overline{x}_{i\cdot}}_{A_i\text{水準内での偏差}} + \underbrace{\overline{x}_{i\cdot} - \overline{\overline{x}}}_{A_i\text{水準との偏差}}$$

この式の各項は正負をとりうるため2乗した量（平方和）を考える．両辺を2乗し，さらに i, j について足しあわせると

(2.4)
$$\underbrace{\sum_{i=1}^{\ell}\sum_{j=1}^{r}(x_{ij} - \overline{\overline{x}})^2}_{S_T} = \underbrace{\sum_{i=1}^{\ell}\sum_{j=1}^{r}(x_{ij} - \overline{x}_{i\cdot})^2}_{S_E} + \underbrace{\sum_{i=1}^{\ell}\sum_{j=1}^{r}(\overline{x}_{i\cdot} - \overline{\overline{x}})^2}_{S_A}$$
$$\left(\because \quad \underbrace{\sum_{i}\sum_{j}(x_{ij} - \overline{x}_{i\cdot})(\overline{x}_{i\cdot} - \overline{\overline{x}})}_{=0}\right)$$

つまり

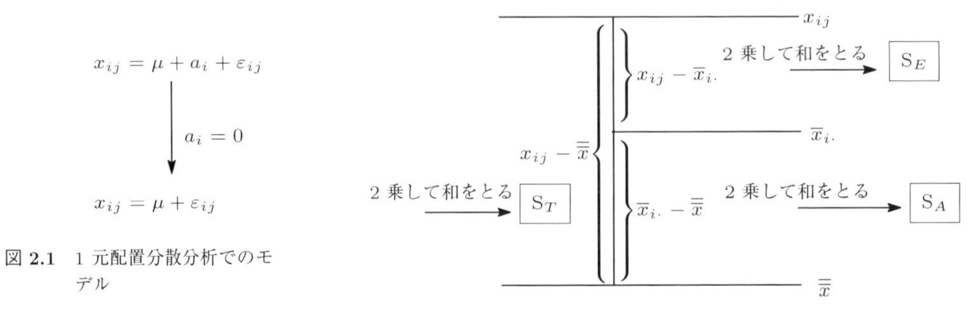

図2.1　1元配置分散分析でのモデル

図2.2　1元配置におけるデータと平均の分解

$$S_T = S_E + S_A \tag{2.5}$$

（S_T：全変動，S_E：誤差変動，S_A：A による変動）

と分解する．要因による変動（級間変動：between class）が誤差変動（級内変動：within class）に対して大きいかどうかによって要因間に差があるかどうかをみるのである．ただし，このままの平方和で比較するのでなく，各平方和をそれらの自由度で割った平均平方和（不偏分散）で比較する．後で比をとると分布がわかる意味でもよい方法といえる．

以下に解析手順に沿って個々の分析法について考えよう．

(b) 平方和の計算

● 総（全）平方和

$$S_T = \sum_{i=1}^{\ell}\sum_{j=1}^{r}(x_{ij}-\overline{\overline{x}})^2 = \sum x_{ij}^2 - \frac{\left(\sum x_{ij}\right)^2}{\ell r} = \sum x_{ij}^2 - CT \tag{2.6}$$

$$= \text{個々のデータの 2 乗和} - \text{修正項}$$

ただし，$T=\sum x_{ij}$（データの総和），$N=\ell\times r$（データの総数）とするとき，

$$CT = \frac{T^2}{N} = \frac{\text{データの総和の 2 乗}}{\text{データの総数}}$$

を修正項 (correction term) とする．

● 要因 A の平方和

$$S_A = \sum_{i=1}^{\ell}\sum_{j=1}^{r}(\overline{x}_{i\cdot}-\overline{\overline{x}})^2 = r\sum_{i=1}^{\ell}(\overline{x}_{i\cdot}-\overline{\overline{x}})^2 \tag{2.7}$$

$$= r\sum_{i=1}^{\ell}\left(\frac{T_{i\cdot}}{r}-\frac{T}{N}\right)^2 = \sum_{i=1}^{\ell}\frac{T_{i\cdot}^2}{r} - CT \qquad \left(T_{i\cdot} = \sum_{j=1}^{r}x_{ij} = x_{i\cdot}\right)$$

$$= \sum \frac{A_i\text{水準でのデータの和の 2 乗}}{A_i\text{水準のデータ数}} - \text{修正項：因子間平方和}$$

（級間平方和，級間変動）

● 誤差 E の平方和

$$S_E = \sum_{i,j}(x_{ij}-\overline{x}_{i\cdot})^2 = S_T - S_A\text{：残差平方和（級内平方和，級内変動）} \tag{2.8}$$

(c) 自由度の計算

そこで各要因の自由度は

● 総平方和 S_T

変数 $x_{ij}-\overline{\overline{x}}\ (i=1,\ldots,\ell\,;\ j=1,\ldots,r)$ の個数は $\ell\times r$ だが，それらを足すと 0 となり，自由度は 1 少ないので $\phi_T=\ell r-1=N-1$ である．

● 因子間平方和 S_A

変数 $\overline{x}_{i\cdot}-\overline{\overline{x}}\ (i=1,\ldots,\ell)$ の個数は ℓ 個だが，それらを足すと 0 となるので自由度は $\phi_A=\ell-1$ である．

● 残差平方和 S_E

全自由度から要因 A の自由度を引いて $\phi_E=\ell r-1-(\ell-1)=\ell(r-1)$ である．または，変数 $x_{ij}-\overline{x}_{i\cdot}$ は各 i について $r-1$ の自由度があるので ℓ 個については $\ell(r-1)$ の自由度があると考えられる．

手順 3　平均平方 (MS：mean square)，不偏分散 ($\boldsymbol{V}$：unbiased variance) の期待値

$$E(V_A) = \sigma^2 + r\sigma_A^2, \quad E(V_E) = \sigma^2 \tag{2.9}$$

手順 4　分散分析表の作成

次にこれまでの平方和，自由度を表 2.2 のような分散分析表にまとめる．

表 2.2　分散分析表

要因	平方和 (S)	自由度 (ϕ)	平均平方 (MS)	F_0	$E(V)$
A	S_A	$\phi_A=\ell-1$	$V_A=S_A/\phi_A$	V_A/V_E	$\sigma^2+r\sigma_A^2$
E	S_E	$\phi_E=\ell(r-1)$	$V_E=S_E/\phi_E$		σ^2
計	S_T	$\phi_T=\ell r-1$			

$F(\phi_A,\phi_E;0.05)$, $F(\phi_A,\phi_E;0.01)$

V_A/V_E は A による効果がないもとでは，F 分布に従うので，$F(\phi_A,\phi_E;0.05)$, $F(\phi_A,\phi_E;0.01)$ の値も記入しておけば検定との対応もつき便利である．

なお，$\sigma_A^2=\dfrac{\sum_i^\ell a_i^2}{\ell-1}$ である．

手順 5　要因効果の検定

このとき，要因 A による効果がないことは，要因 A の各水準間に差がないことである．そこで検定は以下のような式で表せる．

$$\begin{cases} H_0 \ : \ a_1=a_2=\cdots=a_\ell=0 & \iff \text{差がない（帰無仮説）} \\ H_1 \ : \ \text{いずれかの } a_i \text{ が } 0 \text{ でない} & \iff \text{差がある（対立仮説）} \end{cases} \tag{2.10}$$

ここで，

$$H_0 \ : \ a_1=a_2=\cdots=a_\ell=0 \iff H_0 \ : \ \sigma_A^2=0 \tag{2.11}$$

であるので，仮説は

$$\begin{cases} H_0 \ : \ \sigma_A^2=0 \\ H_1 \ : \ \sigma_A^2>0 \end{cases} \tag{2.12}$$

対立仮説 H_1 は not H_0 で，平均平方の期待値から検定統計量は $F_0=V_A/V_E$（帰無仮説のもとで F 分布に従う）を用いればよいとわかる．そこで棄却域 R は $R \ : \ F_0 \geqq F(\phi_A,\phi_E;\alpha)$ で与えられる．

(2) 分散分析後の推定・予測

解析の結果得られたデータの構造式に基づいて，推定・予測を行う．例えば，因子の水準間に有意な差が認められる場合には各水準ごとに母平均の推定を行ったり，水準間の母平均の差の推定を行う．また最適条件を求める．

手順 1　データの構造式

$$x_{ij}=\mu+a_i+\varepsilon_{ij}(i=1,\ldots,\ell\,;\ j=1,\ldots,r) \tag{2.13}$$

と因子 A の水準間に有意な差が認められる（つまり店による売上げ高の違いに有意な差が認められる）構造式が得られたとする．

手順 2　推定・予測

(a) 誤差分散（店にも繰返しにも依存しない売上げ高のばらつき）の推定

①点推定

$$\widehat{\sigma^2}=V_E=\frac{S_E}{\phi_E} \tag{2.14}$$

②区間推定：信頼度（信頼率）$1-\alpha$ の信頼限界

$$\sigma_L^2=\frac{S_E}{\chi^2(\phi_E,\alpha/2)},\ \sigma_U^2=\frac{S_E}{\chi^2(\phi_E,1-\alpha/2)} \tag{2.15}$$

(b) 母平均の推定

A_i 水準での母平均 $\mu(A_i)$（店ごとの売上げ高）の推定

①点推定

$$\widehat{\mu}(A_i)=\widehat{\mu+a_i}=\overline{x}(A_i)=\overline{x}_{i\cdot}=\mu+a_i+\overline{\varepsilon}_{i\cdot}=\frac{T_{i\cdot}}{r} \tag{2.16}$$

この推定量の分散は，

(2.17)
$$V(\widehat{\mu}(A_i)) = V(\text{点推定}) = V(\overline{\varepsilon}_{i\cdot}) = \frac{\sigma^2}{r}$$

より，その推定量 $\widehat{V}$ は，

(2.18)
$$\widehat{V} = \widehat{V}(\text{点推定}) = \widehat{V}(\widehat{\mu}(A_i)) = \frac{V_E}{r}$$

である．

②区間推定：信頼度（信頼率）$1-\alpha$ の信頼限界

(2.19)
$$\mu(A_i)_L, \mu(A_i)_U = \widehat{\mu}(A_i)(=\overline{x}_{i\cdot}) \pm t(\phi_E, \alpha)\sqrt{\frac{V_E}{r}}$$

これは，2 元配置以降でも用いられる有効繰返し数 n_e を用いて次の式でも表される．

(2.20)
$$\mu(A_i)_L, \mu(A_i)_U = \widehat{\mu}(A_i)(=\overline{x}_{i\cdot}) \pm t(\phi_E, \alpha)\sqrt{\frac{V_E}{n_e}}$$

ここで n_e は有効反復数といわれ，以下の伊奈の式または田口の式からも求まる．

(2.21)
$$\frac{1}{n_e} = (\text{母平均の推定においてデータの合計にかかる係数の和}) = \frac{1}{r} \quad (\text{伊奈の式})$$

(2.22)
$$\frac{1}{n_e} = \frac{\text{無視しない要因の自由度の和}+1}{\text{総データ数}} = \frac{\ell-1+1}{\ell r} = \frac{1}{r} \quad (\text{田口の式})$$
$$= \frac{1}{N} + \frac{\text{無視しない要因の自由度の和}}{N} \quad (\text{とも書ける，}N=\ell r\text{：総データ数})$$

公式

● 母平均の推定

①点推定値　$\widehat{\mu}(A_i) = \widehat{\mu + a_i} = \overline{x}(A_i) = \overline{x}_{i\cdot} = \dfrac{T_{i\cdot}}{r}$

②信頼区間　$\mu(A_i)_L, \mu(A_i)_U = \widehat{\mu}(A_i)(=\overline{x}_{i\cdot}) \pm t(\phi_E, \alpha)\sqrt{\dfrac{V_E}{r}}$

(c) 母平均の差の推定

2 つの水準 A_i と $A_{i'}$ の間の母平均の差 $\mu(A_i)-\mu(A_{i'})$（店による売上げ高の違い）の推定

①点推定

(2.23)
$$\widehat{\mu(A_i)-\mu(A_{i'})} = \widehat{\mu}(A_i) - \widehat{\mu}(A_{i'}) = \overline{x}(A_i) - \overline{x}(A_{i'})$$
$$= \overline{x}(A_i) - \overline{x}(A_{i'}) = \overline{x}_{i\cdot} - \overline{x}_{i'\cdot} = \overline{\varepsilon}_{i\cdot} - \overline{\varepsilon}_{i'\cdot} = \frac{T_{i\cdot}}{r} - \frac{T_{i'\cdot}}{r} \quad (i \neq i')$$

この推定量の分散は，

(2.24)
$$V(\widehat{\mu}(A_i) - \widehat{\mu}(A_{i'})) = V(\overline{\varepsilon}_{i\cdot} - \overline{\varepsilon}_{i'\cdot}) = \frac{2\sigma^2}{r}$$

より，その推定量 $\widehat{V}$ は，

(2.25)
$$\widehat{V} = \widehat{V}(\text{差}) = \widehat{V}(\widehat{\mu}(A_i) - \widehat{\mu}(A_{i'})) = \frac{2V_E}{r}$$

②区間推定：信頼度（信頼率）$1-\alpha$ の信頼限界

(2.26)
$$\{\mu(A_i)-\mu(A_{i'})\}_L, \{\mu(A_i)-\mu(A_{i'})\}_U = \overline{x}_{i\cdot} - \overline{x}_{i'\cdot} \pm t(\phi_E, \alpha)\sqrt{\frac{2V_E}{r}}$$

である．ここで，有意水準 α に対しての

$$t(\phi_E, \alpha)\sqrt{\frac{2V_E}{r}}$$

は，最小有意差 (least significant difference) と呼ばれ，**lsd** で表す．

手順として母平均の差の推定式について，共通の項を消去する．それぞれの式において残った項について，伊奈の式を適用して，有効反復数 n_{e_1}, n_{e_2} を求める．n_d を次式より求める．

(2.27)
$$\frac{1}{n_d}=\frac{1}{n_{e_1}}+\frac{1}{n_{e_2}}$$

公式

- 母平均の差の推定

①点推定値 $\widehat{\mu(A_i)-\mu(A_{i'})}=\widehat{\mu}(A_i)-\widehat{\mu}(A_{i'})=\overline{x}(A_i)-\overline{x}(A_{i'})=\overline{x}_{i\cdot}-\overline{x}_{i'\cdot}$

②信頼区間 $\widehat{\mu(A_i)-\mu(A_{i'})}\pm t(\phi_E,\alpha)\sqrt{\frac{V_E}{n_d}}$

差をとる2つの母平均の推定量に共通項があれば，差をとって共通項を消去することで独立になる．この場合には共通項がないため，それぞれに伊奈の式を適用して

(2.28)
$$\frac{1}{n_d}=\frac{1}{n_{e_1}}+\frac{1}{n_{e_2}}$$

(2.29)
$$\frac{1}{n_{e_1}}=(\text{点推定の式に用いられている係数の和})=\frac{1}{r}$$

(2.30)
$$\frac{1}{n_{e_2}}=(\text{点推定の式に用いられている係数の和})=\frac{1}{r}$$

より，

(2.31)
$$\frac{1}{n_d}=\frac{2}{r}$$

となり，同じ式になる．

(d) データの予測

新たにデータを採るとき，そのデータの値を指定することを予測という．つまり，ある店での今後の売上げ高を予測する場合にはデータ x の構造式を以下のような構造式に基づいて，誤差も含めて考える．推定と同様に1点で予測する点予測と区間で予測する予測区間の2通りがある．

(2.32)
$$x_{ij}=\mu(A_i)+\varepsilon_{ij}$$

①点予測：A_i 水準におけるデータの点予測

(2.33)
$$\widehat{x}=\widehat{x}(A_i)=\widehat{\mu}(A_i)=\widehat{\mu+a_i}=\overline{x}(A_i)=\overline{x}_{i\cdot}=\frac{T_{i\cdot}}{r}$$

②予測区間：信頼度（信頼率）$1-\alpha$ の信頼限界

点予測の推定量の分散は，点推定の分散にデータの分散を加えて，

(2.34)
$$V=V(\overline{x}_{i\cdot})+V(x_{ij})=\frac{\sigma^2}{r}+\sigma^2=\left(1+\frac{1}{r}\right)\sigma^2$$

である．そこでその推定量は，

(2.35)
$$\widehat{V}=\widehat{V}(\text{予測})=\left(1+\frac{1}{r}\right)V_E$$

である．したがって，信頼度 $1-\alpha$ のデータの予測区間は，以下になる．

(2.36)
$$x_L,x_U=\overline{x}_{i\cdot}\pm t(\phi_E,\alpha)\sqrt{\left(1+\frac{1}{r}\right)V_E}$$

公式

- データの予測

①点予測 $\widehat{x}(A_i)=\widehat{\mu}(A_i)=\overline{x}(A_i)=\overline{x}_{i\cdot}$

②予測区間 $\widehat{x}(A_i)\pm t(\phi_E,\alpha)\sqrt{\left(1+\frac{1}{r}\right)V_E}$

（補） ①$x_{ij}=\mu+a_i+\varepsilon_{ij}$ から $\overline{x}_{i\cdot}=\mu+a_i+\overline{\varepsilon}_{i\cdot}$，$\overline{\overline{x}}=\mu+\overline{\overline{\varepsilon}}$ より，$x_{ij}-\overline{x}_{i\cdot}=\varepsilon_{ij}-\overline{\varepsilon}_{i\cdot}$

$\overline{x}_{i\cdot} - \overline{\overline{x}} = a_i + \overline{\varepsilon}_{i\cdot} - \overline{\overline{\varepsilon}}$ だから

$x_{ij} - \overline{\overline{x}} = x_{ij} - \overline{x}_{i\cdot} + \overline{x}_{i\cdot} - \overline{\overline{x}} = \underbrace{\varepsilon_{ij} - \overline{\varepsilon}_{i\cdot}}_{\text{誤差}} + \underbrace{a_i}_{A\text{の効果}} + \underbrace{\overline{\varepsilon}_{i\cdot} - \overline{\overline{\varepsilon}}}_{\text{誤差}}$ と母数の分解にも対応している．

②同時にどの因子間で差があるか等を検討することを**多重比較** (multiple comparison) という．また母数の線形結合したものについての検定・推定を**線形対比** (linear contrast) といい，Scheffé の方法がある．◁

例題 2-1

表 2.3 にある 3 店舗の 4 日間の日ごとの売上げ高のデータに関して，店によって売上げ高に差（違い）があるかどうか検討し，最適条件（特性値の売上げ高が最も高い水準）での推定も行え．

表 2.3　売上げ高（単位：万円）

店舗＼日	1	2	3	4
A_1	8	10	8	6
A_2	10	12	13	11
A_3	5	6	4	7

《R（コマンダー）による解析》

(0) 予備解析

手順 1　データの読み込み

【データ】▶【データのインポート】▶【テキストファイルまたはクリップボード，URL から...】を選択し，ダイアログボックスで，フィールドの区切り記号としてカンマにチェックをいれて，OK を左クリックする．フォルダからファイルを指定後，開く (O) を左クリックする．そして データセットを表示 をクリックすると，図 2.3 のようにデータが表示される．または，以下のように入力する（詳しくは 1 章または付録を参照）．

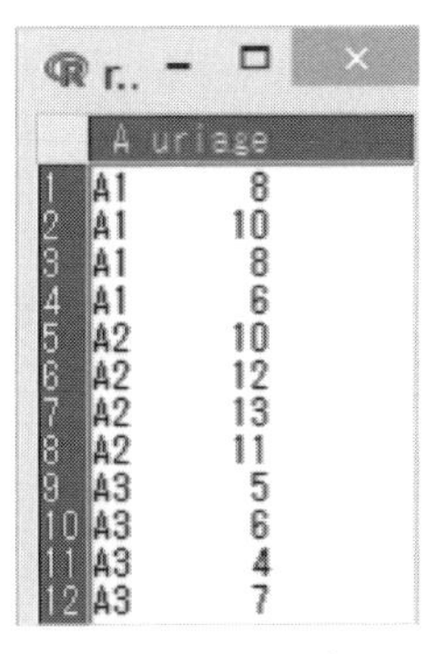

図 2.3　データの表示

```
>rei21<- read.table("rei21.csv",
 header=TRUE, sep=",",na.strings="NA", dec=".", strip.white=TRUE)
> showData(rei21, placement='-20+200', font=getRcmdr('logFont'),
 maxwidth=80, maxheight=30)
```

手順 2　基本統計量の計算

【データ】▶【要約】▶【アクティブデータセット】をクリックすると，次の出力結果が表示される．

```
> summary(rei21)
  A         uriage
```

```
A1:4   Min.   : 4.000
A2:4   1st Qu.: 6.000
A3:4   Median : 8.000
       Mean   : 8.333
       3rd Qu.:10.250
       Max.   :13.000
```

【データ】▶【要約】▶【数値による要約】を選択し，図 2.4 で 層別して要約... をクリックする．さらに，図 2.4 のダイアログボックス 1 の右側で層別変数に A を指定し，OK を左クリックする．次に，図 2.5 のダイアログボックス 2 が表示され，OK を左クリックすると，次の出力結果が表示される．

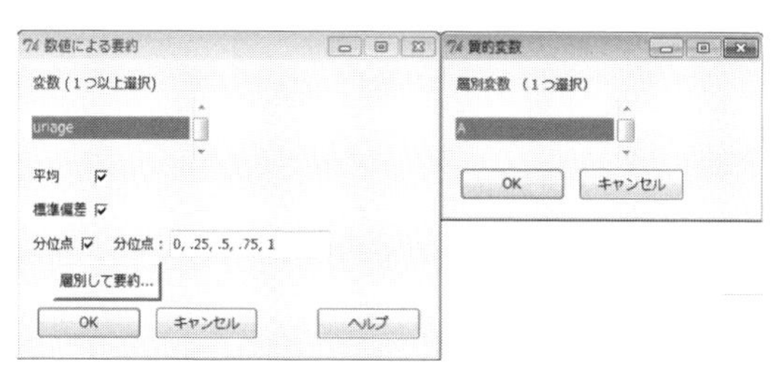

図 2.4　ダイアログボックス 1

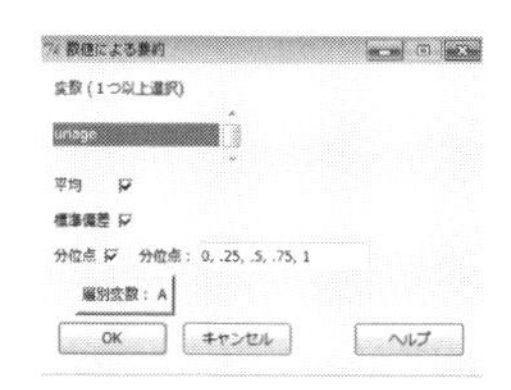

図 2.5　ダイアログボックス 2

```
>numSummary(rei21[,"uriage"],groups=rei21$A,statistics=c("mean","sd",
"IQR", "quantiles", "cv","skewness", "kurtosis"),
 quantiles=c(0,.25,.5,.75,1), type="2")
mean sd IQR cv skewness kurtosis 0 %  25 %  50 %  75 % 100 % data:n
A1  8.0 1.632993 1.0 0.2041241  0  1.5  6  7.50  8.0  8.50 10   4
A2 11.5 1.290994 1.5 0.1122604  0  -1.2 10 10.75 11.5 12.25 13  4
A3  5.5 1.290994 1.5 0.2347263  0  -1.2  4  4.75  5.5  6.25  7   4
```

この結果は以下の表 2.4 の出力内容に対応している．

表 2.4　出力内容

項目	平均	標準偏差	四分位範囲	変動係数	歪度	尖度	最小値	25%点	中央値	75%点	最大値	データ数
$A1$	8.0	1.632993	1.0	0.2041241	0	1.5	6	7.5	8	8.50	10	4
$A2$	11.5	1.290994	1.5	0.1122604	0	−1.2	10	10.75	11.5	12.25	13	4
$A3$	5.5	1.290994	1.5	0.2347263	0	−1.2	4	4.75	5.5	6.25	7	4

手順 3　データのグラフ化

同様に，【グラフ】▶【箱ひげ図】から 層別して要約... を選び，層別変数に A を指定すると図 2.6 の箱ひげ図が表示される．A による効果（店による違い）がありそう である．

```
> boxplot(uriage~A, ylab="uriage", xlab="A", data=rei21)
```

【グラフ】▶【ドットチャート...】を選択し，OK を左クリックすると，図 2.7 のドットチャートが表示される．この図からも，A による効果がありそうとわかる．

```
> stripchart(uriage ~ A, vertical=TRUE, method="stack", xlab="A",
  ylab="uriage", data=rei21)
```

また，【グラフ】▶【平均のプロット...】を選択し，OK を左クリックすると，図 2.8 の平均のプロットが表示される．

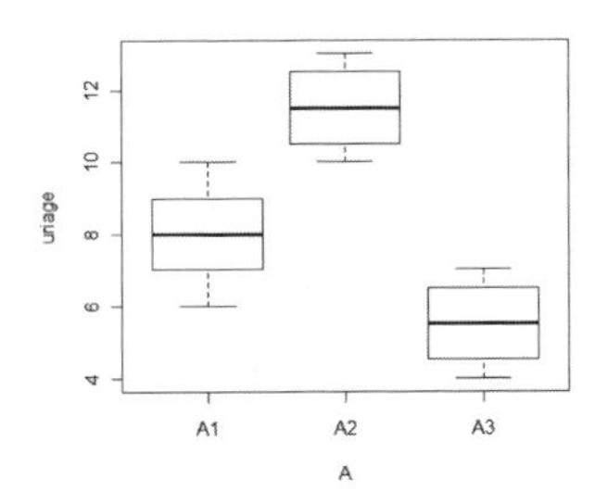

図 2.6 箱ひげ図

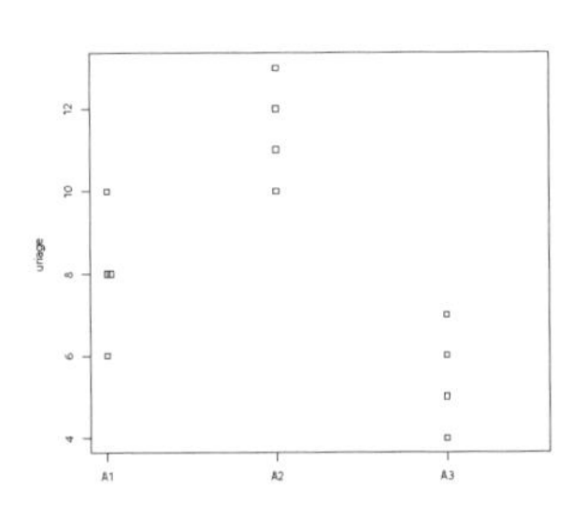

図 2.7 ドットチャート

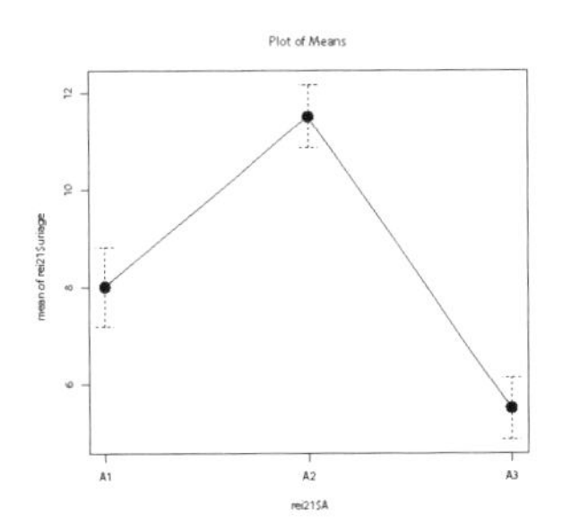

図 2.8 平均のプロット

```
> plotMeans(rei21$uriage, rei21$A, error.bars="se")
```

(1) 分散分析

手順 1　モデル化：線形モデル（データの構造）

売上げ高に効いている要因を見出し，その推定・予測を行うために，モデル（1 元配置の分散分析のモデル）を設定してその有効性をみる．そこで，【データ】▶【モデルへの適合】▶【線形モデル...】を選択し，図 2.9 のダイアログボックスで，モデル式：左側のボックスに上のボックスより uriage を選択しダブルクリックにより代入し，右側のボックスに上側のボックスより A を選択しダブルクリックにより A を代入する．そして，OK を左クリックすると，次の出力結果が表示される．

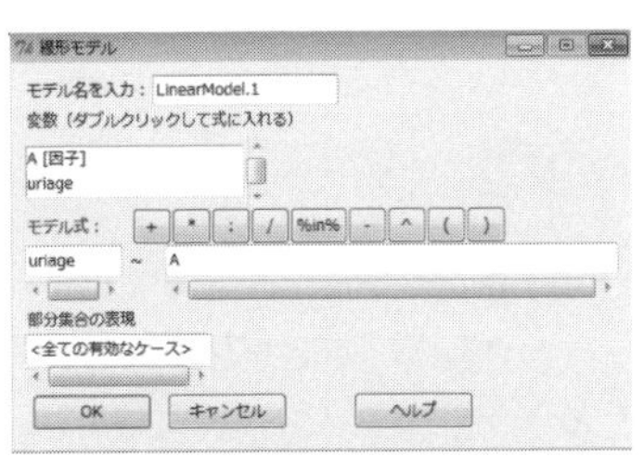

図 2.9 ダイアログボックス

```
> LinearModel.1 <- lm(uriage ~ A, data=rei21)
#売上げ高を目的変数，A を説明変数等とする回帰モデルを
> summary(LinearModel.1)
Call:
lm(formula = uriage ~ A, data = rei21)
Residuals:
   Min      1Q Median      3Q     Max
 -2.00  -0.75   0.00   0.75   2.00
```

```
Coefficients:
            Estimate Std. Error t value Pr(>|t|)
(Intercept)   8.0000     0.7071   11.31 1.27e-06 ***
A[T.A2]       3.5000     1.0000    3.50  0.00672 **
A[T.A3]      -2.5000     1.0000   -2.50  0.03386 *
---
Signif. codes:  0 '***' 0.001 '**' 0.01 '*' 0.05 '.' 0.1 ' ' 1
Residual standard error: 1.414 on 9 degrees of freedom
Multiple R-squared: 0.8015,Adjusted R-squared: 0.7574
F-statistic: 18.17 on 2 and 9 DF,  p-value: 0.0006922
```

この結果は以下の出力内容に対応している.

$$y = 8.0000 + 3.5A2 - 2.50000A3$$

y は売上げ高を表している.

表 2.5 出力内容

項目	推定値	標準誤差	t 値	p 値	記号表示
(定数項)	8.0000	0.7071	11.31	1.27e−06	* * *
A[T.A2]	3.5000	1.0000	3.50	0.00672	**
A[T.A3]	−2.5000	1.0000	−2.50	0.03386	*

なお, $e - 06$ は, $\times 10^{-6}$ を意味する.

手順 2 モデルの検討：分散分析表の作成と要因効果の検定

【モデル】▶【仮説検定】▶【分散分析表...】を選択し, 図 2.10 のダイアログボックスで, OK を左クリックすると, 次の出力結果が表示される. Type II は通常の分散分析表を表示する.

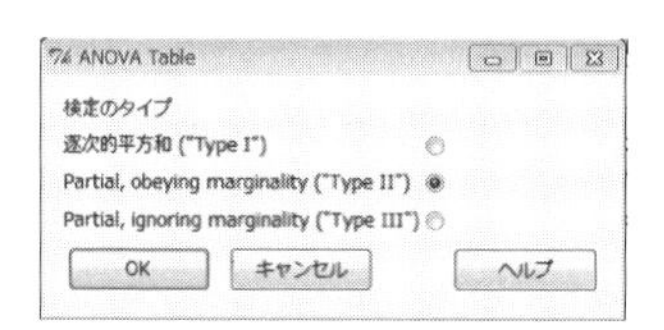

図 2.10 ダイアログボックス

```
> Anova(LinearModel.1, type="II")
Anova Table (Type II tests)
Response: uriage   # 特性値が uriage
          Sum Sq Df F value    Pr(>F)     # 平方和  自由度  F 値  p 値
A         72.667  2  18.167 0.0006922 ***
Residuals 18.000  9   #  残差
---
Signif. codes:  0 '***' 0.001 '**' 0.01 '*' 0.05 '.' 0.1 ' ' 1
```

上記の出力結果は以下の表 2.6 に対応している.

表 2.6 出力結果

	Sum Sq	Df	F value	Pr(>F)	
A	72.667	2	18.167	0.0006922	* * *
Residuals	18.00	9			

$F(2, 9; 0.05) = 4.256$, $F(2, 9; 0.01) = 8.022$, $F(2, 9; 0.001) = 16.387$

出力の内容

- Sum Sq(Sum of Squares)：平方和，• Df(Degree of freedom)：自由度，
- F value：F_0（エフ）値，• Pr(>F)：p 値，Residuals：残差，

***：0.1%で有意である．**：1%で有意である．*：5%で有意である．ことを表している．

売上げ高に関して A（店舗による違い）が 0.1%で有意である．つまり，店舗による違いは売上げ高に大いに影響している．

(2) 分散分析後の推定・予測

手順 1　データの構造式

分散分析の結果から，データの構造式として，$x = \mu + a_i + \varepsilon_{ij}$ を考える．

(a) 基本的診断

【モデル】▶【グラフ】▶【基本的診断プロット...】とクリックすると，図 2.11 の診断プロットが表示される．なお，左上の図は予測値と残差の散布図であり，異常に残差の大きな点はなさそうである．右上の図は，累積割合（比率）に対する標準化された残差の正規 Q-Q プロットであり，正規分布からのずれ具合（直線からのずれ具合）を見ることができる．特にずれた点はなさそうである．左下の図は，予測値と標準化された残差の絶対値の平方根の散布図で，特に大きな値はなく問題なさそうである．右下の図は，各水準での標準化された残差の値で特に外れた値の点はなさそうである．以上より，大体，このモデルを当てはめて問題なさそうである．

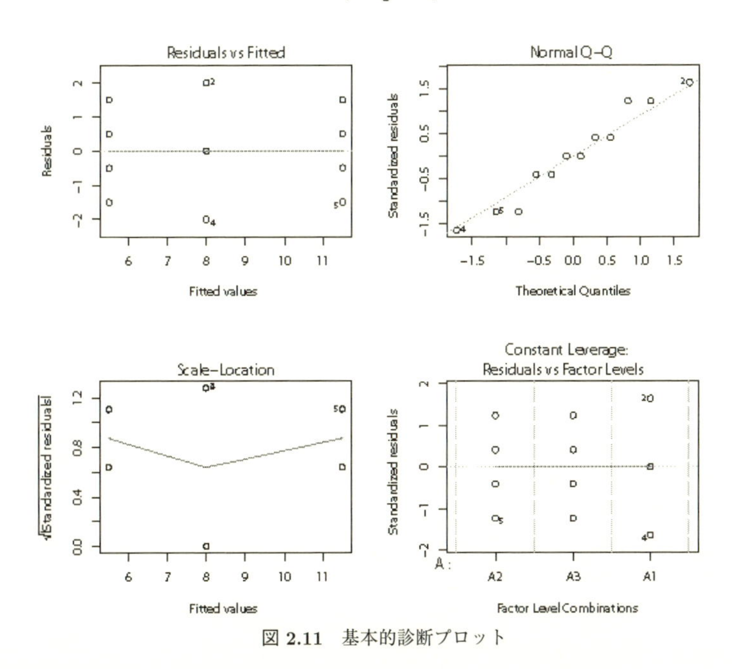

図 **2.11**　基本的診断プロット

```
> oldpar <- par(oma=c(0,0,3,0), mfrow=c(2,2))
> plot(LinearModel.1)
> par(oldpar)
```

(b) 効果プロット

【モデル】▶【グラフ】▶【効果プロット】とクリックすると，図 2.12 の効果プロットが表示される．A による効果が見られる．

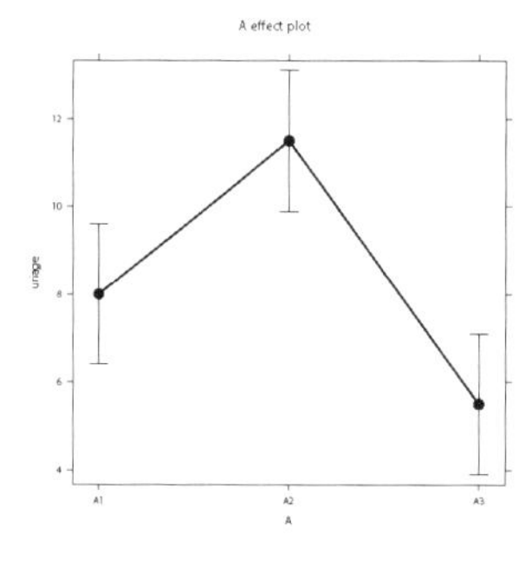

図 2.12 効果プロット

```
> trellis.device(theme="col.whitebg")
> plot(allEffects(LinearModel.1), ask=FALSE)
```

手順 2 推定・予測

以下のように推定・予測を行う．最適な A の水準（店）の推定とその店での売上げ高の予測，店 A1 との売上げ高の差の推定，また今後の最適な店 A での売上げ高の予測区間などを具体的に計算する．

(a) 分散の推定

p.22 の出力ウィンドウの Anova Table より

```
> VE=18/9;fE=9 # SA=72.667, 残差（誤差）平方和 SE=18, 自由度 fE=9
> VE  #(=2)  誤差分散
```

(b) 最適水準（最も売上げ高の大きい水準）の決定と母平均の推定

1 点推定（A について母平均の推定が最大となるのは以下より A_2 水準）

```
> MA1=(8+10+8+6)/4;MA2=(10+12+13+11)/4;MA3=(5+6+4+7)/4
> MA1;MA2;MA3 #(=8,11.5,5.5) 各水準での母平均の推定値
> MAX=MA2 #(=11.5)
```

②区間推定（実際の最適な水準での売上げ高を信頼区間を求める）

```
> kei=1/4;VHe=kei*VE #(=0.5) (=1/ne=1/4, 推定値の分散の推定値)
> haba=qt(0.975,fE)*sqrt(VHe) #(=1.60)  区間幅
# qt(0.975,fE) は自由度 fE の t 分布の下側 97.5 %点
> sita=MAX-haba;ue=MAX+haba
> sita;ue
[1] 9.900413  #下側信頼限界
[1] 13.09959  #上側信頼限界
```

(c) 2 つの母平均の差の推定

①差の点推定（最適水準と現状との差の推定）

```
> sa=MA2-MA1;sa
[1] 3.5
```

②区間推定（実際の現状と最適な水準での売上げ高の差の信頼区間を求める）

```
> keid=1/4+1/4;VHsa=keid*VE  #(=1) (=1/nd=1/ne1+1/ne2, 差の分散の推定値)
> habasa=qt(0.975,9)*sqrt(VHsa) #(=2.262) 差の区間幅
> sitasa=sa-habasa;uesa=sa+habasa
```

```
> sitasa;uesa
[1] 1.237843  #差の下側信頼限界
[1] 5.762157  #差の上側信頼限界
```

(d) データの予測（最適水準での）

①点予測（最適な水準での将来での売上げ高を推定する）

```
> yosoku=MA2;yosoku
[1] 11.5
```

②予測区間（予測する売上げ高の信頼区間を求める）

```
> keiyo=1+1/4;VHyo=keiyo*VE #(2.5) (=1+1/ne, 予測値の分散の推定値)
> habayo=qt(0.975,fE)*sqrt(VHyo) #(=3.577) データ予測の区間幅
> sitayo=yosoku-habayo;ueyo=yosoku+habayo
> sitayo;ueyo
[1] 7.923215      #予測の下側信頼限界
[1] 15.07678      #予測の上側信頼限界
```

演習 2-1　小学校 1 年生から 6 年生まで，各学年からランダムに 5 人ずつ選び，50 メートル走のタイムをとったところ以下の表 2.7 のデータが得られた．学年による違いがあるか検討せよ．

表 2.7　50 メートル走のタイム（単位：秒）

学年＼人	1	2	3	4	5
1 年生	11.3	12.4	15.5	13.6	12.4
2 年生	12.3	13.4	11.5	11.6	10.8
3 年生	9.2	10.4	8.6	9.8	10.7
4 年生	9.5	8.4	9.8	10.4	7.8
5 年生	8.4	7.5	8.6	7.9	8.3
6 年生	7.8	8.5	7.6	7.2	7.5

演習 2-2　以下の表 2.8 は 3 種類の 1500 cc の乗用車を繰返し 4 回走行し，その 1ℓ あたりの走行距離（燃費）を計測したものである．車種による違いがあるか分散分析せよ．

表 2.8　走行距離（燃費）（単位：km/ℓ）

車種＼繰返し	1	2	3	4
A	8	9	7	6
B	12	11	13	12
C	9	10	9	8

2.1.2　繰返し数が異なる場合

実際のモデルは各水準での繰返し数が異なるだけなので，添え字 j の範囲と要因の制約条件を変更すればよい．そこで，データの構造式は以下のようになる．

データの構造式

(2.37)　データ ＝ 総平均＋ A_iの主効果＋誤差

(2.38)　$$x_{ij} = \mu + a_i + \varepsilon_{ij} (i = 1, \ldots, \ell \,;\, j = 1, \ldots, r_i)$$

μ：一般平均（全平均）(grand mean),

a_i：要因 A の主効果 (main effect), $\sum_{i=1}^{\ell} r_i a_i = 0$

ε_{ij}：誤差は互いに独立に正規分布 $N(0, \sigma^2)$ に従う.

$$\mu = \frac{\sum r_i a_i^2}{\sum r_i}, \quad a_i = \mu_i - \mu, \quad N = r_1 + \cdots + r_\ell：総データ数$$

演習 2-3　以下の表 2.9 は子供を 3 通りの教授法 A, B, C で授業し，その結果の成績（10 点満点）である．分散分析せよ．

表 2.9　成績（単位：点）

教授法＼子供	1	2	3	4	5
A	8	6	5	6	4
B	3	3	5	8	
C	9	10	8	8	7

演習 2-4　以下の表 2.10 は各水準での繰返し数が異なる実験で温度を 4 水準としたときの収率データである．分散分析せよ．

表 2.10　収率（単位：%）

温度＼繰返し	1	2	3	4	5
A	68	70	65	66	64
B	77	83	75	78	
C	89	91	88	86	87
D	79	80	81	78	82

2.2　2 元 配 置 法

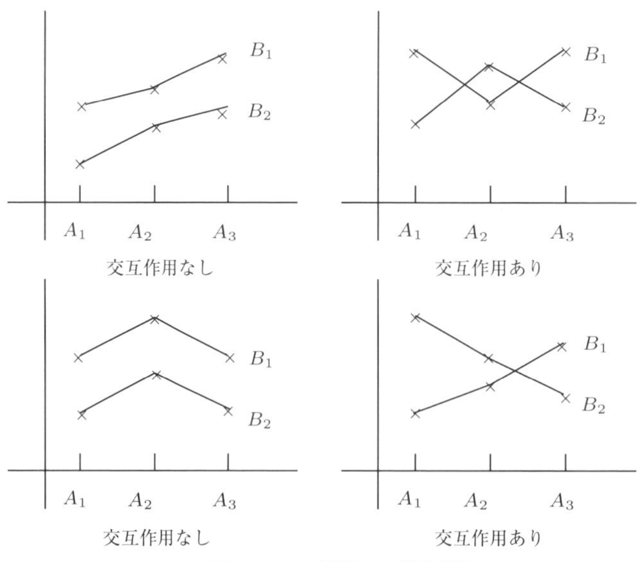

図 2.13　2 元配置での効果確認のグラフ

ある特性値に対して影響をもつと思われる 2 個の因子 A, B を取り上げ，その水準として

$A_1, \ldots, A_\ell$; $B_1, \ldots, B_m$ を選んで実験し，影響を調べるのが 2 元配置法での実験である．水準でなく，条件や処理方法を考えてもよい．例えば，スーパーの売上げ高を売り場面積と場所による 2 つの要因を考えるときどちらがより効いているのか，また効いているなら最適条件（最も売上げ高の高い水準）はいくらか，その水準のもとでの売上げ高の推定と予測はいくらになるか．さらにはある水準との売上げ高の差はいくらになるかを知りたいときに行う．同様に，子供の成績を教授法と学年で調べる場合，人の物への反応時間を色と形の違いで調べる場合，ある化学反応の量を温度と圧力で調べる場合といった様々な状況が考えられる．このように，2 つの因子の影響を同時に調べたいときに用いられる手法である．**交互作用** (interaction) とは 2 因子以上がある場合，一方の因子の水準に対し，他方の因子の水準が異なると特性に違いが生じるような特定の水準の組合せで生じる効果である．例えば，売上げ高が場所による違いに加え，売り場面積が異なることが場所によってさらに異なるような場合である．各水準で繰返しがある場合とない場合で，交互作用が検討できる場合とできない場合に分かれる．以下では繰返しのある場合とない場合に分けて考察を進めよう．なお繰返し数は各水準で等しいとする．その場合，実験の順序は各因子および繰返しも含めて完全にランダムに行う．もし繰返し数が異なると，この分析手順が適用できない．また，そこで因子 A の効果が因子 B の水準によって異なる場合やその逆の場合には交互作用が存在する．主効果，交互作用効果のいろいろな組合せについて特性値のグラフを描くことにより，効果の有無の目安となる．図 2.13 のようにいくつかの代表的なグラフがあり，その見方として，以下のような場合に着目するとよい．

①グラフが上下平行なら，交互作用はない．

②グラフが交差したり，平行でないときには交互作用が存在する．

2.2.1 繰返しありの場合

表 2.11　2 元配置法のデータ（繰返しあり）

A の水準 ＼ B の水準	B_1	B_2	$\cdots$	B_m	計	平均
A_1	x_{111} $\vdots$ x_{11r}	x_{121} $\vdots$ x_{12r}	$\cdots$ $\ddots$ $\cdots$	x_{1m1} $\vdots$ x_{1mr}	$x_{1\cdot\cdot}$	$\overline{x}_{1\cdot\cdot} = T_{1\cdot\cdot}$
A_2	x_{211} $\vdots$ x_{21r}	x_{221} $\vdots$ x_{22r}	$\cdots$ $\ddots$ $\cdots$	x_{2m1} $\vdots$ x_{2mr}	$x_{2\cdot\cdot}$	$\overline{x}_{2\cdot\cdot} = T_{2\cdot\cdot}$
$\vdots$	$\vdots$	$\vdots$	$\ddots$	$\vdots$	$\vdots$	$\vdots$
A_ℓ	$x_{\ell 11}$ $\vdots$ $x_{\ell 1r}$	$x_{\ell 21}$ $\vdots$ $x_{\ell 2r}$	$\cdots$ $\ddots$ $\cdots$	$x_{\ell m1}$ $\vdots$ $x_{\ell mr}$	$x_{\ell\cdot\cdot}$	$\overline{x}_{\ell\cdot\cdot} = T_{\ell\cdot\cdot}$
計	$x_{\cdot 1\cdot}$	$x_{\cdot 2\cdot}$	$\cdots$	$x_{\cdot m\cdot}$	$x_{\cdots} = T$	
平均	$\overline{x}_{\cdot 1\cdot}$	$\overline{x}_{\cdot 2\cdot}$	$\cdots$	$\overline{x}_{\cdot m\cdot}$		$\overline{x}_{\cdots} = \overline{\overline{x}}$

次に，実際のモデルは以下のように仮定する．そして，図 2.14 のように要因効果について検定しながら，当てはまりの良いモデルを求める．そして，そのモデルのもとで，推定・予測等を行う．

手順 1　データの構造式

(2.39)　データ ＝ 総平均＋ A_iの主効果＋ B_jの主効果 ＋ A_iと B_jの交互作用 ＋ 誤差

(2.40)　$$x_{ij} = \mu + a_i + b_j + (ab)_{ij} + \varepsilon_{ijk}\ (i = 1, \ldots, \ell; j = 1, \ldots, m; k = 1, \ldots, r)$$

μ：一般平均（全平均）(grand mean)，a_i：要因 A の主効果 (main effect)，$\displaystyle\sum_{i=1}^{\ell} a_i = 0$

b_j：要因 B の主効果 (main effect)，$\displaystyle\sum_{j=1}^{m} b_j = 0$

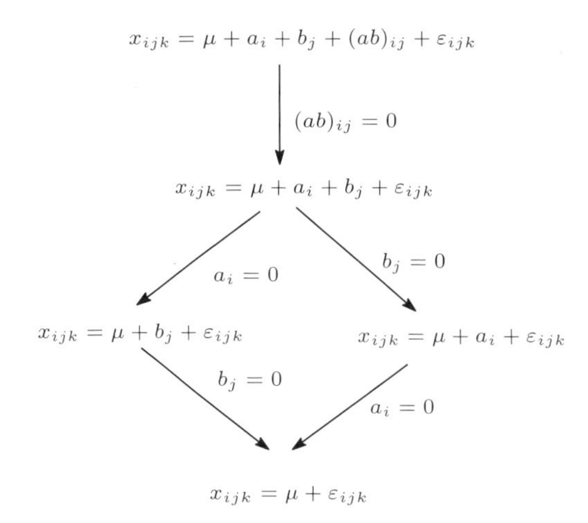

図 2.14　2 元配置分散分析でのモデル

$(ab)_{ij}$：要因 A と要因 B の**交互作用** (interaction)（因子の組合せの効果），

$\sum_{i=1}^{\ell}(ab)_{ij} = \sum_{j=1}^{m}(ab)_{ij} = 0$，$\varepsilon_{ijk}$：誤差は互いに独立に正規分布 $N(0, \sigma^2)$ に従う．

このモデルの構造式を出発点として，モデルを限定する流れとしては，例えば図 2.14 のような流れを考えることができる．

以下で 1 元配置法の場合と同様に，

手順 2　平方和の分解，(a) 平方和の計算，(b) 自由度の計算

を行い，

手順 3　分散分析表の作成

を行うと表 2.12 のような分散分析表になる．

表 2.12　分散分析表（繰返しあり）

要因	平方和 (S)	自由度 (ϕ)	平均平方 (MS)	F_0	$E(V)$
A	S_A	$\phi_A = \ell - 1$	$V_A = \dfrac{S_A}{\phi_A}$	$\dfrac{V_A}{V_E}$	$\sigma^2 + mr\sigma_A^2$
B	S_B	$\phi_B = m - 1$	$V_B = \dfrac{S_B}{\phi_B}$	$\dfrac{V_B}{V_E}$	$\sigma^2 + \ell r\sigma_B^2$
$A \times B$	$S_{A\times B}$	$\phi_{A\times B} = (\ell - 1)(m - 1)$	$V_{A\times B} = \dfrac{S_{A\times B}}{\phi_{A\times B}}$	$\dfrac{V_{A\times B}}{V_E}$	$\sigma^2 + r\sigma_{A\times B}^2$
E	S_E	$\phi_E = \ell m(r - 1)$	$V_E = \dfrac{S_E}{\phi_E}$		σ^2
計	S_T	$\phi_T = \ell mr - 1$			

$F(\phi_A, \phi_E; 0.05)$，$F(\phi_A, \phi_E; 0.01)$ の値も記入しておけば検定との対応もつき便利である．

なお，$\sigma_A^2 = \dfrac{\sum_{i=1}^{\ell} a_i^2}{\ell - 1}$，$\sigma_B^2 = \dfrac{\sum_{j=1}^{m} b_j^2}{m - 1}$，および $\sigma_{A\times B}^2 = \dfrac{\sum_{i=1}^{\ell}\sum_{j=1}^{m}(ab)_{ij}^2}{(\ell - 1)(m - 1)}$ である．

手順 4　平均平方 (MS：mean square)，不偏分散 (V：unbiased variance) の期待値

各因子を固定したときの実験回数が分散にかかってくる．つまり，以下が成立する．

(2.41)　$E(V_A) = \sigma^2 + mr\sigma_A^2,\ E(V_B) = \sigma^2 + \ell r\sigma_B^2,\ E(V_{A\times B}) = \sigma^2 + r\sigma_{A\times B}^2,$
$E(V_E) = \sigma^2$

各対応する因子（ここでは A）の水準を固定したときのデータ数（ここでは mr）が係数になると覚えれば良いだろう．

手順 5　要因効果の検定

要因として 3 つあるので，対応して検定（仮説）も考えられる．

- A と B の交互作用 $A \times B$ の水準間の差の有無の検定は以下のような式で表せる．

(2.42)
$$\begin{cases} H_0\colon (ab)_{11} = (ab)_{12} = \cdots = (ab)_{\ell m} = 0 & \iff \text{差がない（帰無仮説）} \\ H_1\colon \text{少なくとも 1 つの } (ab)_{ij} \neq 0 & \iff \text{差がある（対立仮説）} \end{cases}$$

(2.43)
$$H_0\colon (ab)_{11} = (ab)_{12} = \cdots = (ab)_{\ell m} = 0 \iff H_0\colon \sigma_{A\times B}^2 = 0$$

である．他の交互作用，主効果の場合も同様である．

手順 6　プーリング

例えば，交互作用 $A \times B$ が効果がないか，または無視できると考えられるとき，要因を誤差とみなして，その平方和と自由度を誤差平方和と誤差自由度に加えこむことをプーリング (pooling) またはプールするという．そして新しい誤差平方和と誤差自由度を用いて分散分析表を作り直す．なお，プーリングの目安として F_0 値が 2 以下であるか，有意水準が 20 %のときに有意でない場合にその要因をプールする．因子を絞り込もうとする実験では主効果をプールすることもある．ただし，交互作用をプールしない場合は，含まれる主効果はプールしない．

(2) 分散分析後の推定・予測

分析によってデータの構造式がわかるとその構造式に基づいて，推定・予測等が行われる．

因子の水準間に有意な差が認められる場合には各水準ごとに母平均の推定を行ったり，水準間の母平均の差の推定を行う．また最適条件を求める．1) 交互作用があると考えられる場合と 2) そうでない場合で異なるため，場合分けして行う．ここでは 2) の場合に絞って考えてみよう．

主効果 A, B があり，交互作用 $A \times B$ が存在しないと考えられる場合

手順 1　データの構造式

(2.44)
$$x_{ij} = \mu + a_i + b_j + \varepsilon_{ijk}$$

がデータの構造式と考えられる．そこで，A，B 別々に最適水準を求めてよい．

手順 2　推定・予測

(a) 誤差分散の推定

①点推定

(2.45)
$$\widehat{\sigma^2} = V_{E'} = \frac{S_E + S_{A\times B}}{\phi_E + \phi_{A\times B}} = \frac{S_{E'}}{\phi_{E'}}$$

なお，E'：プール後の誤差，$A \times B$：無視できる要因

(b) 母平均の推定

水準の組合せ A_iB_j の母平均 $\mu(A_iB_j)$ の推定

①点推定

(2.46)
$$\begin{aligned} \widehat{\mu}(A_iB_j) &= \widehat{\mu + a_i + b_j} = \widehat{\mu + a_i} + \widehat{\mu + b_j} - \widehat{\mu} \\ &= \overline{x}(A_i) + \overline{x}(B_j) - \overline{\overline{x}} = \overline{x}_{i\cdot\cdot} + \overline{x}_{\cdot j\cdot} - \overline{\overline{x}} = \frac{T_{i\cdot\cdot}}{mr} + \frac{T_{\cdot j\cdot}}{\ell r} - \frac{T_{\cdots}}{\ell mr} \end{aligned}$$

②区間推定

(2.47)
$$\mu(A_iB_j)_L, \mu(A_iB_j)_U = \widehat{\mu}(A_iB_j) \pm t(\phi_{E'}, \alpha)\sqrt{\frac{V_{E'}}{n_e}}$$

ただし，n_e は有効反復数といわれ，以下の伊奈の式または田口の式から求める．

$$\frac{1}{n_e} = (\text{母平均の推定においてデータの合計にかかる係数の和}) = \frac{1}{mr} + \frac{1}{\ell r} - \frac{1}{\ell mr} \quad (\text{伊奈の式}) \tag{2.48}$$

$$\frac{1}{n_e} = \frac{\text{無視しない要因の自由度の和} + 1}{\text{実験総数}} = \frac{\ell - 1 + m - 1 + 1}{\ell mr} = \frac{1}{N} + \frac{\text{無視しない要因の自由度の和} + 1}{N} \quad (\text{田口の式}) \tag{2.49}$$

公式

- 母平均の推定

①点推定値 $\widehat{\mu}(A_iB_j) = \overline{x}(A_i) + \overline{x}(B_j) - \overline{\overline{x}} = \overline{x}_{i\cdot\cdot} + \overline{x}_{\cdot j\cdot} - \overline{\overline{x}} = \dfrac{T_{i\cdot\cdot}}{mr} + \dfrac{T_{\cdot j\cdot}}{\ell r} - \dfrac{T_{\cdot\cdot\cdot}}{\ell mr}$

②信頼区間 $\widehat{\mu}(A_iB_j) \pm t(\phi_{E'}, \alpha)\sqrt{\dfrac{V_{E'}}{n_e}}$

(c) 母平均の差の推定

2つの水準組合せ A_iB_j と $A_{i'}B_{j'}$ の間の母平均の差 $\mu(A_iB_j) - \mu(A_{i'}B_{j'})$ の推定

①点推定

$$\widehat{\mu(A_iB_j) - \mu(A_{i'}B_{j'})} = \widehat{\mu}(A_iB_j) - \widehat{\mu}(A_{i'}B_{j'}) \tag{2.50}$$

$$= \widehat{\mu + a_i + b_j} - \widehat{\mu + a_{i'} + b_{j'}} = \overline{x}(A_i) + \overline{x}(B_j) - \overline{\overline{x}} - (\overline{x}(A_{i'}) + \overline{x}(B_{j'}) - \overline{\overline{x}})$$

$$= (\overline{x}_{i\cdot\cdot} + \overline{x}_{\cdot j\cdot} - \overline{\overline{x}}) - (\overline{x}_{i'\cdot\cdot} + \overline{x}_{\cdot j'\cdot} - \overline{\overline{x}}) \quad (i \neq i', j \neq j')$$

$$= \overline{x}_{i\cdot\cdot} + \overline{x}_{\cdot j\cdot} - (\overline{x}_{i'\cdot\cdot} + \overline{x}_{\cdot j'\cdot}) = \frac{x_{i\cdot\cdot}}{mr} + \frac{x_{\cdot j\cdot}}{\ell r} - \left(\frac{x_{i'\cdot\cdot}}{mr} + \frac{x_{\cdot j'\cdot}}{\ell r}\right)$$

②信頼度 $1 - \alpha$ の信頼限界

$$\{\mu(A_iB_j) - \mu(A_{i'}B_{j'})\}_L, \{\mu(A_iB_j) - \mu(A_{i'}B_{j'})\}_U = \widehat{\mu}(A_iB_j) - \widehat{\mu}(A_{i'}B_{j'}) \pm t(\phi_{E'}, \alpha)\sqrt{\frac{V_{E'}}{n_d}} \tag{2.51}$$

である．手順として母平均の差の推定式について，共通の項を消去する．分散は独立な変数の和については，個々の分散の和となる．そして，それぞれの式において残った項について，伊奈の式を適用して，有効反復数 n_{e_1}, n_{e_2} を求める．n_d を次式より求める．

$$\frac{1}{n_d} = \frac{1}{n_{e_1}} + \frac{1}{n_{e_2}} \tag{2.52}$$

公式

- 母平均の差の推定

①点推定値 $\widehat{\mu(A_iB_j) - \mu(A_{i'}B_{j'})} = \overline{x}_{i\cdot\cdot} + \overline{x}_{\cdot j\cdot} - (\overline{x}_{i'\cdot\cdot} + \overline{x}_{\cdot j'\cdot})(i \neq i', j \neq j')$

②信頼区間 $\widehat{\mu(A_iB_j) - \mu(A_{i'}B_{j'})} \pm t(\phi_{E'}, \alpha)\sqrt{\dfrac{V_{E'}}{n_d}}$

差をとる2つの母平均の推定量に共通項がある場合，差をとることで消去できれば，独立になる．この場合には共通項がないため，それぞれに伊奈の式を適用して

$$\frac{1}{n_d} = \frac{1}{n_{e_1}} + \frac{1}{n_{e_2}} \tag{2.53}$$

$$\text{(2.54)}\quad \frac{1}{n_{e_1}} = (\text{点推定の式に用いられている係数の和}) = \frac{1}{mr} + \frac{1}{\ell r} = \frac{\ell + m}{\ell mr}$$

$$\text{(2.55)}\quad \frac{1}{n_{e_2}} = (\text{点推定の式に用いられている係数の和}) = \frac{1}{mr} + \frac{1}{\ell r} = \frac{\ell + m}{\ell mr}$$

より，

$$\text{(2.56)}\quad \frac{1}{n_d} = \frac{2(\ell + m)}{\ell mr}$$

となり，同じ式になる．

(d) データの予測

①点予測

$$\text{(2.57)}\quad \begin{aligned}\widehat{x} &= \widehat{x}(A_iB_j) = \widehat{\mu}(A_iB_j) = \widehat{\mu + a_i + b_j} = \widehat{\mu + a_i} + \widehat{\mu + b_j} - \widehat{\mu} \\ &= \overline{x}(A_i) + \overline{x}(B_j) - \overline{\overline{x}} = \overline{x}_{i..} + \overline{x}_{.j.} - \overline{\overline{x}}\end{aligned}$$

②信頼度 $1-\alpha$ の信頼限界

$$\text{(2.58)}\quad x_L, x_U = \overline{x}_{ij.} \pm t(\phi_{E'}, \alpha)\sqrt{\left(1 + \frac{1}{n_e}\right) V_{E'}}$$

公式

- データの予測

①点予測　$\widehat{x}(A_iB_j) = \overline{x}(A_i) + \overline{x}(B_j) - \overline{\overline{x}} = \widehat{\mu}(A_iB_j) = \overline{x}_{i..} + \overline{x}_{.j.} - \overline{\overline{x}}$

②予測区間 $\widehat{x}(A_iB_j) \pm t(\phi_{E'}, \alpha)\sqrt{\left(1 + \dfrac{1}{n_e}\right) V_{E'}}$

例題 2-2

以下の売り場の単位面積 (m^2) 当たりの売上げ高の上期と下期の 2 回のデータから，スーパー 3 店 (A，B，C) の違いと地区（東京，名古屋，大阪，福岡）による違いの売上げ高への影響について検討し，最適条件（特性値の売上げ高が最も高い水準）での推定を行え．

表 2.13　売上げ高（単位：万円 /m^2）

地区＼スーパー	東京		名古屋		大阪		福岡	
	上期	下期	上期	下期	上期	下期	上期	下期
A	9	12	5	4	12	11	6	7
B	8	9	6	5	9	10	6	8
C	11	10	7	6	12	11	9	8

《**R**（コマンダー）による解析》

(0) 予備解析

手順 1　データの読み込み

【データ】▶【データのインポート】▶【テキストファイルまたはクリップボード，URL から...】を選択し，ダイアログボックスで，フィールドの区切り記号としてカンマにチェックをいれて，[OK] を左クリックする．フォルダからファイルを指定後，[開く (O)] を左クリックし，[データセットを表示] をクリックすると，図 2.15 のようにデータが表示される．

```
>rei22<-read.table("C:rei22.csv",
header=TRUE, sep=",", na.strings="NA", dec=".", strip.white=TRUE)
>showData(rei22, placement='-20+200', font=getRcmdr('logFont'),
 maxwidth=80, maxheight=30)
```

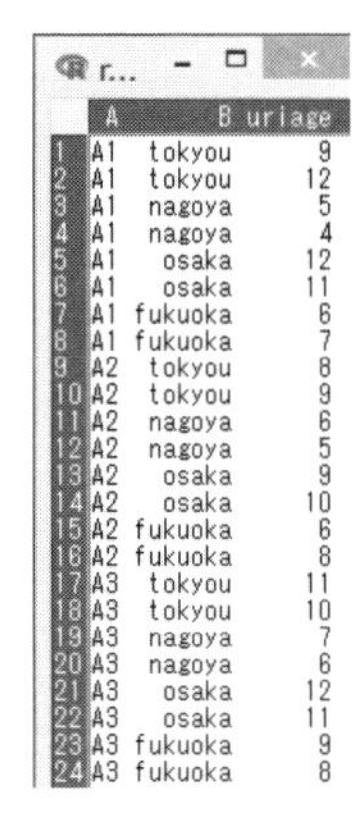

	A	B	uriage
1	A1	tokyou	9
2	A1	tokyou	12
3	A1	nagoya	5
4	A1	nagoya	4
5	A1	osaka	12
6	A1	osaka	11
7	A1	fukuoka	6
8	A1	fukuoka	7
9	A2	tokyou	8
10	A2	tokyou	9
11	A2	nagoya	6
12	A2	nagoya	5
13	A2	osaka	9
14	A2	osaka	10
15	A2	fukuoka	6
16	A2	fukuoka	8
17	A3	tokyou	11
18	A3	tokyou	10
19	A3	nagoya	7
20	A3	nagoya	6
21	A3	osaka	12
22	A3	osaka	11
23	A3	fukuoka	9
24	A3	fukuoka	8

図 **2.15**　データの表示（確認）

手順 2　基本統計量の計算

【データ】▶【要約】▶【アクティブデータセット】とクリックすると，次の出力結果が表示される．

```
> summary(rei22)
  A          B          uriage
 A1:8   fukuoka:6   Min.   : 4.000
 A2:8   nagoya :6   1st Qu.: 6.000
 A3:8   osaka  :6   Median : 8.500
        tokyou :6   Mean   : 8.375
                    3rd Qu.:10.250
```

【データ】▶【要約】▶【数値による要約】を選択し，［層別して要約...］をクリックする．さらに，層別変数に A を指定し，［OK］を左クリックし，［OK］を左クリックすると，次の出力結果が表示される．

```
>numSummary(rei22[,"uriage"],groups=rei22$A,statistics=c("mean","sd",
"IQR","quantiles","cv","skewness","kurtosis"),
quantiles=c(0,.25,.5,.75,1),type="2")
mean   sd IQR cv   skewness kurtosis 0 %  25 % 50 % 75 % 100 % data:n
A1 8.250 3.1959 5.50 0.38739  0.013128 -1.8802  4 5.75 8.0 11.25 12 8
A2 7.625 1.7677 3.00 0.23183 -0.274761 -1.3739  5 6.00 8.0  9.00 10 8
A3 9.250 2.1213 3.25 0.22933 -0.314269 -1.2444  6 7.75 9.5 11.00 12 8
```

手順 3　データのグラフ化

● 主効果に関して

【グラフ】▶【平均のプロット...】を選択し，［OK］を左クリックすると，図 2.16 の平均のプロットが表示される．<u>*A* による効果がありそう</u>である．

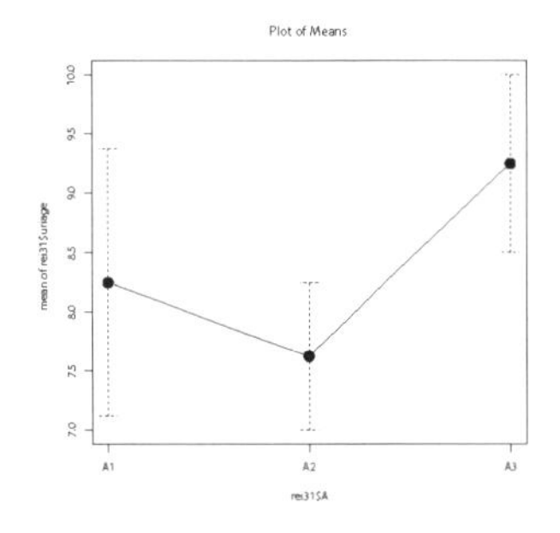

図 **2.16**　平均のプロット

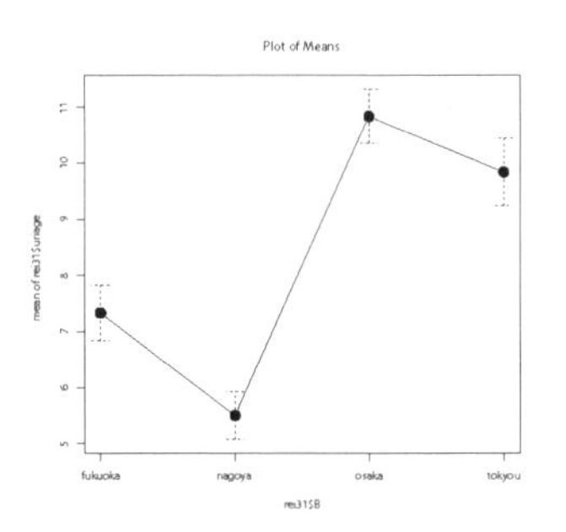

図 **2.17**　平均のプロット

```
> plotMeans(Dataset$uriage, Dataset$A, error.bars="se")
```

同様に，【グラフ】▶【平均のプロット...】を選択し，OK を左クリックすると，図 2.17 の平均のプロットが表示される．地区による効果がありそうである．

```
> plotMeans(Dataset$uriage, Dataset$B, error.bars="se")
```

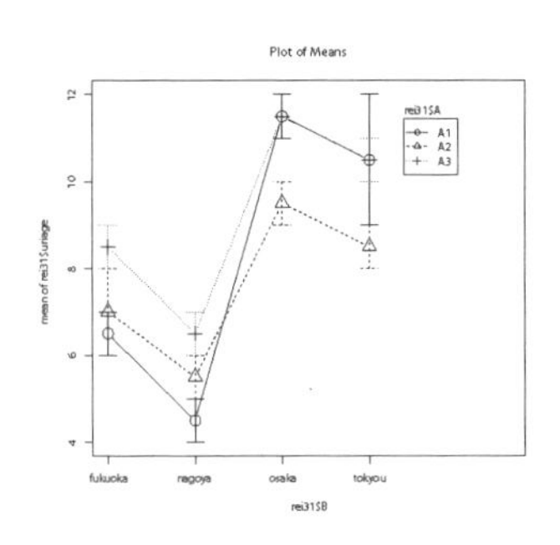

図 **2.18**　平均のプロット

- 交互作用に関して

【グラフ】▶【平均のプロット...】を選択し，ダイアログボックスで，因子として A,B を選び，OK を左クリックすると，図 2.18 の平均のプロットが表示される．A と地区の交互作用はあまりなさそうである．なお，複数の選択をする場合には Ctrl キーを押しながら 指定して左クリックする．

```
> plotMeans(Dataset$uriage, Dataset$B, Dataset$A, error.bars="se")
```

(1) 分散分析

効果をみるためモデルを仮定しそのもとでの推定・予測をするため

手順 1　モデル化：線形モデル（データの構造）

【統計量】▶【モデルへの適合】▶【線形モデル...】を選択し，ダイアログボックスで，モデル式：左側のボックスに上のボックスより uriage を選択しダブルクリックにより代入し，右側のボックスに上側のボックスより A を選択しダブルクリックにより A を代入する．同様にして右側のボックスに A+B+A:B を入力する．そして，OK を左クリックすると，次の出力結果が表示される．

```
> LinearModel.1 <- lm(uriage ~ A + B +A:B, data=rei22)
> summary(LinearModel.1)
Call:
lm(formula = uriage ~ A + B + A:B, data = rei22)
～
A[T.A3]:B[T.tokyou] -2.000e+00  1.384e+00  -1.445 0.174163
---
Signif. codes:  0 '***' 0.001 '**' 0.01 '*' 0.05 '.' 0.1 ' ' 1
Residual standard error: 0.9789 on 12 degrees of freedom
Multiple R-squared:  0.9152,Adjusted R-squared:  0.8375
F-statistic: 11.77 on 11 and 12 DF,  p-value: 8.365e-05
```

手順 2　モデルの検討：分散分析表の作成と要因効果の検定

【モデル】▶【仮説検定】▶【分散分析表...】を選択し，ダイアログボックスで，Type II にチェックをいれ，OK を左クリックすると，次の出力結果が表示される．要因によって平方和（変動）を分解し，その効果を検討するために行う．

```
> Anova(LinearModel.1, type="II")
Anova Table (Type II tests)
Response: uriage
          Sum Sq Df F value    Pr(>F)
A          10.75  2  5.6087   0.01906 *
B         105.12  3 36.5652 2.579e-06 ***
A:B         8.25  6  1.4348   0.27947
Residuals  11.50 12
---
Signif. codes:  0 '***' 0.001 '**' 0.01 '*' 0.05 '.' 0.1 ' ' 1
```

A は5%で有意であり，B は0.1%で有意である．売上げ高に B（地区による違い）が大変影響を与えていて，A（店による違い）も影響を与えている．しかし，交互作用 A×B は有意でなく，p 値も 0.279 と 20 %を越しているため誤差項にプールする．

手順 3　再モデル化：線形モデル（データの構造）

【統計量】▶【モデルへの適合】▶【線形モデル...】を選択し，ダイアログボックスで，モデル式：の右側のボックスで A:B を削除し，A+B とする．そして，OK を左クリックすると，次の出力結果が表示される．

```
> LinearModel.2 <- lm(uriage ~ A + B, data=rei22)
> summary(LinearModel.2)
Call:
lm(formula = uriage ~ A + B, data = rei22)
~
B[T.tokyou]   2.5000     0.6048   4.134 0.000623 ***
Signif. codes:  0 '***' 0.001 '**' 0.01 '*' 0.05 '.' 0.1 ' ' 1
Residual standard error: 1.047 on 18 degrees of freedom
Multiple R-squared:  0.8544,Adjusted R-squared:  0.8139
F-statistic: 21.12 on 5 and 18 DF,  p-value: 5.884e-07
```

手順 4　モデルの再検討：分散分析表の作成と要因効果の検定

【モデル】▶【仮説検定】▶【分散分析表...】を選択し，OK を左クリックすると，次の出力結果が表示される．

```
> Anova(LinearModel.2, type="II")
Anova Table (Type II tests)
Response: uriage
          Sum Sq Df F value    Pr(>F)
A          10.75  2  4.8987   0.02002 *
B         105.12  3 31.9367 2.021e-07 ***
Residuals  19.75 18
---
Signif. codes:  0 '***' 0.001 '**' 0.01 '*' 0.05 '.' 0.1 ' ' 1
```

(2) 分散分析後の推定・予測

手順 1　データの構造式

分散分析の結果からデータの構造式として，以下を考える．

$$x_{ij} = \mu + a_i + b_j + \varepsilon_{ijk}$$

(a) 基本的診断

【モデル】▶【グラフ】▶【基本的診断プロット...】とクリックすると図 2.19 の診断プロットが表示

される．大体，問題なさそう である．

```
> oldpar <- par(oma=c(0,0,3,0), mfrow=c(2,2))
> plot(LinearModel.2)
> par(oldpar)
```

(b) 効果プロット

【モデル】▶【グラフ】▶【効果プロット...】クリックすると図 2.20 の効果プロットが表示される．A, B ともに効果がありそうである．

```
> trellis.device(theme="col.whitebg")
> plot(allEffects(LinearModel.2), ask=FALSE)
```

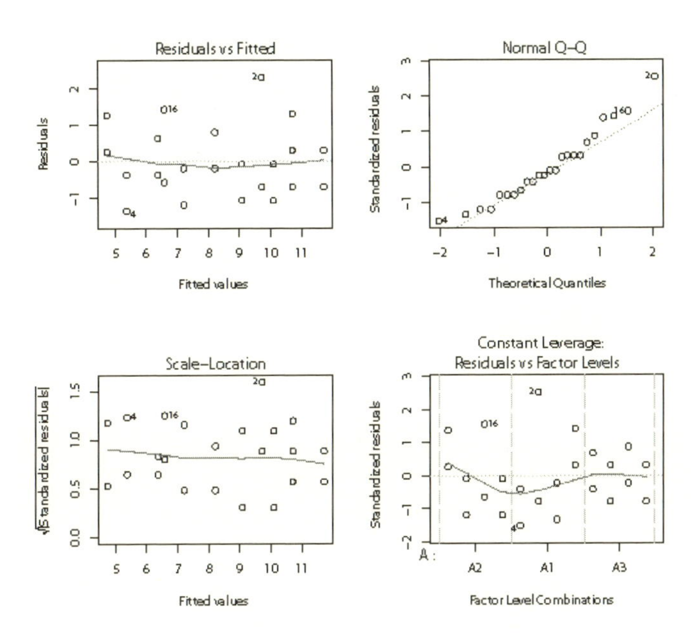

図 **2.19**　基本的診断プロット

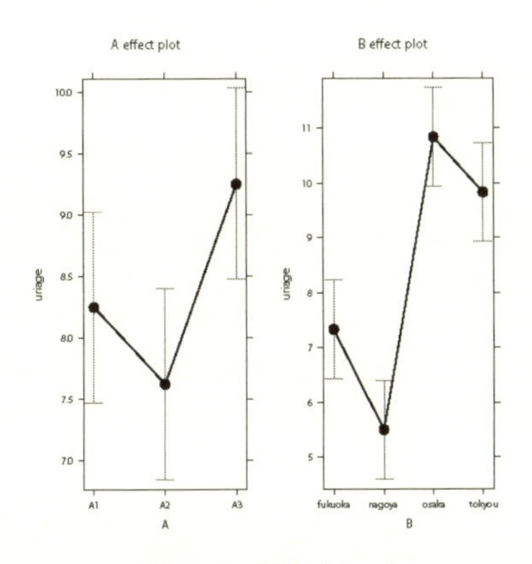

図 **2.20**　効果プロット

手順 **2**　推定・予測

構造式に基づいた推定・予測を行う．つまり，どの地区のどの店が最も売上げ高が高い（最適水準）か，その店での売上げ高の推定と予測を求めたり，ある店との売上げ高の差の推定を行う．

(a) 誤差分散の推定（プール後）

p.34 の出力ウィンドウの Anova Table より

```
>SEP=19.75;fEP=18 #SEP=SE+SAxB;fEP=fE+fAxB プール後の誤差平方和，誤差の自由度
> VEP=SEP/fEP;VEP   #プール後の誤差分散の推定値
[1] 1.097222
```

(b) 最適水準の決定と母平均の推定

①点推定

A について母平均の推定が最大となる水準は A_3 で，B において母平均の推定が最大となる水準は B_3 なので最適水準は A_3B_3 である．

```
> MA3B3=74/8+65/6-201/24;MA3B3 #(MA3B3=MA3+MB3-M)
[1] 11.70833
```

②区間推定

```
> kei=1/8+1/6-1/24;VHe=kei*VEP #(=0.2743) (=1/ne ne:有効繰返し数：分散の推定値)
> haba=qt(0.975,fEP)*sqrt(VHe)  #(=1.100) 区間幅
> sita=MA3B3-haba;ue=MA3B3+haba
> sita;ue
[1] 10.60799  #下側信頼限界
[1] 12.80867  #上側信頼限界
```

(c) 2 つの母平均の差の推定

①差の点推定 MA1B1

```
>MA1B1=66/8+59/6-201/24 #(=9.708)
> sa=MA3B3-MA1B1;sa
[1] 2
```

②差の区間推定

```
> keid=1/8+1/6+1/8+1/6;VHsa=keid*VEP #(=0.6400) (=1/ne+1/ne2, 差の分散の推定値)
> habasa=qt(0.975,fEP)*sqrt(VHsa)  #(=1.681) (=1.100) 差の区間幅
> sitasa=sa-habasa; uesa=sa+habasa
> sitasa; uesa
[1] 0.3192016  #差の下側信頼限界
[1] 3.680798    #差の上側信頼限界
```

(d) データの予測

①点予測

```
> yosoku= MA3B3;yosoku
[1] 11.70833
```

②予測区間

```
> keiyo=1+kei;VHyo=keiyo*VEP #(=1.372) (=1+1/ne, 予測値の分散の推定値)
> habayo=qt(0.975,fEP)*sqrt(VHyo) #(=2.460) 予測の区間幅
```

```
> sitayo=yosoku-habayo;ueyo=yosoku+habayo
> sitayo;ueyo
[1] 9.247896  #下側予測限界
[1] 14.16877  #上側予測限界
```

演習 2-5　以下の表 2.14 は，反応率を圧力（3 水準）と温度（4 水準）によって 3 回ずつ測定した結果である．分散分析により要因の効果を検討せよ．なお反応率は大きいほど良いとする．

表 2.14　反応率（単位：%）

圧力＼温度	B_1			B_2			B_3			B_4		
A_1	80	70	75	65	54	62	58	57	63	68	75	74
A_2	76	68	70	63	64	66	55	57	53	65	68	62
A_3	86	85	84	61	74	72	65	67	61	56	65	66

演習 2-6　以下の表 2.15 は，色（赤，青，黒）と形（円，四角，星型，バツ印）を変えて繰返し 2 回，ランダムにコンピュータに表示させたときの反応時間（ミリ秒）のデータから色，形によって反応時間に差があるかどうか分散分析せよ．

表 2.15　反応時間（単位：ミリ秒）

色＼形	円		四角		星型		バツ印	
赤	45	43	44	43	52	50	35	37
青	65	63	64	68	57	55	45	40
黒	55	52	58	59	50	52	43	42

2.2.2 繰返しなしの場合

繰返しがない場合，データの構造式は以下のようになり，添え字 k は 1 以外をとらない．

$$x_{ijk} = \mu + a_i + b_j + \overbrace{(ab)_{ijk} + \varepsilon_{ijk}}^{\text{交絡}} \ (i = 1, \ldots, \ell\ ;\ j = 1, \ldots, m\ ;\ k = 1) \tag{2.59}$$

そこで $(ab)_{ijk}, \varepsilon_{ijk}$ の添え字は全く同じとなり，データの交互作用 (ab) による部分と誤差 ε による部分を分離することができない．このように 2 つ以上の要因が分離できない形になっているとき，それら 2 つの要因は交絡（こうらく）(confound) しているという．よって，繰返しのない 2 元配置法では，すべての i, j に対して，$(ab)_{ij} = 0$ とみなされる場合で，次のデータの構造式に基づいて推定・予測を行う．

データの構造式

$$\text{データ} = \text{総平均} + A_i\text{の主効果} + B_j\text{の主効果} + \text{誤差} \tag{2.60}$$

$$x_{ijk} = \mu + a_i + b_j + \varepsilon_{ij}\ (i = 1, \ldots, \ell\ ;\ j = 1, \ldots, m) \tag{2.61}$$

μ：一般平均（全平均）(grand mean), a_i：要因 A の**主効果** (main effect, $\sum_{i=1}^{\ell} a_i = 0$)

b_j：要因 B の**主効果** (main effect), $\sum_{j=1}^{m} b_j = 0, \varepsilon_{ij} \sim N(0, \sigma^2)$

演習 2-7　以下の表 2.16 は，学部（工学，経済，教育）と曜日（月〜金）による出席率（%）のデータである．学部，曜日による出席率に差があるかどうか分散分析せよ．

表 2.16　出席率（単位：%）

学部＼曜日	月	火	水	木	金
工学部	85	81	88	90	85
経済学部	75	64	87	75	82
教育学部	82	74	85	90	88

演習 2-8 地域と通勤方法によって通勤時間が異なるか検討することになり，調査したところ以下の表 2.17 のデータが得られた．分散分析せよ．

表 2.17 通勤時間（単位：分）

地区＼方法	電車	バス	自家用車	自転車
A	80	55	45	25
B	40	35	55	20
C	80	60	50	15

2.3 多元配置法

例えば，売上げ高に影響を与える要因として，売り場面積，店舗のある地区，品物の販売価格など 3 つ以上考えることが多い．このように，3 因子以上の完全実施実験配置法を多元配置実験という．ここでは特に 3 元配置実験について取り上げよう．

2.3.1 繰返しがある 3 元配置

手順 1　モデル化（データの構造式）

実際のモデルは以下のように仮定する．

(2.62)　データ = 総平均 + A_iの主効果 + B_jの主効果 + C_kの主効果 + A_iと B_jの交互作用 + A_iと C_kの交互作用 + B_jと C_kの交互作用 + A_iと B_jと C_kの交互作用 + 誤差

(2.63)　$$x_{ijkq} = \mu + a_i + b_j + c_k + (ab)_{ij} + (ac)_{ik} + (bc)_{jk} + (abc)_{ijk} + \varepsilon_{ijkq}$$

$$(i = 1, \ldots, \ell; j = 1, \ldots, m; k = 1, \ldots, n; q = 1, \ldots, r)$$

μ：一般平均（全平均）(grand mean), a_i：要因 A の主効果 (main effect, $\sum_{i=1}^{\ell} a_i = 0$)

b_j：要因 B の主効果 (main effect, $\sum_{j=1}^{m} b_j = 0$), c_k：要因 C の主効果 (main effect, $\sum_{j=1}^{m} c_k = 0$)

2 因子交互作用に次のものがある．

$(ab)_{ij}$：要因 A と要因 B の交互作用 (interaction)（因子の組合せの効果），

$$\sum_{i=1}^{\ell}(ab)_{ij} = \sum_{j=1}^{m}(ab)_{ij} = 0,$$

$(ac)_{ik}$：要因 A と要因 C の交互作用 (interaction)（因子の組合せの効果），

$$\sum_{i=1}^{\ell}(ac)_{ik} = \sum_{k=1}^{n}(ac)_{ik} = 0,$$

$(bc)_{jk}$：要因 B と要因 C の交互作用 (interaction)（因子の組合せの効果），

$$\sum_{j=1}^{m}(bc)_{jk} = \sum_{k=1}^{n}(bc)_{jk} = 0,$$

さらに，次の **3 因子交互作用**がある．

$(abc)_{ijk}$：要因 A, 要因 B, 要因 C の交互作用 (interaction)（因子の組合せの効果），

$$\sum_{i=1}^{\ell}(abc)_{ijk} = \sum_{j=1}^{m}(abc)_{ijk} = \sum_{k=1}^{n}(abc)_{ijk} = 0,$$

ε_{ijkq}：誤差は互いに独立に正規分布 $N(0, \sigma^2)$ に従う．

このとき，モデルを限定する流れとして図 2.21 のような流れが考えられる．

手順 2　平方和の分解，(a) 平方和の計算，(b) 自由度の計算を行い，**手順 3　分散分析表の作成**を行うと表 2.18 のような分散分析表になる．

$F(\phi_A, \phi_E; 0.05)$，$F(\phi_A, \phi_E; 0.01)$ の値も記入しておけば検定との対応もつき便利である．

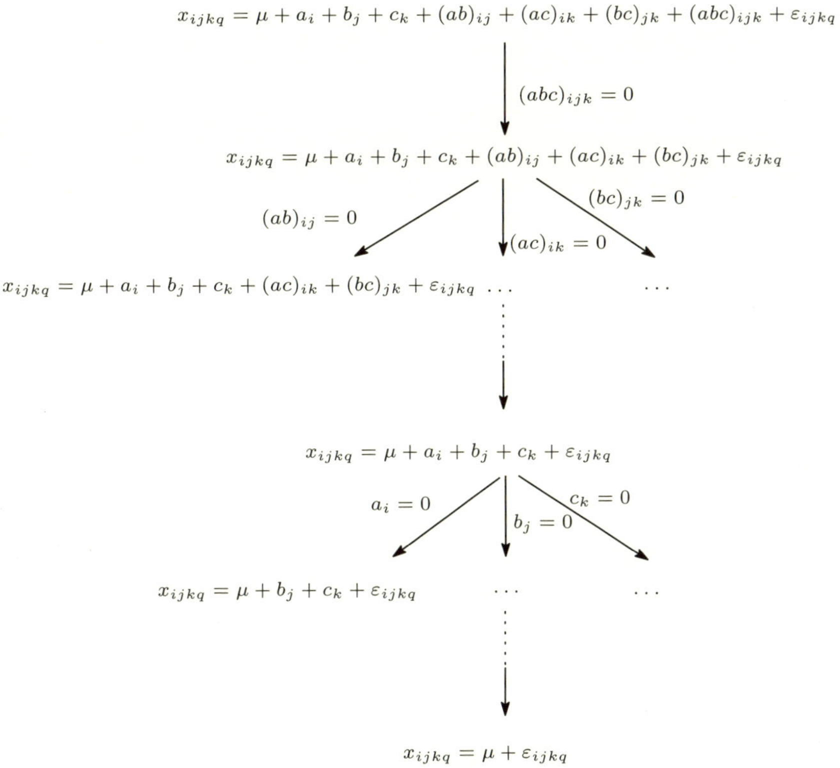

$x_{ijkq} = \mu + a_i + b_j + c_k + (ab)_{ij} + (ac)_{ik} + (bc)_{jk} + (abc)_{ijk} + \varepsilon_{ijkq}$
$(abc)_{ijk} = 0$
$x_{ijkq} = \mu + a_i + b_j + c_k + (ab)_{ij} + (ac)_{ik} + (bc)_{jk} + \varepsilon_{ijkq}$
$(ab)_{ij} = 0$
$(ac)_{ik} = 0$
$(bc)_{jk} = 0$
$x_{ijkq} = \mu + a_i + b_j + c_k + (ac)_{ik} + (bc)_{jk} + \varepsilon_{ijkq}$ . . .
. . .
$x_{ijkq} = \mu + a_i + b_j + c_k + \varepsilon_{ijkq}$
$a_i = 0$
$b_j = 0$
$c_k = 0$
$x_{ijkq} = \mu + b_j + c_k + \varepsilon_{ijkq}$
. . .
. . .
$x_{ijkq} = \mu + \varepsilon_{ijkq}$

図 2.21 3 元配置分散分析でのモデル

表 2.18 分散分析表（繰返しあり）

要因	平方和 (S)	自由度 (ϕ)	平均平方 (MS)	F_0	$E(V)$
A	S_A	$\phi_A = \ell - 1$	$V_A = \dfrac{S_A}{\phi_A}$	$\dfrac{V_A}{V_E}$	$\sigma^2 + mnr\sigma_A^2$
B	S_B	$\phi_B = m - 1$	$V_B = \dfrac{S_B}{\phi_B}$	$\dfrac{V_B}{V_E}$	$\sigma^2 + \ell nr\sigma_B^2$
C	S_C	$\phi_C = n - 1$	$V_C = \dfrac{S_C}{\phi_C}$	$\dfrac{V_C}{V_E}$	$\sigma^2 + \ell mr\sigma_C^2$
$A \times B$	$S_{A\times B}$	$\phi_{A\times B} = \phi_A \times \phi_B$	$V_{A\times B} = \dfrac{S_{A\times B}}{\phi_{A\times B}}$	$\dfrac{V_{A\times B}}{V_E}$	$\sigma^2 + nr\sigma_{A\times B}^2$
$A \times C$	$S_{A\times C}$	$\phi_{A\times C} = \phi_A \times \phi_C$	$V_{A\times C} = \dfrac{S_{A\times C}}{\phi_{A\times C}}$	$\dfrac{V_{A\times C}}{V_E}$	$\sigma^2 + mr\sigma_{A\times C}^2$
$B \times C$	$S_{B\times C}$	$\phi_{B\times C} = \phi_B \times \phi_C$	$V_{B\times C} = \dfrac{S_{B\times C}}{\phi_{B\times C}}$	$\dfrac{V_{B\times C}}{V_E}$	$\sigma^2 + \ell r\sigma_{B\times C}^2$
$A \times B \times C$	$S_{A\times B\times C}$	$\phi_{A\times B\times C}$	$V_{A\times B\times C} = \dfrac{S_{A\times B\times C}}{\phi_{A\times B\times C}}$	$\dfrac{V_{A\times B\times C}}{V_E}$	$\sigma^2 + r\sigma_{A\times B\times C}^2$
E	S_E	ϕ_E	$V_E = \dfrac{S_E}{\phi_E}$		σ^2
計	S_T	$\phi_T = \ell mnr - 1$			

なお，$\sigma_A^2 = \dfrac{\sum_i^{\ell} a_i^2}{\ell - 1}$，$\sigma_B^2 = \dfrac{\sum_j^{m} b_j^2}{m-1}$，$\sigma_C^2 = \dfrac{\sum_k^{n} c_k^2}{n-1}$，$\sigma_{A\times B}^2 = \dfrac{\sum_{i=1}^{\ell}\sum_{j=1}^{m}(ab)_{ij}^2}{(\ell-1)(m-1)}$，

$\sigma_{A\times C}^2 = \dfrac{\sum_{i=1}^{\ell}\sum_{k=1}^{n}(ac)_{ik}^2}{(\ell-1)(n-1)}$，$\sigma_{B\times C}^2 = \dfrac{\sum_{j=1}^{m}\sum_{k=1}^{n}(bc)_{jk}^2}{(m-1)(n-1)}$ および $\sigma_{A\times B\times C}^2 = \dfrac{\sum_{i=1}^{\ell}\sum_{j=1}^{m}\sum_{k=1}^{n}(abc)_{ijk}^2}{(\ell-1)(m-1)(n-1)}$ である．

手順 4　平均平方，不偏分散の期待値

各因子を固定したときの実験回数が係数として分散の期待値 $(E(V))$ にかかってくる．つまり，

$$E(V_A) = \sigma^2 + mnr\sigma_A^2,\ E(V_B) = \sigma^2 + \ell nr\sigma_B^2,\ E(V_C) = \sigma^2 + \ell mr\sigma_C^2, \tag{2.64}$$
$$E(V_{A\times B}) = \sigma^2 + nr\sigma_{A\times B}^2,\ E(V_{A\times C}) = \sigma^2 + mr\sigma_{A\times C}^2,$$
$$E(V_{B\times C}) = \sigma^2 + \ell mr\sigma_{B\times C}^2,\ E(V_{A\times B\times C}) = \sigma^2 + r\sigma_{A\times B\times C}^2,\ E(V_E) = \sigma^2$$

手順 5　要因効果の検定

- A,B,C の交互作用 $A\times B\times C$ の水準間の差の有無の検定は以下のような式で表せる．

$$\begin{cases} H_0 : (abc)_{111} = (abc)_{112} = \cdots = (abc)_{\ell mn} = 0 & \Longleftrightarrow \quad \text{差がない（帰無仮説）} \\ H_1 : \text{少なくとも 1 つの } (abc)_{ijk} \neq 0 & \Longleftrightarrow \quad \text{差がある（対立仮説）} \end{cases} \tag{2.65}$$

- A と B の交互作用 $A\times B$ の水準間の差の有無の検定は以下のような式で表せる．

$$\begin{cases} H_0 : (ab)_{11} = (ab)_{12} = \cdots = (ab)_{\ell m} = 0 & \Longleftrightarrow \quad \text{差がない（帰無仮説）} \\ H_1 : \text{少なくとも 1 つの } (ab)_{ij} \neq 0 & \Longleftrightarrow \quad \text{差がある（対立仮説）} \end{cases} \tag{2.66}$$

他の交互作用，主効果も同様に検定できる．

(2) 分散分析後の推定・予測

分析結果に基づいてデータの構造式を決め，それに基づいて推定・予測等を行う．① 3 因子交互作用がある場合，②すべての 2 因子交互作用がある場合，③ 2 つの 2 因子交互作用がある場合，④ 1 つの 2 因子交互作用がある場合，⑤主効果のみの場合（2 因子交互作用がない場合）などが考えられる，そのデータに対応して推測を考えることが必要である．

例題 2-3

ある部品の特性を向上させるため，因子として焼成時間 A を 3 水準，原料 B を 2 水準，触媒の種類 C を 2 水準設定し，繰返し数が 2 回の繰返しのある 3 元配置実験を行ったところ，表 2.19 のデータを得た．$3\times 2\times 2\times 2 = 24$ 回の実験はランダムな順序で実施した．

(1) 分散分析を行い，要因効果の有無を検討せよ．

(2) 最適条件を選び，その条件における特性の母平均の点推定，95%信頼限界を求めよ．

表 2.19　データ表（単位：省略）

焼成時間 ＼ 触媒・原料	C	B_1	B_2
A_1	C_1	15	19
		16	18
	C_2	16	20
		17	19
A_2	C_1	15	16
		16	17
	C_2	17	19
		16	18
A_3	C_1	17	17
		16	16
	C_2	16	18
		17	19

《**R**（コマンダー）による解析》

(0) 予備解析

【データ】▶【データのインポート】▶【テキストファイルまたはクリップボード，URL から...】を

選択し，ダイアログボックスで，フィールドの区切り記号としてカンマにチェックをいれて，OK を左クリックする．フォルダからファイルを指定後，開く (O) を左クリックし，データセットを表示 をクリックすると，図 2.22 のようにデータが表示される．

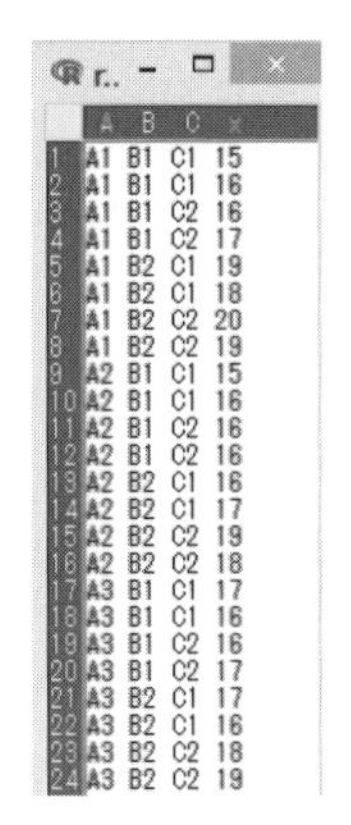

	A	B	C	x
1	A1	B1	C1	15
2	A1	B1	C1	16
3	A1	B1	C2	16
4	A1	B1	C2	17
5	A1	B2	C1	19
6	A1	B2	C1	18
7	A1	B2	C2	20
8	A1	B2	C2	19
9	A2	B1	C1	15
10	A2	B1	C1	16
11	A2	B1	C2	16
12	A2	B1	C2	16
13	A2	B2	C1	16
14	A2	B2	C1	17
15	A2	B2	C2	19
16	A2	B2	C2	18
17	A3	B1	C1	17
18	A3	B1	C1	16
19	A3	B1	C2	16
20	A3	B1	C2	17
21	A3	B2	C1	17
22	A3	B2	C1	16
23	A3	B2	C2	18
24	A3	B2	C2	19

図 **2.22** データの表示（確認）

```
>rei23<-read.table("rei23.csv",
 header=TRUE, sep=",", na.strings="NA", dec=".", strip.white=TRUE)
> showData(rei23, placement='-20+200', font=getRcmdr('logFont'),
 maxwidth=80, maxheight=30)
```

手順 **2** 基本統計量の計算

【データ】▶【要約】▶【アクティブデータセット】をクリックすると，次の出力結果が表示される．

```
> summary(rei23)
  A       B        C              x
 A1:8    B1:12    C1:12    Min.    :15.00
 A2:8    B2:12    C2:12    1st Qu.:16.00
 A3:8                      Median :17.00
                           Mean   :17.08
                           3rd Qu.:18.00
                           Max.   :20.00
```

【データ】▶【要約】▶【数値による要約】を選択し，層別して要約... をクリックする．さらに，層別変数に A を指定し，OK を左クリックする．次に，OK を左クリックすると，次の出力結果が表示される．

```
>numSummary(rei23[,"x"],statistics=c("mean","sd","IQR","quantiles",
 "cv", "skewness","kurtosis"), quantiles=c(0,.25,.5,.75,1), type="2")
 mean   sd   IQR   cv   skewness   kurtosis 0 %  25 %  50 %  75 %  100 %   n
 17.083 1.3805   2 0.0808 0.4872 -0.680815   16    17    18    20 24
```

手順 **3** データのグラフ化

- 主効果について

【グラフ】▶【平均のプロット...】を選択し，OK を左クリックすると，図 2.23 の平均のプロットが表示される．A の効果がありそう である．

```
> plotMeans(Dataset$特性, Dataset$A, error.bars="se")
```

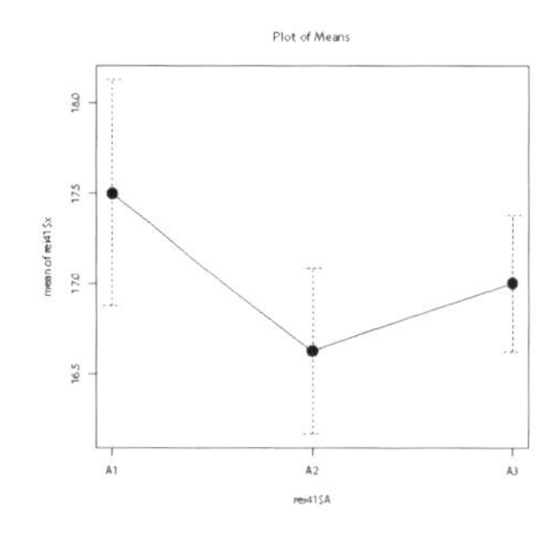

図 2.23 平均のプロット

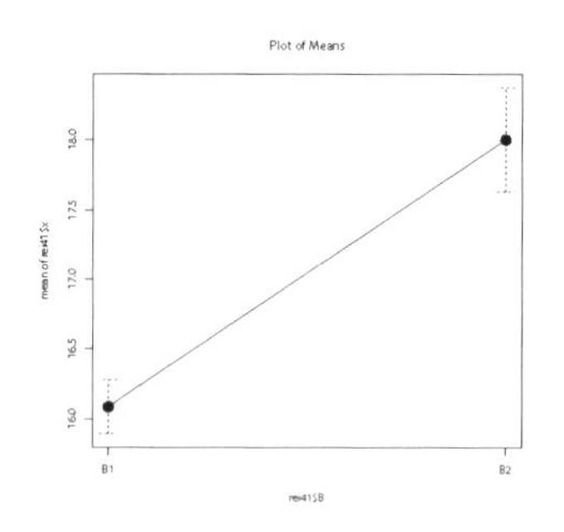

図 2.24 平均のプロット

同様に【グラフ】▶【平均のプロット...】を選択し，OK を左クリックすると，図 2.24 の平均のプロットが表示される．B の効果がありそう である．

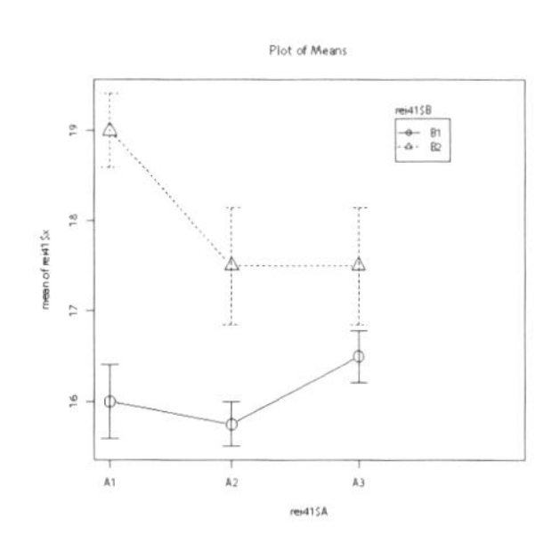

図 2.25 ダイアログボックス

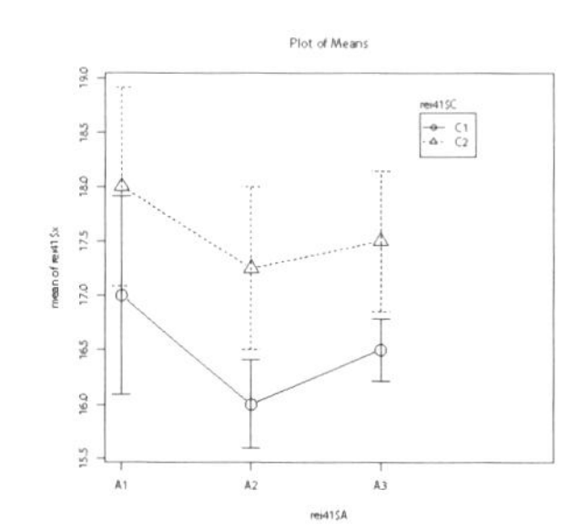

図 2.26 平均のプロット

```
> plotMeans(Dataset$特性, Dataset$B, error.bars="se")
```

同様に【グラフ】▶【平均のプロット...】を選択し，ダイアログボックスで因子として C を選択し，OK を左クリックすると，平均のプロットが表示され C の効果がありそう である．

- 交互作用について

【グラフ】▶【平均のプロット...】を選択し，OK を左クリックすると，図 2.25 の平均のプロットが表示される．A と B の交互作用がありそう である．なお，複数の選択をする場合には Ctrl キーを押しながら 指定して左クリックする．

```
> plotMeans(Dataset$特性, Dataset$A, Dataset$B, error.bars="se")
```

同様に，【グラフ】▶【平均のプロット...】を選択し，OK を左クリックすると，図 2.26 の平均のプロットが表示される．A と C の交互作用はなさそう である．

```
> plotMeans(Dataset$特性, Dataset$A, Dataset$C, error.bars="se")
```

同様に，【グラフ】▶【平均のプロット...】を選択し，ダイアログボックスで，因子として B と C を選択し，OK を左クリックすると，平均のプロットが表示され，B と C の交互作用はややありそう である．

(1) 分散分析

データの構造式として，以下を考える．

$$x_{ijkq} = \mu + a_i + b_j + c_k + (ab)_{ij} + (ac)_{ik} + (bc)_{jk} + (abc)_{ijk} + \varepsilon_{ijkq}$$

$$(i = 1, \ldots, \ell; j = 1, \ldots, m; k = 1, \ldots, n; q = 1, \ldots, r)$$

手順 1 モデル化：線形モデル（データの構造）

【統計量】▶【モデルへの適合】▶【線形モデル...】を選択し，ダイアログボックスで，モデル式：左側のボックスに上のボックスより特性を選択しダブルクリックにより代入し，右側のボックスに上側のボックスより A を選択しダブルクリックにより A を代入する．同様にして右側のボックスに A +B +C +A:B +A:C +B:C +A:B:C を入力する．これは上のデータの構造式を入力している．左辺がデータである特性で，右辺が主効果の A，B，C，2 因子交互作用の A:B，A:C，B:C で，さらに 3 因子交互作用の A:B:C が対応している．そして，OK を左クリックすると，次の出力結果が表示される．

```
> LinearModel.1 <- lm(x ~ A + B +C +A:B + A:C +B:C + A:B:C,
 data=rei23)
> summary(LinearModel.1)
Call:
lm(formula = x ~ A + B + C + A:B + A:C + B:C + A:B:C, data = rei23)
~
Residual standard error: 0.677 on 12 degrees of freedom
Multiple R-squared:  0.8777,Adjusted R-squared:  0.7655
F-statistic: 7.826 on 11 and 12 DF,  p-value: 0.0006444
```

手順 2　モデルの検討：分散分析表の作成と要因効果の検定

【モデル】▶【仮説検定】▶【分散分析表...】を選択し，ダイアログボックスで，Type II にチェックをいれ，OK を左クリックすると，次の出力結果が表示される．

```
> Anova(LinearModel.1, type="II")
Anova Table (Type II tests)
Response: x
           Sum Sq Df F value    Pr(>F)
A          3.0833  2  3.3636  0.069221 .
B         22.0417  1 48.0909 1.572e-05 ***
C          7.0417  1 15.3636  0.002036 **
A:B        4.0833  2  4.4545  0.035734 *
A:C        0.0833  2  0.0909  0.913724
B:C        2.0417  1  4.4545  0.056473 .
A:B:C      1.0833  2  1.1818  0.340017
Residuals  5.5000 12
---
Signif. codes:  0 '***' 0.001 '**' 0.01 '*' 0.05 '.' 0.1 ' ' 1
```

B は 0.1%，C は 1%，交互作用 $A\times B$ は 5%で有意であり，A，$B\times C$ は 1%で有意であり，交互作用 $A\times B\times C, A\times C$ は 20 %で有意でないので誤差項にプールする．

手順 3　再モデル化：線形モデル（データの構造）：再構成

【統計量】▶【モデルへの適合】▶【線形モデル...】を選択し，ダイアログボックスで，モデル式：の右側のボックスで A:B:C，A:B を削除し，A+B+A:B+B:C とする．そして，OK を左クリックすると，次の出力結果が表示される．

```
> LinearModel.2 <- lm(x ~ A + B + C + A:B + B:C, data=rei23)
> summary(LinearModel.2)
Call:
lm(formula = x ~ A + B + C + A:B + B:C, data = rei23)
~
Residual standard error: 0.6455 on 16 degrees of freedom
Multiple R-squared:  0.8517,Adjusted R-squared:  0.7868
F-statistic: 13.13 on 7 and 16 DF,  p-value: 1.459e-05
```

手順 **4**　モデルの再検討：分散分析表の作成と要因効果の検定

【モデル】▶【仮説検定】▶【分散分析表...】を選択し，ダイアログボックスで，Type II にチェックをいれ，OK を左クリックすると，次の出力結果が表示される．

```
> Anova(LinearModel.2, type="II")
Anova Table (Type II tests)
Response: x
           Sum Sq Df F value    Pr(>F)
A          3.0833  2     3.7 0.0477786 *
B         22.0417  1    52.9 1.865e-06 ***
C          7.0417  1    16.9 0.0008175 ***
A:B        4.0833  2     4.9 0.0218777 *
B:C        2.0417  1     4.9 0.0417305 *
Residuals  6.6667 16
Signif. codes:  0 '***' 0.001 '**' 0.01 '*' 0.05 '.' 0.1 ' ' 1
```

$A, B, C, A \times B, B \times C$ いずれも有意となった．特に，B, C は 0.1%で有意で，特性に大変影響があるとわかる．

(2) 分散分析後の推定・予測

手順 **1**　データの構造式　データの構造式として，分散分析の結果から以下を考える．

$$x_{ijkq} = \mu + a_i + b_j + c_k + (ab)_{ij} + (bc)_{jk} + \varepsilon_{ijkq} \tag{2.67}$$
$$(i = 1, \ldots, \ell; j = 1, \ldots, m; k = 1, \ldots, n; q = 1, \ldots, r)$$

(a) 基本的診断

【モデル】▶【グラフ】▶【基本的診断プロット...】とクリックすると図 2.27 の診断プロットが表示される．特にモデルから外れた点もなく，正規性からの異常にずれた点もない．また影響度の特に高い点もないので，大体問題なさそうである．

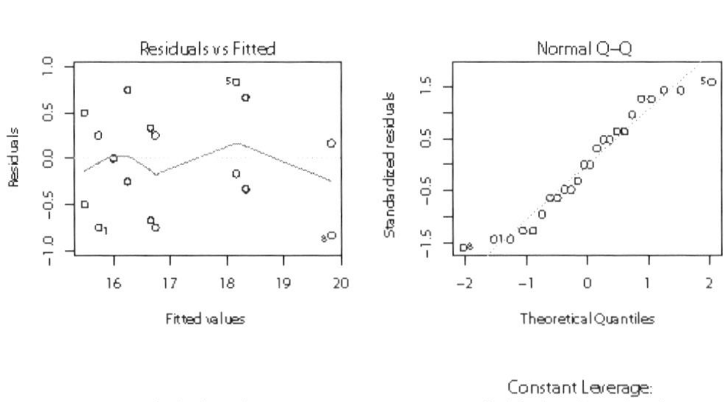

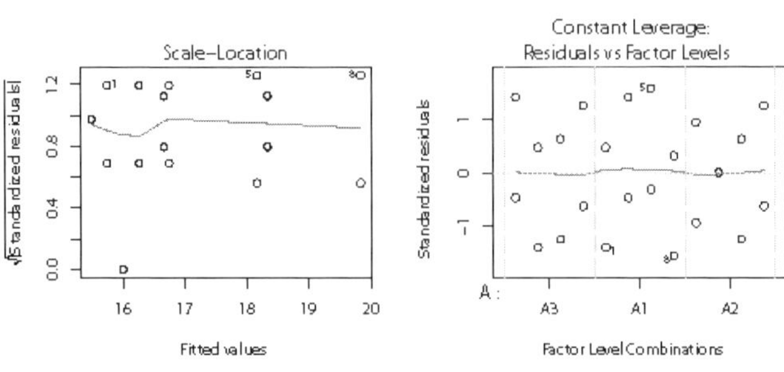

図 **2.27**　基本的診断プロット

```
> oldpar <- par(oma=c(0,0,3,0), mfrow=c(2,2))
> plot(LinearModel.6)
> par(oldpar)
```

(b) 効果プロット

【モデル】▶【グラフ】▶【効果プロット...】とクリックすると図 2.28 の効果プロットが表示される. 左側の図から A の効果はやや弱く, 右側の図から B, C の効果があるとわかる. 交互作用 $A \times B$ はあり, $B \times C$ はややあるとわかる.

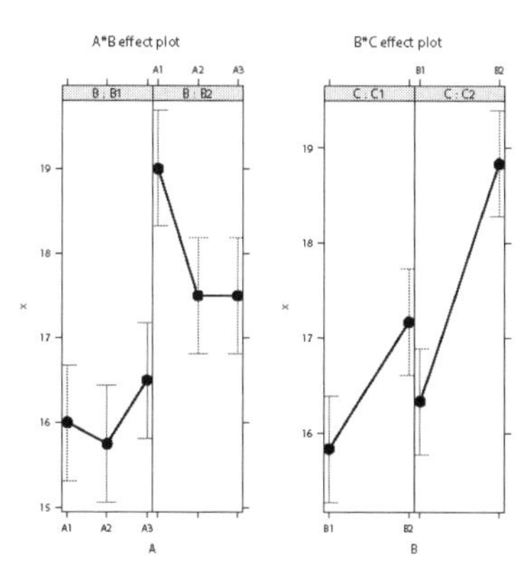

図 **2.28** 効果プロット

```
> trellis.device(theme="col.whitebg")
> plot(allEffects(LinearModel.6), ask=FALSE)
```

手順 **2** 推定・予測

データの構造式

構造式に基づき, 最適水準を求め, そのもとでの推定・予測を行う.

(a) 誤差分散の推定（プール後）

p.44 の出力ウィンドウの Anova Table より

```
> SEP=6.6667;fEP=16 誤差平方和と誤差の自由度
> VEP=SEP/fEP;VEP
[1] 0.4166687  #誤差分散の推定値
```

(b) 最適水準の決定と母平均の推定

$MA_1B_2C_2 = MA_1B_2 + MB_2C_2 - MB_2$

①点推定

```
> MA1B2C2=76/4+113/6-216/12;MA1B2C2
[1] 19.83333
```

②区間推定

```
> kei=1/4+1/6-1/12;VHe=kei*VEP  #(=0.1389) (kei=1/ne; 分散の推定値)
> haba=qt(0.975,16)*sqrt(VHe)  #(=0.7900)  区間幅
> sita=MA1B2C2-haba;ue=MA1B2C2+haba
> sita;ue
[1] 19.04329  #下側信頼限界
[1] 20.62357  #上側信頼限界
```

(c) 2 つの母平均の差の推定

①差の点推定

```
> MA1B1C1=64/4+95/6-193/12 #(=15.75)
> sa=MA1B2C2-MA1B1C1;sa
[1] 4.083333
```

②差の区間推定

```
> keid=2*kei;VHsa=keid*VEP #(=0.2778) (keid=1/nd：差の分散の推定値)
> habasa=qt(0.975,16)*sqrt(VHsa) #(=1.117) 差の区間幅
> sitasa=sa-habasa;uesa=sa+habasa
> sitasa;uesa
[1] 2.966042  #差の下側信頼限界
[1] 5.200624  #差の上側信頼限界
```

(d) データの予測

①点予測

```
> yosoku=MA1B2C2;yosoku
[1] 19.83333
```

②点予測の区間推定

```
> keiyo=1+kei;VHyo=keiyo*VEP #(=0.5556) (keiyo=1+1/ne：予測値の分散の推定値)
> habayo=qt(0.975,fEP)*sqrt(VHyo)  #(=1.580) 予測の区間幅
> sitayo=yosoku-habayo;ueyo=yosoku+habayo
> sitayo;ueyo
[1] 18.25325  #予測の下側信頼限界
[1] 21.41342  #予測の上側信頼限界
```

演習 2-9　以下の表 2.20 は，ある電気材料の特性を高めるために，因子として，主原料の配合 A（2 水準），焼成温度 B（2 水準），冷却方法 C（3 水準）の 3 つを取り上げ，3 元配置で実験を行うことにした．12 通り $(2 \times 2 \times 3)$ の水準組み合わせをランダムな順序で実験をして製品を作り，特性を測定した．この実験を 2 回反復した結果である．分散分析により要因の効果を検討せよ．なお反応率は大きいほど良いとする．

表 2.20　データ表（単位：省略）

配合＼温度・方法	B	C_1	C_2	C_3
A_1	B_1	25	19	28
		31	19	39
	B_2	13	16	24
		9	7	27
A_2	B_1	26	20	31
		32	15	33
	B_2	25	13	35
		32	16	30

表 2.21　データ表（単位：省略）

溶媒＼温度・圧力	B	C_1	C_2
A_1	B_1	89.55	76.74
		86.71	79.92
	B_2	72.63	79.98
		70.04	76.11
A_2	B_1	91.67	87.11
		94.68	76.34
	B_2	75.50	85.49
		88.27	85.18
A_3	B_1	85.21	70.08
		90.36	79.96
	B_2	70.58	70.74
		86.68	62.17

演習 2-10　表 2.21 は，ある薬品の収量に対しての影響を調べるため，因子として，溶媒の量 A（3 水準），反応温度 B（2 水準），反応圧力 C（2 水準）の 3 つを取り上げ，3 元配置で実験を行うことにした．12 通り $(2 \times 2 \times 3)$ の水準組合せをランダムな順序で実験をして製品を作り，特性を測定した．この実験を 2 回反復した

結果である．分散分析により要因の効果を検討せよ．なお反応率は大きいほど良いとする．

2.3.2 繰返しなしの3元配置

繰返しのない場合には，添え字 q は1なので，

$$x_{ijk} = \mu + a_i + b_j + c_k + (ab)_{ij} + (ac)_{ik} + (bc)_{jk} + \overbrace{(abc)_{ijk} + \varepsilon_{ijk}}^{\text{交絡}} \tag{2.68}$$
$$(i = 1, \ldots, \ell; j = 1, \ldots, m; k = 1, \ldots, n)$$

となる．そこで，$(abc)_{ijk}$ と ε_{ijk} の添え字は全く同じとなり，3因子交互作用の (abc) と誤差 ε の部分を分離することができない．このように2つ以上の要因を分離できない状況を，それら2つの要因が交絡 (confound) しているという．

演習 2-11 以下の表2.22は接着強度について，次の3つの因子とそれぞれの水準を取り上げて実験を行った結果である．因子 A は接着剤の種類で2水準，因子 B は乾燥温度で3水準，因子 C は乾燥時間で4水準による違いの強度への影響について検討し，最適条件（特性値の強度が最も高い水準）での推定を行え．

表 2.22 データ表（単位：分）

接着剤 ＼ 温度・時間	C	B_1	B_2	B_3
A_1	C_1	0.65	0.80	0.75
	C_2	0.80	1.00	0.95
	C_3	0.95	1.00	1.05
	C_4	0.85	1.05	1.25
A_2	C_1	0.70	1.05	0.90
	C_2	0.90	1.10	1.00
	C_3	0.90	1.15	1.20
	C_4	0.95	1.20	1.30

表 2.23 データ表（単位：省略）

温度 ＼ 時間・触媒	B	C_1	C_2
A_1	B_1	77.5	64.0
	B_2	83.0	83.0
A_2	B_1	90.0	75.0
	B_2	80.5	86.0
A_3	B_1	71.0	66.5
	B_2	65.0	64.5

演習 2-12 表2.23は，反応温度（A，3水準）と反応時間（B，2水準），触媒の種類（C，2水準）の3つの因子を取り上げ繰返しのない3元配置の実験を行った．分散分析により要因の効果を検討せよ．なお反応率は大きいほど良いとする．

3

直交表による方法

3.1　直交配列実験とは

例えば，売上げ高に影響があると思われる要因として，売場面積，平均の品物の値段，店舗のある地区，品揃えの数，駐車場の広さ，店員の数など多くの要因が考えられる場合を取り上げよう．このようにある特性に効くと思われる因子が多いと思われるときには，多くの因子を取り上げて実験を行う必要がある．そして取り上げた因子のすべての水準の組合せについて実験を行うとすれば，因子の数と水準の数が多ければその実験回数が非常に多くなる．そこで重要な主効果と交互作用が推定できるように，少ない実験回数で組む方法に直交配列表（直交表ともいう）に割り付けた因子の水準組み合わせに従って行う実験があり，それを**直交配列実験**という．直交配列表を用いる実験では，取り上げる因子の水準がいずれも 2 水準である場合と 3 水準である場合が主に利用されている．

一般に，$L_N(p^k)$ と表記される．ここに，L：Latin square（ラテン方格）の頭文字で，N：行数，p：水準数，k：列の数を表す（図 3.1）．なお，N が実験数に対応し，k が割り付け可能な要因数になる．また，$k=(N-1)/(p-1)$ の関係がある．

例えば，6 個の要因（因子）A,B,C,D,F,G について 2 水準ずつの多元配置法による実験を行うとすれば，総実験数は $2^6=64$ となる．そして，表 3.1 のように主効果，交互作用が考えられる．

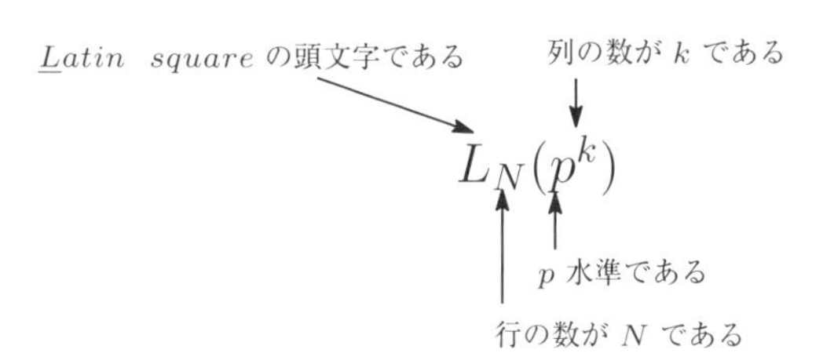

図 3.1　表記の説明

全部で $6+15+20+15+6+1=63$ 個の要因が考えられる．総自由度はそれぞれ 1 で 63 である．なお，自由度とは独立な変数（母数）の個数である．ここで，経験的にも 3 因子交互作用以上はあまり考えられない（実際にそれまでの作業・実験で経験的・技術的に高次の交互作用は考慮する必要がないことが多く，多要因の場合には少ない要因に絞るためある程度ラフな実験をすることが多い）とすれば，要因の自由度は $6+15=21$ である．そこで，31 の自由度がある 32 回の実験ですむ直交配列法（$L_{32}(2^{31})$）による実験を行うことができる．誤差の自由度は $31-21=10$ となる．さらに主効果，2 因子交互作用を 15 個より少なく絞り込むことが可能であれば，16 回の実験での直交配列法（$L_{16}(2^{15})$）の実験が適用できる．

同様に，4 個の 3 水準因子 A,B,C,D を考える場合，多元配置法による実験を行うとすれば，総実験数は $3^4=81$ となる．そして，表 3.2 のように主効果，交互作用が考えられる．

全部で $4+6+4+1=15$ 個の要因が考えられる．自由度はそれぞれ $4\times2=8, 6\times4=24, 4\times8=32, 1\times16=16$ で合計 80 である．3 因子交互作用以上の高次の交互作用はなく，2 因子交互作用も 3 個（自由度 12），主効果も 4 とすれば，全自由度は 20 となり，26 の自由度がある 27 回の実験ですむ直交配列法（$L_{27}(2^{13})$）による実験で可能となる．なお，誤差の自由度は $26-20=6$ となる．

このように実験数を少なくして，効果的に要因を調べ，それに基づいた推定が可能となる実験を計画することができる．ただし，直交配列法による実験ではある程度主効果，交互作用について絞り込むことが可能であることが前提となる．また誤差の自由度が小さい，各水準数が少ないことを認識しておく

表 3.1　6 因子 2 水準の場合の主効果・交互作用の表

要因	主効果, 交互作用	主効果, 交互作用の種類数	自由度の計
主効果	A, B, C, D, F, G	${}_6C_1 = \binom{6}{1} = 6$	6
2 因子交互作用	$A \times B, A \times C, \ldots, F \times G$	${}_6C_2 = \binom{6}{2} = 15$	15
3 因子交互作用	$A \times B \times C, A \times B \times D, \ldots, D \times F \times G$	${}_6C_3 = \binom{6}{3} = 20$	20
4 因子交互作用	$A \times B \times C \times D, \ldots, C \times D \times F \times G$	${}_6C_4 = \binom{6}{4} = \binom{6}{2} = 15$	15
5 因子交互作用	$A \times B \times C \times D \times F, \ldots, B \times C \times D \times F \times G$	${}_6C_5 = \binom{6}{5} = \binom{6}{1} = 6$	6
6 因子交互作用	$A \times B \times C \times D \times F \times G$	${}_6C_6 = \binom{6}{6} = 1$	1
誤差	E		
計		63	63

表 3.2　4 因子 3 水準の場合の主効果・交互作用の表

要因	主効果, 交互作用	主効果, 交互作用の種類数	自由度の計
主効果	A, B, C, D	${}_4C_1 = \binom{4}{1} = 4$	8
2 因子交互作用	$A \times B, A \times C, \ldots, C \times D$	${}_4C_2 = \binom{4}{2} = 6$	24
3 因子交互作用	$A \times B \times C, A \times B \times D, \ldots, B \times C \times D$	${}_4C_3 = \binom{4}{3} = 4$	32
4 因子交互作用	$A \times B \times C \times D$	${}_4C_4 = \binom{4}{4} = 1$	16
誤差	E		
計		15	80

ことが必要である．

まず $2(p = 2)$ 水準系の直交表を利用する場合から順に考えよう．

3.2　2水準の直交配列実験

実験を行うには取り上げた因子についての各実験での水準と実験の回数がわかる対応した表があると便利である．2 水準系の直交表について考えよう．

3.2.1　2水準系の直交表の性質

2 水準なので表の中の数値がすべて 1 と 2 から成る．1 と 2 はその列の水準番号を表す．成分の記号は，交互作用の現れる列を見つけるために用いられ各列に当てられている．そのとき，次の 2 つの性質を持つ．

①任意の 2 つの列をとってきたとき，数字

$(1,1), (1,2), (2,1), (2,2)$

の 4 通りある．

②この 4 通りの並びがどの 2 列をとってきても同数回ずつ現れる．

表 3.3 の列番は列の番号を表し，No. は直交表の行の番号を表す．

各行の数 は 実験番号 に対応し，行の総数 は 実験の大きさ となる．

①は任意の列に 1 と 2 が同数回ずつ現れることと同値である．

②は任意の 2 列の積の和が 0 であることと同値でベクトルの直交性に対応している．

$p=2$ の場合，つまり $\boldsymbol{L_N(2^{N-1})}$ について

$p=2$ のとき，$k=(N-1)/(2-1)=N-1$ である．**2 水準の大きさ N の直交表という**．

そこで，$L_4(2^3), L_8(2^7), L_{16}(2^{15}), L_{32}(2^{31}), \ldots,$ のように表示される．

3.2.2 例　　示

a.　$L_4(2^3)$

2 水準の大きさ 4 の直交表という．直交表においては，行数 4，水準数 2，列の数 3 を同時に表記する記号として使用される．

表 3.3　$L_4(2^3)$ 直交配列表

No. ＼ 列番	[1]	[2]	[3]
1	1	1	1
2	1	2	2
3	2	1	2
4	2	2	1
成	a		a
		b	b
分			
	1 群	2 群	

表 3.4　$L_4(2^3)$ 直交配列表

因子の割り付け	A	B		x
No. ＼ 列番	[1]	[2]	[3]	データ
1	1	1	1	x_1
2	1	2	2	x_2
3	2	1	2	x_3
4	2	2	1	x_4

表 3.3 の成分は，各列の交互作用の現れる列を求めるために使われる列を表すものである．表 3.3 のように実験回数が 4 回で，誤差を少なくとも 1 個とれば，列に因子を 2 個以下割り付けることでデータの構造式を仮定することができる．例えば表 3.4 のように 1 列に A，2 列に B を割り付け，交互作用がない場合を考えてみよう．

上から順にデータ $x_1 \sim x_4$ について以下の構造式が考えられる．

$$x_1 = \mu + a_1 + b_1 + \varepsilon_1$$

$$x_2 = \mu + a_1 + b_2 + \varepsilon_2$$

$$x_3 = \mu + a_2 + b_1 + \varepsilon_3$$

$$x_4 = \mu + a_2 + b_2 + \varepsilon_4$$

ただし，$a_1 + a_2 = b_1 + b_2 = 0,\ \varepsilon_i \sim N(0, \sigma^2)$

$$(A_1\text{水準に対する合計}) - (A_2\text{水準に対する合計}) \tag{3.1}$$

$$= x_1 + x_2 - (x_3 + x_4)$$

$$= 2(a_1 - a_2) + \varepsilon_1 + \varepsilon_2 - (\varepsilon_3 + \varepsilon_4)$$

そこで，

$$\widehat{a_1 - a_2} = \frac{\displaystyle\sum_{i=1}^{2} x_i - \sum_{i=3}^{4} x_i}{2} \tag{3.2}$$

b.　$L_8(2^7)$

2 水準の大きさ 8 の直交表という．直交表においては，行数 8，水準数 2，列の数 7 を同時に表記する記号として使用される．

表 3.5 のように実験回数が 8 回で，誤差を少なくとも 1 個とれば，列に因子を 6 個以下割り付けることでデータの構造式を仮定することができる．

表 3.6 のように，1 列に A，2 列に B，4 列に C，5 列に D を割り付けて交互作用がない場合を考え

てみよう.

上から順にデータ $x_1 \sim x_8$ について以下の構造式が考えられる.

$$x_1 = \mu + a_1 + b_1 + c_1 + d_1 + \varepsilon_1$$
$$x_2 = \mu + a_1 + b_1 + c_2 + d_2 + \varepsilon_2$$
$$x_3 = \mu + a_1 + b_2 + c_1 + d_1 + \varepsilon_3$$
$$x_4 = \mu + a_1 + b_2 + c_2 + d_2 + \varepsilon_4$$
$$x_5 = \mu + a_2 + b_1 + c_1 + d_2 + \varepsilon_5$$
$$x_6 = \mu + a_2 + b_1 + c_2 + d_1 + \varepsilon_6$$
$$x_7 = \mu + a_2 + b_2 + c_1 + d_2 + \varepsilon_7$$
$$x_8 = \mu + a_2 + b_2 + c_2 + d_1 + \varepsilon_8$$

ただし, $a_1 + a_2 = b_1 + b_2 = c_1 + c_2 = d_1 + d_2 = 0$

$\varepsilon_i \sim N(0, \sigma^2)$

(3.3) $(A_1$水準に対する合計$) - (A_2$水準に対する合計$)$

$$= x_1 + x_2 + x_3 + x_4 - (x_5 + x_6 + x_7 + x_8)$$
$$= 4(a_1 - a_2) + \varepsilon_1 + \varepsilon_2 + \varepsilon_3 + \varepsilon_4 - (\varepsilon_5 + \varepsilon_6 + \varepsilon_7 + \varepsilon_8)$$

そこで,

(3.4)
$$\widehat{a_1 - a_2} = \frac{\sum_{i=1}^{4} x_i - \sum_{i=5}^{8} x_i}{4}$$

表 3.5 L_8 直交配列表

No. ＼ 列番	[1]	[2]	[3]	[4]	[5]	[6]	[7]
1	1	1	1	1	1	1	1
2	1	1	1	2	2	2	2
3	1	2	2	1	1	2	2
4	1	2	2	2	2	1	1
5	2	1	2	1	2	1	2
6	2	1	2	2	1	2	1
7	2	2	1	1	2	2	1
8	2	2	1	2	1	1	2
成	a		a		a		a
		b	b			b	b
分				c	c	c	c
	1 群	2 群		3 群			

表 3.6 L_8 直交配列表

因子の割り付け	A	B		C	D			x
No. ＼ 列番	[1]	[2]	[3]	[4]	[5]	[6]	[7]	データ
1	1	1	1	1	1	1	1	x_1
2	1	1	1	2	2	2	2	x_2
3	1	2	2	1	1	2	2	x_3
4	1	2	2	2	2	1	1	x_4
5	2	1	2	1	2	1	2	x_5
6	2	1	2	2	1	2	1	x_6
7	2	2	1	1	2	2	1	x_7
8	2	2	1	2	1	1	2	x_8

c. $L_{16}(2^{15})$

2 水準の大きさ **16** の直交表という.

表 3.7　L_{16} 直交配列表 による実験データ

列番 / No.	[1]	[2]	[3]	[4]	[5]	[6]	[7]	[8]	[9]	[10]	[11]	[12]	[13]	[14]	[15]
1	1	1	1	1	1	1	1	1	1	1	1	1	1	1	1
2	1	1	1	1	1	1	1	2	2	2	2	2	2	2	2
3	1	1	1	2	2	2	2	1	1	1	1	2	2	2	2
4	1	1	1	2	2	2	2	2	2	2	2	1	1	1	1
5	1	2	2	1	1	2	2	1	1	2	2	1	1	2	2
6	1	2	2	1	1	2	2	2	2	1	1	2	2	1	1
7	1	2	2	2	2	1	1	1	1	2	2	2	2	1	1
8	1	2	2	2	2	1	1	2	2	1	1	1	1	2	2
9	2	1	2	1	2	1	2	1	2	1	2	1	2	1	2
10	2	1	2	1	2	1	2	2	1	2	1	2	1	2	1
11	2	1	2	2	1	2	1	1	2	1	2	2	1	2	1
12	2	1	2	2	1	2	1	2	1	2	1	1	2	1	2
13	2	2	1	1	2	2	1	1	2	2	1	1	2	2	1
14	2	2	1	1	2	2	1	2	1	1	2	2	1	1	2
15	2	2	1	2	1	1	2	1	2	2	1	2	1	1	2
16	2	2	1	2	1	1	2	2	1	1	2	1	2	2	1
	a		a		a		a		a		a		a		a
成		b	b			b	b			b	b			b	b
				c	c	c	c					c	c	c	c
分								d	d	d	d	d	d	d	d
	1 群	2 群		3 群				4 群							

3.2.3 解析の流れ

(0) 予備解析

手順 **1**　因子の割り付け

検討したい主効果や交互作用が交絡しないように直交表の列に割り付ける方法として，以下の，①成分記号を利用する方法と，②線点図を利用する方法がある．また，③交互作用が現れる列を一覧にした表である表 3.9(L_8), 表 3.10(L_{16}) などを利用する方法もある.

（注）主効果は，考慮する交互作用が現れる列と重複しないように割り付けるようにする.

表 3.8　$L_4(2^3)$

因子の割り付け	A	B		水準組合せ	データの構造式
列番 / No.	[1]	[2]	[3]		
1	1	1	1	A_1B_1	$x_1 = \mu + a_1 + b_1 + (ab)_{11} + \varepsilon_1$
2	1	2	2	A_1B_2	$x_2 = \mu + a_1 + b_2 + (ab)_{12} + \varepsilon_2$
3	2	1	2	A_2B_1	$x_3 = \mu + a_2 + b_1 + (ab)_{21} + \varepsilon_3$
4	2	2	1	A_2B_2	$x_4 = \mu + a_2 + b_2 + (ab)_{22} + \varepsilon_4$
成	a		a		
		b	b		
分					
	1 群	2 群			

①成分記号の利用

任意の 2 つの列の間の交互作用は，それらの列に対する成分記号の積をとり，$a^2 = b^2 = c^2 = \cdots = 1$ を適用しながら計算した結果に対応した列に現れる．その現れ方は，次のルールに基づく．いま，2 つ

の成分を a, b とすれば，交互作用は ab を成分とする列に現れる．

[ルール]

- 2 列間の交互作用は，それぞれの列の成分記号を掛け合わせた列に現れる．
- 成分記号の 2 乗は 1 とする．

そこで，表 3.8 の $L_4(2^3)$ で，A を 1 列，B を 2 列に割り付けるとき，交互作用 $A \times B(ab)$ は成分の掛け算により，$a \times b{=}ab$ より [3] 列に現れることがわかる．

②線点図の利用

因子（主効果）を点で表し，2 点を結んだ線分を交互作用に対応させたグラフを**線点図** (linear graph) という．そして，各直交表に対応して図が与えられている．線点図は

- 点と線から成り立っており，それらは 1 つの列を表す．その点，線がどの列を表すかは，そばに数字で示されている．
- 2 つの点を結ぶ線は交互作用を表す．実際，図 3.2～図 3.4 のように与えられている．

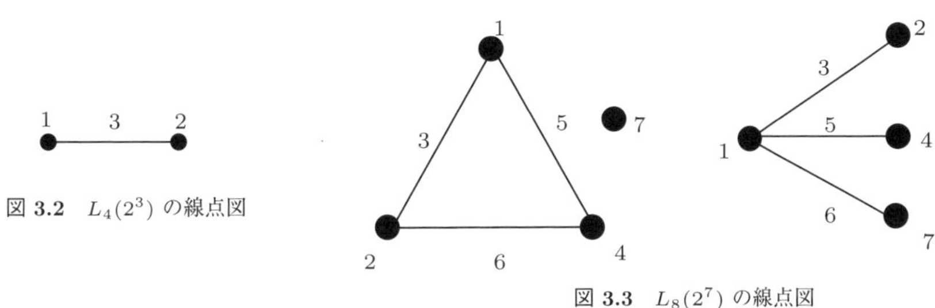

図 **3.2**　$L_4(2^3)$ の線点図

図 **3.3**　$L_8(2^7)$ の線点図

③交互作用が現れる列を一覧にした表の利用

表 **3.9**　$L_8(2^7)$ での交互作用の現れる列番

列番 / No.	[1]	[2]	[3]	[4]	[5]	[6]	[7]
	[1]	3	2	5	4	7	6
		[2]	1	6	7	4	5
			[3]	7	6	4	5
				[4]	1	2	3
					[5]	3	2
						[6]	1

例えば $L_8(2^7)$ では，表 3.9 が用意されていて，[1] 列と [4] 列の交互作用は交差する位置にある 5 列に現れる．同様に [3] 列と [6] 列の交互作用は交差する位置にある 4 列に現れる．$L_{16}(2^{15})$ では，表 3.10 で，[2] 列と [9] 列の交互作用は交差する位置にある 11 列に現れる．同様に [10] 列と [14] 列の交互作用は交差する位置にある 4 列に現れる．

手順 2　実験の順序とデータ入力

手順 3　データの集計とグラフ化を行う．

(1) 分散分析

手順 1　データの構造式

データの構造式が以下で与えられる場合を考えよう．例えば分析の結果，主効果 D と交互作用 (ac) が無視できる場合は，図 3.5 のようなモデルの流れが考えられる．

$$x = \mu + a + b + c + d + (ab) + (ac) + \varepsilon \tag{3.5}$$

$L_N(2^k) : k = N - 1$ において，要因の効果を調べるため，全体の変動を要因による変動に分解することを考える．

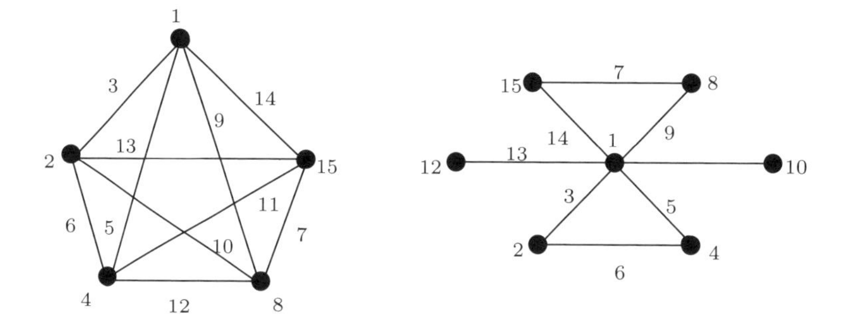

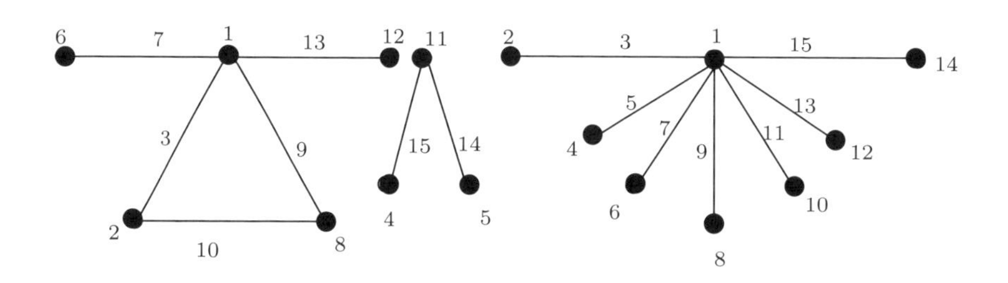

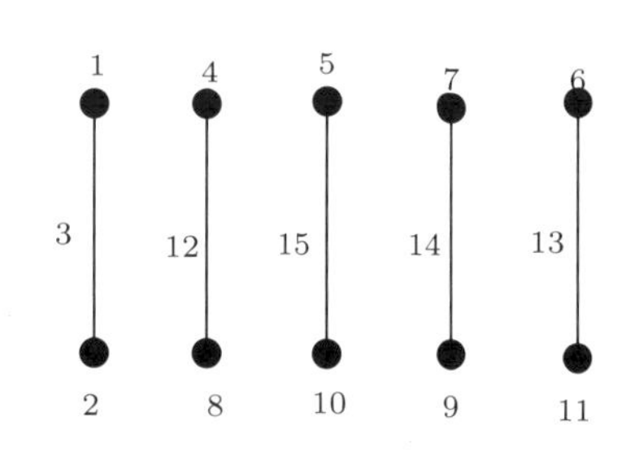

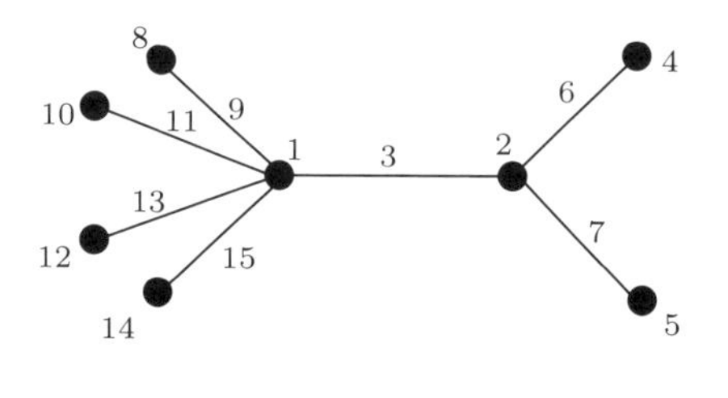

図 3.4　$L_{16}(2^{15})$ の線点図

表 3.10　$L_{16}(2^{15})$ での交互作用の現れる列番

No. ＼ 列番	[1]	[2]	[3]	[4]	[5]	[6]	[7]	[8]	[9]	[10]	[11]	[12]	[13]	[14]	[15]
	[1]	3	2	5	4	7	6	9	8	11	10	13	12	15	14
		[2]	1	6	7	4	5	10	11	8	9	14	15	12	13
			[3]	7	6	5	4	11	10	9	8	15	14	13	12
				[4]	1	2	3	12	13	14	15	8	9	11	10
					[5]	3	2	13	12	15	14	9	8	11	10
						[6]	1	14	15	12	13	10	11	8	9
							[7]	15	14	13	12	11	10	9	8
								[8]	1	2	3	4	5	6	7
									[9]	3	2	5	4	7	6
										[10]	1	6	7	4	5
											[11]	7	6	5	4
												[12]	1	2	3
													[13]	3	2
														[14]	1

手順 2　平方和の分解

$$\sum_{j=1}^{N}(x_j-\overline{x})^2=\sum_{j=1}^{N}x_j^2-\frac{T^2}{N}=S_{[1]}+\cdots+S_{[j]}+\cdots+S_{[N-1]} \tag{3.6}$$

と分解される．なお，

$$x = \mu + a + b + c + d + (ab) + (ac) + \varepsilon$$

$\downarrow$ $d = 0, (ac) = 0$

$$x = \mu + a + b + c + (ab) + \varepsilon$$

図 **3.5**　直交表での分散分析でのモデル

(3.7)
$$\text{修正項}\ CT = \frac{(\text{データの和})^2}{\text{全データ数}} = \frac{T^2}{N}$$

とおくとき，第 j 列の平方和 $S_{[j]}$ は，以下のように表される．

(3.8)
$$S_{[j]} = \frac{(j\ \text{列が}\ 1\ \text{であるデータの和})^2}{j\ \text{列が}\ 1\ \text{であるデータ数}} + \frac{(j\ \text{列が}\ 2\ \text{であるデータの和})^2}{j\ \text{列が}\ 2\ \text{であるデータ数}} - CT$$
$$= \frac{T^2_{[j]1}}{N/2} + \frac{T^2_{[j]2}}{N/2} - \frac{T^2}{N} = \frac{(T_{[j]1} - T_{[j]2})^2}{N}$$
$$= \frac{(j\ \text{列が}\ 1\ \text{であるデータの和} - j\ \text{列が}\ 2\ \text{であるデータの和})^2}{\text{全データ数}}$$

(a) 平方和の計算

(3.9)　$\text{修正項}\ CT = \dfrac{(\text{データの和})^2}{\text{全データ数}} = \dfrac{T^2}{N}$

(3.10)　$\text{全平方和}\ S_T = \text{個々のデータの 2 乗和} - CT$

(3.11)
$$A\ \text{間平方和}\ S_A = \frac{(A_1\text{水準でのデータの和})^2}{A_1\text{水準でのデータ数}} + \frac{(A_2\text{水準でのデータの和})^2}{A_2\text{水準でのデータ数}} - CT$$
$$= \frac{T^2_{A_1}}{N_{A_1}} + \frac{T^2_{A_1}}{N_{A_1}} - \frac{(T_{A_1} + T_{A_2})^2}{N}$$
$$= \frac{2T^2_{A_1} + 2T^2_{A_2} - T^2_{A_1} - 2T_{A_1}T_{A_2} - T^2_{A_2}}{N}$$
$$= \frac{(T_{A_1} - T_{A_2})^2}{N}$$
$$= \frac{(A_1\text{水準でのデータの和} - A_2\text{水準でのデータの和})^2}{\text{全データ数}}$$

また，

(3.12)
$$S_A = \frac{(T_{A_1} - T_{A_2})^2}{N} = \frac{\{4(a_1 - a_2) + (\text{誤差})\}^2}{N}$$

と書け，S_A は因子 A の効果を誤差とともに評価する．他の因子の効果は含まれていなくて，これは直交性から導かれる性質である．

一般に，第 j 列の平方和 $S_{[j]}$ は

(3.13)
$$S_{[j]} = \frac{(j\ \text{列が}\ 1\ \text{であるデータの和} - j\ \text{列が}\ 2\ \text{であるデータの和})^2}{\text{全データ数}}$$

または

(3.14)
$$S_{[j]} = \frac{(j\ \text{列が}\ 1\ \text{であるデータの和})^2}{j\ \text{列が}\ 1\ \text{であるデータ数}} + \frac{(j\ \text{列が}\ 2\ \text{であるデータの和})^2}{j\ \text{列が}\ 2\ \text{であるデータ数}} - CT$$

である．

(b) 自由度の計算

各列の自由度は 1 である．したがって，第 j 列の自由度は $\phi_j = 1$ である．誤差の列が 2 列以上ある場合は，誤差の平方和は誤差の列の平方和の和で求められる．自由度についても同様に誤差の列の自由

度の和で求められる.

手順 3　分散分析表の作成・要因効果の検定

自由度 は各因子については 1 であり，また交互作用についても例えば $\phi_{A\times B} = \phi_A \times \phi_B = 1 \times 1 = 1$ である．$E(V)$ の係数 については，1 因子例えば σ_A^2 の係数は，A の水準を決めると実験数は $N/2$ あるのでそれが係数となる．交互作用の分散，例えば $\sigma_{A\times B}^2$ の係数は，2 因子について水準を固定すれば実験数は $N/4$ あるので，それが係数となる．そして，表 3.11 のような分散分析表が作成される．さらに，効果がないと思われる要因は誤差項にプールして分散分析表を作成しなおして，分散分析表 (2) を作成する．ここでは例えば $D, A\times C$ が効果がないとして誤差 E にプールすると，表 3.12 のような分散分析表が作成される．

表 3.11　分散分析表（直交表 $L_N(2^{N-1})$）

要因	平方和 (S)	自由度 (ϕ)	平均平方 (MS)	F_0	$E(V)$
A	S_A	$\phi_A = 1$	$V_A = \dfrac{S_A}{\phi_A}$	$\dfrac{V_A}{V_E}$	$\sigma^2 + \dfrac{N}{2}\sigma_A^2$
B	S_B	$\phi_B = 1$	$V_B = \dfrac{S_B}{\phi_B}$	$\dfrac{V_B}{V_E}$	$\sigma^2 + \dfrac{N}{2}\sigma_B^2$
C	S_C	$\phi_C = 1$	$V_C = \dfrac{S_C}{\phi_C}$	$\dfrac{V_C}{V_E}$	$\sigma^2 + \dfrac{N}{2}\sigma_C^2$
D	S_D	$\phi_D = 1$	$V_D = \dfrac{S_D}{\phi_D}$	$\dfrac{V_D}{V_E}$	$\sigma^2 + \dfrac{N}{2}\sigma_D^2$
$A\times B$	$S_{A\times B}$	$\phi_{A\times B} = 1$	$V_{A\times B} = \dfrac{S_{A\times B}}{\phi_{A\times B}}$	$\dfrac{V_{A\times B}}{V_E}$	$\sigma^2 + \dfrac{N}{4}\sigma_{A\times B}^2$
$A\times C$	$S_{A\times C}$	$\phi_{A\times C} = 1$	$V_{A\times C} = \dfrac{S_{A\times C}}{\phi_{A\times C}}$	$\dfrac{V_{A\times C}}{V_E}$	$\sigma^2 + \dfrac{N}{4}\sigma_{A\times C}^2$
E	S_E	ϕ_E	$V_E = \dfrac{S_E}{\phi_E}$		σ^2
計	S_T	$\phi_T = N - 1$			

- **平均平方** (MS：mean square) または **不偏分散** (V：unbiased variance) の期待値

j 列に主効果 A が割り付けられているとき，

$S_{[j]} = \{Na + (c_1E_1 + c_2E_2 + \cdots + c_NE_N)\}^2/N$，$a_1 + a_2 = 0$ より $a = a_1 = -a_2$

$$E(S_{[j]}) = Na^2 + (c_1^2 + c_2^2 + \cdots + c_N^2)\sigma^2/N = Na^2 + \sigma^2 \tag{3.15}$$

j 列に交互作用 $A\times B$ が割り付けられているとき，

$$E(S_{[j]}) = \sigma^2 \tag{3.16}$$

j 列にどの主効果，交互作用も $A\times B$ が割り付けられていないとき，

$$E(S_{[j]}) = N(ab)^2 + \sigma^2 \tag{3.17}$$

$$E(V_A) = \sigma^2 + \frac{N}{2}\sigma_A^2 \tag{3.18}$$

$$E(V_{A\times B}) = \sigma^2 + \frac{N}{4}\sigma_{A\times B}^2 \tag{3.19}$$

$$E(V_E) = \sigma^2 \tag{3.20}$$

表 **3.12**　分散分析表（2）

要因	平方和 (S)	自由度 (ϕ)	平均平方 (MS)	F_0	$E(V)$
A	S_A	$\phi_A = 1$	$V_A = \dfrac{S_A}{\phi_A}$	$\dfrac{V_A}{V_{E'}}$	$\sigma^2 + \dfrac{N}{2}\sigma_A^2$
B	S_B	$\phi_B = 1$	$V_B = \dfrac{S_B}{\phi_B}$	$\dfrac{V_B}{V_{E'}}$	$\sigma^2 + \dfrac{N}{2}\sigma_B^2$
C	S_C	$\phi_C = 1$	$V_C = \dfrac{S_C}{\phi_C}$	$\dfrac{V_C}{V_{E'}}$	$\sigma^2 + \dfrac{N}{2}\sigma_C^2$
$A \times B$	$S_{A\times B}$	$\phi_{A\times B} = 1$	$V_{A\times B} = \dfrac{S_{A\times B}}{\phi_{A\times B}}$	$\dfrac{V_{A\times B}}{V_{E'}}$	$\sigma^2 + \dfrac{N}{4}\sigma_{A\times B}^2$
E'	$S_{E'} = S_E$	$\phi_{E'} = \phi_E$	$V_{E'} = \dfrac{S_{E'}}{\phi_{E'}}$		σ^2
	$+S_D + S_{A\times C}$	$+1+1$			
計	S_T	$\phi_T = \ell mr - 1$			

● 要因効果の検定

$H_0 : \sigma_A^2 = 0,\ H_1 : \sigma_A^2 > 0,\ H_0 : \sigma_B^2 = 0,\ H_1 : \sigma_B^2 > 0,\ H_0 : \sigma_C^2 = 0,\ H_1 : \sigma_C^2 > 0,$

$H_0 : \sigma_D^2 = 0,\ H_1 : \sigma_D^2 > 0,\ H_0 : \sigma_{A\times B}^2 = 0,\ H_1 : \sigma_{A\times B}^2 > 0,\ H_0 : \sigma_{A\times C}^2 = 0,\ H_1 : \sigma_{A\times C}^2 > 0$

のような検定が考えられる．

(2) 分散分析後の推定・予測

手順 **1**　データの構造式

表 3.10 の分散分析表（2）より

$$x = \mu + a + b + c + (ab) + \varepsilon \tag{3.21}$$

とする．

手順 **2**　推定・予測

(a) 水準 $A_iB_jC_k$ での母平均 $\mu(A_iB_jC_k) = \mu + a_i + b_j + (ab)_{ij} + c_k$ の推定

①点推定

$$\begin{aligned} &\widehat{\mu}(A_iB_jC_k) \\ &= \widehat{\mu + a_i + b_j + (ab)_{ij} + c_k} = \widehat{\mu + a_i + b_j + (ab)_{ij}} + \widehat{\mu + c_k} - \widehat{\mu} \\ &= \overline{x}(A_iB_j) + \overline{x}(C_k) - \overline{\overline{x}}\ \ (= \overline{x}_{A_iB_j} + \overline{x}_{C_k} - \overline{\overline{x}}\text{とも表記}) \\ &= \mu + a_i + b_j + (ab)_{ij} + \overline{\varepsilon}_{ij\cdot\cdot} + \mu + c_k + \overline{\varepsilon}_{\cdot\cdot k\cdot} - (\mu + \overline{\overline{\varepsilon}}) \end{aligned} \tag{3.22}$$

この推定量の分散 V は，有効反復数（有効繰返し数）を n_e とすると，各因子については 1 つの水準を固定し，その他の因子について総和をとり平均化するので，総実験数 $N(=16)$ を 2 で割り，$N/2(=16/2=8)$ である．また交互作用があり，2 因子の水準を固定する場合は $N/4(=16/4=4)$ である．有効反復数 n_e は，次の伊奈の式（点推定に用いる係数の和）より，

$$\frac{1}{n_e} = \frac{1}{N/4} + \frac{1}{N/2} - \frac{1}{N} = \frac{1}{4} + \frac{1}{8} - \frac{1}{16} = \frac{5}{16} \quad \text{（伊奈の式）} \tag{3.23}$$

または，n_e は次の田口の式（(1+点推定に用いる要因の自由度の和)/総データ数）より，

$$\frac{1}{n_e} = \frac{\phi_A + \phi_B + \phi_{A\times B} + \phi_C + 1}{N} = \frac{1+1+1+1+1}{16} = \frac{5}{16} \quad \text{（田口の式）} \tag{3.24}$$

となり，

$$V(\text{点推定}) = V(\widehat{\mu}(A_iB_jC_k)) = V(\overline{\varepsilon}_{ij\cdot\cdot} + \overline{\varepsilon}_{\cdot\cdot k\cdot} - \overline{\overline{\varepsilon}}) = \frac{1}{n_e}\sigma^2 \tag{3.25}$$

である．そこで，この分散の推定量 $\widehat{V}$ は，以下で与えられる．

$$\widehat{V}(\text{点推定}) = \widehat{V} = \widehat{V}(\widehat{\mu}(A_iB_jC_k)) = \frac{\widehat{\sigma^2}}{n_e} = \frac{V_{E'}}{n_e} \tag{3.26}$$

②区間推定

信頼度 $1-\alpha$ の母平均 $\mu(A_iB_jC_k)$ の信頼区間は，

$$\widehat{\mu}(A_iB_jC_k) \pm t(\phi_E, \alpha)\sqrt{\frac{V_{E'}}{n_e}} \tag{3.27}$$

(b) 2 つの母平均の差の推定

- $\mu(A_iB_jC_k) - \mu(A_{i'}B_{j'}C_{k'})(i \neq i', j \neq j', k \neq k')$ について

①点推定

$$\begin{aligned}
&\widehat{\mu + a_i + b_j + (ab)_{ij} + c_k} - \widehat{\mu + a_{i'} + b_{j'} + (ab)_{i'j'} + c_{k'}} \\
&= \overline{x}(A_iB_j) + \overline{x}(C_k) - \overline{\overline{x}} - (\overline{x}(A_{i'}B_{j'}) + \overline{x}(C_{k'}) - \overline{\overline{x}}) \\
&= \mu + a_i + b_j + (ab)_{ij} + \overline{\varepsilon}_{ij\cdot\cdot} + \mu + c_k + \overline{\varepsilon}_{\cdot\cdot k\cdot} - (\mu + \overline{\overline{\varepsilon}}) \\
&-(\mu + a_{i'} + b_{j'} + (ab)_{i'j'} + \overline{\varepsilon}_{i'j'\cdot\cdot} + \mu + c_{k'} + \overline{\varepsilon}_{\cdot\cdot k'\cdot} - (\mu + \overline{\overline{\varepsilon}})) \\
&= a_i - a_{i'} + b_j - b_{j'} + (ab)_{ij} - (ab)_{i'j'} + \overline{\varepsilon}_{ij\cdot\cdot} - \overline{\varepsilon}_{i'j'\cdot\cdot} \\
&+c_k - c_{k'} + \overline{\varepsilon}_{\cdot\cdot k\cdot} - \overline{\varepsilon}_{\cdot\cdot k'\cdot}
\end{aligned} \tag{3.28}$$

この推定量の分散 V は，

$$\begin{aligned}
V &= V(\text{差}) = V(\overline{\varepsilon}_{ij\cdot\cdot} - \overline{\varepsilon}_{i'j'\cdot\cdot} + \overline{\varepsilon}_{\cdot\cdot k\cdot} - \overline{\varepsilon}_{\cdot\cdot k'\cdot}) \\
&= V(\overline{\varepsilon}_{ij\cdot\cdot} - \overline{\varepsilon}_{i'j'\cdot\cdot}) + V(\overline{\varepsilon}_{\cdot\cdot k\cdot} - \overline{\varepsilon}_{\cdot\cdot k'\cdot}) + 2Cov(\overline{\varepsilon}_{ij\cdot\cdot} - \overline{\varepsilon}_{i'j'\cdot\cdot}, \overline{\varepsilon}_{\cdot\cdot k\cdot} - \overline{\varepsilon}_{\cdot\cdot k'\cdot}) \\
&= \frac{2\sigma^2}{nr} + \frac{2\sigma^2}{\ell mr} + 2\underbrace{Cov(\overline{\varepsilon}_{ij\cdot\cdot}, \overline{\varepsilon}_{\cdot\cdot k\cdot} - \overline{\varepsilon}_{\cdot\cdot k'\cdot})}_{=0} - 2\underbrace{Cov(\overline{\varepsilon}_{i'j'\cdot\cdot}, \overline{\varepsilon}_{\cdot\cdot k\cdot} - \overline{\varepsilon}_{\cdot\cdot k'\cdot})}_{=0} \\
&= \left(\frac{1}{n_{e_1}} + \frac{1}{n_{e_2}}\right)\sigma^2 = \frac{\sigma^2}{n_d}
\end{aligned} \tag{3.29}$$

である．なお，

$$\frac{1}{n_d} = \frac{1}{n_{e_1}} + \frac{1}{n_{e_2}} = \frac{2\ell m}{\ell mnr} + \frac{2n}{\ell mnr} = \frac{2 \times 2 \times 2}{N} + \frac{2 \times 2}{N} = \frac{12}{N} \tag{3.30}$$

と求まる．なお次のように公式を利用して求めても同じである．共通の平均 $\overline{\overline{x}}$ が消去され，伊奈の式を以下のようにそれぞれ適用して

$$\overline{x}(A_iB_j) + \overline{x}(C_k) \to \frac{1}{n_{e_1}} = \frac{1}{N/4} + \frac{1}{N/2} = \frac{3}{N/2} \tag{3.31}$$

$$\overline{x}(A_{i'}B_{j'}) + \overline{x}(C_{k'}) \to \frac{1}{n_{e_2}} = \frac{1}{N/4} + \frac{1}{N/2} = \frac{3}{N/2} \tag{3.32}$$

から，

$$\frac{1}{n_d} = \frac{6}{N/2} = \frac{12}{N} \tag{3.33}$$

である．そこで，この差の点推定値の分散の推定量 $\widehat{V}$ は，以下で与えられる．

$$\widehat{V} = \widehat{V}(\text{差}) = \frac{\widehat{\sigma^2}}{n_d} = \frac{V_{E'}}{n_d} \tag{3.34}$$

②区間推定

$$\widehat{\mu + a_i + b_j + (ab)_{ij} + c_k} - \widehat{\mu + a_{i'} + b_{j'} + (ab)_{i'j'} + c_{k'}} \pm t(\phi_E, \alpha)\sqrt{\frac{V_{E'}}{n_d}} \tag{3.35}$$

(c) データの予測

水準 $A_iB_jC_k$ でのデータの予測を考える．

①点予測

$$\widehat{x} = \widehat{x}(A_iB_jC_k) = \widehat{\mu}(A_iB_jC_k) = \overline{x}(A_iB_j) + \overline{x}(C_k) - \overline{\overline{x}} \tag{3.36}$$

データの分散は σ^2 で，この推定量の分散は $\dfrac{\sigma^2}{n_e}$ なので，予測値の分散はそれらの和で $\sigma^2 + \dfrac{\sigma^2}{n_e}$ となる．そこでこの分散の推定量は，

$$\widehat{V}(\text{予測}) = \widehat{V}(\widehat{x}(A_iB_jC_k)) = \left(1 + \frac{1}{n_e}\right) V_{E'} \tag{3.37}$$

であり，予測値の $1-\alpha$ の信頼限界は以下で与えられる．

②信頼度 $1-\alpha$ の信頼限界

$$x_L, x_U = \widehat{x}(A_iB_jC_k) \pm t(\phi_E, \alpha)\sqrt{\left(1 + \frac{1}{n_e}\right) V_{E'}} \tag{3.38}$$

公式

- データの予測

①点予測　$\widehat{x}(A_iB_jC_k) = \widehat{\mu}(A_iB_jC_k) = \overline{x}(A_iB_j) + \overline{x}(C_k) - \overline{\overline{x}}$

②予測区間 $\widehat{x}(A_iB_jC_k) \pm t(\phi_E, \alpha)\sqrt{\left(1 + \frac{1}{n_e}\right) V_E}$

表 3.13　L_{16} 直交配列表 による実験データ

割り付け	B	A		C				F							D	x	x^2
No. ＼ 列番	[1]	[2]	[3]	[4]	[5]	[6]	[7]	[8]	[9]	[10]	[11]	[12]	[13]	[14]	[15]	データ	データ^2
1	1	1	1	1	1	1	1	1	1	1	1	1	1	1	1	67	4489
2	1	1	1	1	1	1	1	2	2	2	2	2	2	2	2	5	25
3	1	1	1	2	2	2	2	1	1	1	1	2	2	2	2	32	1024
4	1	1	1	2	2	2	2	2	2	2	2	1	1	1	1	75	5625
5	1	2	2	1	1	2	2	1	1	2	2	1	1	2	2	51	2601
6	1	2	2	1	1	2	2	2	2	1	1	2	2	1	1	126	15876
7	1	2	2	2	2	1	1	1	1	2	2	2	2	1	1	31	961
8	1	2	2	2	2	1	1	2	2	1	1	1	1	2	2	6	36
9	2	1	2	1	2	1	2	1	2	1	2	1	2	1	2	10	100
10	2	1	2	1	2	1	2	2	1	2	1	2	1	2	1	97	9409
11	2	1	2	2	1	2	1	1	2	1	2	2	1	2	1	84	7056
12	2	1	2	2	1	2	1	2	1	2	1	1	2	1	2	82	6724
13	2	2	1	1	2	2	1	1	2	2	1	1	2	2	1	141	19881
14	2	2	1	1	2	2	1	2	1	1	2	2	1	1	2	132	17424
15	2	2	1	2	1	1	2	1	2	2	1	2	1	1	2	102	10404
16	2	2	1	2	1	1	2	2	1	1	2	1	2	2	1	81	6561
	a		a		a		a		a		a		a		a	計	計
成分		b	b			b	b			b	b			b	b	1122	108196
				c	c	c	c					c	c	c	c		
								d	d	d	d	d	d	d	d		
	1 群	2 群		3 群				4 群									

例題 3-1 $L_{16}(2^{15})$ 直交表

ある製品の製造工程において，強度特性について改良を加えることとし，影響を及ぼすと思われる母数因子 A, B, C, D, F を取り上げ，それぞれを 2 水準とって $L_{16}(2^{15})$ 直交表による製造実験を行った．割り付けは表 3.11 に示すように行われた．16 回の実験をランダムな順序に行って得られたデータも表 3.13 に併記してある．

なお，交互作用としては，$A \times B, A \times C, A \times D, C \times D, D \times F$ の 5 つが技術的に考えられ，L_{16} 直交配列表実験とし，16 回の実験はランダムな順序で行った．得られた結果を表 3.11 に示す．なお，値は大きい方が望ましい．また，現行条件は $A_1B_1C_1D_1F_1$ である．解析せよ．なお，具体的には以下のような項目について検討せよ．

(1) 要因（主効果および交互作用）の割り付けを行え．

(2) データの構造式と制約条件を示せ．

(3) 交互作用の現れる列を示せ．

(4) データをグラフ化し，要因効果の概略について考察せよ．

(5) 分散分析を行い，要因効果の有無を検討せよ．なお，分散分析表には分散の期待値 $E(V)$ も記入せよ．

(6) 分散分析後のデータの構造式を示し，それに基づいて最適条件を決定せよ．

(7) 最適条件における母平均を点推定し，次に信頼率 95%で区間推定せよ．

(8) 最適条件と現行条件との差を点推定し，次に信頼率 95%で区間推定せよ．

(9) 最適条件で新たにデータをとるとき，得られるデータを予測せよ．つまり，点予測値と信頼率 95%の予測区間を求めよ．

[解] **(0)**　予備解析

手順 1　要因（因子）の割り付け

主効果の自由度の合計は 5，考慮する交互作用の自由度の合計は 5 より，あわせて 10 なので，誤差を 1 つ含め，11 列以上が必要となる．そこで，L_{16} 直交配列表を用いることにする．表より，以下のような割り付けを考える．

①成分記号の利用

主効果について，$A \cdots 2$ 列，$B \cdots 1$ 列，$C \cdots 4$ 列，$D \cdots 15$ 列，$F \cdots 8$ 列に割り付ける．すると，交互作用の列は，

$A \times B : b \times a = ab \cdots 3$ 列，$A \times C : b \times c = bc \cdots 6$ 列

$A \times D : b \times abcd = acd \cdots 13$ 列，$C \times D : c \times abcd = abd \cdots 11$ 列

$F \times D : d \times abcd = abc \cdots 7$ 列 に現れる．

そこで誤差の列は

残りの列：$\cdots 5$，9，10，12，14 列 になる．

②線点図の利用

まず，必要な線点図として，主効果の 5 個に対応する点とそれらを結ぶ交互作用 $A \times B$，$A \times C$，$A \times D$，$C \times D$，$D \times F$ に対応する線を考慮して，図 3.6 のような線点図が考えられる．その必要な線点図を含むような線点図を図 3.4 の用意された線点図の中から選び，割り付けを考える．L_{16} 直交配列表を用いる場合，図 3.4 の用意されている線点図の右上の図を組み込む．図 3.7 ように線点図を利用する．

点に主効果を対応させ，対応する点を結ぶ線分に交互作用を割り付けていく．ここでは，図 3.7 で頂点 1 に B，頂点 2 に A，頂点 4 に C，頂点 8 に F，頂点 15 に D を割り付けると，交互作用の列 $A \times B$ は頂点 1，2 を結ぶ線分の 3 列，$A \times C$ は頂点 2，4 を結ぶ線分の 6 列

$A \times D$ は頂点 2，15 を結ぶ線分の 13 列に，$C \times D$ は頂点 4，15 を結ぶ線分の 11 列に

$D \times F$ は頂点 15，8 を結ぶ線分の 7 列に割り付けられる．そこで，誤差の列は，残りの列：5，9，10，12，14 列に割り付けられる．

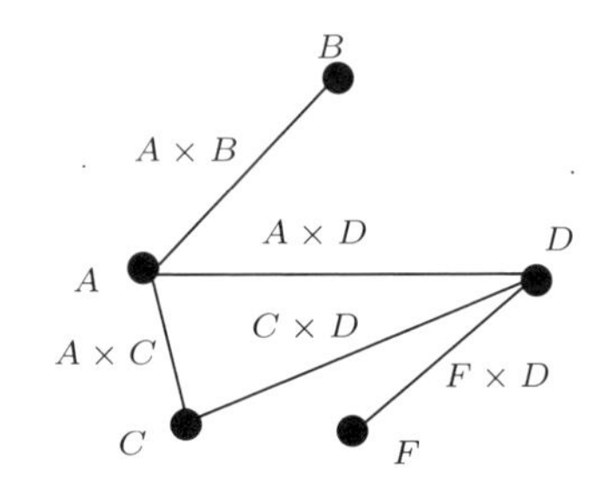

図 3.6　必要な線点図

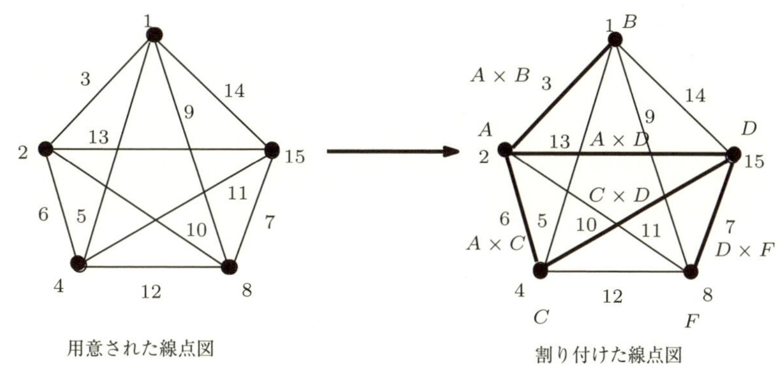

図 3.7　例題 3-1 の線点図

③対応した表の利用

表 3.8 の交互作用の現れる列の表を利用する．$A \times B$ は 1 列と 2 列の交差点にある 3 列，$A \times C$ は 2 列と 4 列の交差点にある 6 列，$A \times D$ は 2 列と 15 列の交差点にある 13 列に，$C \times D$ は，4 列と 15 列の交差点にある 11 列，$D \times F$ は，15 列と 8 列の交差点にある 7 列に割り付けられる．

手順 2　実験順序とデータ入力　No.1 から No.16 までの実験に対応した水準組合せについて，乱数などを利用してランダムに順序を決め，データをとる．その例を表 3.14 に示す．

表 3.14　水準組合せと実験順序

No.	水準組合せ	実験順序
1	$A_1B_1C_1D_1F_1$	14
2	$A_1B_1C_1D_2F_2$	2
⋮	⋮	⋮
16	$A_2B_2C_2D_1F_2$	6

手順 3　データの集計

平方和を計算するための補助表や 2 元表等を作成する．

表 3.15　L_{16} 各列の平方和の計算表

割り付け	B		A		$A \times B$		C		誤差 (e)	
列番	[1]		[2]		[3]		[4]		[5]	
水準	1	2	1	2	1	2	1	2	1	2
データ	67 5 32 75 51 126 31 6	10 97 84 82 141 132 102 81	67 5 32 75 10 97 84 82	51 126 31 6 141 132 102 81	67 5 32 75 141 132 102 81	51 126 31 6 10 97 84 82	67 5 51 126 10 97 141 132	32 75 31 6 84 82 102 81	67 5 51 126 84 82 102 81	32 75 31 6 10 97 141 132
合計 (1)∗	393	729	452	670	635	487	629	493	598	524
平均 (2)∗	49.1	91.1	56.5	83.8	79.4	60.9	78.6	61.6	74.8	65.5
(3)∗	1122		1122		1122		1122		1122	
(4)∗	−336		−218		148		136		74	
(5)∗	7056		2970.25		1369		1156		342.25	

割り付け	$A \times C$		$D \times F$		F		誤差 (e)		誤差 (e)	
列番	[6]		[7]		[8]		[9]		[10]	
水準	1	2	1	2	1	2	1	2	1	2
データ	67	32	67	32	67	5	67	5	67	5
	5	75	5	75	32	75	32	75	32	75
	31	51	31	51	51	126	51	126	126	51
	6	126	6	126	31	6	31	6	6	31
	10	84	84	10	10	97	97	10	10	97
	97	82	82	97	84	82	82	84	84	82
	102	141	141	102	141	132	132	141	132	141
	81	132	132	81	102	81	81	102	81	102
(1)*	399	723	548	574	518	604	573	549	538	584
(2)*	49.9	90.4	68.5	71.8	64.8	75.5	71.6	68.6	67.3	73
(3)*	1122		1122		1122		1122		1122	
(4)*	−342		−26		−86		24		−46	
(5)*	6561		42.25		462.25		36		132.25	

割り付け	$C \times D$		誤差 (e)		$A \times D$		誤差 (e)		D	
列番	[11]		[12]		[13]		[14]		[15]	
水準	1	2	1	2	1	2	1	2	1	2
データ	67	5	67	5	67	5	67	5	67	5
	32	75	75	32	75	32	75	32	75	32
	126	51	51	126	51	126	126	51	126	51
	6	31	6	31	6	31	31	6	31	6
	97	10	10	97	97	10	10	97	97	10
	82	84	82	84	84	82	82	84	84	82
	141	132	141	132	132	141	132	141	141	132
	102	81	81	102	102	81	102	81	81	102
(1)*	653	469	513	609	614	508	625	497	702	420
(2)*	81.6	58.6	64.1	76.1	76.8	63.5	78.1	62.1	87.8	52.5
(3)*	1122		1122		1122		1122		1122	
(4)*	184		−96		106		128		282	
(5)*	2116		576		702.25		1024		4970.25	

(1)* :各水準の合計 $T_{[j]1}$, $T_{[j]2}$, (2)* :各水準での平均 $\overline{x}_{[j]1}$, $\overline{x}_{[j]2}$, (3)* 列ごとの合計 $T_{[j]1} + T_{[j]2}$
(4)* :水準の合計の差 $T_{[j]1} - T_{[j]2}$, (5)* :$S_{[j]} = (T_{[j]1} - T_{[j]2})^2/16$

表 3.16 $AB$2 元表

要因	B_1	B_2	計
A_1	$67 + 5 + 32 + 75 = 179$	$10 + 97 + 84 + 82 = 273$	452
A_2	$51+126+31+6=214$	$141 + 132 + 102 + 81 = 456$	670
計	393	729	1122

表 3.17 $AC$2 元表

要因	C_1	C_2	計
A_1	179	273	452
A_2	450	220	670
計	629	493	1122

手順 4 データのグラフ化

手順 3 の計算補助表と各 2 元表における特性値の平均に関して，グラフを作成し，因子の主効果，因子の交互作用の概略をみる．

- Excel によるデータのグラフ化（主効果・交互作用の概要）

表 3.18　$AD$2 元表

要因	D_1	D_2	計
A_1	323	129	452
A_2	379	291	670
計	702	420	1122

表 3.19　$CD$2 元表

要因	D_1	D_2	計
C_1	431	198	629
C_2	271	222	493
計	702	420	1122

表 3.20　$DF$2 元表

要因	F_1	F_2	計
D_1	323	379	702
D_2	195	225	420
計	518	604	1122

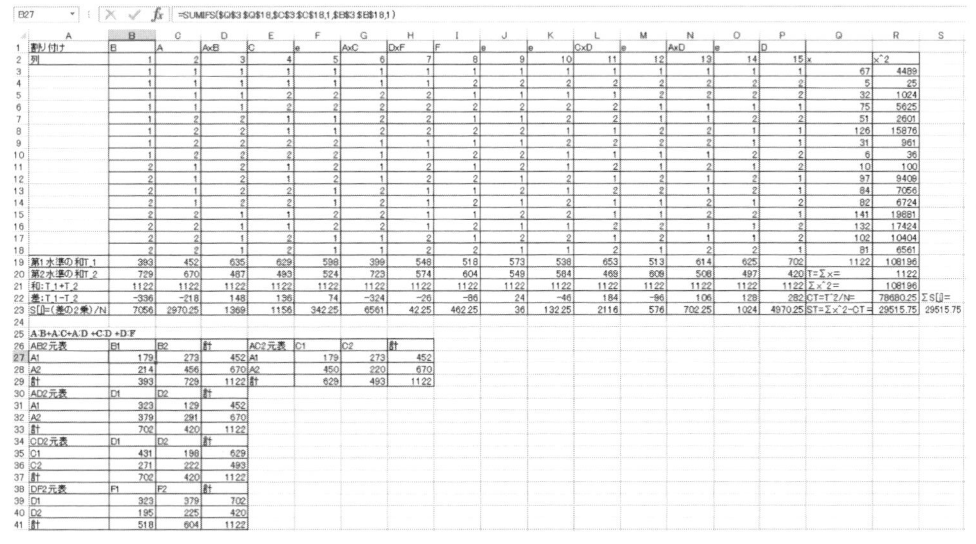

B27　=SUMIFS($Q$3:$Q$18,$C$3:$C$18,1,$B$3:$B$18,1)

	A	B	C	D	E	F	G	H	I	J	K	L	M	N	O	P	Q	R	S
1	割り付け	B	A	AxB	C	e	AxC	DxF	F	e	e	CxD	e	AxD	e	D			
2	列	1	2	3	4	5	6	7	8	9	10	11	12	13	14	15	x	x^2	
3		1	1	1	1	1	1	1	1	1	1	1	1	1	1	1	67	4489	
4		1	1	1	1	1	1	1	2	2	2	2	2	2	2	2	5	25	
5		1	1	1	2	2	2	2	1	1	1	1	2	2	2	2	32	1024	
6		1	1	1	2	2	2	2	2	2	2	2	1	1	1	1	75	5625	
7		1	2	2	1	1	2	2	1	1	2	2	1	1	2	2	51	2601	
8		1	2	2	1	1	2	2	2	2	1	1	2	2	1	1	126	15876	
9		1	2	2	2	2	1	1	1	1	2	2	2	2	1	1	31	961	
10		1	2	2	2	2	1	1	2	2	1	1	1	1	2	2	6	36	
11		2	1	2	1	2	1	2	1	2	1	2	1	2	1	2	10	100	
12		2	1	2	1	2	1	2	2	1	2	1	2	1	2	1	97	9409	
13		2	1	2	2	1	2	1	1	2	1	2	2	1	2	1	84	7056	
14		2	1	2	2	1	2	1	2	1	2	1	1	2	1	2	82	6724	
15		2	2	1	1	2	2	1	1	2	2	1	1	2	2	1	141	19881	
16		2	2	1	1	2	2	1	2	1	1	2	2	1	1	2	132	17424	
17		2	2	1	2	1	1	2	1	2	2	1	2	1	1	2	102	10404	
18		2	2	1	2	1	1	2	2	1	1	2	1	2	2	1	81	6561	
19	第1水準の和T_1	393	452	635	629	598	399	548	518	573	538	653	513	614	625	702	1122	108196	
20	第2水準の和T_2	729	670	487	493	524	723	574	604	549	584	469	609	508	497	420	T=Σx=	1122	
21	和:T_1+T_2	1122	1122	1122	1122	1122	1122	1122	1122	1122	1122	1122	1122	1122	1122	1122	Σx^2=	108196	
22	差:T_1-T_2	-336	-218	148	136	74	-324	-26	-86	24	-46	184	-96	106	128	282	CT=T^2/N=	78680.25	ΣS[j]=
23	S[j]=(差の2乗)/N	7056	2970.25	1369	1156	342.25	6561	42.25	462.25	36	132.25	2116	576	702.25	1024	4970.25	ST=Σx^2-CT=	29515.75	29515.75
24																			
25	A:B+A:C+A:D +C:D +D:F																		
26	AB2元表	B1	B2	計	AC2元表	C1	C2	計											
27	A1	179	273	452	A1	179	273	452											
28	A2	214	456	670	A2	450	220	670											
29	計	393	729	1122	計	629	493	1122											
30	AD2元表	D1	D2	計															
31	A1	323	129	452															
32	A2	379	291	670															
33	計	702	420	1122															
34	CD2元表	D1	D2	計															
35	C1	431	198	629															
36	C2	271	222	493															
37	計	702	420	1122															
38	DF2元表	F1	F2	計															
39	D1	323	379	702															
40	D2	195	225	420															
41	計	518	604	1122															

図 3.8　データと 2 元表

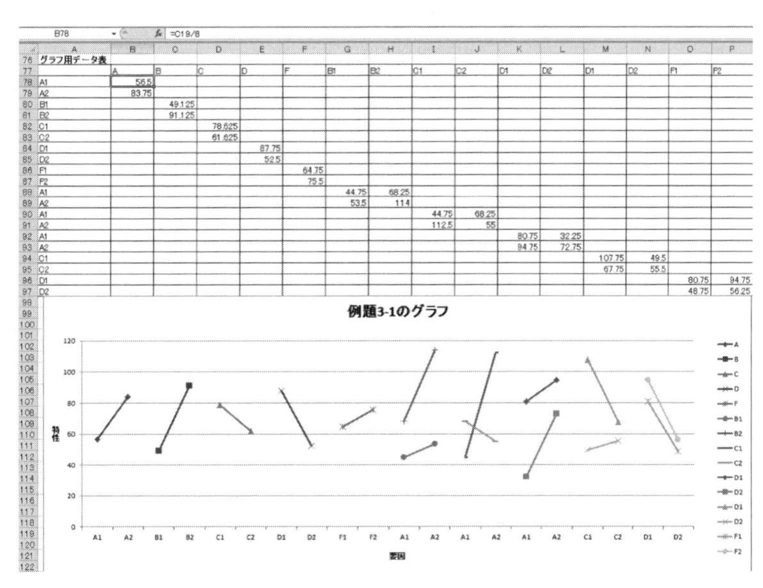

B78　=C19/8

	A	B	C	D	E	F	G	H	I	J	K	L	M	N	O	P
76	グラフ用データ表															
77		A	B	C	D	F	B1	B2	C1	C2	D1	D2	D1	D2	F1	F2
78	A1	56.5														
79	A2	83.75														
80	B1		49.125													
81	B2		91.125													
82	C1			78.625												
83	C2			61.625												
84	D1				87.75											
85	D2				52.5											
86	F1					64.75										
87	F2					75.5										
88	A1						44.75	68.25								
89	A2						53.5	114								
90	A1								44.75	68.25						
91	A2								112.5	55						
92	A1										80.75	32.25				
93	A2										94.75	72.75				
94	C1												107.75	49.5		
95	C2												67.75	55.5		
96	D1														80.75	94.75
97	D2														48.75	56.25

図 3.9　グラフ作成用データ表および主効果・交互作用（各要因効果）のグラフ

図 3.8 にみられるように，直交表とデータの表と各水準での和を計算した表を作成し，その下に考えられる交互作用の 2 元表を作成する．さらに，図 3.8 のように，要因を縦と横にとって交差する位置にその交互作用に対応した合計を計算した表を作成する．この表をもとに図 3.9 のように主効果・交互作用のグラフを作成する．なお，グラフを作成するにあたってはセル A77〜P97 を範囲指定（ドラッグ）した後，挿入からグラフの中から折れ線を選択して作成する．そして図 3.9 より，主効果については A, B, D がありそうであり，交互作用については $A \times C$ がありそうである．その他は判然としない．

(1) 分散分析

手順 **1**　データの構造式

$$x = \mu + a + b + c + d + f + (ab) + (ac) + (ad) + (cd) + (df) + \varepsilon \tag{3.39}$$

手順 **2**　平方和・自由度の計算

$$CT = \frac{1122^2}{16} = 78680.25$$

$$S_T = \sum x_j^2 - CT = 108196 - 78680.25 = 29515.75 (S_T = \sum S_{[j]} = 29515.75)$$

$$S_A = S_{[2]} = \frac{452^2 + 670^2}{8} - CT = 81650.5 - 78680.25 = 2970.25 \left(= \frac{(452 - 670)^2}{16} \right)$$

$$S_B = S_{[1]} = \frac{393^2 + 729^2}{8} - CT = 85736.25 - 78680.25 = 7056$$

$$S_C = S_{[4]} = \frac{629^2 + 493^2}{8} - CT = 79836.25 - 78680.25 = 1156$$

$$S_D = S_{[15]} = \frac{702^2 + 420^2}{8} - CT = 83650.5 - 78680.25 = 4970.25$$

$$S_F = S_{[8]} = \frac{518^2 + 604^2}{8} - CT = 79142.5 - 78680.25 = 462.25$$

$$S_{A \times B} = S_{[3]} = \frac{635^2 + 487^2}{8} - CT = 80049.25 - 78680.25 = 1369$$

$$S_{A \times C} = S_{[6]} = \frac{399^2 + 723^2}{8} - CT = 85241.25 - 78680.25 = 6561$$

$$S_{A \times D} = S_{[13]} = \frac{614^2 + 508^2}{8} - CT = 79382.5 - 78680.25 = 702.25$$

$$S_{C \times D} = S_{[11]} = \frac{653^2 + 469^2}{8} - CT = 80796.25 - 78680.25 = 2116$$

$$S_{D \times F} = S_{[7]} = \frac{548^2 + 574^2}{8} - CT = 78722.5 - 78680.25 = 42.25$$

$$S_E = S_{[5]} + S_{[9]} + S_{[10]} + S_{[12]} + S_{[14]} = 342.25 + 36 + 132.25 + 576 + 1024 = 2110.5$$

- 自由度について

$$\phi_T = N - 1 = 15, \phi_A = 1, \phi_B = 1, \phi_C = 1, \phi_D = 1, \phi_F = 1$$

$$\phi_{A \times B} = N - 1 = 15, \phi_{A \times C} = 1, \phi_{A \times D} = 1, \phi_{C \times D} = 1, \phi_{D \times F} = 1, \phi_E = 5$$

手順 **3**　分散分析表の作成・要因効果の検定

$F(1,5;0.05) = 6.608$ (R では，qf(0.95, 1, 5))，$F(1,5;0.01) = 16.258$ (R では，qf(0.99, 1, 5))

また，$T \sim F(1,5)$ のとき，$P(T \geqq 7.04) = 0.0452$ (p 値)(R では，$1 -$ pf(7.04, 1, 5))

表 3.21 の分散分析表（1）より，A，B，D，$A \times C$ が有意である．できるだけプールしてシンプルなモデルとする方向で，F 値が 2 より小さい F，$A \times D$，$D \times F$ の効果を無視して誤差にプールして，表 3.22 の分散分析表（2）を作成する．ただし，交互作用が残されるときに含まれる主効果は残すことにする．交互作用の水準に対して主効果がないと水準が設定できないためである．なお，$S_{E'} = S_E + S_F + S_{A \times D} + S_{D \times F} = 2110.5 + 462.25 + 702.25 + 42.25 = 3317.25$，$\phi_{E'} = \phi_E + \phi_F + \phi_{A \times D} + \phi_{D \times F} = 5 + 1 + 1 + 1 = 8$ と計算される．

(2) 分散分析後の推定・予測

手順 **1**　データの構造式

表 3.20 の分散分析表（2）より，データの構造式を以下のように考える．

$$x = \mu + a + b + c + d + (ab) + (ac) + (cd) + \varepsilon$$

そこで，母平均の推定は

$$\widehat{\mu}(ABCD) = \widehat{\mu + a + b + (ab)} + \widehat{\mu + a + c + (ac)} + \widehat{\mu + c + d + (cd)} - \widehat{\mu + a} - \widehat{\mu + c}$$

により行う．

表 3.21　分散分析表（1）

要因	平方和 (S)	自由度 (ϕ)	平均平方 (MS)	F_0	$E(V)$
A	2970.25	$\phi_A=1$	2970.25	7.04^*	$\sigma^2+\dfrac{N}{2}\sigma_A^2=\sigma^2+8\sigma_A^2$
B	7056	$\phi_B=1$	7056	16.72^{**}	$\sigma^2+8\sigma_B^2$
C	1156	$\phi_C=1$	1156	2.74	$\sigma^2+8\sigma_C^2$
D	4970.25	$\phi_D=1$	4970.25	11.78^*	$\sigma^2+8\sigma_D^2$
F	462.25	$\phi_F=1$	462.25	1.095	$\sigma^2+8\sigma_F^2$
$A\times B$	1369	$\phi_{A\times B}=1$	1369	3.24	$\sigma^2+4\sigma_{A\times B}^2$
$A\times C$	6561	$\phi_{A\times C}=1$	6561	15.54^*	$\sigma^2+4\sigma_{A\times C}^2$
$A\times D$	702.25	$\phi_{A\times D}=1$	702.25	1.66	$\sigma^2+4\sigma_{A\times D}^2$
$C\times D$	2116	$\phi_{C\times D}=1$	2116	5.01	$\sigma^2+4\sigma_{C\times D}^2$
$D\times F$	42.25	$\phi_{D\times F}=1$	42.25	0.10	$\sigma^2+4\sigma_{D\times F}^2$
E	2110.5	$\phi_E=5$	422.1		σ^2
計	$S_T=29515.75$	$\phi_T=N-1=15$			

表 3.22　分散分析表（2）

要因	平方和 (S)	自由度 (ϕ)	平均平方 (MS)	F_0	$E(V)$
A	2970.25	$\phi_A=1$	2970.25	7.16^*	$\sigma^2+8\sigma_A^2$
B	7056	$\phi_B=1$	7056	17.01^{**}	$\sigma^2+8\sigma_B^2$
C	1156	$\phi_C=1$	1156	2.79	$\sigma^2+8\sigma_C^2$
D	4970.25	$\phi_D=1$	4970.25	11.99^*	$\sigma^2+8\sigma_D^2$
$A\times B$	1369	$\phi_{A\times B}=1$	1369	3.30	$\sigma^2+4\sigma_{A\times B}^2$
$A\times C$	6561	$\phi_{A\times C}=1$	6561	15.82^*	$\sigma^2+4\sigma_{A\times C}^2$
$C\times D$	2116	$\phi_{C\times D}=1$	2116	5.10	$\sigma^2+4\sigma_{C\times D}^2$
E'	3317.25	$\phi_{E'}=8$	414.66		σ^2
計	$S_T=29515.75$	$\phi_T=N-1=15$			

$F(1,8;0.05)=5.318,\ F(1,8;0.01)=11.259$

手順 2　推定・予測

(a)（最適）条件の決定

交互作用のある A,B と A,C と C,D について A,C が重複していて，$\widehat{-\mu+a}-\widehat{\mu+c}$ を考慮すると，A,C の水準ごとの組み (1,1),(1,2),(2,1),(2,2) で他の B,D で最大な水準を考えれば良い．例えば A,C が (1,1) のとき，A,B では表 3.16 より B_2 で，C,D では表 3.19 より D_1 であるから，母平均が最大となる水準組合せは $A_1B_2C_1D_1$ である．$\widehat{\mu}(A_1B_2C_1D_1)=85.625$ である．同様に，A,C が (1,2) のとき，

A,B では表 3.23 より B_2 で，C,D では表 3.19 より D_1 であるから，母平均が最大となる水準組合せは $A_1B_2C_2D_1$ である．$\widehat{\mu}(A_1B_2C_2D_1)=58.875$ である．同様に，A,C が (2,1) のとき，A,B では表 3.16 より B_2 で，C,D では表 3.19 より D_1 であるから，母平均が最大となる水準組合せは $A_2B_2C_1D_1$ である．$\widehat{\mu}(A_1B_2C_2D_1)=171.875$ である．同様に，A,C が (2,2) のとき，A,B では表 3.16 より B_2 で，C,D では表 3.19 より D_1 であるから，母平均が最大となる水準組合せは $A_2B_2C_2D_1$ である．$\widehat{\mu}(A_2B_2C_2D_1)=91.375$ である．以上から最適水準は $A_2B_2C_1D_1$ で，$\widehat{\mu}(A_1B_2C_2D_1)=171.875$ である．

表 3.23　$AB2$ 元表

要因	B_1	B_2	計
A_1	179	273	452
A_2	214	456	670
計	393	729	1122

表 3.24　$AC2$ 元表

要因	C_1	C_2	計
A_1	179	273	452
A_2	450	220	670
計	629	493	1122

表 3.25　$CD2$ 元表

要因	D_1	D_2	計
C_1	431	198	629
C_2	271	222	493
計	702	420	1122

(b) 母平均の推定

水準 $A_2B_2C_1D_1$ のもとでの母平均 $\mu(A_2B_2C_1D_1)=\mu+a_2+b_2+c_1+d_1+(ab)_{22}+(ac)_{21}+(cd)_{11}$ の推定

①点推定

$$\begin{aligned}&\widehat{\mu}(A_2B_2C_1D_1)\\&=\widehat{\mu+a_2+b_2+(ab)_{22}}+\widehat{\mu+a_2+c_1+(ac)_{21}}+\widehat{\mu+c_1+d_1+(cd)_{11}}-\widehat{\mu+a_2}-\widehat{\mu+c_1}\\&=\overline{x}(A_2B_2)+\overline{x}(A_2C_1)+\overline{x}(C_1D_1)-\overline{x}(A_2)-\overline{x}(C_1)\\&=\frac{456}{4}+\frac{450}{4}+\frac{431}{4}-\frac{670}{8}-\frac{629}{8}=171.875\end{aligned}$$

この推定量の分散 V は，

$$V=V(\text{点推定})=V(\widehat{\mu}(A_2B_2C_1D_1))=\frac{\sigma^2}{n_e} \tag{3.40}$$

で，n_e は有効反復数で以下の伊奈の式より

$$\frac{1}{n_e}=\frac{1}{4}+\frac{1}{4}+\frac{1}{4}-\frac{1}{8}-\frac{1}{8}=\frac{1}{2} \tag{3.41}$$

である．そしてこの分散 V の推定量 $\widehat{V}$ は，以下で与えられる．

$$\widehat{V}(\text{点推定})=\widehat{V}(\widehat{\mu}(A_2B_2C_1D_1))=\frac{V_{E'}}{n_e} \tag{3.42}$$

②区間推定

信頼度 $1-\alpha$ の信頼区間は，$V_{E'}=414.66$ より，

$$\begin{aligned}&\widehat{\mu}(A_2B_2C_1D_1)\pm t(\phi_{E'},0.05)\sqrt{\frac{V_{E'}}{n_e}}\\&=171.875\pm 2.305\times\sqrt{414.66\times 0.5}=171.875\pm 33.20=138.67,205.08\end{aligned} \tag{3.43}$$

(c) 母平均の差の推定

- $\mu(A_2B_2C_1D_1)-\mu(A_1B_1C_1D_1)$ について

①点推定

$$\begin{aligned}&\widehat{\mu}(A_2B_2C_1D_1)-\widehat{\mu}(A_1B_1C_1D_1)\\&=\overline{x}(A_2B_2)+\overline{x}(A_2C_1)+\overline{x}(C_1D_1)-\overline{x}(A_2)-\overline{x}(C_1)\\&-(\overline{x}(A_1B_1)+\overline{x}(A_1C_1)+\overline{x}(C_1D_1)-\overline{x}(A_1)-\overline{x}(C_1))\\&=\overline{x}(A_2B_2)+\overline{x}(A_2C_1)-\overline{x}(A_2)-(\overline{x}(A_1B_1)+\overline{x}(A_1C_1)-\overline{x}(A_1))\\&=171.875-62.125=109.75\end{aligned}$$

②区間推定

その分散の推定量は，

(3.44)
$$\widehat{V}(差)=\frac{V_{E'}}{n_d}=\left(\frac{1}{n_{e_1}}+\frac{1}{n_{e_2}}\right)V_{E'}$$

で，上式のように共通の平均を消去して

(3.45)
$$\begin{aligned}&\overline{x}(A_2B_2)+\overline{x}(A_2C_1)-\overline{x}(A_2)\quad\rightarrow\frac{1}{n_{e_1}}=\frac{1}{4}+\frac{1}{4}-\frac{1}{8}=\frac{3}{8}\\&\overline{x}(A_1B_1)+\overline{x}(A_1C_1)-\overline{x}(A_1)\quad\rightarrow\frac{1}{n_{e_2}}=\frac{1}{4}+\frac{1}{4}-\frac{1}{8}=\frac{3}{8}\end{aligned}$$

より，

(3.46)
$$\frac{1}{n_d}=\frac{1}{n_{e_1}}+\frac{1}{n_{e_2}}=\frac{3}{4}$$

となる．次に，信頼度 $1-\alpha$ の信頼区間は，

(3.47)
$$\begin{aligned}&\widehat{\mu}(A_2B_2C_1D_1)-\widehat{\mu}(A_1B_1C_1D_1)\pm t(\phi_{E'},0.05)\sqrt{\widehat{V}(差)}\\&=109.75\pm 2.306\times\sqrt{3/4\times 414.66}=109.75\pm 40.67=69.08,150.42\end{aligned}$$

(d) データの予測

最適条件 $A_2B_2C_1D_1$ でのデータの予測

①点予測

(3.48)
$$\widehat{x}(A_2B_2C_1D_1)=\widehat{\mu}(A_2B_2C_1D_1)=171.875$$

②予測区間

その分散の推定量は $\widehat{V}(予測)=\left(1+\frac{1}{n_e}\right)V_{E'}=1.5\times 414.66=621.98$ より，

(3.49)
$$\widehat{\mu}(A_2B_2C_1D_1)\pm t(\phi_{E'},0.05)\sqrt{\left(1+\frac{1}{n_e}\right)V_{E'}}=171.875\pm 57.51=114.36,229.39$$ □

《**R**（コマンダー）による解析》

(0) 予備解析

手順 1　データの読み込み

【データ】▶【データのインポート】▶【テキストファイルまたはクリップボード，URL から...】を選択し，ダイアログボックスで，フィールドの区切り記号としてカンマにチェックをいれて，OK を左クリックする．フォルダからファイルを指定後，開く (O) を左クリックする．そして，データセットを表示 をクリックすると，図 3.10 のようにデータが表示される．なお，直交配列表における水準 1,2 を表すセルには l1（エルイチ），l2（エルニ）が入力されている．

```
>rei31<-read.table("rei31.csv",
 header=TRUE, sep=",", na.strings="NA", dec=".", strip.white=TRUE)
>showData(rei31, placement='-20+200', font=getRcmdr('logFont'),
 maxwidth=80, maxheight=30)
```

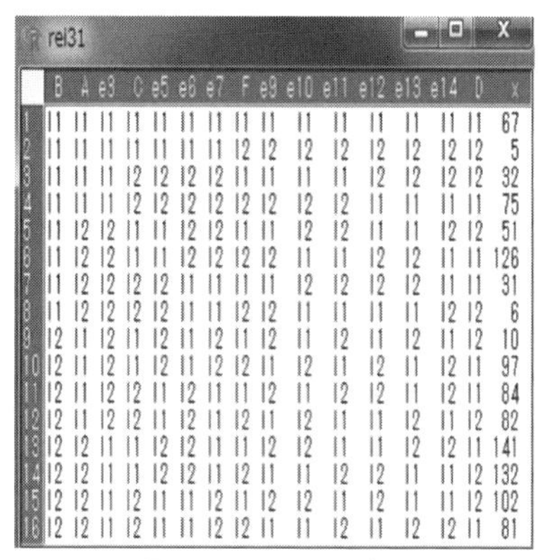

rei31

	B	A	e3	C	e5	e6	e7	F	e9	e10	e11	e12	e13	e14	D	x
1	l1	l1	l1	l1	l1	l1	l1	l1	l1	l1	l1	l1	l1	l1	l1	67
2	l1	l1	l1	l1	l1	l1	l1	l2	l2	l2	l2	l2	l2	l2	l2	5
3	l1	l1	l1	l2	l2	l2	l2	l1	l1	l1	l1	l2	l2	l2	l2	32
4	l1	l1	l1	l2	l2	l2	l2	l2	l2	l2	l2	l1	l1	l1	l1	75
5	l1	l2	l2	l1	l1	l2	l2	l1	l1	l2	l2	l1	l1	l2	l2	51
6	l1	l2	l2	l1	l1	l2	l2	l2	l2	l1	l1	l2	l2	l1	l1	126
7	l1	l2	l2	l2	l2	l1	l1	l1	l1	l2	l2	l2	l2	l1	l1	31
8	l1	l2	l2	l2	l2	l1	l1	l2	l2	l1	l1	l1	l1	l2	l2	6
9	l2	l1	l2	l1	l2	l1	l2	l1	l2	l1	l2	l1	l2	l1	l2	10
10	l2	l1	l2	l1	l2	l1	l2	l2	l1	l2	l1	l2	l1	l2	l1	97
11	l2	l1	l2	l2	l1	l2	l1	l1	l2	l1	l2	l2	l1	l2	l1	84
12	l2	l1	l2	l2	l1	l2	l1	l2	l1	l2	l1	l1	l2	l1	l2	82
13	l2	l2	l1	l1	l2	l2	l1	l1	l2	l2	l1	l1	l2	l2	l1	141
14	l2	l2	l1	l1	l2	l2	l1	l2	l1	l1	l2	l2	l1	l1	l2	132
15	l2	l2	l1	l2	l1	l1	l2	l1	l2	l2	l1	l2	l1	l1	l2	102
16	l2	l2	l1	l2	l1	l1	l2	l2	l1	l1	l2	l1	l2	l2	l1	81

図 **3.10** データの表示

手順 **2** 基本統計量の計算

【統計量】▶【要約】▶【数値による要約...】を選択し，層別して要約... をクリックする．さらに，層別変数に A を指定し，OK を左クリックする．次に，統計量を選択し，すべての項目にチェックをいれて，OK を左クリックすると，次の出力結果が表示される．

```
> numSummary(rei31[,"x"], groups=rei31$A,
+   statistics=c("mean", "sd", "IQR", "quantiles", "cv",
+   "skewness", "kurtosis"), quantiles=c(0,.25,.5,.75,1),
+   type="2")
    mean       sd  IQR        cv   skewness  kurtosis 0%  25%
l1 56.50 35.68513 56.0 0.6315952 -0.5891028 -1.541559  5 26.5
l2 83.75 50.18751 81.5 0.5992538 -0.4075339 -1.392920  6 46.0
    50%   75% 100% data:n
l1 71.0  82.5   97      8
l2 91.5 127.5  141      8
```

手順 **3** データのグラフ化

- 主効果について

【グラフ】▶【平均のプロット...】を選択し，ダイアログボックスで，OK を左クリックすると，図 3.11 の平均のプロットが表示される．

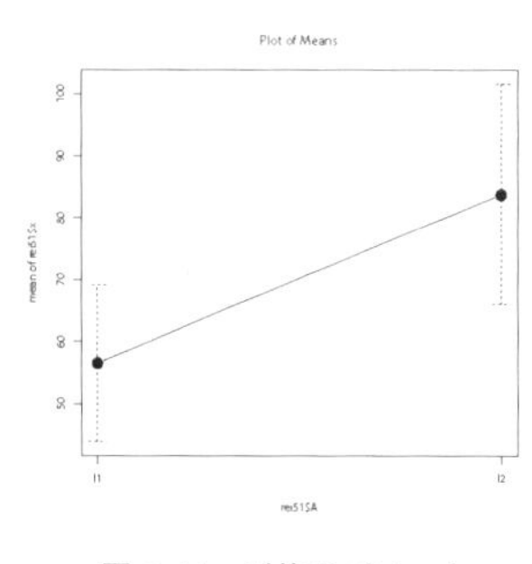

図 **3.11** 平均のプロット

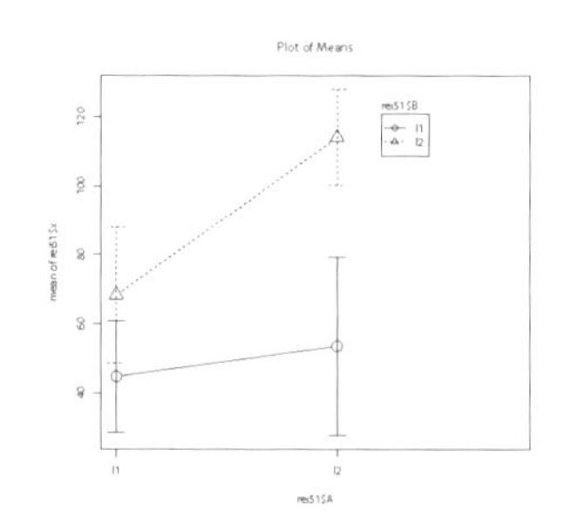

図 **3.12** 平均のプロット

```
> plotMeans(rei31$x, rei31$A, error.bars="se")
```

他の主効果についても同様に作成すると，A, B は効果がありそうである．

- 交互作用について

【グラフ】▶【平均のプロット...】を選択し，ダイアログボックスで，OK を左クリックすると，図3.12の平均のプロットが表示される．

```
> plotMeans(rei31$x, rei31$A, rei31$B, error.bars="se")
```

他も同様に作成すると，交互作用 $A \times B$ があり，他の交互作用はなさそうである．

(1) 分散分析

データの構造式としては題意から以下を考える．

$x = \mu + a + b + c + d + f + (ab) + (ac) + (ad) + (cd) + (df) + \varepsilon$

手順1　モデル化：線形モデル（データの構造）

【統計量】▶【モデルへの適合】▶【線形モデル...】を選択し，ダイアログボックスで，モデル式：左側のボックスに上のボックスより特性を選択しダブルクリックにより代入し，右側のボックスに上側のボックスより A を選択しダブルクリックにより A を代入する．同様にして右側のボックスに A+B+C+D+F+A:B+A:C+A:D+C:D+D:F を入力する．そして，OK を左クリックすると，次の出力結果が表示される．

```
> LinearModel.1 <- lm(x ~ A + B + C + D + F +A:B +A:C +A:D +C:D +D:F,
data=rei31)
> summary(LinearModel.1)
Call:
lm(formula = x ~ A + B + C + D + F + A:B + A:C + A:D + C:D +
D[T.12]:F[T.12]     -6.50       20.55  -0.316   0.7645
～
Residual standard error: 20.55 on 5 degrees of freedom
Multiple R-squared:  0.9285,Adjusted R-squared:  0.7855
F-statistic: 6.493 on 10 and 5 DF,  p-value: 0.02605
```

手順2　モデルの検討：分散分析表の作成と要因効果の検定

【モデル】▶【仮説検定】▶【分散分析表...】を選択し，ダイアログボックスで，Type II にチェックをいれ，OK を左クリックすると，次の出力結果が表示される．

```
> Anova(LinearModel.1, type="II")
Anova Table (Type II tests)
Response: x
          Sum Sq Df F value  Pr(>F)
A         2970.3  1  7.0368 0.04528 *
B         7056.0  1 16.7164 0.00946 **
C         1156.0  1  2.7387 0.15885
D         4970.2  1 11.7751 0.01861 *
F          462.2  1  1.0951 0.34327
A:B       1369.0  1  3.2433 0.13160
A:C       6561.0  1 15.5437 0.01093 *
A:D        702.2  1  1.6637 0.25354
C:D       2116.0  1  5.0130 0.07531 .
D:F         42.2  1  0.1001 0.76450
Residuals 2110.5  5
Signif. codes:  0 '***' 0.001 '**' 0.01 '*' 0.05 '.' 0.1 ' ' 1
```

p 値が大きい主効果 F，交互作用 $A \times D, D \times F$ を誤差項にプールしたモデルについて再検討する．

手順3　再モデル化：線形モデル（データの構造）

$$x = \mu + a + b + c + d + (ab) + (ac) + (cd) + \varepsilon \tag{3.50}$$

【統計量】▶【モデルへの適合】▶【線形モデル...】を選択し，ダイアログボックスで，モデル式：の右側のボックスで F,A:D,D:F を削除し，A+B+C+D+A:B+A:C+C:D とする．そして，OK を左クリックすると，次の出力結果が表示される．

```
> LinearModel.2 <- lm(x ~ A + B + C + D +  A:B + A:C + C:D,
 data=rei31)
> summary(LinearModel.2)
Call:
lm(formula = x ~ A + B + C + D + A:B + A:C + C:D, data = rei31)
～
Residual standard error: 20.36 on 8 degrees of freedom
Multiple R-squared:  0.8876,Adjusted R-squared:  0.7893
F-statistic: 9.026 on 7 and 8 DF,  p-value: 0.00296
```

手順 4　モデルの再検討：分散分析表の作成と要因効果の検定

【モデル】▶【仮説検定】▶【分散分析表...】を選択し，ダイアログボックスで，Type II にチェックをいれ，OK を左クリックすると，次の出力結果が表示される．

```
> Anova(LinearModel.2, type="II")
Anova Table (Type II tests)
Response: x
          Sum Sq Df F value   Pr(>F)
A         2970.2  1  7.1632 0.028082 *
B         7056.0  1 17.0165 0.003321 **
C         1156.0  1  2.7879 0.133531
D         4970.2  1 11.9864 0.008541 **
A:B       1369.0  1  3.3015 0.106739
A:C       6561.0  1 15.8227 0.004074 **
C:D       2116.0  1  5.1030 0.053807 .
Residuals 3317.3  8
Signif. codes:  0 '***' 0.001 '**' 0.01 '*' 0.05 '.' 0.1 ' ' 1
```

(2) 分散分析後の推定・予測

手順 1　データの構造式　分散分析の結果から，データの構造式として，以下を考える．

$$x_{ijk} = \mu + a + b + c + d + (ab) + (ac) + (cd) + \varepsilon_{ijk} \tag{3.51}$$

(a) 基本的診断

【モデル】▶【グラフ】▶【基本的診断プロット...】とクリックすると，図 3.13 の診断プロットが表示される．大体問題なさそうである．

```
> oldpar <- par(oma=c(0,0,3,0), mfrow=c(2,2))
> plot(LinearModel.8)
> par(oldpar)
```

(b) 効果プロット

【モデル】▶【グラフ】▶【効果プロット...】とクリックすると図 3.14 の効果プロットが表示される．

```
> trellis.device(theme="col.whitebg")
> plot(allEffects(LinearModel.8), ask=FALSE)
```

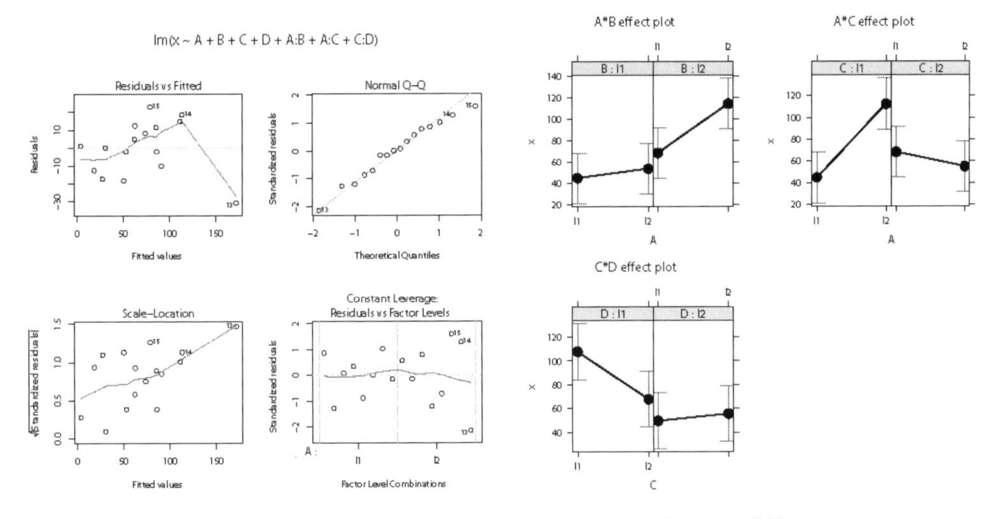

図 **3.13**　基本的診断プロット

図 **3.14**　効果プロット

（参考）

```
> rei311.aov<-aov(x~ A +B +C +D +F +A:B +A:C +A:D +C:D +D:F,
+data=rei31)
> summary(rei311.aov)
            Df Sum Sq Mean Sq F value  Pr(>F)
A            1   2970    2970   7.037 0.04528 *
～
Residuals    5   2110     422
Signif. codes:  0 '***' 0.001 '**' 0.01 '*' 0.05 '.' 0.1 ' ' 1
>rei312.aov<-aov(x~A + B + C + D +  A:B + A:C + C:D,data=rei31)
> summary(rei312.aov)
            Df Sum Sq Mean Sq F value  Pr(>F)
A            1   2970    2970   7.163 0.02808 *
～
Residuals    8   3317     415
Signif. codes:  0 '***' 0.001 '**' 0.01 '*' 0.05 '.' 0.1 ' ' 1
```

手順 2　推定・予測

分散分析の結果から，データの構造式が，

$$x = \mu + a + b + c + d + (ab) + (ac) + (cd) + \varepsilon \tag{3.52}$$

と考えられる．この構造式に基づいて以下の推定を行う．

(a) 誤差分散の推定（プール後）

p.69，p.70 の出力ウィンドウの Anova Table より

```
> SEP=3317.3;fEP=8;VEP=SEP/fEP;VEP
[1] 414.6625   #プール後の誤差分散の推定値
```

(b) 最適水準の決定と母平均の推定

①点推定 （水準 $A_2B_2C_1D_1$）

```
> MA2B2C1D1=456/4+450/4+431/4-670/8-629/8;MA2B2C1D1
[1] 171.875
> kei=1/4+1/4+1/4-1/8-1/8 #(=0.5) (=1/ne) 伊奈の式
```

②区間推定

```
> VHe=kei*VEP #(=207.33) 分散の推定値
> haba=qt(0.975,fEP)*sqrt(VHe) #(=33.20) 区間幅
> sita=MA2B2C1D1-haba;ue=MA2B2C1D1+haba
> sita;ue
[1] 138.6708  #信頼係数 95 %の下側信頼限界
[1] 205.0792  #信頼係数 95 %の上側信頼限界
```

(c) 2 つの母平均の差の推定

①点推定 $(MA_2B_2C_1D_1 - MA_1B_1C_1D_1)$

```
> MA1B1C1D1=179/4+179/4+431/4-452/8-629/8 #(=62.125)
> sa=MA2B2C1D1-MA1B1C1D1;sa
[1] 109.75
```

②差の区間推定

```
> kei1=1/4+1/4-1/8;kei2=1/4+1/4-1/8 #(kei1=1/ne1,kei2=1/ne2)
> keid=kei1+kei2;VHsa=keid*VEP #(=0.75,=311.00) (1/nd=1/ne1+1/ne2, 差の分散の推定値)
> habasa=qt(0.975,fEP)*sqrt(VHsa)   #(=40.67) 差の区間幅
> sitasa=sa-habasa;uesa=sa+habasa
> sitasa;uesa
[1] 69.08368  #差の信頼係数 95 %の下側信頼限界
[1] 150.4166  #差の信頼係数 95 %の上側信頼限界
```

(d) データの予測 （水準 $A_2B_2C_1D_1$）

①点予測

```
> yosoku=MA2B2C1D1;yosoku
[1] 171.875
```

②予測区間

```
> keiyo=1+kei;VHyo=keiyo*VEP #(=621.99) (=1+1/ne, 予測値の分散の推定値)
> habayo=qt(0.975,fEP)*sqrt(VHyo) #(=57.51) 予測の区間幅
> sitayo=yosoku-habayo;ueyo=yosoku+habayo
> sitayo;ueyo
[1] 114.3637 #予測の信頼係数 95 %の下側信頼限界
[1] 229.3863  #予測の信頼係数 95 %の上側信頼限界
```

演習 **3-1** ある製品の製造工程において，強度特性について改良を加えることとし，影響を及ぼすと思われる母数因子 A, B, C, D, F, G を取り上げ，それぞれを 2 水準にとって実験を行った．交互作用としては $A \times C, B \times G, C \times D, C \times G$ が考えられたので $L_{16}(2^{15})$ 型の直交表を用いた．要因の割り付けと実験結果のデータを表 3.26 に示すように行われた．16 回の実験をランダムな順序に行って得られたデータを表 3.26 に示す．以下の設問に答えよ．

(1)$A \times C, B \times G, C \times D, C \times G$ の交互作用の現れる列を求めよ．

(2) 分散分析を行い，要因効果について検討せよ．

(3) 強度が最小となる条件での母平均の点推定，95 %信頼限界を求めよ．

表 3.26　L_{16} 直交配列表 による実験データ

要因	A	B		C				D						F	G	x
列番 / No.	[1]	[2]	[3]	[4]	[5]	[6]	[7]	[8]	[9]	[10]	[11]	[12]	[13]	[14]	[15]	x
1	1	1	1	1	1	1	1	1	1	1	1	1	1	1	1	10.4
2	1	1	1	1	1	1	1	2	2	2	2	2	2	2	2	11.2
3	1	1	1	2	2	2	2	1	1	1	1	2	2	2	2	10.3
4	1	1	1	2	2	2	2	2	2	2	2	1	1	1	1	9.2
5	1	2	2	1	1	2	2	1	1	2	2	1	1	2	2	11.1
6	1	2	2	1	1	2	2	2	2	1	1	2	2	1	1	10.9
7	1	2	2	2	2	1	1	1	1	2	2	2	2	1	1	8.9
8	1	2	2	2	2	1	1	2	2	1	1	1	1	2	2	10
9	2	1	2	1	2	1	2	1	2	1	2	1	2	1	2	8.9
10	2	1	2	1	2	1	2	2	1	2	1	2	1	2	1	9.5
11	2	1	2	2	1	2	1	1	2	1	2	2	1	2	1	9.2
12	2	1	2	2	1	2	1	2	1	2	1	1	2	1	2	9.6
13	2	2	1	1	2	2	1	1	2	2	1	1	2	2	1	9.3
14	2	2	1	1	2	2	1	2	1	1	2	2	1	1	2	8.5
15	2	2	1	2	1	1	2	1	2	2	1	2	1	1	2	9.6
16	2	2	1	2	1	1	2	2	1	1	2	1	2	2	1	9.4
成	a		a		a		a		a		a		a		a	
		b	b			b	b			b	b			b	b	
				c	c	c	c					c	c	c	c	
分								d	d	d	d	d	d	d	d	
	1 群	2 群		3 群				4 群								

3.3　3 水準の直交配列実験

すべての因子がいずれも 3 水準である場合の直交表を利用する実験を考えよう．

3.3.1　3 水準の直交配列実験

表の中の数値が 1,2,3 からなる表であり，以下の 2 つの性質をもっている．

①任意の 2 つの列をとってきたとき，数字

$(1,1),(1,2),(1,3),(2,1),(2,2),(2,3),(3,1),(3,2),(3,3)$

の 9 通りある．

②この 9 通りの並びがどの 2 列をとってきても同数回ずつ現れる．

表 3.27 の列番は列の番号を表し，No. は直交表の行の数を表す．

各行の数は実験番号に対応し，行の数は実験の大きさとなる．

①は任意の列に 1 と 2 と 3 が同数回ずつ現れることと同値である．②は，ベクトルの直交性に対応している．

$\underline{p=3}$ の場合, つまり $\boldsymbol{L_N(3^{(N-1)/2})}(L_N(3^k):k=(N-1)/2)$ について

3 水準の大きさ N の直交表という．そこで，$L_9(3^4), L_{27}(3^{13}), L_{81}(3^{40}), \ldots,$ のように表示される．

3.3.2　例　　　示

a.　$\boldsymbol{L_9(3^4)}$

列の数 $= \dfrac{\text{行の数}-1}{2} = \dfrac{9-1}{2} = 4$ の **3** 水準の大きさ **9** の直交表という．

b.　$\boldsymbol{L_{27}(3^{13})}$

列の数 $= \dfrac{\text{行の数}-1}{2} = \dfrac{27-1}{2} = 13$ で，**3** 水準の大きさ **27** の直交表という．

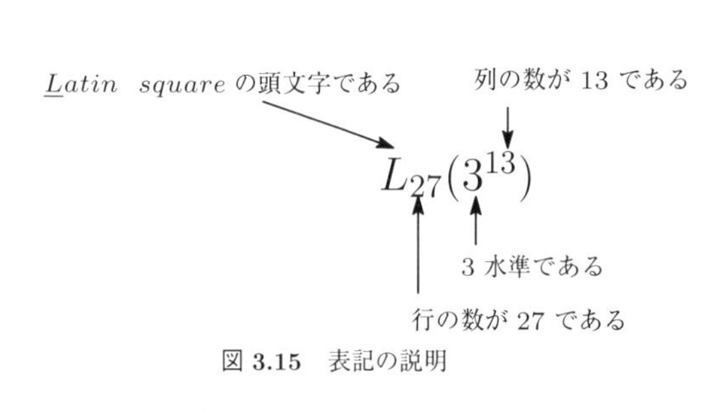

図 3.15　表記の説明

表 3.27　$L_9(3^4)$ 直交配列表による実験データ

No. ＼ 列番	[1]	[2]	[3]	[4]
1	1	1	1	1
2	1	2	2	2
3	1	3	3	3
4	2	1	2	3
5	2	2	3	1
6	2	3	1	2
7	3	1	3	2
8	3	2	1	3
9	3	3	2	1
成	a		a	a
		b	b	b^2
分	1 群	2 群		

表 3.28　L_{27} 直交配列表 による実験データ

No. ＼ 列番	[1]	[2]	[3]	[4]	[5]	[6]	[7]	[8]	[9]	[10]	[11]	[12]	[13]
1	1	1	1	1	1	1	1	1	1	1	1	1	1
2	1	1	1	1	2	2	2	2	2	2	2	2	2
3	1	1	1	1	3	3	3	3	3	3	3	3	3
4	1	2	2	2	2	2	2	2	2	2	2	2	1
5	1	2	2	2	1	1	2	2	1	1	2	2	1
6	1	2	2	2	1	1	2	2	2	2	1	1	2
7	1	3	3	3	2	2	1	1	1	1	2	2	2
8	1	3	3	3	2	2	1	1	2	2	1	1	1
9	1	3	3	3	1	2	1	2	1	2	1	2	1
10	2	1	2	3	1	2	1	2	2	1	2	1	2
11	2	1	2	3	2	1	2	1	1	2	1	2	2
12	2	1	2	3	2	1	2	1	2	1	2	1	1
13	2	2	3	1	1	2	2	1	1	2	2	1	1
14	2	2	3	1	1	2	2	1	2	1	1	2	2
15	2	2	3	1	2	1	1	2	1	2	2	1	2
16	2	3	1	2	2	1	1	2	2	1	1	2	1
17	2	3	1	2	1	1	1	1	1	1	1	1	1
18	2	3	1	2	1	1	1	1	2	2	2	2	2
19	3	1	3	2	2	2	2	2	1	1	1	1	2
20	3	1	3	2	2	2	2	2	2	2	2	2	1
21	3	1	3	2	1	1	2	2	1	1	2	2	1
22	3	2	1	3	1	1	2	2	2	2	1	1	2
23	3	2	1	3	2	2	1	1	1	1	2	2	2
24	3	2	1	3	2	2	1	1	2	2	1	1	1
25	3	3	2	1	1	2	1	2	1	2	1	2	1
26	3	3	2	1	1	2	1	2	2	1	2	1	2
27	3	3	2	1	2	1	2	1	1	2	1	2	2
	a		a	a		a	a		a	a		a	a
成分		b	b	b^2				b	b	b^2	b	b^2	b
					c	c	c^2	c	c	c^2	c^2	c	c^2
	1 群	2 群			3 群								

- 交互作用がない場合の適用例

$$
\begin{aligned}
x_1 &= \mu + a_1 + b_1 + c_1 + \varepsilon_1 \\
x_2 &= \mu + a_1 + b_2 + c_2 + \varepsilon_2 \\
x_3 &= \mu + a_1 + b_3 + c_3 + \varepsilon_3 \\
x_4 &= \mu + a_2 + b_1 + c_2 + \varepsilon_4 \\
x_5 &= \mu + a_2 + b_2 + c_3 + \varepsilon_5 \\
x_6 &= \mu + a_2 + b_3 + c_1 + \varepsilon_6 \\
x_7 &= \mu + a_3 + b_1 + c_3 + \varepsilon_7 \\
x_8 &= \mu + a_3 + b_2 + c_1 + \varepsilon_8 \\
x_9 &= \mu + a_3 + b_3 + c_2 + \varepsilon_9
\end{aligned}
$$

ただし，$a_1 + a_2 + a_3 = b_1 + b_2 + b_3 = c_1 + c_2 + c_3 = 0$，$\varepsilon_i \sim N(0, \sigma^2)$

$$
\begin{aligned}
(A_1\text{水準に対する合計}) &= x_1 + x_2 + x_3 \\
&= 3(\mu + a_1) + \underbrace{(b_1 + b_2 + b_3)}_{=0} + \underbrace{(c_1 + c_2 + c_3)}_{=0} \\
&\quad + \varepsilon_1 + \varepsilon_2 + \varepsilon_3 \\
&= 3(\mu + a_1) + \varepsilon_1 + \varepsilon_2 + \varepsilon_3
\end{aligned} \tag{3.53}
$$

そこで，

$$
\widehat{\mu + a_1} = \frac{\sum x_i}{3} \tag{3.54}
$$

c.　解析の流れ

(0) 予備解析

手順 **1**　因子（要因）の割り付け

割り付け方には 2 水準の場合と同様に，以下のように主に 3 通りの方法がある．

①成分記号による

任意の 2 つの列の間の交互作用は，その 2 つの列の成分記号を a と b とすれば $a \times b = ab (= a^2b^2)$，$a \times b^2 = ab^2 (= a^2b)$ の成分に対応した 2 つの列に現れる．なお，$a^3 = b^3 = \cdots = 1$ を利用しながら計算する．そのままで対応する列がなければその成分記号を 2 乗して対応する列を探す操作を繰り返す．

②線点図の利用

直交表に対応して図 3.16, 図 3.17 のような線点図がある．

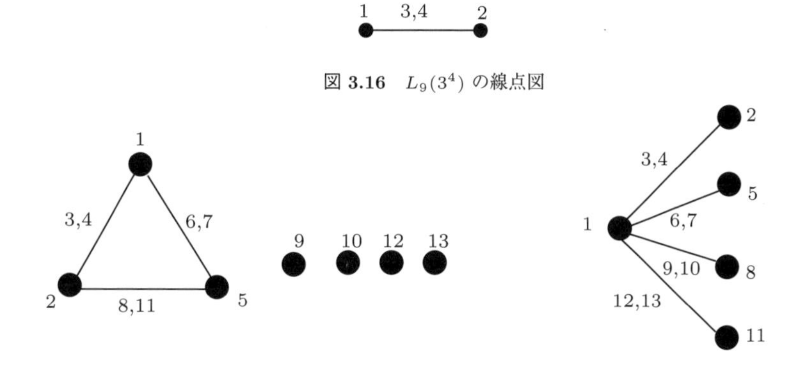

図 **3.16**　$L_9(3^4)$ の線点図

図 **3.17**　$L_{27}(3^{13})$ の線点図

③交互作用が現れる列を一覧にした表の利用

列同士の交互作用に対応した列が一覧となった表である表 3.29 などがある．これは例えば，[1] 列と [9] 列との交互作用の現れる列は交差する位置にある [8] 列と [10] 列であることがわかる．また，3 列と 9 列の主効果の交互作用は，交差点にある 5 列と 13 列に現れることがわかる．

表 3.29 L_{27} での交互作用の現れる列番

列番 / No.	[1]	[2]	[3]	[4]	[5]	[6]	[7]	[8]	[9]	[10]	[11]	[12]	[13]
	[1]	3	2	2	6	5	5	9	8	8	12	11	11
		4	4	3	7	7	6	10	10	9	13	13	12
		[2]	1	1	8	9	10	5	6	7	5	6	7
			4	3	11	12	13	11	12	13	8	9	10
			[3]	1	9	10	8	7	5	6	6	7	5
				2	13	11	12	12	13	11	10	8	9
				[4]	10	8	9	6	7	5	7	5	6
					12	13	11	13	11	12	9	10	8
					[5]	1	1	2	3	4	2	4	3
						7	6	11	13	12	8	10	9
						[6]	1	4	2	3	3	2	4
							5	13	12	11	10	9	8
							[7]	3	4	2	4	3	2
								12	11	13	9	8	10
								[8]	1	1	2	3	4
									10	9	5	7	6
									[9]	1	4	2	3
										8	7	6	5
										[10]	3	4	2
											6	5	7
											[11]	1	1
												13	12
												[12]	1
													11

手順 2 実験順序とデータ入力

実際の実験の仕方を決め，データを得る．

手順 3 データの集計

各水準での合計，2 元表などを計算する．

手順 4 データのグラフ化

データの集計に基づいて各水準での特性値に関するグラフなどを作成する．

(1) 分散分析

手順 1 データの構造式

$$x = \mu + a + b + c + d + (ac) + \varepsilon \tag{3.55}$$

手順 2 平方和の分解

$$\sum_{i=1}^{N}(x_i - \overline{x})^2 = S_{[1]} + \cdots + S_{[j]} + \cdots + S_{[k]} \quad (k = (N-1)/2) \tag{3.56}$$

なお，第 j 列の平方和 $S_{[j]}$ は

$$\begin{aligned} S_{[j]} &= \frac{(j\text{ 列が 1 であるデータの和})^2}{j\text{ 列が 1 であるデータ数}} + \frac{(j\text{ 列が 2 であるデータの和})^2}{j\text{ 列が 2 であるデータ数}} \\ &\quad + \frac{(j\text{ 列が 3 であるデータの和})^2}{j\text{ 列が 3 であるデータ数}} - CT \\ &= \frac{T_{[j]1}^2}{N/3} + \frac{T_{[j]2}^2}{N/3} + \frac{T_{[j]3}^2}{N/3} - \frac{T^2}{N} \end{aligned} \tag{3.57}$$

である．

(a) 平方和の計算

(3.58) 修正項 $CT = \dfrac{(\text{データの和})^2}{\text{全データ数}} = \dfrac{T^2}{N}$

(3.59) 全平方和 $S_T = \text{個々のデータの 2 乗和} - CT$

(3.60) A 間平方和 $S_A = \dfrac{(A_1\text{水準でのデータの和})^2}{A_1\text{水準でのデータ数}} + \dfrac{(A_2\text{水準でのデータの和})^2}{A_2\text{水準でのデータ数}}$

(3.61) $+ \dfrac{(A_3\text{水準でのデータの和})^2}{A_3\text{水準でのデータ数}} - CT$

第 j 列の平方和 $S_{[j]}$ は

(3.62) $S_{[j]} = \dfrac{(j\text{ 列が 1 であるデータの和})^2}{j\text{ 列が 1 であるデータ数}} + \dfrac{(j\text{ 列が 2 であるデータの和})^2}{j\text{ 列が 2 であるデータ数}}$

$+ \dfrac{(j\text{ 列が 3 であるデータの和})^2}{j\text{ 列が 3 であるデータ数}} - CT$

(b) 自由度の計算

各列の自由度は 2 である．したがって，第 j 列の自由度は $\phi_j = 2$ である．2 因子交互作用の平方和は交互作用が現れる 2 つの列の平方和で自由度は 4 である．誤差の列が 2 列以上ある場合は，誤差の平方和は誤差の列の平方和の和で求められる．自由度についても同様に誤差の列の自由度の和で求められる．

手順 3 分散分析表の作成・要因効果の検定

表 3.30 分散分析表 (1)

要因	平方和 (S)	自由度 (ϕ)	平均平方 (MS)	F_0	$E(V)$
A	S_A	$\phi_A = 2$	$V_A = \dfrac{S_A}{\phi_A}$	$\dfrac{V_A}{V_E}$	$\sigma^2 + \dfrac{N}{3}\sigma_A^2$
B	S_B	$\phi_B = 2$	$V_B = \dfrac{S_B}{\phi_B}$	$\dfrac{V_B}{V_E}$	$\sigma^2 + \dfrac{N}{3}\sigma_B^2$
C	S_C	$\phi_C = 2$	$V_C = \dfrac{S_C}{\phi_C}$	$\dfrac{V_C}{V_E}$	$\sigma^2 + \dfrac{N}{3}\sigma_C^2$
⋮	⋮	⋮	⋮	⋮	⋮
$A \times B$	$S_{A\times B}$	$\phi_{A\times B} = 4$	$V_{A\times B} = \dfrac{S_{A\times B}}{\phi_{A\times B}}$	$\dfrac{V_{A\times B}}{V_E}$	$\sigma^2 + \dfrac{N}{9}\sigma_{A\times B}^2$
$A \times C$	$S_{A\times C}$	$\phi_{A\times C} = 4$	$V_{A\times C} = \dfrac{S_{A\times C}}{\phi_{A\times C}}$	$\dfrac{V_{A\times C}}{V_E}$	$\sigma^2 + \dfrac{N}{9}\sigma_{A\times C}^2$
⋮	⋮	⋮	⋮	⋮	⋮
E	S_E	ϕ_E	$V_E = \dfrac{S_E}{\phi_E}$		σ^2
計	S_T	$\phi_T = k$			

$E(V)$ の係数は，対応する因子の水準を固定したときの実験数になる．例えば σ_A^2 の係数は，因子 A の水準を固定すると，実験数は $N/3$ であるのでそれが係数となる．また，$\sigma_{A\times B}^2$ の係数は，因子 A と

表 3.31　分散分析表 (2)

要因	平方和 (S)	自由度 (ϕ)	平均平方 (MS)	F_0	$E(V)$
A	S_A	$\phi_A = 2$	$V_A = \dfrac{S_A}{\phi_A}$	$\dfrac{V_A}{V_E}$	$\sigma^2 + \dfrac{N}{3}\sigma_A^2$
B	S_B	$\phi_B = 2$	$V_B = \dfrac{S_B}{\phi_B}$	$\dfrac{V_B}{V_{E'}}$	$\sigma^2 + \dfrac{N}{3}\sigma_B^2$
$\vdots$	$\vdots$	$\vdots$	$\vdots$	$\vdots$	$\vdots$
$A \times B$	$S_{A\times B}$	$\phi_{A\times B} = 4$	$V_{A\times B} = \dfrac{S_{A\times B}}{\phi_{A\times B}}$	$\dfrac{V_{A\times B}}{V_{E'}}$	$\sigma^2 + \dfrac{N}{9}\sigma_{A\times B}^2$
$\vdots$	$\vdots$	$\vdots$	$\vdots$	$\vdots$	$\vdots$
E'	$S_{E'}$	$\phi_{E'}$	$V_{E'} = \dfrac{S_{E'}}{\phi_{E'}}$		σ^2
計	S_T	$\phi_T = \ell mr - 1$			

B の水準を固定すると，実験数は $N/9$ であるのでそれが係数となる．なお，$\phi_E =$ 割り付けられなかった残りの列の数である．そして，S_C と $S_{A\times C}$ が誤差にプールされる場合，以下の分散分析表 (2) が作成される．

- 平均平方の期待値

$$E(V_A) = \sigma^2 + \frac{N}{3}\sigma_A^2,\ E(V_{A\times B}) = \sigma^2 + \frac{N}{9}\sigma_{A\times B}^2,\ E(V_e) = \sigma^2$$

- 要因効果の検定　$H_0 : \sigma_A^2 = 0,\ H_1 : \sigma_A^2 > 0, \ldots,\ H_0 : \sigma_{A\times B}^2 = 0,\ H_1 : \sigma_{A\times B}^2 > 0, \ldots,$

(2) 分散分析後の推定・予測

手順 **1**　データの構造式

$$x = \mu + a + b + c + d + (ac) + \varepsilon$$

(a) 最適条件での母平均の推定

特性を大きくする条件は B, D については表より，B_jD_q で A, C については，表の $AC2$ 元表より A_iC_k である．よって最適条件は $A_iB_jC_kD_q$ である．

①点推定

$$\text{(3.63)}\quad \widehat{\mu}(A_iB_jC_kD_q)$$

$$= \widehat{\mu + a_i + b_j + c_k + d_q + (ac)_{ik}} = \widehat{\mu + a_i + c_k + (ac)_{ik}} + \widehat{\mu + b_j} + \widehat{\mu + d_q} - 2\widehat{\mu}$$

$$= \overline{x}(A_iC_k) + \overline{x}(B_j) + \overline{x}(D_q) - 2\overline{\overline{x}}$$

$$= \mu + a_i + c_k + (ac)_{ik} + \overline{\varepsilon}_{i\cdot k\cdot} + \mu + b_j + \overline{\varepsilon}_{\cdot j\cdot\cdot} + \mu + d_q + \overline{\varepsilon}_{\cdots q} - 2(\mu + \overline{\overline{\varepsilon}})$$

この推定量の分散 V の係数に関しては，各因子については水準 1 つを固定しその他の因子について総和をとり平均化するので，総実験数 $N(=27)$ を 3 でわり $N/3(=9)$ である．また交互作用があり，2 因子の水準を固定する場合は $N/9(=27/9=3)$ で，以下のようになる．

$$\text{(3.64)}\quad V(\widehat{\mu}(A_iB_jC_kD_q)) = \frac{\sigma^2}{n_e} = \left(\frac{1}{9} + \frac{1}{3} + \frac{1}{3} - \frac{2}{27}\right)\sigma^2$$

②区間推定

信頼度 $1 - \alpha$ の信頼区間は，

$$\widehat{\mu}(A_iB_jC_kD_q) \pm t(\phi_E, \alpha)\sqrt{\frac{V_{E'}}{n_e}} \tag{3.65}$$

(b) 2 つの母平均の差の推定

$\mu(A_iB_jC_kD_q) - \mu(A_{i'}B_{j'}C_{k'}D_{q'})$ について

①点推定

$$\begin{aligned}
&\widehat{\mu}(A_iB_jC_kD_q) - \widehat{\mu}(A_{i'}B_{j'}C_{k'}D_{q'}) \\
&= \widehat{\mu + a_i + b_j + c_k + d_q + (ac)_{ik}} - \widehat{\mu + a_{i'} + b_{j'} + c_{k'} + d_{q'} + (ac)_{i'k'}} \\
&= \overline{x}(A_iC_k) + \overline{x}(B_j) + \overline{x}(D_q) - \overline{\overline{x}} - (\overline{x}(A_i'C_{k'}) + \overline{x}(B_{j'}) + \overline{x}(D_{q'}) - \overline{\overline{x}}) \\
&= \mu + a_i + c_k + (ac)_{ik} + \overline{\varepsilon}_{i\cdot k\cdot} + \mu + b_j + \overline{\varepsilon}_{\cdot j\cdot\cdot} + \mu + d_q + \overline{\varepsilon}_{\cdots q} \\
&\quad - (\mu + a_{i'} + c_{k'} + (ac)_{i'k'} + \overline{\varepsilon}_{i'\cdot k'\cdot} + \mu + b_{j'} + \overline{\varepsilon}_{\cdot j'\cdot\cdot} + \mu + d_{q'} + \overline{\varepsilon}_{\cdots q'}) \\
&= a_i - a_{i'} + c_k - c_{k'} + (ac)_{ik} - (ac)_{i'k'} + b_j - b_{j'} + d_q - d_{q'} \\
&\quad + \overline{\varepsilon}_{i\cdot k\cdot} - \overline{\varepsilon}_{i'\cdot k'\cdot} + \overline{\varepsilon}_{\cdot j\cdot\cdot} - \overline{\varepsilon}_{\cdot j'\cdot\cdot} + \overline{\varepsilon}_{\cdots q} - \overline{\varepsilon}_{\cdots q'}
\end{aligned} \tag{3.66}$$

そこで，分散 V は，

$$V = V(\overline{\varepsilon}_{i\cdot k\cdot} - \overline{\varepsilon}_{i'\cdot k'\cdot} + \overline{\varepsilon}_{\cdot j\cdot\cdot} - \overline{\varepsilon}_{\cdot j'\cdot\cdot} + \overline{\varepsilon}_{\cdots q} - \overline{\varepsilon}_{\cdots q'}) = \frac{\sigma^2}{n_d} = \left(\frac{1}{n_{e_1}} + \frac{1}{n_{e_2}}\right)\sigma^2 \tag{3.67}$$

である．2 水準と同様に，共通の平均 $\overline{\overline{x}}$ が消去され，伊奈の式をそれぞれ適用して

$$\overline{x}(A_iC_k) + \overline{x}(B_j) + \overline{x}(D_q) \to \frac{1}{n_{e_1}} = \frac{1}{N/9} + \frac{1}{N/3} + \frac{1}{N/3} = \frac{5}{N/3} \tag{3.68}$$

$$\overline{x}(A_{i'}C_{k'}) + \overline{x}(B_{j'}) + \overline{x}(D_{q'}) \to \frac{1}{n_{e_2}} = \frac{1}{N/9} + \frac{1}{N/3} + \frac{1}{N/3} = \frac{5}{N/3} \tag{3.69}$$

から，

$$\frac{1}{n_d} = \frac{10}{N/3} \tag{3.70}$$

である．そこで，この分散の推定量 $\widehat{V}$ は，以下のようになる．

$$\widehat{V} = \frac{\widehat{\sigma^2}}{n_d} = \frac{V_{E'}}{n_d} \tag{3.71}$$

②区間推定

$$\widehat{\mu}(A_iB_jC_kD_q) - \widehat{\mu}(A_{i'}B_{j'}C_{k'}D_{q'}) \pm t(\phi_E, \alpha)\sqrt{\frac{V_{E'}}{n_d}} \tag{3.72}$$

(c) データの予測

①点推定

$$\begin{aligned}
\widehat{\mu + a_i + b_j + c_k + d_q + (ac)_{ik}} &= \widehat{\mu + a_i + c_k + (ac)_{ik}} + \widehat{\mu + b_j} + \widehat{\mu + d_q} - 2\widehat{\mu} \\
&= \overline{x}(A_iC_k) + \overline{x}(B_j) + \overline{x}(D_q) - 2\overline{\overline{x}}
\end{aligned}$$

②区間推定　点推定での分散に，σ^2 の分散の推定も加える

$$\overline{x}(A_iC_k) + \overline{x}(B_j) + \overline{x}(D_q) - 2\overline{\overline{x}} \pm t(\phi_E, \alpha)\sqrt{\left(1 + \frac{1}{n_e}\right)V_{E'}} \tag{3.73}$$

以下で具体的なデータに対して適用をしてみよう．

例題 3-2 L_{27} **直交表**

ゴムの製造・加工をしている工場では，新しい省エネタイプのベルトを開発中である．省エネのためにはカバーゴムの抵抗性を低減する必要がある．そこで抵抗に影響を及ぼすと考えられるカバーゴムの次の 6 つの材料因子を取り上げ，実験を行うことになった．

A：ポリマー種 (3 水準：A_1, A_2, A_3)

表 3.32 L_{27} 直交配列表 による実験データ

因子の割り付け	A	C			D				B	F			G	x
列番 / No.	[1]	[2]	[3]	[4]	[5]	[6]	[7]	[8]	[9]	[10]	[11]	[12]	[13]	データ
1	1	1	1	1	1	1	1	1	1	1	1	1	1	34
2	1	1	1	1	2	2	2	2	2	2	2	2	2	32
3	1	1	1	1	3	3	3	3	3	3	3	3	3	85
4	1	2	2	2	2	2	2	2	2	2	2	2	1	112
5	1	2	2	2	1	1	2	2	1	1	2	2	1	92
6	1	2	2	2	1	1	2	2	2	2	1	1	2	115
7	1	3	3	3	2	2	1	1	1	1	2	2	2	5
8	1	3	3	3	2	2	1	1	2	2	1	1	1	83
9	1	3	3	3	1	2	1	2	1	2	1	2	1	110
10	2	1	2	3	1	2	1	2	2	1	2	1	2	106
11	2	1	2	3	2	1	2	1	1	2	1	2	2	80
12	2	1	2	3	2	1	2	1	2	1	2	1	1	87
13	2	2	3	1	1	2	2	1	1	2	2	1	1	50
14	2	2	3	1	1	2	2	1	2	1	1	2	2	73
15	2	2	3	1	2	1	1	2	1	2	2	1	2	76
16	2	3	1	2	2	1	1	2	2	1	1	2	1	30
17	2	3	1	2	1	1	1	1	1	1	1	1	1	101
18	2	3	1	2	1	1	1	1	2	2	2	2	2	129
19	3	1	3	2	2	2	2	2	1	1	1	1	2	117
20	3	1	3	2	2	2	2	2	2	2	2	2	1	94
21	3	1	3	2	1	1	2	2	1	1	2	2	1	103
22	3	2	1	3	1	1	2	2	2	2	1	1	2	69
23	3	2	1	3	2	2	1	1	1	1	2	2	2	83
24	3	2	1	3	2	2	1	1	2	2	1	1	1	117
25	3	3	2	1	1	2	1	2	1	2	1	2	1	115
26	3	3	2	1	1	2	1	2	2	1	2	1	2	133
27	3	3	2	1	2	1	2	1	1	2	1	2	2	145
成分	a		a	a		a	a		a	a		a	a	
		b	b	b^2				b	b	b^2	b	b^2	b	
					c	c	c^2	c	c	c^2	c^2	c	c^2	
	1 群	2 群			3 群									

B：補強材タイプ 1 の種類 (3 水準：B_1, B_2, B_3)
C：補強材タイプ 2 の種類 (3 水準：C_1, C_2, C_3)
D：添加剤量 (3 水準：D_1, D_2, D_3)
F：充填剤種 (3 水準：F_1, F_2, F_3)
G：架橋剤量 (3 水準：G_1, G_2, G_3)
交互作用としては $A \times C, C \times D$ の 2 つが技術的に考えられるため，L_{27} 直交配列表実験とし，27 回の実験はランダムな順序で行い，抵抗性を測定して得られた結果を表 3.32 に示している．なお，値は数値変換をしており，小さい方が望ましい．
このデータについて解析せよ．なお，具体的には以下のような項目について検討せよ．
(1) 要因（主効果および交互作用）の割り付けを行え．
(2) データの構造式，および制約条件を示せ．
(3) 交互作用の現れる列を示せ．
(4) データをグラフ化し，要因効果の概略について考察せよ．
(5) 分散分析を行い，要因効果の有無を検討せよ．なお，分散分析表には分散の期待値 $E(V)$ も記入せよ．
(6) 分散分析後のデータの構造式を示し，それに基づいて最適条件を決定せよ．

(7) 最適条件における母平均を点推定し，次に信頼率 95 %で区間推定せよ．
(8) 現行条件 と最適条件との差を点推定し，次に信頼率 95 %で区間推定せよ．
(9) 最適条件との差を点推定し，次に信頼率 95 %で区間推定せよ．
(10) 最適条件で新たにデータをとるとき，得られるデータを予測せよ．つまり，点予測値と信頼率 95%の予測区間を求めよ．

[解] **(0)** 予備解析

手順 1　要因（因子）の割り付け

主効果の自由度の合計は $2 \times 6 = 12$，考慮する交互作用の自由度の合計は $4 \times 2 = 8$ より，あわせて 20 である．3 水準の場合 1 列が自由度 2 である．そこで誤差を 1 列含め，11 列以上が必要となるため，L_{27} 直交表を利用する．表より（①〜③のいずれかにより割り付ける），

①成分記号の利用

主効果について，$A \cdots 1$ 列，$B \cdots 9$ 列，$C \cdots 2$ 列，$D \cdots 4$ 列，$F \cdots 10$ 列，$G \cdots 13$ 列に割り付ける．すると，交互作用の列

$A \times C : a \times b = ab \cdots 3$ 列，$a \times b^2 = ab^2 \cdots 4$ 列

$C \times D : b \times c = bc \cdots 8$ 列，$b \times c^2 = bc^2 \cdots 11$ 列

誤差の列は

残りの列：$\cdots 6, 7, 12$ 列

に割り付けられる．

②線点図の利用

6 個の主効果に点，交互作用 $A \times C, C \times D$ に対応する線を考えると，必要な線点図は図 3.18 のようになる．これを含むような 3 水準系の $L_{27}(3^{13})$ に対応する用意された線点図は，図 3.17 の中から，図 3.19 の左側が考えられる．そして以下の様に割り付けて，図 3.19 の右側のような割り付けが得られる．つまり，図 3.19 $L_{27}(2^{13})$ の右の線点図の割り付けとなる．

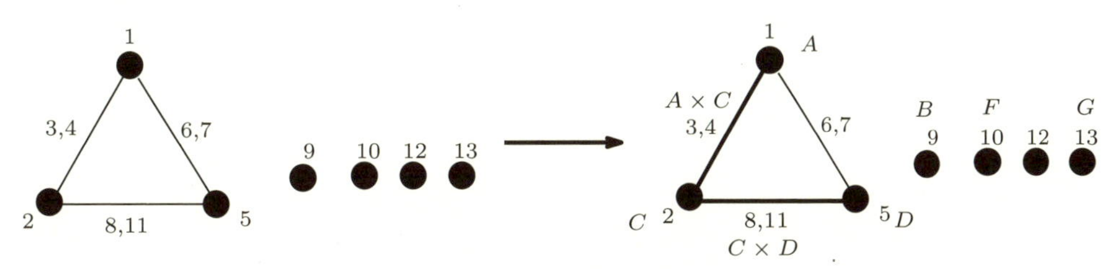

図 **3.19**　例題 3-2 の線点図

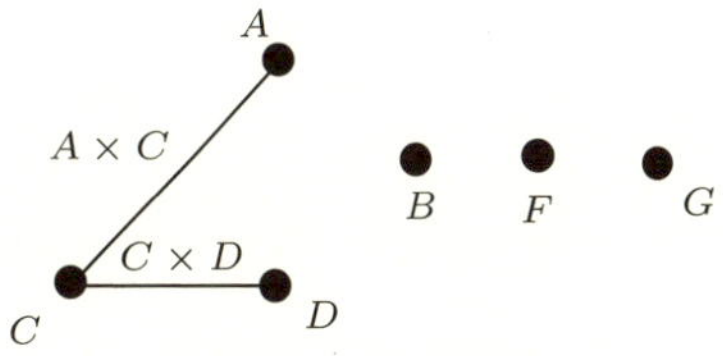

線点図において，1 に A，2 に C を割り付けると，3 列と 4 列が $A \times C$ に対応する．線点図において，5 に D を割り付けると，8 列と 11 列が $C \times D$ に対応する．残りの 9 に B を，10 に F を，13 に G を割り付ける．

図 **3.18**　必要な線点図

③交互作用が現れる列を一覧にした表の利用

表 3.31 で，[1] と [2] の交差点にある，3,4 の列に交互作用 $A \times C$ を割り付ける．[2] と [5] の交差点にある，8,11 の列に交互作用 $C \times D$ を割り付ける．

手順 2　実験順序とデータ入力

No.1 から No.27 までの実験に対応した水準組合せについて，乱数などを利用してランダムに順序を決め，データをとる．その例を表 3.33 に示す．

表 **3.33**　水準組合せと実験順序

No.	水準組合せ	実験順序
1	$A_1B_1C_1D_1F_1G_1$	3
2	$A_1B_2C_1D_2F_2G_2$	11
⋮	⋮	⋮
27	$A_3B_1C_3D_2F_2G_2$	13

手順 3　データの集計

平方和を計算するための補助表や 2 元表等を作成する.

表 **3.34**　L_{27} 各列の平方和の計算表

割り付け	A			C			$A \times C$			$A \times C$			D		
列番	[1]			[2]			[3]			[4]			[5]		
水準	1	2	3	1	2	3	1	2	3	1	2	3	1	2	3
	34	106	117	34	112	5	34	112	5	34	112	5	34	32	85
	32	80	94	32	92	83	32	92	83	32	92	83	112	92	115
	85	87	103	85	115	110	85	115	110	85	115	110	5	83	110
	112	50	69	106	50	30	30	106	50	50	30	106	106	80	87
データ	92	73	83	80	73	101	101	80	73	73	101	80	50	73	76
	115	76	117	87	76	129	129	87	76	76	129	87	30	101	129
	5	30	115	117	69	115	69	115	117	115	117	69	117	94	103
	83	101	133	94	83	133	83	133	94	133	94	83	69	83	117
	110	129	145	103	117	145	117	145	103	145	103	117	115	133	145
(1)*	668	732	976	738	787	851	680	985	711	743	893	740	638	771	967
(2)*	74.22	81.33	108.44	82	87.44	94.56	75.56	109.44	79	82.56	99.222	82.22	70.89	85.67	107.44
(3)*	2376			2376			2376			2376			2376		
(4)*	209088			209088			209088			209088			209088		
(5)*	5870.22			713.56			6261.56			1700.67			6086.89		

割り付け	誤差			誤差			$C \times D$			B			F		
列番	[6]			[7]			[8]			[9]			[10]		
水準	1	2	3	1	2	3	1	2	3	1	2	3	1	2	3
	34	32	85	34	32	85	34	32	85	34	32	85	34	32	85
	112	92	115	112	92	115	115	112	92	115	112	92	115	112	92
	5	83	110	5	83	110	83	110	5	83	110	5	83	110	5
	87	106	80	80	87	106	106	80	87	87	106	80	80	87	106
データ	76	50	73	73	76	50	76	50	73	73	76	50	50	73	76
	129	30	101	101	129	30	101	129	30	30	101	129	129	30	101
	94	103	117	103	117	94	117	94	103	94	103	117	103	117	94
	83	117	69	117	69	83	117	69	83	69	83	117	83	117	69
	133	145	115	145	115	133	133	145	115	145	115	133	115	133	145
(1)*	753	758	865	770	800	806	882	821	673	730	838	808	792	811	773
(2)*	83.67	84.22	96.11	85.56	88.89	89.56	98	91.22	74.78	81.11	93.11	89.78	88	90.11	85.889
(3)*	2376			2376			2376			2376			2376		
(4)*	209088			209088			209088			209088			209088		
(5)*	889.56			82.67			2566.89			690.67			80.22		

割り付け	$C \times D$			誤差			G		
列番	[11]			[12]			[13]		
水準	1	2	3	1	2	3	1	2	3
データ	34	32	85	34	32	85	34	32	85
	92	115	112	92	115	112	92	115	112
	110	5	83	110	5	83	110	5	83
	106	80	87	87	106	80	80	87	106
	73	76	50	50	73	76	76	50	73
	129	30	101	101	129	30	30	101	129
	117	94	103	94	103	117	103	117	94
	83	117	69	117	69	83	69	83	117
	145	115	133	115	133	145	133	145	115
(1)*	889	664	823	800	765	811	727	735	914
(2)*	98.78	73.78	91.44	88.89	85	90.11	80.78	81.67	101.56
(3)*	2376			2376			2376		
(4)*	209088			209088			209088		
(5)*	2972.67			128.22			2484.22		

(1)* :各水準での和 $T_{[j]1}, T_{[j]2}, T_{[j]3}$，(2)* :各水準での平均 $\overline{x}_{[j]1}, \overline{x}_{[j]2}, , \overline{x}_{[j]3}$，(3)* :列ごとの合計 $T = T_{[j]1} + T_{[j]2} + T_{[j]3}$
(4)* :修正項 $CT = T^2/27$，(5)* :$S_{[j]} = T_{[j]1}/9 + T^2_{[j]2}/9 + T^2_{[j]3}/9 - CT$

表 3.35　$AC$2 元表

要因	C_1	C_2	C_3	計
A_1	151	319	198	668
A_2	273	199	260	732
A_3	314	269	393	976
計	738	787	851	2376

表 3.36　$CD$2 元表

要因	D_1	D_2	D_3	計
C_1	257	206	275	738
C_2	231	248	308	787
C_3	150	317	384	851
計	638	771	967	2376

手順 4　データのグラフ化

計算補助表と各 2 元表における特性値の平均に関して，グラフを作成し，因子の主効果，因子の交互作用の概略をみよう．

Excel によるデータのグラフ化（主効果・交互作用の概要）

直交表とデータの表と各水準での和を計算した表を作成し，その下に考えられる交互作用の 2 元表を作成する．さらに，要因を縦と横にとって交差する位置にその交互作用に対応した合計を計算した表を作成する．この表をもとに主効果・交互作用のグラフ図 3.20 を作成する．主効果について A, D，交互作用 $A \times C$, $A \times D$ がありそうである．F はなさそうである．その他は判然としない．

(1) 分散分析

手順 1　データの構造式

$$x = \mu + a + b + c + d + f + g + (ac) + (cd) + \varepsilon$$

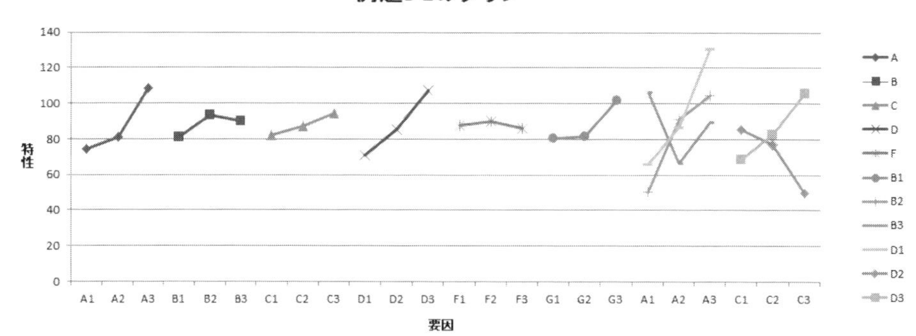

図 3.20 グラフ作成用の表および主効果・交互作用効果の平均プロット（各要因効果のグラフ）

手順 2　平方和・自由度の計算

$$CT = \frac{T^2}{N} = \frac{2376^2}{27} = 209088, S_T = \sum x^2 - CT = 239616 - 209088 = 30528$$

$$S_A = S_{[1]} = \frac{668^2 + 732^2 + 976^2}{9} - CT = 214958.2 - 209088 = 5870.222$$

$$S_B = S_{[9]} = \frac{730^2 + 838^2 + 808^2}{9} - CT = 690.667$$

$$S_C = S_{[2]} = \frac{738^2 + 787^2 + 851^2}{9} - CT = 713.556$$

$$S_D = S_{[5]} = \frac{638^2 + 985^2 + 711^2}{9} - CT = 6086.889$$

$$S_F = S_{[10]} = \frac{792^2 + 811^2 + 773^2}{9} - CT = 80.222$$

$$S_G = S_{[13]} = \frac{727^2 + 735^2 + 914^2}{9} - CT = 2484.222$$

$$S_{A\times C} = S_{[3]} + S_{[4]} = 7962.222,\ S_{C\times D} = S_{[8]} + S_{[11]} = 5539.556$$

$$S_E = S_{[6]} + S_{[7]} + S_{[12]} = 1100.444$$

- 自由度について

$$\phi_T = N - 1 = 26, \phi_A = 2, \phi_B = 2, \phi_C = 2, \phi_D = 2, \phi_F = 2, \phi_G = 2$$

$$\phi_{A\times C} = 4, \phi_{C\times D} = 4, \phi_E = 6$$

手順 3　分散分析表の作成・要因効果の検定

表 3.37 の分散分析表 (1) より，A のみ有意である．$C, D, F, G, A\times C$ の効果を無視して残差にプールして，表 3.38 の分散分析表 (2) を作成する．なお，$S_{E'} = S_E + S_B + S_F = 1100.44 + 690.667 + 80.22 = 1871.333$, $\phi_{E'} = \phi_E + \phi_B + \phi_F = 6 + 2 + 2 = 10$ である．

表 **3.37**　分散分析表（1）

要因	平方和 (S)	自由度 (ϕ)	平均平方 (MS)	F_0	$E(V)$
A	$S_A = 5870.222$	$\phi_A = 2$	$V_A = \dfrac{S_A}{\phi_A} = 2935.111$	$\dfrac{V_A}{V_E} = 16.003^{**}$	$\sigma^2 + 9\sigma_A^2$
B	690.667	$\phi_B = 2$	345.33	1.88	$\sigma^2 + 9\sigma_B^2$
C	713.556	$\phi_C = 2$	356.78	1.95	$\sigma^2 + 9\sigma_C^2$
D	6086.89	$\phi_D = 2$	3043.4	16.59^{**}	$\sigma^2 + 9\sigma_D^2$
F	80.22	$\phi_F = 2$	40.11	0.219	$\sigma^2 + 9\sigma_F^2$
G	2484.22	$\phi_G = 2$	1242.1	6.77^{*}	$\sigma^2 + 9\sigma_G^2$
$A \times C$	7962.22	$\phi_{A\times C} = 4$	1990.6	10.85^{**}	$\sigma^2 + 3\sigma_{A\times C}^2$
$C \times D$	5539.56	$\phi_{C\times D} = 4$	1384.9	7.55^{*}	$\sigma^2 + 3\sigma_{C\times D}^2$
E	1100.44	$\phi_E = 6$	$V_E = 183.41$		σ^2
計	$S_T = 30528$	$\phi_T = N - 1 = 26$			

$F(2,6;0.05) = 5.143,\ F(2,6;0.01) = 10.925,$
$F(4,6;0.05) = 4.534,\ F(4,6;0.01) = 9.148$

表 **3.38**　分散分析表（2）

要因	平方和 (S)	自由度 (ϕ)	平均平方 (MS)	F_0	$E(V)$
A	5870.222	$\phi_A = 2$	2935.111	15.68^{**}	$\sigma^2 + 9\sigma_A^2$
C	713.556	$\phi_C = 2$	356.778	1.907	$\sigma^2 + 9\sigma_C^2$
D	6086.889	$\phi_D = 2$	3043.444	16.26^{**}	$\sigma^2 + 9\sigma_D^2$
G	2484.222	$\phi_G = 2$	1242.111	6.638^{*}	$\sigma^2 + 9\sigma_G^2$
$A \times C$	7962.222	$\phi_{A\times C} = 4$	1990.556	10.64^{**}	$\sigma^2 + 9\sigma_{A\times C}^2$
$C \times D$	5539.556	$\phi_{C\times D} = 4$	1384.889	7.40^{*}	$\sigma^2 + 3\sigma_{C\times D}^2$
E'	1871.333	$\phi'_E = 10$	187.1333		σ^2
計	$S_T = 350.02$	$\phi_T = N - 1 = 26$			

$F(2,10;0.05) = 4.103,\ F(2,10;0.01) = 7.559,$
$F(4,10;0.05) = 3.478,\ F(4,10;0.01) = 5.994$

(2) 分散分析後の推定・予測

手順 1　データの構造式

表 3.38 の分散分析表（2）より，データの構造式を以下のように考える．

$$x = \mu + a + c + d + g + (ac) + (cd) + \varepsilon$$

そこで，母平均の推定は

$$\widehat{\mu}(ACDG) = \widehat{\mu + a + c + (ac)} + \widehat{\mu + c + d + (cd)} + \widehat{\mu + g} - \widehat{\mu + c} - \widehat{\mu}$$

により行う．

手順 2　推定・予測

(a)（最適）条件の決定

データは正なので，上式から $-\widehat{\mu+c}-\widehat{\mu}$(水準について一定) を考えて，$C$ の各水準 C_1, C_2, C_3 について最大化を考える．G については，表 3.34 より G_3 で最大となる．C_1 のとき，A については表 3.39 の AC の 2 元表より，母平均が最大となる水準組合せは A_3 である．D については表 3.40 の CD の 2 元表より，母平均が最大となる水準組合せは D_3 である．最適水準は $A_3C_1D_3G_3$ である．$\widehat{\mu}(A_3C_1D_3G_3) = 127.9$ である．同様に C_2 のとき，最適水準は $A_1C_2D_3G_3$ で，$\widehat{\mu}(A_1C_2D_3G_3) = 135.1$ である．同様に C_3 のとき，最適水準は $A_3C_3D_3G_3$ で，$\widehat{\mu}(A_3C_3D_3G_3) = 178$ である．以上から最適水準は，$A_3C_3D_3G_3$ である．

表 3.39　$AC$2 元表

要因	C_1	C_2	C_3	計
A_1	151	319	198	668
A_2	273	199	260	732
A_3	314	269	393	976
計	738	787	851	2376

表 3.40　$CD$2 元表

要因	D_1	D_2	D_3	計
C_1	257	206	275	738
C_2	231	248	308	787
C_3	150	317	384	851
計	638	771	967	2376

(b) 母平均の推定

①点推定

$$\widehat{\mu}(A_3C_3D_3G_3) = \widehat{\mu+a_3+c_3+(ac)_{33}}+\widehat{\mu+c_3+d_3+(cd)_{33}}+\widehat{\mu+g_3}-\widehat{\mu+c_3}-\widehat{\mu}$$
$$= \overline{x}(A_3C_3)+\overline{x}(C_3D_3)+\overline{x}(G_3)-\overline{x}(C_3)-\overline{x} = \frac{393}{3}+\frac{384}{3}+\frac{865}{9}-\frac{851}{9}-\frac{2376}{27} = 178$$

この推定量の分散 V は，

$$V(\widehat{\mu}(A_3C_3D_3G_3)) = \frac{\sigma^2}{n_e}$$

で，有効繰返し数 n_e は以下から求まる．

$$\frac{1}{n_e} = \frac{1}{N/9}+\frac{1}{N/9}+\frac{1}{N/3}-\frac{1}{N/3}-\frac{1}{N} = \frac{1}{3}+\frac{1}{3}+\frac{1}{9}-\frac{1}{9}-\frac{1}{27} = \frac{17}{27}$$

そして，この分散の推定量 $\widehat{V}$ は，

$$\widehat{V}(\text{点推定}) = \widehat{V}(\widehat{\mu}(A_3C_3D_3G_3)) = \frac{V_{E'}}{n_e} = 17/27 \times 187.13 = 117.82$$

②区間推定

$$\widehat{\mu}(A_3C_3D_3G_3) \pm t(\phi_{E'}, 0.05)\sqrt{\frac{V_{E'}}{n_e}} = 178 \pm 2.228 \times \sqrt{117.82} = 178 \pm 24.18 = 153.82, 202.18$$

(c) 母平均の差の推定

$\mu(A_3C_3D_3G_3) - \mu(A_1C_1D_1G_1)$ について

①点推定

(3.74)　$\widehat{\mu}(A_3C_3D_3G_3) - \widehat{\mu}(A_1C_1D_1G_1)$

$$= \overline{x}(A_3C_3)+\overline{x}(C_3D_3)+\overline{x}(G_3)-\overline{x}(C_3)-\overline{\overline{x}}-\overline{x}(A_1C_1)-\overline{x}(C_1D_1)-\overline{x}(G_1)+\overline{x}(C_1)+\overline{\overline{x}}$$
$$= 178 - 47.78 = 131.22$$

この差の推定量の分散 V は，

$$V(\text{差}) = V(\widehat{\mu}(A_3C_3D_3G_3) - \widehat{\mu}(A_1C_1D_1G_1)) = \frac{\sigma^2}{n_d}$$

より，その分散の推定量 $\widehat{V}$ は，

$$\widehat{V}(\text{差}) = \widehat{V}(\widehat{\mu}(A_3C_3D_3G_3) - \widehat{\mu}(A_1C_1D_1G_1)) = 4/3 \times 187.13 = 235.65$$

ここに

$$\frac{1}{n_d} = \frac{1}{n_{e_1}} + \frac{1}{n_{e_2}} = \frac{4}{3}$$

$$\overline{x}(A_3C_3) + \overline{x}(C_3D_3) + \overline{x}(G_3) - \overline{x}(C_3) \rightarrow \quad \frac{1}{n_{e_1}} = \frac{1}{3} + \frac{1}{3} + \frac{1}{9} - \frac{1}{9} = \frac{2}{3}$$

$$\overline{x}(A_1C_1) + \overline{x}(C_1D_1) + \overline{x}(G_1) - \overline{x}(C_1) \rightarrow \quad \frac{1}{n_{e_2}} = \frac{1}{3} + \frac{1}{3} + \frac{1}{9} - \frac{1}{9} = \frac{2}{3}$$

②区間推定

$$\widehat{\mu}(A_3C_3D_3G_3) - \widehat{\mu}(A_1C_1D_1G_1) \pm t(\phi_{E'}, 0.05)\sqrt{\frac{V_{E'}}{n_d}}$$

$$= 131.22 \pm 2.228 \times \sqrt{249.51} = 131.22 \pm 35.20 = 96.02, 166.42$$

(d) データの予測

水準 $A_3C_3D_3G_3$ での予測

①点予測

$\widehat{x}(A_3C_3D_3G_3) = \widehat{\mu}(A_3C_3D_3G_3) = 178$

②予測区間予測値の分散は，推定量の分散にデータの分散が加わり，

$$\widehat{V}(\text{予測}) = \widehat{V}(\text{点推定}) + \widehat{\sigma^2} = \left(1 + \frac{1}{n_e}\right)V'_E = 44/27 \times 187.13 = 304.95$$

であり，これを用いて予測区間は以下となる．

$$\widehat{\mu}(A_3C_3D_3G_3) \pm t(\phi_{E'}, 0.05)\sqrt{\left(1 + \frac{1}{n_e}\right)V_{E'}} \tag{3.75}$$

$$= 178 \pm 2.228 \times \sqrt{304.95} = 178 \pm 38.91 = 139.09, 216.91 \square$$

《**R**（コマンダー）による解析》

(0) 予備解析

手順 **1**　データの読み込み

【データ】▶【データのインポート】▶【テキストファイルまたはクリップボード，URL から...】を選択し，OK ▶ データセットを表示 を選択すると，図 3.21 のようにデータが表示される．なお，直交配列表における水準 1,2,3 を表すセルには l1（エルイチ），l2（エルニ），l3（エルサン）が入力されている．

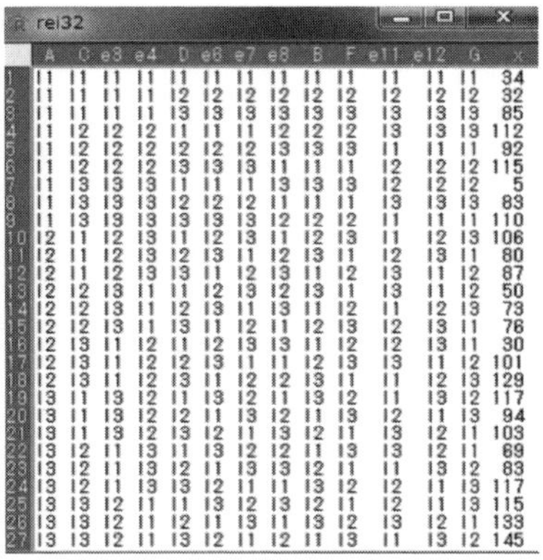

rei32

	A	C	e3	e4	D	e6	e7	e8	B	F	e11	e12	G	x
1	l1	l1	l1	l1	l1	l1	l1	l1	l1	l1	l1	l1	l1	34
2	l1	l1	l1	l1	l2	l2	l2	l2	l2	l2	l2	l2	l2	32
3	l1	l1	l1	l1	l3	l3	l3	l3	l3	l3	l3	l3	l3	85
4	l1	l2	l2	l2	l1	l1	l1	l2	l2	l2	l3	l3	l3	112
5	l1	l2	l2	l2	l2	l2	l2	l3	l3	l3	l1	l1	l1	92
6	l1	l2	l2	l2	l3	l3	l3	l1	l1	l1	l2	l2	l2	115
7	l1	l3	l3	l3	l1	l1	l1	l3	l3	l3	l2	l2	l2	5
8	l1	l3	l3	l3	l2	l2	l2	l1	l1	l1	l3	l3	l3	83
9	l1	l3	l3	l3	l3	l3	l3	l2	l2	l2	l1	l1	l1	110
10	l2	l1	l2	l3	l1	l2	l3	l1	l2	l3	l1	l2	l3	106
11	l2	l1	l2	l3	l2	l3	l1	l2	l3	l1	l2	l3	l1	80
12	l2	l1	l2	l3	l3	l1	l2	l3	l1	l2	l3	l1	l2	87
13	l2	l2	l3	l1	l1	l2	l3	l2	l3	l1	l3	l1	l2	50
14	l2	l2	l3	l1	l2	l3	l1	l3	l1	l2	l1	l2	l3	73
15	l2	l2	l3	l1	l3	l1	l2	l1	l2	l3	l2	l3	l1	76
16	l2	l3	l1	l2	l1	l2	l3	l3	l1	l2	l2	l3	l1	30
17	l2	l3	l1	l2	l2	l3	l1	l1	l2	l3	l3	l1	l2	101
18	l2	l3	l1	l2	l3	l1	l2	l2	l3	l1	l1	l2	l3	129
19	l3	l1	l3	l2	l1	l3	l2	l1	l3	l2	l1	l3	l2	117
20	l3	l1	l3	l2	l2	l1	l3	l2	l1	l3	l2	l1	l3	94
21	l3	l1	l3	l2	l3	l2	l1	l3	l2	l1	l3	l2	l1	103
22	l3	l2	l1	l3	l1	l3	l2	l2	l1	l3	l3	l2	l1	69
23	l3	l2	l1	l3	l2	l1	l3	l3	l2	l1	l1	l3	l2	83
24	l3	l2	l1	l3	l3	l2	l1	l1	l3	l2	l2	l1	l3	117
25	l3	l3	l2	l1	l1	l3	l2	l3	l2	l1	l2	l1	l3	115
26	l3	l3	l2	l1	l2	l1	l3	l1	l3	l2	l3	l2	l1	133
27	l3	l3	l2	l1	l3	l2	l1	l2	l1	l3	l1	l3	l2	145

図 **3.21**　データの表示

```
>rei32<-read.table("rei32.csv",
```

```
header=TRUE, sep=",", na.strings="NA", dec=".", strip.white=TRUE)
> showData(rei32, placement='-20+200', font=getRcmdr('logFont'),
maxwidth=80, maxheight=30)
```

手順 **2**　基本統計量の計算

【データ】▶【要約】▶【数値による要約】を選択し，[層別して要約...]をクリックする．さらに，層別変数に A を指定し，[OK]を左クリックする．次に，ダイアログボックスで，[OK]を左クリックすると，次の出力結果が表示される．

```
> numSummary(rei32[,"x"], groups=rei32$A, statistics=c("mean", "sd",
+   "IQR", "quantiles", "cv", "skewness", "kurtosis"), quantiles=c(0,
+   .25,.5,.75,1), type="2")
        mean       sd IQR        cv   skewness   kurtosis 0% 25% 50%
l1  74.22222 40.42208  76 0.5446088 -0.7226231 -1.0282311  5  34  85
l2  81.33333 29.61419  28 0.3641088 -0.2206871  0.1637473 30  73  80
l3 108.44444 23.90142  23 0.2204024 -0.1863035 -0.4298325 69  94 115
   75% 100% data:n
l1 110  115      9
l2 101  129      9
l3 117  145      9
```

手順 **3**　データのグラフ化

● 主効果について

【グラフ】▶【平均のプロット...】を選択し，ダイアログボックスで，[OK]を左クリックすると，図 3.22 の平均のプロットが表示される．

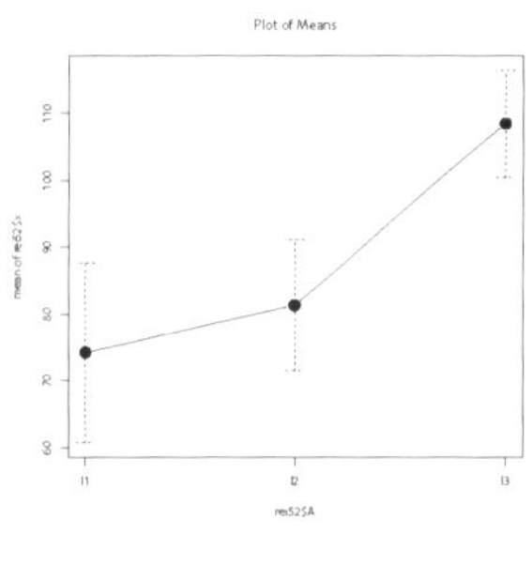

図 **3.22**　平均のプロット

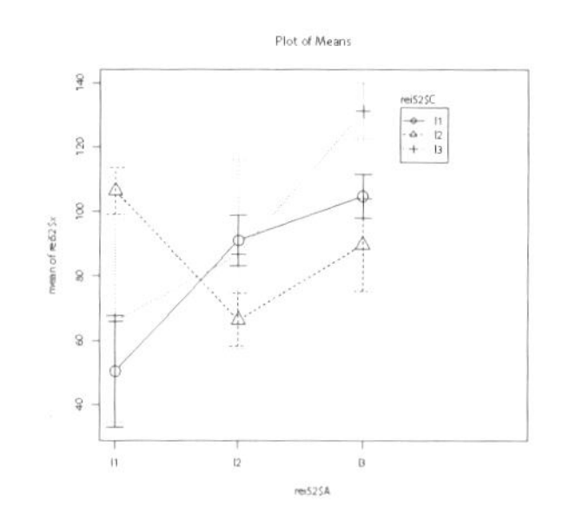

図 **3.23**　平均のプロット

```
> plotMeans(rei32$x, rei32$A, error.bars="se")
```

他の主効果についても同様に作成する．

● 交互作用について

【グラフ】▶【平均のプロット...】を選択し，ダイアログボックスで，[OK]を左クリックすると，図 3.23 の平均のプロットが表示される．

```
> plotMeans(rei32$x, rei32$A, rei32$C, error.bars="se")
```

他も同様に作成する．

(1) 分散分析

手順 **1**　モデル化：線形モデル（データの構造）

【統計量】▶【モデルへの適合】▶【線形モデル...】を選択し，ダイアログボックスで，モデル式：左側のボックスに上のボックスより特性を選択しダブルクリックにより代入し，右側のボックスに上側のボックスより A を選択しダブルクリックにより A を代入する．同様にして右側のボックスに A+B+C+D+F+G+A:C+C:D を入力する．そして，OK を左クリックすると，次の出力結果が表示される．

```
> LinearModel.3 <- lm(x ~ A + B +C + D + F + G +A:C +C:D,
 data=rei32)
> summary(LinearModel.3)
Call:
lm(formula = x ~ A + B + C + D + F + G + A:C + C:D, data = rei32)
～
Residual standard error: 13.54 on 6 degrees of freedom
Multiple R-squared:  0.964,Adjusted R-squared:  0.8438
F-statistic: 8.022 on 20 and 6 DF,  p-value: 0.008067
```

手順 2　モデルの検討：分散分析表の作成と要因効果の検定

【モデル】▶【仮説検定】▶【分散分析表...】を選択し，ダイアログボックスで，Type II にチェックをいれ，OK を左クリックすると，次の出力結果が表示される．

```
> Anova(LinearModel.3, type="II")
Anova Table (Type II tests)
Response: x
          Sum Sq Df F value   Pr(>F)
A         5870.2  2 16.0032 0.003934 **
B          690.7  2  1.8829 0.231919
C          713.6  2  1.9453 0.223251
D         6086.9  2 16.5939 0.003589 **
F           80.2  2  0.2187 0.809697
G         2484.2  2  6.7724 0.028931 *
A:C       7962.2  4 10.8532 0.006509 **
C:D       5539.6  4  7.5509 0.015945 *
Residuals 1100.4  6
---
Signif. codes:  0 '***' 0.001 '**' 0.01 '*' 0.05 '.' 0.1 ' ' 1
```

手順 3　再モデル化：線形モデル（データの構造）

【統計量】▶【モデルへの適合】▶【線形モデル...】を選択し，効果がないと思われる要因を誤差にプーリングしたモデルを考え，ダイアログボックスで修正したモデルを指定し，OK をクリックすると，次の出力結果を得る．

```
> LinearModel.4 <- lm(x ~ A +  C + D + G + A:C + C:D,
data=rei32)
> summary(LinearModel.4)
Call:
lm(formula = x ~ A + C + D + G + A:C + C:D, data = rei32)
～
Residual standard error: 13.68 on 10 degrees of freedom
Multiple R-squared:  0.9387,Adjusted R-squared:  0.8406
F-statistic: 9.571 on 16 and 10 DF,  p-value: 0.0004757
```

手順 **4**　モデルの再検討：分散分析表の作成と要因効果の検定

【モデル】▶【仮説検定】▶【分散分析表...】を選択し，ダイアログボックスで，Type II にチェックをいれ，[OK] を左クリックすると，次の出力結果が表示される．

```
> Anova(LinearModel.4, type="II")
Anova Table (Type II tests)
Response: x
          Sum Sq Df F value    Pr(>F)
A         5870.2  2 15.6846 0.0008253 ***
C          713.6  2  1.9065 0.1988595
D         6086.9  2 16.2635 0.0007189 ***
G         2484.2  2  6.6376 0.0146399 *
A:C       7962.2  4 10.6371 0.0012600 **
C:D       5539.6  4  7.4005 0.0048635 **
Residuals 1871.3 10
---
Signif. codes:  0 '***' 0.001 '**' 0.01 '*' 0.05 '.' 0.1 ' ' 1
```

(2) 分散分析後の推定・予測

手順 **1**　データの構造式

(a) 基本的診断

【モデル】▶【グラフ】▶【基本的診断プロット...】を選択し，[OK] を左クリックすると，図 3.24 の基本的診断プロットが表示される．

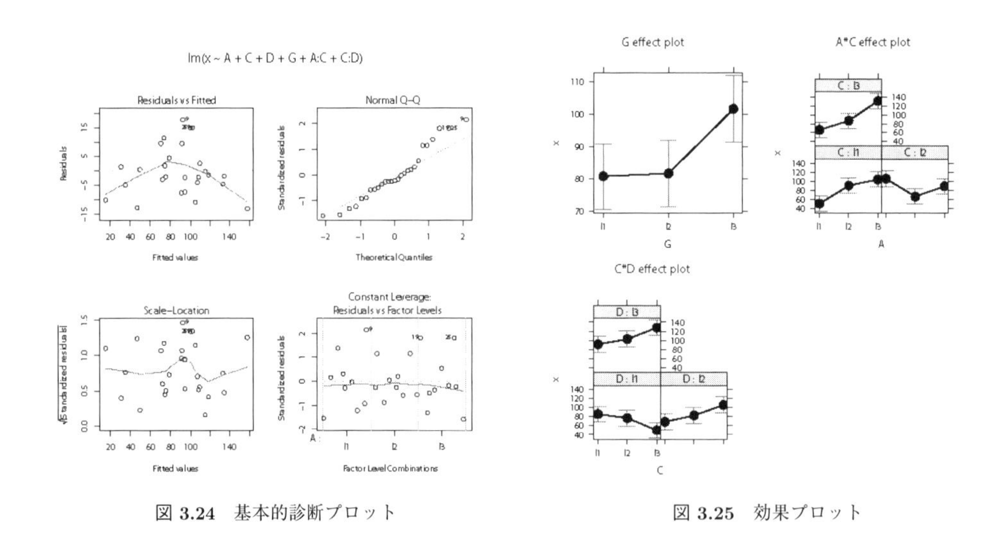

図 **3.24**　基本的診断プロット　　　　図 **3.25**　効果プロット

```
> oldpar <- par(oma=c(0,0,3,0), mfrow=c(2,2))
> plot(LinearModel.4)
> par(oldpar)
```

(b) 効果プロット

【モデル】▶【グラフ】▶【効果プロット...】を選択し，左クリックすると，図 3.25 の効果プロットが表示される．

```
> trellis.device(theme="col.whitebg")
> plot(allEffects(LinearModel.10), ask=FALSE)
```

手順 **2**　推定・予測

分散分析の結果から，データの構造式が，

$$x = \mu + a + c + (ac) + d + g + (cd) + \varepsilon \tag{3.76}$$

と考えられる．この構造式に基づいて以下の推定を行う．

(a) 誤差分散の推定（プール後）

p.90 の出力ウィンドウの Anova Table から

```
> SEP=1871.3;fEP=10;VEP=SEP/fEP;VEP
[1] 187.13   #プール後の誤差分散の推定値
```

(b) 最適水準の決定と母平均の推定

①点推定 $MA_3C_3D_3G_3 = MA_3C_3 + MC_3D_3 + MG_3 - M$

```
> MA3C3D3G3=393/3+384/3+914/9-851/9-2376/27;MA3C3D3G3
[1] 178
> kei=1/3+1/3+1/9-1/9-1/27 #(=0.6296) (=1/ne)
```

②区間推定

```
> VHe=kei*VEP #(=117.82) 分散の推定値
> haba=qt(0.975,10)*sqrt(VHe)  #(=24.19) 区間幅
> sita=MA3C3D3G3-haba;ue=MA3C3D3G3+haba
> sita;ue
[1] 153.8144  #下側信頼限界
[1] 202.1856  #上側信頼限界
```

(c) 2 つの母平均の差の推定

①点推定 $MA_1C_1D_1G_1 = 151/3 + 257/3 + 727/9 - 738/9 - 2376/27 (= 46.78)$

```
> sa=MA3C3D3G3-MA1C1D1G1;sa
[1] 131.2222
```

②差の区間推定

```
> kei1=1/3+1/3+1/9-1/9 #(=0.6667) (=1/ne1)
> kei2=1/3+1/3+1/9-1/9 #(=1/ne2)
> keid=kei1+kei2;VHsa=keid*VEP #(=249.51) (=1/nd=1/ne1+1/ne2, 差の分散の推定値)

> habasa=qt(0.975,10)*sqrt(VHsa) #(=35.20) 区間幅
> sitasa=sa-habasa;uesa=sa+habasa
> sitasa;uesa
[1] 96.02703  #差の下側信頼限界
[1] 166.4174  #差の上側信頼限界
```

(d) データの予測

①点予測

```
> yosoku=MA3C3D3G3;yosoku
[1] 178
```

②予測区間

```
> keiyo=1+kei;VHyo=keiyo*VEP  #(=304.95) (=1+1/ne, 予測値の分散の推定値)
```

```
> habayo=qt(0.975,10)*sqrt(VHyo) #(=38.91) 区間幅
> sitayo=yosoku-habayo;ueyo=yosoku+habayo
> sitayo;ueyo
[1] 139.0903 #予測の下側信頼限界
[1] 216.9097 #予測の上側信頼限界
```

演習 3-2 ある素材の洗浄工程において，影響を及ぼすと思われる母数因子 A, B, C, D, F を取り上げ，それぞれを 3 水準とって $L_{27}(3^{13})$ 直交表による洗浄実験を行った．5 つの主効果の他に交互作用 $A\times B, A\times C, B\times C$ が考えられるので，割り付けは表 3.41 に示すように行われた．27 回の実験をランダムな順序に行って得られたデータも表 3.41 に併記してある．このとき，以下の設問に答えよ．

表 3.41 L_{27} 直交配列表 による実験データ

因子の割り付け	A	B			C				D				F	x
No. ＼ 列番	[1]	[2]	[3]	[4]	[5]	[6]	[7]	[8]	[9]	[10]	[11]	[12]	[13]	データ
1	1	1	1	1	1	1	1	1	1	1	1	1	1	13.9
2	1	1	1	1	2	2	2	2	2	2	2	2	2	13.6
3	1	1	1	1	3	3	3	3	3	3	3	3	3	13.9
4	1	2	2	2	2	2	2	2	2	2	2	2	1	14.4
5	1	2	2	2	1	1	2	2	1	1	2	2	1	12.9
6	1	2	2	2	1	1	2	2	2	2	1	1	2	13.7
7	1	3	3	3	2	2	1	1	1	1	2	2	2	12.6
8	1	3	3	3	2	2	1	1	2	2	1	1	1	12.8
9	1	3	3	3	1	2	1	2	1	2	1	2	1	14.1
10	2	1	2	3	1	2	1	2	2	1	2	1	2	13.4
11	2	1	2	3	2	1	2	1	1	2	1	2	2	13.3
12	2	1	2	3	2	1	2	1	2	1	2	1	1	13.1
13	2	2	3	1	1	2	2	1	1	2	2	1	1	12.2
14	2	2	3	1	1	2	2	1	2	1	1	2	2	13.9
15	2	2	3	1	2	1	1	2	1	2	2	1	2	13.1
16	2	3	1	2	2	1	1	2	2	1	1	2	1	12.7
17	2	3	1	2	1	1	1	1	1	1	1	1	1	13.4
18	2	3	1	2	1	1	1	1	2	2	2	2	2	12.7
19	3	1	3	2	2	2	2	2	1	1	1	1	2	13
20	3	1	3	2	2	2	2	2	2	2	2	2	1	13.7
21	3	1	3	2	1	1	2	2	1	1	2	2	1	13.4
22	3	2	1	3	1	1	2	2	2	2	1	1	2	12.7
23	3	2	1	3	2	2	1	1	1	1	2	2	2	12.8
24	3	2	1	3	2	2	1	1	2	2	1	1	1	12.4
25	3	3	2	1	1	2	1	2	1	2	1	2	1	12.2
26	3	3	2	1	1	2	1	2	2	1	2	1	2	12.5
27	3	3	2	1	2	1	2	1	1	2	1	2	2	12.6
成分	a	b	a b	a b^2	c	a c	a c^2	b c	a b c	a b^2 c^2	b c^2	a b^2 c	a b c^2	
	1 群	2 群			3 群									

(1)$A\times B, A\times C, B\times C$ の交互作用の現れる列を求めよ．

(2) 分散分析を行い，要因効果について検討せよ．

(3) 強度が最大となる条件での母平均の点推定，95 %信頼限界を求めよ．

3.4 直交配列表を用いた多水準・擬水準による方法

2 水準の因子の他に 4 水準の因子がある場合には，4 水準の因子を 2 水準系直交表に割り付ける**多水準法**がある．同様に，3 水準の因子の他に 9 水準の因子がある場合には，9 水準の因子を 3 水準系直交表に割り付ける．

表 **3.42** 多水準法での水準

No. ＼ 項目	1 列	2 列	A の水準
1	1	1	A_1
2	1	2	A_2
3	2	1	A_3
4	2	2	A_4

表 **3.43** 多水準法での水準

No. ＼ 項目	1 列	2 列	A の水準
1	1	1	A_1
2	1	2	A_2
3	1	3	A_3
4	2	1	A_4
5	2	2	A_5
6	2	3	A_6
7	3	1	A_7
8	3	2	A_8
9	3	3	A_9

3 水準の因子の他に 2 水準の因子がある場合には，2 水準の因子を 3 水準系直交表に割り付ける．2 水準のうち『重要な水準』ないしは『実施をしやすい水準』を 1 つ選び，その水準を 3 番目の水準として水増しして，形式的に 3 水準の因子 P を用意する．例えば，2 水準の因子 A について表 3.44 のように 3 水準因子 P を対応させる．このような方法を**擬水準法**という．また，2 水準の因子の他に 3 水準の因子がある場合には，『重要な水準』ないしは『実施しやすい水準』を 1 つ選び，その水準を 4 番目の水準として水増しして，形式的に 4 水準の因子 P を用意する．この形式的な 4 水準因子 P を多水準法で割り付ける．これも擬水準法という．

表 **3.44** 擬水準法での水準の設定

No.	元の A の水準	形式的な P の水準
1	A_1	P_1
2	A_2	P_2
3	A_1	P_3

表 **3.45** 擬水準法での水準の設定

No. ＼ 項目	元の A の水準	形式的な P の水準	1 列	2 列
1	A_1	P_1	1	1
2	A_2	P_2	1	2
3	A_3	P_3	2	1
4	A_1	P_4	2	2

3.4.1 多水準の直交配列実験

すべての因子が 2 水準ばかりでなく，一部の因子を 4 水準として割り付けたい場合を考えよう．2 つの列の水準組合せには，(1,1),(1,2),(2,1),(2,2) の 4 通りがあるので表 3.45 のように 4 水準に対して対応を考えた割り付けをする．4 水準の因子 A を 2 水準系直交表に割り付けることを考える．表 3.46 のように第 1 列と第 2 列に A を割り付ける．

2 水準の因子の 1 つの水準について再度 3 番目の水準として重複して割り当て，形式的な 3 水準の因子とする．2 水準因子 A の第 1 水準を重複させた場合，表のように形式的な 3 水準の因子 P と考える．

すべての因子が 2 水準ばかりでなく，一部の因子を 4 水準として割り付けたい場合を考える．2 つの列の水準組合せには，(1,1),(1,2),(2,1),(2,2) の 4 通りがあるので表のように 4 水準に対して対応を考えた割り付けをする．4 水準の因子 A を 2 水準系直交表に割り付けることを考える．表 3.47 のように第 1 列と第 2 列に A を割り付ける．ただし，1 列と 2 列の交互作用の出る 3 列には割り付けないであけておく．

表 3.46　$L_4(2^3)$

割り付け	A	A		A の水準
No. ＼ 列番	[1]	[2]	[3]	A の水準
1	1	1	1	A_1
2	1	2	2	A_2
3	2	1	2	A_3
4	2	2	1	A_4

表 3.47　$L_9(3^4)$ 直交配列表による実験データ

No. ＼ 列番	A	A	[3]	[4]	A の水準
1	1	1	1	1	A_1
2	1	2	2	2	A_2
3	1	3	3	3	A_3
4	2	1	2	3	A_4
5	2	2	3	1	A_5
6	2	3	1	2	A_6
7	3	1	3	2	A_7
8	3	2	1	3	A_8
9	3	3	2	1	A_9

すべての因子が 3 水準ばかりでなく，一部の因子を 9 水準として割り付けたい場合を考える．9 水準の因子 A を 3 水準の直交表に割り付けるには 9 水準因子 A と 3 水準因子 B との交互作用 $A \times B$ は，A の割り付けられた 4 本の列と B の割り付けられた列との交互作用の出る列に出る．例えば，$L_{27}(3^{13})$ において，第 1，2，3，4 列に因子 A を，第 5 列に因子 B を割り付けたとすると，$A \times B$ は第 6，7，8，11，9，13，10，12 列の計 8 本の列に出る．

3 水準の場合の多水準に割り付ける場合は水準が多すぎるため（例えば 5 水準でも 9 水準に割り付けると 4 水準多く設定することになる）あまり利用されることはない．

表 3.48　L_{16} 直交配列表 による実験データ

割り付け	A	G		G		G		C		B		D			F	x
No. ＼ 列番	[1]	[2]	[3]	[4]	[5]	[6]	[7]	[8]	[9]	[10]	[11]	[12]	[13]	[14]	[15]	データ
1	1	1	1	1	1	1	1	1	1	1	1	1	1	1	1	59
2	1	1	1	1	1	1	1	2	2	2	2	2	2	2	2	52
3	1	1	1	2	2	2	2	1	1	1	1	2	2	2	2	49
4	1	1	1	2	2	2	2	2	2	2	2	1	1	1	1	50
5	1	2	2	1	1	2	2	1	1	2	2	1	1	2	2	47
6	1	2	2	1	1	2	2	2	2	1	1	2	2	1	1	44
7	1	2	2	2	2	1	1	1	1	2	2	2	2	1	1	43
8	1	2	2	2	2	1	1	2	2	1	1	1	1	2	2	41
9	2	1	2	1	2	1	2	1	2	1	2	1	2	1	2	53
10	2	1	2	1	2	1	2	2	1	2	1	2	1	2	1	46
11	2	1	2	2	1	2	1	1	2	1	2	2	1	2	1	42
12	2	1	2	2	1	2	1	2	1	2	1	1	2	1	2	45
13	2	2	1	1	2	2	1	1	2	2	1	1	2	2	1	52
14	2	2	1	1	2	2	1	2	1	1	2	2	1	1	2	43
15	2	2	1	2	1	1	2	1	2	2	1	2	1	1	2	46
16	2	2	1	2	1	1	2	2	1	1	2	1	2	2	1	41
	a		a		a		a		a		a		a		a	計
成分		b	b			b	b			b	b			b	b	753
				c	c	c	c					c	c	c	c	
								d	d	d	d	d	d	d	d	
	1 群	2 群		3 群				4 群								

例題 3-3　L_{16} 直交表を用いた多水準法

ある製品の製造工程において，次の 6 つの因子を取り上げて検討した．影響を及ぼすと思われる母数因子 4 水準因子 G と 2 水準因子 A, B, C, D, F を取り上げ，$L_{16}(2^{15})$ 直交表による製造実験

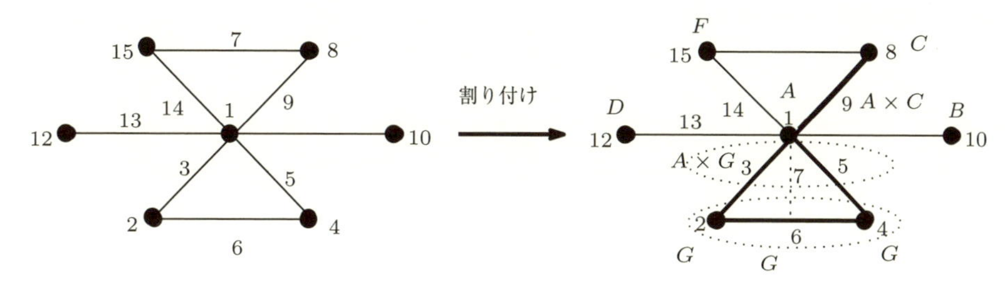

図 3.27　例題 3-3 の線点図

を行った．交互作用としては $A\times C, A\times G$ が考えらる．16 回の実験をランダムな順序に行って得られたデータも表 3.48 に併記してある．解析せよ．なお，具体的には以下のような項目について検討せよ．

(1) 要因の割り付けを行い，$A\times C, A\times G$ の交互作用の現れる列を考えよ．

(2) データの構造式および制約条件を示せ．

(3) 形式的な 4 水準因子 P の割り付けに使われている列番を示せ．また，交互作用 $B\times C, C\times D, C\times F$ の現れる列を示せ．

(4) データをグラフ化し，要因効果の概略について述べよ．

(5) 分散分析を行い，要因効果の有無を検討せよ（分散分析表には $E(V)$ も記入）．

(6) 分散分析後のデータの構造式を示し，それに基づいて特性が最も小さくなる最適条件を求めよ．

(7) 最適条件における母平均を点推定し，次に信頼率 95 %で区間推定せよ．

(8) できれば使いたい水準 B_2 を使用した場合の最適なその他の水準を選び，母平均を点推定し，次に信頼率 95 %で区間推定せよ．

(9) (7) で選んだ最適条件と (7) で決めた条件との母平均の差を点推定し，次に信頼率 95 %で区間推定せよ．

(10) (8) の条件での，データの点予測と 95 %予測区間を構成せよ．

[解](0) 予備解析

手順 1　要因（因子）の割り付け

主効果の自由度の合計は 3+1+1+1+1+1=8，考慮する交互作用の自由度の合計は 1+3=4 より，あわせて 12 である．そこで自由度が 12 以上の 2 水準系直交表として，L_{16} 直交表を利用する．因子 G は 4 水準なので，主効果と交互作用の関係にある（同一の線分上にある）3 列が必要となる．

①成分記号の利用

主効果について，$A\cdots 1$ 列，$B\cdots 10$ 列，$G\cdots 2$ 列，$C\cdots 8$ 列，$D\cdots 12$ 列，$F\cdots 15$ 列，$G\cdots 4$ 列，$G\cdots 6$ 列に割り付ける．すると，交互作用の列は，

$A\times C$：$a\times d=ad\cdots 9$ 列，$A\times G(4$ 列$)$：$a\times c=ac\cdots 5$ 列

$A\times G(6$ 列$)$：$a\times bc=abc\cdots 7$ 列，$A\times G(2$ 列$)$：$a\times b=ab\cdots 3$ 列

誤差の列は，残りの列：$\cdots 11, 13, 14$ 列

②線点図の利用

4 水準因子 A は自由度 3 で，その交互作用 $A\times G$ の自由度 3 である．互いに主効果と交互作用の関係にある 3 つの列（線点図で 1 つの線分とその両端の点）に割り付ける．そこで，5 個の主効果の点，必要な線点図は図 3.26 より，それを含む用意された線点図から，割り付けた表より図 3.27 のような線点図が考えられる．図 3.27 $L_{16}(2^{15})$ の右の線点図を利用する．

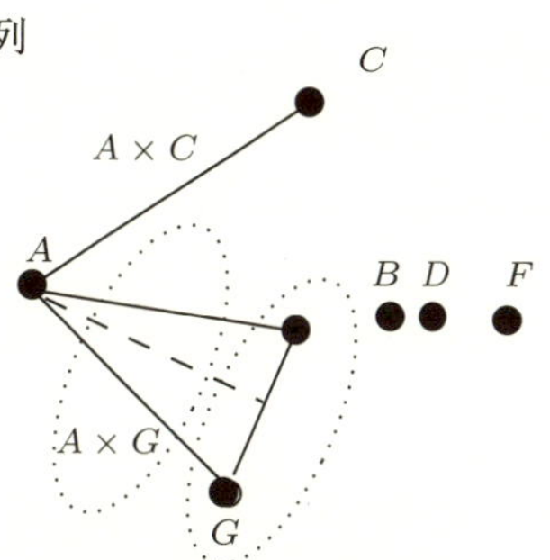

図 3.26　必要な線点図

③交互作用をもとめる表の利用もある．ここでは省略する．

手順 2　実験順序とデータ入力

No.1 から No.27 の実験を乱数等を用いてランダムな順序で実施し（表 3.49 参照），データをとる．

表 3.49　水準組合せと実験順序

No.	水準組合せ	実験順序
1	$A_1B_1C_1D_1F_1G_1$	6
2	$A_1B_2C_2D_2F_2G_1$	3
⋮	⋮	⋮
27	$A_2B_1C_2D_1F_1G_4$	12

手順 3　データの集計

平方和を計算するための補助表や 2 元表等を作成する．

手順 4　データのグラフ化

要因を縦と横にとって交差する位置にその交互作用に対応した合計を計算した表を作成する．この表をもとに主効果・交互作用のグラフ（図 3.28）を作成する．主効果については G がありそうであり，交互作用については $A \times G$ がややありそうである．その他は判然としない．

(1) 分散分析

手順 1　データの構造式

$x = \mu + a + b + c + d + f + g + (ab) + (ac) + (ag) + \varepsilon$

手順 2　平方和・自由度の計算

$S_T = \sum S_{[j]} = 386.9375,\ S_A = S_{[1]} = 18.0625$

$S_B = S_{[10]} = 5.062, S_C = S_{[8]} = 52.563,\ S_D = S_{[12]} = 33.063, S_F = S_{[12]} = 0.063$

$S_G = S_{[4]} + S_{[11]} + S_{[15]} = 195.188, \quad S_{A\times C} = S_{[3]} = 3.062$

$S_{A\times G} = S_{[6]} + S_{[9]} + S_{[13]} = 60.188, S_E = S_{[7]} + S_{[10]} + S_{[14]} = 19.688$

手順 3　分散分析表の作成・要因効果の検定

F 値が小さい（p 値が大きい）要因である主効果 B，交互作用 $A \times C$ を誤差項にプールして分散分析表を作成しなおして，表 3.54 の分散分析表（2）を作成する．

表 3.50　L_{16} 各列の平方和の計算表

割り付け	A		G		$A\times G$		G		$A\times G$		G		$A\times G$		C	
列番	[1]		[2]		[3]		[4]		[5]		6		[7]		[8]	
水準	1	2	1	2	1	2	1	2	1	2	1	2	1	2	1	2
データ	59	53	59	47	59	47	59	49	59	49	59	49	59	49	59	52
	52	46	52	44	52	44	52	50	52	50	52	50	52	50	49	50
	49	42	49	43	49	43	47	43	47	43	43	47	43	47	47	44
	50	45	50	41	50	41	44	41	44	41	41	44	41	44	43	41
	47	52	53	52	52	53	53	42	42	53	53	42	42	53	53	46
	44	43	46	43	43	46	46	45	45	46	46	45	45	46	42	45
	43	46	42	46	46	42	52	46	46	52	46	52	52	46	52	43
	41	41	45	41	41	45	43	41	41	43	41	43	43	41	46	41
(1)*	385	368	396	357	392	361	396	357	376	377	381	372	377	376	391	362
(2)*	48.1	46	49.5	44.6	49	45.1	49.5	44.6	47	47.1	47.6	46.5	47.1	47	48.9	45.3
(3)*	753		753		753		753		753		753		753		753	
(4)*	17		39		31		39		−1		9		1		29	
(5)*	18.06		95.06		60.06		95.06		0.06		5.06		0.06		52.56	

割り付け	$A \times C$		B		誤差		D		誤差		誤差		F	
列番	[9]		[10]		[11]		[12]		[13]		[14]		[15]	
水準	1	2	1	2	1	2	1	2	1	2	1	2	1	2
データ	59	52	59	52	59	52	59	52	59	52	59	52	59	52
	49	50	49	50	49	50	50	49	50	49	50	49	50	49
	47	44	44	47	44	47	47	44	47	44	44	47	44	47
	43	41	41	43	41	43	41	43	41	43	43	41	43	41
	46	53	53	46	46	53	53	46	46	53	53	46	46	53
	45	42	42	45	45	42	45	42	42	45	45	42	42	45
	43	52	43	52	52	43	52	43	43	52	43	52	52	43
	41	46	41	46	46	41	41	46	46	41	46	41	41	46
(1)∗	373	380	372	381	382	371	388	365	374	379	383	370	377	376
(2)∗	46.6	47.5	46.5	47.6	47.8	46.4	48.5	45.6	46.8	47.4	47.9	46.3	47.1	47
(3)∗	753		753		753		753		753		753		753	
(4)∗	−7		−9		11		23		−5		13		1	
(5)∗	3.06		5.06		7.56		33.06		1.56		10.56		0.06	

(1)∗ :各水準の合計 $T_{[j]1}, T_{[j]2}$，(2)∗ :各水準での平均 $\overline{x}_{[j]1}, \overline{x}_{[j]2}$，(3)∗ 列ごとの合計 $T_{[j]1} + T_{[j]2}$
(4)∗ ::水準の合計の差 $T_{[j]1} - T_{[j]2}$，(5)∗ :$S_{[j]} = (T_{[j]1} - T_{[j]2})^2/16$

表 3.51　$AC$2 元表

要因	C_1	C_2	計
A_1	214	202	416
A_2	206	188	394
計	420	390	810

表 3.52　$AG$2 元表

要因	G_1	G_2	G_3	G_4	計
A_1	111	99	91	84	385
A_2	99	87	95	87	368
計	210	186	186	171	753

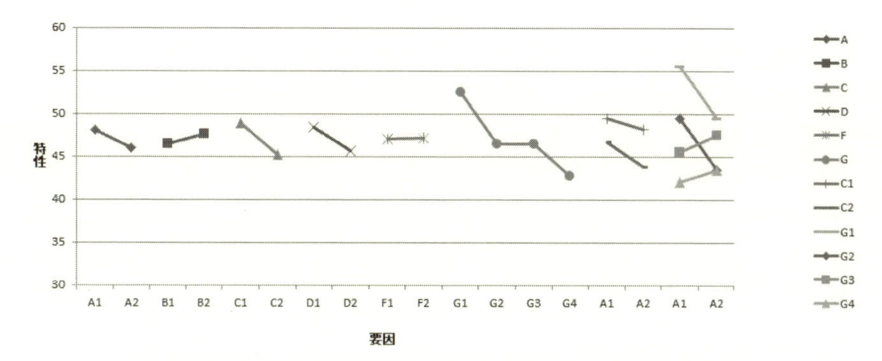

図 3.28　グラフ作成用データ表および主効果・交互作用（各要因効果）のグラフ

表 3.53 分散分析表（1）

要因	平方和 (S)	自由度 (ϕ)	平均平方 (MS)	F_0	$E(V)$
A	18.0625	$\phi_A = 1$	18.0625	2.75	$\sigma^2 + \frac{N}{2}\sigma_A^2 = \sigma^2 + 8\sigma_A^2$
B	5.0625	$\phi_B = 1$	5.0625	0.771	$\sigma^2 + 8\sigma_B^2$
C	52.5625	$\phi_C = 1$	52.5625	8.01	$\sigma^2 + 8\sigma_C^2$
D	33.0625	$\phi_D = 1$	33.0625	5.038	$\sigma^2 + 8\sigma_D^2$
F	0.0625	$\phi_F = 1$	0.0625	0.0095	$\sigma^2 + 8\sigma_F^2$
G	195.1875	$\phi_G = 3$	65.0625	9.914^*	$\sigma^2 + 8\sigma_G^2$
$A \times C$	3.0625	$\phi_{A\times C} = 1$	3.0625	0.467	$\sigma^2 + 4\sigma_{A\times C}^2$
$A \times G$	60.1875	$\phi_{A\times G} = 3$	20.0625	3.06	$\sigma^2 + 4\sigma_{A\times G}^2$
E	19.6875	$\phi_E = 3$	6.5625		σ^2
計	S_T	$\phi_T = N - 1$			

$F(1,3;0.05) = 10.128$, $F(1,3;0.01) = 34.116$, $F(3,3;0.05) = 9.277$, $F(3,3;0.01) = 29.457$

表 3.54 分散分析表（2）

要因	平方和 (S)	自由度 (ϕ)	平均平方 (MS)	F_0	$E(V)$
A	18.0625	$\phi_A = 1$	18.06	3.89	$\sigma^2 + 8\sigma_A^2$
C	52.5625	$\phi_C = 1$	52.5625	11.31^*	$\sigma^2 + 8\sigma_C^2$
D	33.0625	$\phi_D = 1$	33.0625	7.12^*	$\sigma^2 + 8\sigma_D^2$
G	195.1875	$\phi_G = 3$	65.06	14.00^{**}	$\sigma^2 + 8\sigma_G^2$
$A \times G$	60.1875	$\phi_{A\times G} = 3$	20.0625	4.32	$\sigma^2 + 4\sigma_{A\times G}^2$
E'	27.875	$\phi_{E'} = 6$	4.646		σ^2
計	S_T	$\phi_T = N - 1$			

$F(1,6;0.05) = 5.987$, $F(1,3;0.01) = 34.116$, $F(3,3;0.05) = 9.277$, $F(3,3;0.01) = 29.457$

(2) 分散分析後の推定・予測

手順 1　データの構造式

表 3.54 の分散分析表（2）より

$$x = \mu + a + c + d + g + (ag) + \varepsilon \tag{3.77}$$

このモデルのもとで，推測を行う．データとして，4 水準の因子 G については，第 15 列に 4 つの水準 $l1 \sim l4$ を入力し，4 列，11 列には何も入力しないことに注意しよう．□

手順 2　推定・予測

(a) 最適水準での推定

A, G については交互作用を考慮にいれて推定値が最大となるのは $AG$2 元表より A_1G_1,C, D については，推定値が最大となるのは表 3.52 から C_1, D_1 である．以上から最適水準は $A_1C_1D_1G_1$ である．

● 水準 $A_1C_1D_1G_1$ での母平均 $\mu(A_1C_1D_1G_1)$ について
①点推定

$$\widehat{\mu}(A_1C_1D_1G_1) = \widehat{\mu + a_1 + c_1 + d_1 + g_1 + (ag)_{11}} \tag{3.78}$$

$$= \widehat{\mu + a_1 + g_1 + (ag)_{11}} + \widehat{\mu + c_1} + \widehat{\mu + d_1} - 2\widehat{\mu} = \overline{x}(A_1G_1) + \overline{x}(C_1) + \overline{x}(D_1) - 2\overline{\overline{x}}$$
$$= \frac{111}{2} + \frac{391}{8} + \frac{388}{8} - 2 \times \frac{753}{16} = 58.75$$

②区間推定
推定量の分散は,

$$V(\widehat{\mu}(A_1B_1C_1G_1) = V(\text{点推定}) = \frac{1}{n_e}\sigma^2 \tag{3.79}$$

で，有効繰返し数 n_e は，伊奈の式より

$$\frac{1}{n_e} = \frac{1}{N/8} + \frac{1}{N/2} + \frac{1}{N/2} - \frac{2}{N} = \frac{1}{2} + \frac{1}{8} + \frac{1}{8} - \frac{2}{16} = \frac{5}{8} \tag{3.80}$$

であり，その分散の推定量は,

$$\widehat{V}(\widehat{\mu}(A_1B_1C_1G_1)) = \widehat{V}(\text{点推定}) = \frac{1}{n_e}V_E = \frac{5}{8} \times 4.65 = 2.906 \tag{3.81}$$

信頼率 $1-\alpha$ の信頼区間は,

$$\widehat{\mu}(A_1B_1C_1G_1) \pm (t_{\phi_E}, \alpha)\sqrt{\frac{1}{n_e}V_E} = 58.75 \pm 2.447\sqrt{2.906} = 58.75 \pm 4.17 = 54.58, 62.92 \tag{3.82}$$

(b) 母平均の差の推定

● 母平均の差 $\mu(A_1B_1C_1G_1) - \mu(A_2B_2C_2G_2)$ の推定
①点推定

$$\begin{aligned}&\widehat{\mu}(A_1B_1C_1G_1) - \widehat{\mu}(A_2B_2C_2G_2)\\ &= \overline{x}(A_1G_1) + \overline{x}(C_1) + \overline{x}(D_1) - (\overline{x}(A_2G_2) + \overline{x}(C_2) + \overline{x}(D_2))\\ &= 58.75 - 40.25 = 18.5\end{aligned} \tag{3.83}$$

②区間推定
その分散は,

$$V(\widehat{\mu}(A_1B_1C_1G_1) - \widehat{\mu}(A_2B_2C_2G_2)) = V(\text{差}) = \frac{1}{n_d}\sigma^2 \tag{3.84}$$

で，n_d は以下のように求まる.

$$\frac{1}{n_d} = \frac{1}{n_{e_1}} + \frac{1}{n_{e_2}} = \frac{3}{4} + \frac{3}{4} = \frac{3}{2} \tag{3.85}$$

$$\text{なお}, \overline{x}(A_1G_1) + \overline{x}(C_1) + \overline{x}(D_1) \to \frac{1}{n_{e_1}} = \frac{1}{2} + \frac{1}{8} + \frac{1}{8} = \frac{3}{4}$$
$$\overline{x}(A_2G_2) + \overline{x}(C_2) + \overline{x}(D_2) \to \frac{1}{n_{e_2}} = \frac{1}{2} + \frac{1}{8} + \frac{1}{8} = \frac{3}{4}$$

であり，その分散の推定量は,

$$\widehat{V}(\text{差}) = \frac{1}{n_d}V_E = \frac{3}{2} \times 4.65 = 6.975 \tag{3.86}$$

$$\widehat{\mu}(A_1B_1C_1G_1) \pm (t_{\phi_E}, \alpha)\sqrt{\frac{1}{n_d}V_E} \tag{3.87}$$
$$= 18.5 \pm 2.447 \times \sqrt{6.975} = 18.5 \pm 6.46 = 12.14, 25.06$$

表 **3.55** $L_4(2^3)$

割り付け	G(2 列)	G(4 列)	G(6 列)	G の水準
No. ＼ 列番	[1]	[2]	[3]	G の水準
1	1	1	1	G_1
2	1	2	2	G_2
3	2	1	2	G_3
4	2	2	1	G_4

(c) データの予測

水準 $A_1B_1C_1G_1$ でのデータの予測

①点予測

$$\widehat{x}(A_1B_1C_1G_1) = \widehat{\mu}(A_1B_1C_1G_1) = \overline{x}(A_1G_1) + \overline{x}(B_1) + \overline{x}(C_1) - \overline{\overline{x}} = 58.75 \tag{3.88}$$

②区間予測

推定量の分散の推定量は，データの分散を加えて，

$$\widehat{V}(\widehat{\mu}(A_1B_1C_1G_1)) = \left(1 + \frac{1}{n_e}\right)\widehat{\sigma^2} = \frac{13}{8} \times 4.65 = 7.556 \tag{3.89}$$

より，予測区間は，

$$\begin{aligned} &\widehat{x}(A_1B_1C_1G_1) \pm (t_{\phi_E}, \alpha)\sqrt{\left(1 + \frac{1}{n_e}\right)V_E} \\ &= 58.75 \pm 2.447\sqrt{7.556} = 58.75 \pm 6.73 = 52.02, 65.48 \end{aligned} \tag{3.90}$$

《**R**（コマンダー）による解析》

(0) 予備解析

手順 1　データの読み込み

【データ】▶【データのインポート】▶【テキストファイルまたはクリップボード，URL から...】を選択し，ダイアログボックスで，フィールドの区切り記号としてカンマにチェックをいれて，OK を左クリックする．フォルダからファイルを指定後，開く (O) を左クリックする．そして，データセットを表示 をクリックすると，図 3.29 のようにデータが表示される．

2 列には 4 水準が入力されていることに注意しよう．これは G を割り付けた列，2,4,6 列について，表 3.55 のように対応して，入力している．

つまり，2 列 (G) において，G_1, G_2, G_3, G_4 についてそれぞれ $l1, l2, l3, l4$ を入力している．他の 2 列（4 列と 6 列）には $e4, e6$ として割り付けを入力しない．

```
>rei33<-read.table("rei33.csv",
```

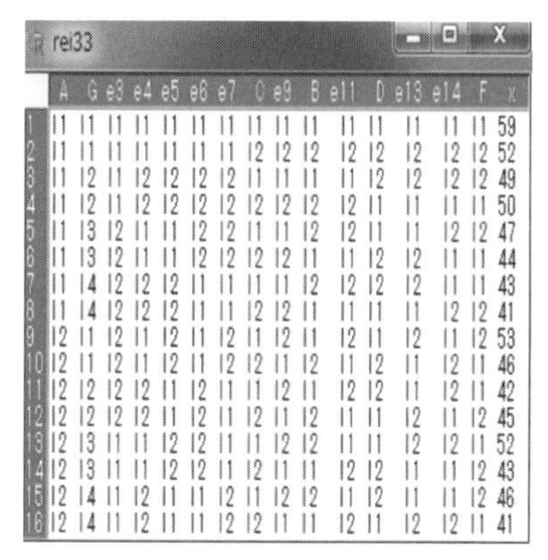

rei33

	A	G	e3	e4	e5	e6	e7	C	e9	B	e11	D	e13	e14	F	x
1	l1	l1	l1	l1	l1	l1	l1	l1	l1	l1	l1	l1	l1	l1	l1	59
2	l1	l1	l1	l1	l1	l1	l1	l2	l2	l2	l2	l2	l2	l2	l2	52
3	l1	l2	l1	l2	l2	l2	l2	l1	l1	l1	l1	l2	l2	l2	l2	49
4	l1	l2	l1	l2	l2	l2	l2	l2	l2	l2	l2	l1	l1	l1	l1	50
5	l1	l3	l2	l1	l1	l2	l2	l1	l1	l2	l2	l1	l1	l2	l2	47
6	l1	l3	l2	l1	l1	l2	l2	l2	l2	l1	l1	l2	l2	l1	l1	44
7	l1	l4	l2	l2	l2	l1	l1	l1	l1	l2	l2	l2	l2	l1	l1	43
8	l1	l4	l2	l2	l2	l1	l1	l2	l2	l1	l1	l1	l1	l2	l2	41
9	l2	l1	l2	l1	l2	l1	l2	l1	l2	l1	l2	l1	l2	l1	l2	53
10	l2	l1	l2	l1	l2	l1	l2	l2	l1	l2	l1	l2	l1	l2	l1	46
11	l2	l2	l2	l2	l1	l2	l1	l1	l2	l1	l2	l2	l1	l2	l1	42
12	l2	l2	l2	l2	l1	l2	l1	l2	l1	l2	l1	l1	l2	l1	l2	45
13	l2	l3	l1	l1	l2	l2	l1	l1	l2	l2	l1	l1	l2	l2	l1	52
14	l2	l3	l1	l1	l2	l2	l1	l2	l1	l1	l2	l2	l1	l1	l2	43
15	l2	l4	l1	l2	l1	l1	l2	l1	l2	l2	l1	l2	l1	l1	l2	46
16	l2	l4	l1	l2	l1	l1	l2	l2	l1	l1	l2	l1	l2	l2	l1	41

図 **3.29**　データの表示

```
 header=TRUE, sep=",", na.strings="NA",dec=".", strip.white=TRUE)
>showData(rei33, placement='-20+200', font=getRcmdr('logFont'),
maxwidth=80, maxheight=30)
```

手順 2　基本統計量の計算と**手順 3**　データのグラフ化については省略.

(1) 分散分析

データの構造式としては題意から以下を考える.

$$x = \mu + a + b + c + d + f + g + (ab) + (ac) + (ag) + \varepsilon$$

手順 1　モデル化：線形モデル（データの構造）

【統計量】▶【モデルへの適合】▶【線形モデル...】を選択し，ダイアログボックスで，モデル式：左側のボックスに上のボックスより特性を選択し，ダブルクリックにより代入し，右側のボックスに上側のボックスより A を選択し，ダブルクリックにより A を代入する．同様にして右側のボックスに A+B+C+D+F+G+A:B+A:C+A:G を入力する．そして，OK を左クリックすると，次の出力結果が表示される.

```
> LinearModel.1 <-lm(x ~ A +B + C + D +F +G +A:C +A:G, data=rei33)
> summary(LinearModel.1)
Call:
lm(formula = x ~ A + B + C + D + F + G + A:C + A:G, data = rei33)
～
Residual standard error: 2.562 on 3 degrees of freedom
Multiple R-squared:  0.9491,Adjusted R-squared:  0.7456
F-statistic: 4.663 on 12 and 3 DF,  p-value: 0.1155
```

手順 2　モデルの検討：分散分析表の作成と要因効果の検定

【モデル】▶【仮説検定】▶【分散分析表...】を選択し，ダイアログボックスで，Type II にチェックをいれ，OK を左クリックすると，次の出力結果が表示される.

```
> Anova(LinearModel.1, type="II")
Anova Table (Type II tests)
Response: x
            Sum Sq Df F value  Pr(>F)
A           18.062  1  2.7524 0.19569
B            5.062  1  0.7714 0.44444
C           52.563  1  8.0095 0.06618 .
D           33.063  1  5.0381 0.11049
F            0.063  1  0.0095 0.92841
G          195.188  3  9.9143 0.04577 *
A:C          3.062  1  0.4667 0.54355
A:G         60.188  3  3.0571 0.19163
Residuals   19.688  3
---
Signif. codes:  0 '***' 0.001 '**' 0.01 '*' 0.05 '.' 0.1 ' ' 1
```

手順 3　再モデル化：線形モデル（データの構造）

$$x = \mu + a + c + d + g + (ag) + \varepsilon$$

【統計量】▶【モデルへの適合】▶【線形モデル...】を選択し，ダイアログボックスで，モデル式：の右側のボックスで A:B を削除し，A+C+D+G+A:C とする．そして，OK を左クリックすると，次の出力結果が表示される.

```
> LinearModel.2 <- lm(x ~ A + C + D + G + A:G, data=rei33)
```

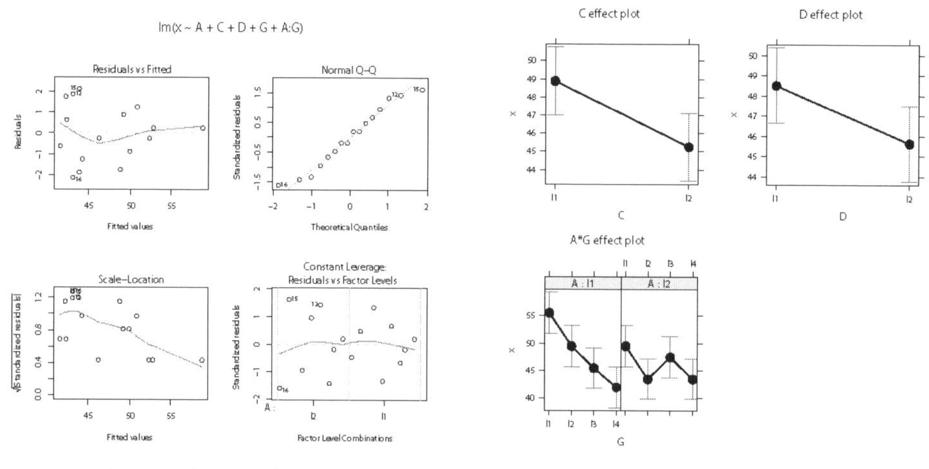

図 **3.30** 基本的診断プロット　　　　図 **3.31** 効果プロット

```
> summary(LinearModel.2)
Call:
lm(formula = x ~ A + C + D + G + A:G, data = rei33)
〜
Residual standard error: 2.155 on 6 degrees of freedom
Multiple R-squared:  0.928,Adjusted R-squared:  0.8199
F-statistic: 8.587 on 9 and 6 DF,  p-value: 0.008261
```

手順 **4**　モデルの再検討：分散分析表の作成と要因効果の検定

【モデル】▶【仮説検定】▶【分散分析表...】を選択し，Type II にチェックをいれ，OK を左クリックすると，次の出力結果が表示される．

```
> Anova(LinearModel.8, type="II")
Anova Table (Type II tests)
Response: x
           Sum Sq Df F value   Pr(>F)
A          18.063  1  3.8879 0.096114 .
C          52.563  1 11.3139 0.015162 *
D          33.063  1  7.1166 0.037141 *
G         195.188  3 14.0045 0.004064 **
A:G        60.188  3  4.3184 0.060538 .
Residuals  27.875  6
---
Signif. codes:  0 '***' 0.001 '**' 0.01 '*' 0.05 '.' 0.1 ' ' 1
```

(2) 分散分析後の推定・予測

手順 **1**　データの構造式　分散分析の結果からデータの構造式として，以下を考える．

$$x = \mu + a + c + d + f + g + (ac) + \varepsilon \tag{3.91}$$

(a) 基本的診断

【モデル】▶【グラフ】▶【基本的診断プロット...】とクリックすると，図 3.30 の診断プロットが表示される．大体，問題なさそうである．

```
> oldpar <- par(oma=c(0,0,3,0), mfrow=c(2,2))
> plot(LinearModel.8)
> par(oldpar)
```

(b) 効果プロット

【モデル】▶【グラフ】▶【効果プロット...】とクリックすると，図 3.31 の効果プロットが表示される．

```
> trellis.device(theme="col.whitebg")
> plot(allEffects(LinearModel.2), ask=FALSE)
```

（参考）aov 関数を使ってコマンド入力により実行する場合以下のように入力する．

```
> dat.aov<-aov(x~A +B +C +D +F +G +A:C +A:G,data=rei33)
> summary(dat.aov)
> dat2.aov<-aov(x~A +C +D +G+A:G,data=rei33)
> summary(dat2.aov)
```

手順 2　推定・予測

分散分析の結果から，データの構造式が，

(3.92)
$$x = \mu + a + c + d + g + (ag) + \varepsilon$$

と考えられる．この構造式に基づいて以下の推定を行う．

(a) 誤差分散の推定（プール後）

p.102 の出力ウィンドウの Anova Table から

```
> SEP=27.875;fEP=6;VEP=SEP/fEP;VEP
[1] 4.645833  #プール後の誤差分散の推定値
```

(b) 最適水準の決定と母平均の推定

①点推定 $MA_1C_1D_1G_1 = MA_1G_1 + MC_1 + MD_1 - 2M$

```
> MA1C1D1G1=111/2+391/8+388/8-2*753/16;MA1C1D1G1
[1] 58.75
```

②区間推定

```
> kei=1/2+1/8+1/8-2/16 #(=0.625) (=1/ne)
> VHe=kei*VEP #(=2.904) 分散の推定値
> haba=qt(0.975,fEP)*sqrt(VHe)  #(=4.170) 区間幅
> sita=MA1C1D1G1-haba;ue=MA1C1D1G1+haba
> sita;ue
[1] 54.58044 #下側信頼限界
[1] 62.91956 #上側信頼限界
```

(c) 2 つの母平均の差の推定

①点推定

```
> MA2C2D2G2=87/2+362/8+365/8-2*753/16 #(=40.25)
> sa=MA1C1D1G1-MA2C2D2G2;sa
[1] 18.5
```

②差の区間推定

```
> kei1=1/2+1/8+1/8;kei2=1/2+1/8+1/8 #(=1/ne1, =1/ne2)
> keid=kei1+kei2;VHsa=keid*VEP  #(=1.5,=6.969)  (=1/nd=1/ne1+1/ne2, 差の分散の推定値)
> habasa=qt(0.975,fEP)*sqrt(VHsa)  #(=6.459) 区間幅
> sitasa=sa-habasa;uesa=sa+habasa
```

```
> sitasa;uesa
[1] 12.04055  #差の下側信頼限界
[1] 24.95945   #差の上側信頼限界
```

(d) データの予測

①点予測

```
> yosoku=MA1C1D1G1;yosoku
[1] 58.75
```

②予測区間

```
> keiyo=1+kei;VHyo=keiyo*VEP  #(=7.549) (=1+1/ne, 予測値の分散の推定値)
> habayo=qt(0.975,fEP)*sqrt(VHyo)  #(=6.723) 区間幅
> sitayo=yosoku-habayo;ueyo=yosoku+habayo
> sitayo;ueyo
[1] 52.02679 #予測の下側信頼限界
[1] 65.47321 #予測の上側信頼限界
```

演習 3-3　ある製品の製造工程において，強度特性について改良を加えることとし，影響を及ぼすと思われる母数因子 A, B, C, D を取り上げ，A は 4 水準とし，他の因子はそれぞれを 2 水準とって $L_{16}(2^{15})$ 直交表による製造実験を行った．6 つの主効果の他に交互作用 $A \times B, A \times C, B \times C$ が考えられるので，割り付けは表 3.56 に示すように行われた．16 回の実験をランダムな順序に行って得られたデータも表 3.56 に併記してある．このとき，以下の設問に答えよ．

(1) $A \times B, A \times C, B \times C$ の交互作用の現れる列を求めよ．

(2) 分散分析を行い，要因効果について検討せよ．

(3) 強度が最大となる条件での母平均の点推定，95 %信頼限界を求めよ．

表 3.56　L_{16} 直交配列表 による実験データ

要因	A	A	A	B				C				D				x
No. ＼ 列番	[1]	[2]	[3]	[4]	[5]	[6]	[7]	[8]	[9]	[10]	[11]	[12]	[13]	[14]	[15]	データ
1	1	1	1	1	1	1	1	1	1	1	1	1	1	1	1	14
2	1	1	1	1	1	1	1	2	2	2	2	2	2	2	2	27
3	1	1	1	2	2	2	2	1	1	1	1	2	2	2	2	28
4	1	1	1	2	2	2	2	2	2	2	2	1	1	1	1	33
5	1	2	2	1	1	2	2	1	1	2	2	1	1	2	2	20
6	1	2	2	1	1	2	2	2	2	1	1	2	2	1	1	22
7	1	2	2	2	2	1	1	1	1	2	2	2	2	1	1	25
8	1	2	2	2	2	1	1	2	2	1	1	1	1	2	2	32
9	2	1	2	1	2	1	2	1	2	1	2	1	2	1	2	31
10	2	1	2	1	2	1	2	2	1	2	1	2	1	2	1	36
11	2	1	2	2	1	2	1	1	2	1	2	2	1	2	1	27
12	2	1	2	2	1	2	1	2	1	2	1	1	2	1	2	30
13	2	2	1	1	2	2	1	1	2	2	1	1	2	2	1	14
14	2	2	1	1	2	2	1	2	1	1	2	2	1	1	2	17
15	2	2	1	2	1	1	2	1	2	2	1	2	1	1	2	28
16	2	2	1	2	1	1	2	2	1	1	2	1	2	2	1	29
成分	a	b	a b	c	a c	b c	a b c	d	a d	b d	a b d	c d	a c d	b c d	a b c d	
	1 群	2 群		3 群				4 群								

表 3.57 L_8 直交配列表による実験データ

割り付け	A	A	A	B				
No. ＼ 列番	[1]	[2]	[3]	[4]	[5]	[6]	[7]	水準組合せ
1	1	1	1	1	1	1	1	A_1B_1
2	1	1	1	2	2	2	2	A_1B_2
3	1	2	2	1	1	2	2	A_2B_1
4	1	2	2	2	2	1	1	A_2B_2
5	2	1	2	1	2	1	2	A_3B_1
6	2	1	2	2	1	2	1	A_3B_2
7	2	2	1	1	2	2	1	A_2B_1
8	2	2	1	2	1	1	2	A_2B_2

3.4.2 擬水準の直交配列実験

2 水準系の実験の中に，3 水準の因子を組み込みたい場合を考える．つまり，3 水準の因子を 2 水準系直交配列表に割り付ける．因子 A を 3 水準の因子とし，その水準を A_1, A_2, A_3 とする．偽の水準 A_4 をつくる．A_4 としては A_1, A_2, A_3 のうち重要と思われる水準を採用する．このような水準を**擬水準**と呼ぶ．例えば，表 3.57 のような割り付けが考えられる．

3 水準系の実験の中に，2 水準の因子を組み込みたい場合を考える．つまり，2 水準の因子を 3 水準系直交配列表に割り付ける．2 水準の因子 C を 3 水準の直交表に割り付けるには C に擬水準をいれて 3 水準にすればよい．

例題 3-4 $L_{27}(3^{13})$ 直交表を用いた擬水準法

ある電気製品の製造工程において，特性を高めることを目的として，影響を及ぼすと思われる各 3 水準の母数因子 A, B, C, D および 2 水準の因子 F, G を取り上げ，$L_{27}(3^{13})$ 直交表による製造実験を行った．6 つの主効果の他に交互作用 $A \times B, B \times C, B \times G$ が考えられる．割り付けは表 3.58 に示すように行われた．27 回の実験をランダムな順序に行って得られたデータも表 3.58 に併記してある．解析せよ．なお，具体的には以下のような項目について検討せよ．

(1) 要因の割り付けを行い，$A \times B, B \times C, B \times G$ の交互作用の現れる列を考えよ．

(2) データの構造式および制約条件を示せ．

(3) 形式的な 4 水準因子 P の割り付けに使われている列番を示せ．また，交互作用 $A \times B, B \times C, B \times G$ の現れる列を示せ．

(4) データをグラフ化し，要因効果の概略について述べよ．

(5) 分散分析を行い，要因効果の有無を検討せよ．なお，分散分析表には $E(V)$ も記入せよ．

(6) 分散分析後のデータの構造式を示し，それに基づいて特性が最も大きくなる最適条件を求めよ．

(7) 最適条件における母平均の点推定値を求めよ．また信頼率 95 %の信頼区間を求めよ．

(8) できれば使いたい水準 B2 を使用した場合の最適なその他の水準を選び，母平均を点推定し，次に信頼率 95 %で区間推定せよ．

(9) (7) で選んだ最適条件と (7) で決めた条件との母平均の差を点推定し，次に信頼率 95 %で区間推定せよ．

(10) (8) の条件での，データの点予測と 95 %予測区間を構成せよ．

[解] **(0) 予備解析**

手順 1　要因（因子）の割り付け

主効果の自由度の合計は $2 \times 4 + 1 \times 2 = 10$，考慮する交互作用の自由度の合計は $4 + 4 + 2 = 10$ より，あわせて 20 である．そこで 20 列以上ある最小の直交表は，L_{27} 直交表である．割り付けた表よ

表 3.58 L_{27} 直交配列表 による実験データ

因子の割り付け	B	A			C			D			F			x
No. ＼ 列番	[1]	[2]	[3]	[4]	[5]	[6]	[7]	[8]	[9]	[10]	[11]	[12]	[13]	データ
1	1	1	1	1	1	1	1	1	1	1	1	1	1	5
2	1	1	1	1	2	2	2	2	2	2	2	2	2	11
3	1	1	1	1	3	3	3	3	3	3	3	3	3	15
4	1	2	2	2	2	2	2	2	2	2	2	2	1	13
5	1	2	2	2	1	1	2	2	1	1	2	2	1	21
6	1	2	2	2	1	1	2	2	2	2	1	1	2	22
7	1	3	3	3	2	2	1	1	1	1	2	2	2	13
8	1	3	3	3	2	2	1	1	2	2	1	1	1	16
9	1	3	3	3	1	2	1	2	1	2	1	2	1	15
10	2	1	2	3	1	2	1	2	2	1	2	1	2	8
11	2	1	2	3	2	1	2	1	1	2	1	2	2	12
12	2	1	2	3	2	1	2	1	2	1	2	1	1	16
13	2	2	3	1	1	2	2	1	1	2	2	1	1	12
14	2	2	3	1	1	2	2	1	2	1	1	2	2	22
15	2	2	3	1	2	1	1	2	1	2	2	1	2	21
16	2	3	1	2	2	1	1	2	2	1	1	2	1	18
17	2	3	1	2	1	1	1	1	1	1	1	1	1	23
18	2	3	1	2	1	1	1	1	2	2	2	2	2	20
19	3	1	3	2	2	2	2	2	1	1	1	1	2	15
20	3	1	3	2	2	2	2	2	2	2	2	2	1	22
21	3	1	3	2	1	1	2	2	1	1	2	2	1	25
22	3	2	1	3	1	1	2	2	2	2	1	1	2	2
23	3	2	1	3	2	2	1	1	1	1	2	2	2	3
24	3	2	1	3	2	2	1	1	2	2	1	1	1	13
25	3	3	2	1	1	2	1	2	1	2	1	2	1	17
26	3	3	2	1	1	2	1	2	2	1	2	1	2	16
27	3	3	2	1	2	1	2	1	1	2	1	2	2	13
成分	a	b	ab	ab^2	c	ac	ac^2	bc	abc	ab^2c^2	bc^2	ab^2c	abc^2	
	1 群	2 群			3 群									

り，10 列では水準番号 1 を F_1, 水準番号 2 と 3 を F_2 に対応させ，2 列では水準番号 1 と 2 を G_1, 水準番号 3 を G_2 に対応させた．

①成分記号の利用

主効果について，$A\cdots2$ 列，$B\cdots1$ 列，$C\cdots5$ 列，$G\cdots8$ 列，$D\cdots11$ 列，$F\cdots12$ 列に割り付ける．すると交互作用の列は，

$A\times B$：$a\times c=ac\cdots3$ 列，$a^2\times c=(a^2c)^2=a^4c^2=ac^2\cdots4$ 列

$B\times C$：$c\times ab=abc\cdots6$ 列，$c^2\times ab=abc^2\cdots7$ 列

$B\times G$：$c\times b=bc\cdots9$ 列，$c^2\times b=bc^2\cdots10$ 列

誤差の列は，残りの列：$\cdots13$ 列 に割り付けられる．

②線点図の利用

3 水準因子 A は自由度 2 で，その交互作用 $A\times B$ の自由度 4 である．互いに主効果と交互作用の関係にある 3 つの列（線点図で 1 つの線分とその両端の点）に割り付ける．そこで，6 個の主効果の点を含む必要な線点図は図 3.32 より，それを含む用意された線点図から，図 3.33 の左側のような線点図が考えられる．

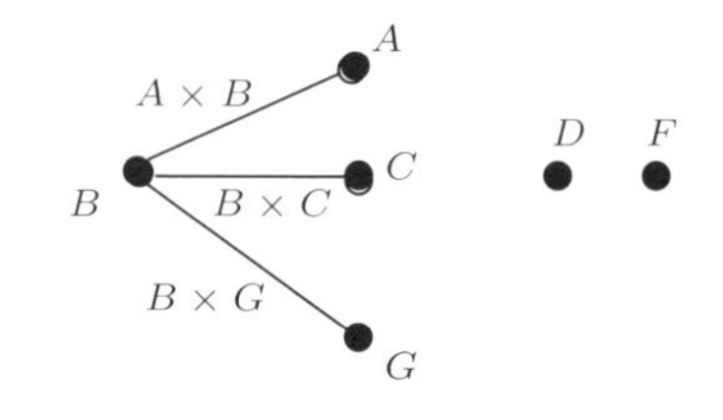

図 3.32 必要な線点図

図 3.17 の $L_{27}(3^{13})$ の線点図に割り付けた図 3.33 の右側の図を利用する．点に主効果を対応させ，対

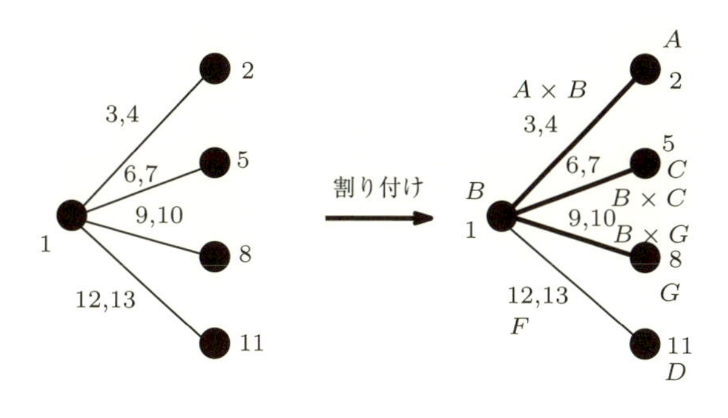

図 3.33 例題 3-4 の線点図

表 3.59 水準組合せと実験順序

No.	水準組合せ	実験順序
1	$A_1B_1C_1D_1F_1G_1$	9
2	$A_1B_1C_1D_1F_1G_1$	3
⋮	⋮	⋮
27	$A_1B_1C_1D_1F_1G_1$	12

応する点を結ぶ線分に交互作用を割り付けていく.

③交互作用の現れる表の利用

割り当てた主効果に対応して，表 3.29 を利用して交互作用の割り付けを行う.

手順 2　実験順序とデータ入力

No.1 から No.27 の水準での実験を乱数等を利用して順序を決め，実験を行いデータをとる.

手順 3　データの集計

平方和を計算するための補助表や 2 元表等を作成する.

手順 4　データのグラフ化

要因を縦と横にとって交差する位置にその交互作用に対応した合計を計算した表を作成する．この表をもとに図 3.34 のように主効果・交互作用のグラフを作成する．主効果については C がありそうであり，交互作用については $A \times B$ がありそうである．$B \times C$，$B \times G$ はなさそうである．その他は判然としない.

表 3.60 L_{27} 各列の平方和の計算表

割り付け	B			A			$A \times B$			$A \times B$			C		
列番	[1]			[2]			[3]			[4]			[5]		
水準	1	2	3	1	2	3	1	2	3	1	2	3	1	2	3
データ	5	8	15	5	13	13	5	13	13	5	13	13	5	11	15
	11	12	22	11	21	16	11	21	16	11	21	16	13	21	22
	15	16	25	15	22	15	15	22	15	15	22	15	13	16	15
	13	12	2	8	12	18	18	8	12	12	18	8	8	12	16
	21	22	3	12	22	23	23	12	22	22	23	12	12	22	21
	22	21	13	16	21	20	20	16	21	21	20	16	18	23	20
	13	18	17	15	2	17	2	17	15	17	15	2	15	22	25
	16	23	16	22	3	16	3	16	22	16	22	3	2	3	13
	15	20	13	25	13	13	13	13	25	13	25	13	17	16	13
(1)*	131	152	126	129	129	151	110	138	161	132	179	98	103	146	160
(2)*	14.56	16.89	14	14.33	14.33	16.78	12.22	15.33	17.89	14.67	19.89	10.89	11.44	16.22	17.78
(3)*	409			409			409			409			409		
(4)*	6195.59			6195.59			6195.59			6195.59			6195.59		
(5)*	42.3			35.85			144.97			367.63			196.08		

割り付け	$A\times B$			C			G			$B\times G$			$B\times G$		
列番	[6]			[7]			[8]			[9]			[10]		
水準	1	2	3	1	2	3	1	2	3	1	2	3	1	2	3
データ	5	11	15	5	11	15	5	11	15	5	11	15	5	11	15
	13	21	22	13	21	22	22	13	21	22	13	21	22	13	21
	13	16	15	13	16	15	16	15	13	16	15	13	16	15	13
	16	8	12	12	16	8	8	12	16	16	8	12	12	16	8
	21	12	22	22	21	12	21	12	22	22	21	12	12	22	21
	20	18	23	23	20	18	23	20	18	18	23	20	20	18	23
	22	25	15	25	15	22	15	22	25	22	25	15	25	15	22
	3	13	2	13	2	3	13	2	3	2	3	13	3	13	2
	16	13	17	13	17	16	16	13	17	13	17	16	17	16	13
(1)*	129	137	143	139	139	131	139	120	150	136	136	137	132	139	138
(2)*	14.33	15.22	15.89	15.44	15.44	14.56	15.44	13.33	16.67	15.11	15.11	15.22	14.67	15.44	15.33
(3)*	409			409			409			409			409		
(4)*	6195.59			6195.59			6195.59			6195.59			6195.59		
(5)*	10.97			4.74			51.19			0.08			3.19		

割り付け	D			F			誤差		
列番	[11]			[12]			[13]		
水準	1	2	3	1	2	3	1	2	3
データ	5	11	15	5	11	15	5	11	15
	21	22	13	21	22	13	21	22	13
	15	13	16	15	13	16	15	13	16
	8	12	16	16	8	12	12	16	8
	22	21	12	12	22	21	21	12	22
	20	18	23	23	20	18	18	23	20
	15	22	25	22	25	15	25	15	22
	3	13	2	13	2	3	2	3	13
	13	17	16	17	16	13	16	13	17
(1)*	122	149	138	144	139	126	135	128	146
(2)*	13.56	16.56	15.33	16	15.44	14	15	14.22	16.22
(3)*	−1.44	1.56	0.22	1	0.33	−1	−0.11	−0.78	1.22
(4)*	409			409			409		
(5)*	6195.59			6195.59			6195.59		
(5)*	40.97			19.19			18.3		

(1)* :各水準での和 $T_{[j]1}, T_{[j]2}, T_{[j]3}$. (2)* :各水準での平均 $\overline{x}_{[j]1}, \overline{x}_{[j]2}, , \overline{x}_{[j]3}$. (3)* :列ごとの合計 $T = T_{[j]1} + T_{[j]2} + T_{[j]3}$
(4)* :修正項 $CT = T^2/27$. (5)* :$S_{[j]} = T_{[j]1}/9 + T^2_{[j]2}/9 + T^2_{[j]3}/9 - CT$

表 3.61 $AB2$ 元表

要因	B_1	B_2	B_3	計
A_1	31	36	62	129
A_2	56	55	18	129
A_3	44	61	46	151
計	131	152	126	409

表 3.62 $BC2$ 元表

要因	C_1	C_2	C_3	計
B_1	31	48	52	131
B_2	38	57	57	152
B_3	34	41	51	126
計	103	146	160	409

表 3.63 $BG2$ 元表

$G_1(=G_1=G_2), G_2(=G_3)$

要因	G_1	G_2	計
B_1	82	49	131
B_2	96	56	152
B_3	81	45	126
計	259	150	409

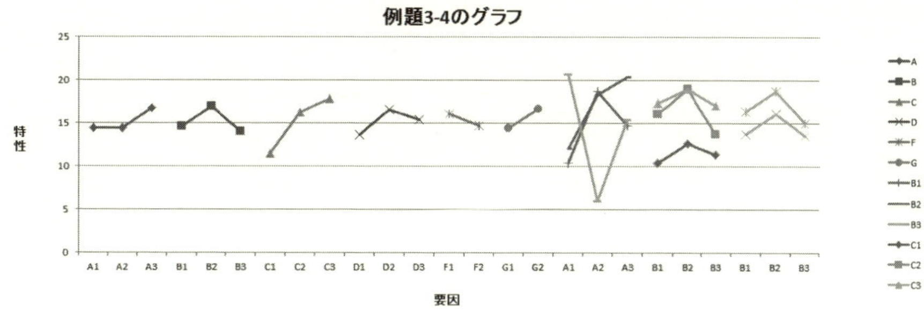

図 **3.34**　グラフ作成用データ表および主効果・交互作用（各要因効果）のグラフ

(1) 分散分析

手順 1　データの構造式

$$x = \mu + a + b + c + d + f + g + (ab) + (bc) + (bg) + \varepsilon$$

手順 2　平方和・自由度の計算

$CT = \dfrac{T}{N} = \dfrac{3^2}{27} = 6195.593,\ S_T = \sum x^2 - CT = 935.407,\ \phi_T = 26,$

$S_T = S_{[1]} + \cdots + S_{[13]} = 963.2,\ \phi_T = 26,\ S_A = S_{[2]} = 35.852,\ \phi_A = 2,$

$S_B = S_{[1]} = 42.296,\ \phi_B = 2,\ S_C = S_{[5]} = 196.074,\ \phi_C = 2,\ S_D = S_{[11]} = 40.963,\ \phi_D = 2,$

$S_{A\times B} = S_{[6]} + S_{[7]} = 9.6 + 4.3 = 13.9,\ \phi_{A\times B} = 4,$

$S_{B\times C} = S_{[9]} + S_{[13]} = 0.3 + 18.7 = 19.0,\ \phi_{B\times C} = 4,$

$S_F = 2.7,\ \phi_F = 1,\ S_G = 37.5,\ \phi_G = 1,\ S_{BG},\ \ldots, S_T - (S_A + \cdots + S_{B\times G}) = 94.8,\ \phi_{B\times G} = 2,$

$S_E = S_T - (S_A + \cdots + S_{B\times G}) = 94.8,\ \phi_E = 6$

手順 3　分散分析表の作成・要因効果の検定

表 **3.64**　分散分析表（1）

要因	平方和 (S)	自由度 (ϕ)	平均平方 (MS)	F_0	$E(V)$
A	$S_A = 35.852$	$\phi_A = 2$	$V_A = \dfrac{S_A}{\phi_A} = 17.926$	$\dfrac{V_A}{V_E} = 2.187$	$\sigma^2 + \dfrac{N}{3}\sigma_A^2 = \sigma^2 + 9\sigma_A^2$
B	42.296	$\phi_B = 2$	21.148	2.580	$\sigma^2 + 9\sigma_B^2$
C	196.074	$\phi_C = 2$	98.037	11.959^{**}	$\sigma^2 + 9\sigma_B^2$
D	40.963	$\phi_D = 2$	20.481	2.498	$\sigma^2 + 9\sigma_A^2$
F	9.796	$\phi_F = 1$	9.7963	1.195	注
G	31.130	$\phi_G = 1$	31.130	3.797	注
$A \times B$	512.593	$\phi_{A\times B} = 4$	128.15	15.63^{**}	$\sigma^2 + 3\sigma_{A\times B}^2$
$B \times C$	15.704	$\phi_{B\times C} = 4$	3.926	0.4789	$\sigma^2 + 3\sigma_{A\times B}^2$
$B \times G$	1.815	$\phi_{B\times G} = 2$	0.9074	0.1107	注
E	49.185	$\phi_E = 6$	8.198		σ^2
計	S_T	$\phi_T = 26$			

$F(1, 6; 0.05) = 5.987,\ F(1, 6; 0.01) = 13.745,$
$F(2, 6; 0.05) = 5.143,\ F(2, 6; 0.01) = 10.925,$
$F(4, 6; 0.05) = 4.534,\ F(4, 6; 0.01) = 9.148$

F_0 が小さい（p 値が大きい）要因である主効果 B，交互作用 $A \times C$ を誤差項にプールして分散分析表を作成しなおして，表 3.65 の分散分析表（2）を作成する．

表 **3.65**　分散分析表（2）

要因	平方和 (S)	自由度 (ϕ)	平均平方 (MS)	F_0	$E(V)$
A	35.852	$\phi_A = 2$	17.926	3.046	$\sigma^2 + 9\sigma_A^2$
B	42.296	$\phi_B = 2$	21.148	3.594	$\sigma^2 + 9\sigma_B^2$
C	196.074	$\phi_C = 2$	98.037	16.66^{**}	$\sigma^2 + 9\sigma_C^2$
D	40.963	$\phi_D = 2$	20.48	3.481	$\sigma^2 + 9\sigma_D^2$
G	31.130	$\phi_G = 1$	31.130	5.29^{*}	注
$A \times B$	512.593	$\phi_{A\times B} = 4$	128.1481	21.78^{**}	$\sigma^2 + 3\sigma_{A\times B}^2$
E'	76.5	$\phi'_E = 13$	5.884		σ^2
計	$S_T = 935.41$	$\phi_T = N - 1 = 26$			

$F(1, 13; 0.05) = 4.667, F(1, 13; 0.01) = 9.074,$
$F(2, 13; 0.05) = 3.806, F(2, 13; 0.01) = 6.701,$
$F(4, 13; 0.05) = 3.179, F(4, 13; 0.01) = 5.205$

（注）$E(V_F) = \sigma^2 + \dfrac{\sum N_{F_i} f_i^2}{\phi_F}$, $E(V_G) = \sigma^2 + \dfrac{\sum N_{G_i} g_i^2}{\phi_G}$,

$$E(V_{B\times G}) = \sigma^2 + \frac{\sum_{i,j} N_{B_i G_j} (bg)_{ij}^2}{\phi_{B\times G}} \qquad (N_{F_i} : F_i\text{のデータ数})$$

(2) 分散分析後の推定

手順 **1**　データの構造式

分散分析の結果，データの構造式として，

$$x = \mu + a + b + c + d + g + (ab) + \varepsilon \tag{3.93}$$

が考えられる．この構造式のもとで推測を行う．

手順 **2**　推定・予測

(a) 最適水準での推定

A, B の推定値の最大となるのは $AB$2 元表より A_1B_3,C,D,G それぞれの推定値の最大となるのは $C_2D_2G_3$ から最適水準は $A_1B_3C_2D_2G_3$ で，母平均 $\mu(A_1B_3C_2D_2G_3)$ の推定は

①点推定

$$\widehat{\mu}(A_1B_3C_2D_2G_3) = \widehat{\mu + a + b + c + d + g + (ab)} \tag{3.94}$$

$$= \widehat{\mu + a + b + (ab)} + \widehat{\mu + c} + \widehat{\mu + d} + \widehat{\mu + g} - 3\widehat{\mu}$$

$$= \overline{x}(A_1B_3) + \overline{x}(C_2) + \overline{x}(D_2) + \overline{x}(G_3) - 3\overline{\overline{x}}$$

$$= \frac{62}{3} + \frac{160}{9} + \frac{149}{9} + + \frac{150}{9} - + \frac{409}{27} = 24.67$$

②区間推定　推定量の分散は，

$$V(\widehat{\mu}(A_1B_3C_2D_2G_3)) = V(\text{点推定}) = \frac{1}{n_e}\sigma^2 \tag{3.95}$$

で，有効繰返し数 n_e は，伊奈の式より

$$\frac{1}{n_e} = \frac{1}{N/9} + \frac{1}{N/3} + \frac{1}{N/3} + \frac{1}{N/3} - \frac{3}{N} \tag{3.96}$$

$$= \frac{1}{3} + \frac{1}{9} + \frac{1}{9} + \frac{1}{9} - \frac{3}{27} = \frac{15}{27} = \frac{5}{9}$$

であり，その分散の推定量は，

(3.97)
$$\widehat{V}(\widehat{\mu}(A_1B_3C_2D_2G_3))=\widehat{V}(\text{点推定})=\frac{1}{n_e}V_E=5/9\times 5.885=3.27$$

区間推定は，

(3.98)
$$\widehat{\mu}(A_1B_3C_2D_2G_3)\pm(t_{\phi_E},\alpha)\sqrt{\widehat{V}(\widehat{\mu}(\text{点推定}))}$$
$$=24.67\pm 2.16\sqrt{3.269}=24.67\pm 3.91=20.76, 28.58 \quad \square$$

(b) 母平均の差の推定

- 母平均の差 $\mu(A_1B_3C_2D_2G_3)-\mu(A_1B_1C_1D_1G_1)$ の推定

①点推定

(3.99)
$$\widehat{\mu}(A_1B_3C_2D_2G_3)-\widehat{\mu}(A_1B_1C_1D_1G_1)=\widehat{\mu}(\text{差})$$
$$=\overline{x}(A_1B_3)+\overline{x}(C_2)+\overline{x}(D_2)+\overline{x}(G_3)$$
$$-(\overline{x}(A_1B_1)+\overline{x}(C_1)+\overline{x}(D_1)+\overline{x}(G_1))=24.67-5.33=19.33$$

②区間推定　差の推定量の分散は，

(3.100)
$$V(\widehat{\mu}(A_1B_3C_2D_2G_3)-\widehat{\mu}(A_1B_1C_1D_1G_1))=V(\text{差})=\frac{1}{n_d}\sigma^2$$

で，n_d は，

(3.101)
$$\frac{1}{n_d}=\frac{1}{n_{e_1}}+\frac{1}{n_{e_2}}=\frac{4}{3}$$
$$\overline{x}(A_1B_3)+\overline{x}(C_2)+\overline{x}(D_2)+\overline{x}(G_3)\to\frac{1}{n_{e_1}}=\frac{1}{3}+\frac{1}{9}+\frac{1}{9}+\frac{1}{9}=\frac{2}{3}$$
$$\overline{x}(A_1B_1)+\overline{x}(C_1)+\overline{x}(D_1)+\overline{x}(G_1)\to\frac{1}{n_{e_1}}=\frac{1}{3}+\frac{1}{9}+\frac{1}{9}+\frac{1}{9}=\frac{2}{3}$$

であり，その分散の推定量は，

(3.102)
$$\widehat{V}(\text{差})=\frac{1}{n_d}V_E=4/3\times 5.885=7.85$$

そこで差の区間推定は，

(3.103)
$$\widehat{\mu}(A_1B_3C_2D_2G_3)-\widehat{\mu}(A_1B_1C_1D_1G_1)\pm(t_{\phi_E},\alpha)\sqrt{\widehat{V}((\text{差}))}$$
$$=19.33\pm 2.16\times\sqrt{7.85}=19.33\pm 6.05=13.28, 25.38 \quad \square$$

(c) データの予測

①点予測　水準 $A_1B_3C_2D_2G_3$ でのデータの予測

(3.104)
$$\widehat{x}(A_1B_3C_2D_2G_3)=\widehat{\mu}(A_1B_3C_2D_2G_3)=24.67$$

②区間予測　予測推定量の分散は，データの分散を加えて，その推定量は，

(3.105)
$$\widehat{V}(\text{予測})=\left(1+\frac{1}{n_e}\right)\widehat{\sigma^2}=14/9\times 5.885=9.154$$

より，予測区間は，で，データの分散を加えて，その推定量は，

(3.106)
$$\widehat{x}(A_1B_3C_2D_2G_3)\pm(t_{\phi_E},\alpha)\sqrt{\left(1+\frac{1}{n_e}\right)V_E}$$
$$=24.67\pm 2.16\sqrt{9.154}=24.67\pm 6.535=18.14, 31.21\square$$

《**R**（コマンダー）による解析》

(0) 予備解析

手順 1　データの読み込み

【データ】▶【データのインポート】▶【テキストファイルまたはクリップボード，URL から...】を選択し，ダイアログボックスで，フィールドの区切り記号としてカンマにチェックをいれて，OK を左クリックする．フォルダからファイルを指定後，開く (O) を左クリックする．そして データセットを表示 をクリックすると，図 3.35 のようにデータが表示される．8 列と 12 列には 2 水準が入力されているこ

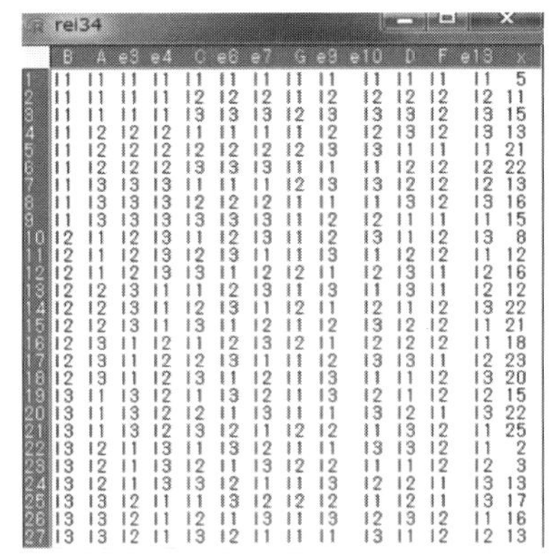

rei34

	B	A	e3	e4	C	e6	e7	G	e9	e10	D	F	e13	x
1	l1	l1	l1	l1	l1	l1	l1	l1	l1	l1	l1	l1	l1	5
2	l1	l1	l1	l1	l2	l2	l2	l1	l2	l2	l2	l2	l2	11
3	l1	l1	l1	l1	l3	l3	l3	l2	l3	l3	l3	l2	l3	15
4	l1	l2	l2	l2	l1	l1	l1	l1	l2	l2	l3	l2	l3	13
5	l1	l2	l2	l2	l2	l2	l2	l2	l3	l3	l1	l1	l1	21
6	l1	l2	l2	l2	l3	l3	l3	l1	l1	l1	l2	l2	l2	22
7	l1	l3	l3	l3	l1	l1	l1	l2	l3	l3	l2	l2	l2	13
8	l1	l3	l3	l3	l2	l2	l2	l1	l1	l1	l3	l2	l3	16
9	l1	l3	l3	l3	l3	l3	l3	l1	l2	l2	l1	l1	l1	15
10	l2	l1	l2	l3	l1	l2	l3	l1	l2	l3	l1	l2	l3	8
11	l2	l1	l2	l3	l2	l3	l1	l1	l3	l1	l2	l2	l1	12
12	l2	l1	l2	l3	l3	l1	l2	l2	l1	l2	l3	l1	l2	16
13	l2	l2	l3	l1	l1	l2	l3	l1	l3	l1	l3	l1	l2	12
14	l2	l2	l3	l1	l2	l3	l1	l2	l1	l2	l1	l2	l3	22
15	l2	l2	l3	l1	l3	l1	l2	l1	l2	l3	l2	l2	l1	21
16	l2	l3	l1	l2	l1	l2	l3	l2	l1	l2	l2	l2	l1	18
17	l2	l3	l1	l2	l2	l3	l1	l1	l2	l3	l3	l1	l2	23
18	l2	l3	l1	l2	l3	l1	l2	l1	l3	l1	l1	l2	l3	20
19	l3	l1	l3	l2	l1	l3	l2	l1	l3	l2	l1	l2	l2	15
20	l3	l1	l3	l2	l2	l1	l3	l1	l1	l3	l2	l1	l3	22
21	l3	l1	l3	l2	l3	l2	l1	l2	l2	l1	l3	l2	l1	25
22	l3	l2	l1	l3	l1	l3	l2	l1	l1	l3	l3	l2	l1	2
23	l3	l2	l1	l3	l2	l1	l3	l2	l2	l1	l1	l2	l2	3
24	l3	l2	l1	l3	l3	l2	l1	l1	l3	l2	l2	l1	l3	13
25	l3	l3	l2	l1	l1	l3	l2	l2	l2	l1	l2	l1	l3	17
26	l3	l3	l2	l1	l2	l1	l3	l1	l3	l2	l3	l2	l1	16
27	l3	l3	l2	l1	l3	l2	l1	l1	l1	l3	l1	l2	l2	13

図 **3.35** データの表示

とに注意しよう．つまり，8 列 (G) において，G_1, G_2 について $l1$，G_3 について $l2$，12 列 (F) において，F_1 について $l1$，F_2, F_3 について $l2$ を入力している．

```
>rei34<-read.table("rei34.csv",
 header=TRUE, sep=",", na.strings="NA", dec=".", strip.white=TRUE)
> showData(rei34, placement='-20+200', font=getRcmdr('logFont'),
 maxwidth=80, maxheight=30)
```

手順 **2**　基本統計量の計算と手順 **3**　データのグラフ化については省略.

(1) 分散分析

手順 **1**　モデル化：線形モデル（データの構造）

【統計量】▶【モデルへの適合】▶【線形モデル...】を選択し，のダイアログボックスで，モデル式：左側のボックスに上のボックスより特性を選択しダブルクリックにより代入し，右側のボックスに上側のボックスより A を選択しダブルクリックにより A を代入する．同様にして右側のボックスに A+B+C+D+F+G+A:B+B:C+B:G を入力する．そして，OK を左クリックすると，次の出力結果が表示される．

```
>LinearModel.1<-lm(x ~ A + B +C + D +F + G + A:B +B:C +B:G, data=rei34)
> summary(LinearModel.5)
Call:
lm(formula = x ~ A + B + C + D + F + G + A:B + B:C + B:G, data = rei34)
～
Residual standard error: 2.863 on 6 degrees of freedom
Multiple R-squared:  0.9474,Adjusted R-squared:  0.7721
F-statistic: 5.405 on 20 and 6 DF,  p-value: 0.02236
```

手順 **2**　モデルの検討：分散分析表の作成と要因効果の検定

【モデル】▶【仮説検定】▶【分散分析表...】を選択し，ダイアログボックスで，Type II にチェックをいれ，OK を左クリックすると，次の出力結果が表示される．

```
> Anova(LinearModel.1, type="II")
Anova Table (Type II tests)
Response: x
          Sum Sq Df F value   Pr(>F)
A          35.85  2  2.1867 0.193499
B          42.30  2  2.5798 0.155419
C         196.07  2 11.9593 0.008065 **
D          40.96  2  2.4985 0.162417
```

```
F            9.80  1  1.1950 0.316253
G           31.13  1  3.7974 0.099237 .
A:B        512.59  4 15.6325 0.002508 **
B:C         15.70  4  0.4789 0.751691
B:G          1.81  2  0.1107 0.897000
Residuals   49.19  6
---
Signif. codes:  0 '***' 0.001 '**' 0.01 '*' 0.05 '.' 0.1 ' ' 1
```

p 値が大きい，主効果 F，交互作用 $B \times C, B \times G$ を誤差項にプールしたモデルを考える．

手順 **3**　再モデル化：線形モデル（データの構造）

【統計量】▶【モデルへの適合】▶【線形モデル...】を選択し，効果がないと思われる要因を誤差にプーリングしたモデルを考え，ダイアログボックスで修正したモデルを指定し，OK をクリックすると，次の出力結果を得る．

```
> LinearModel.2 <- lm(x ~ A + B + C + D + G + A:B, data=rei34)
> summary(LinearModel.2)
Call:
lm(formula = x ~ A + B + C + D + G + A:B, data = rei34)
～
Residual standard error: 2.426 on 13 degrees of freedom
Multiple R-squared:  0.9182,Adjusted R-squared:  0.8364
F-statistic: 11.23 on 13 and 13 DF,  p-value: 5.085e-05
```

手順 **4**　モデルの再検討：分散分析表の作成と要因効果の検定

【モデル】▶【仮説検定】▶【分散分析表...】を選択し，ダイアログボックスで，Type II にチェックをいれ，OK を左クリックすると，次の出力結果が表示される．

```
> Anova(LinearModel.2, type="II")
Anova Table (Type II tests)
Response: x
           Sum Sq Df F value    Pr(>F)
A           35.85  2  3.0462 0.0822295 .
B           42.30  2  3.5938 0.0572243 .
C          196.07  2 16.6599 0.0002589 ***
D           40.96  2  3.4805 0.0615805 .
G           31.13  1  5.2900 0.0386588 *
A:B        512.59  4 21.7768  1.15e-05 ***
Residuals   76.50 13
---
Signif. codes:  0 '***' 0.001 '**' 0.01 '*' 0.05 '.' 0.1 ' ' 1
```

(2) 分散分析後の推定・予測

手順 **1**　データの構造式

分散分析の結果からデータの構造式として，以下を考える．

$$x_{ijk} = \mu + a + b + c + d + g + (ab) + \varepsilon_{ijk}$$

(a) 基本的診断

【モデル】▶【グラフ】▶【基本的診断プロット...】とクリックすると，図 3.36 の診断プロットが表示される．No.23 のデータの影響度がやや高い．

(b) 効果プロット

【モデル】▶【グラフ】▶【効果プロット...】クリックすると図 3.37 の効果プロットが表示される．

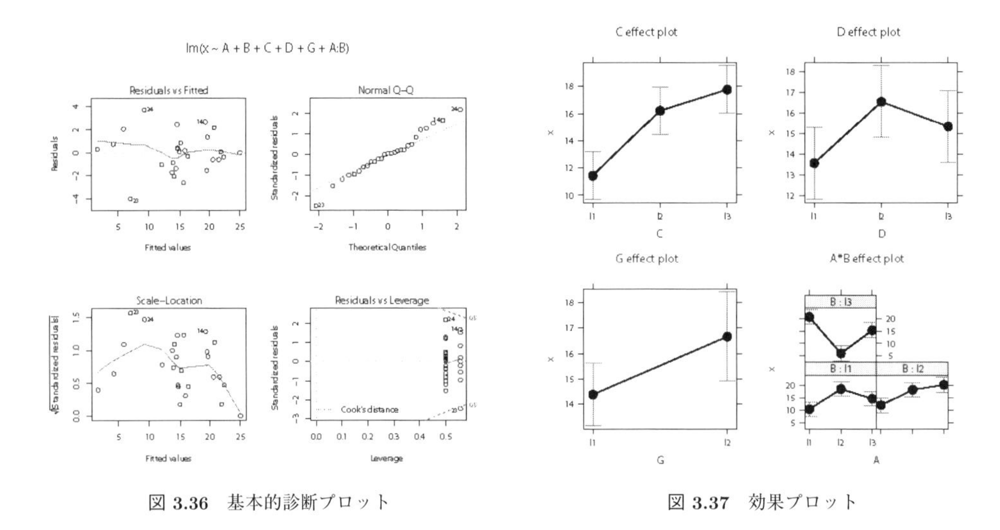

図 3.36　基本的診断プロット　　　　図 3.37　効果プロット

主効果 C,D,G が大きそうである.

```
> trellis.device(theme="col.whitebg")
> plot(allEffects(LinearModel.2), ask=FALSE)
```

(参考)　コマンドでの入力

```
>rei341.aov<-aov(x~A+B+C+D+F+G+A:B+B:C+B:G, data=rei34)
> summary(rei341.aov)
            Df Sum Sq Mean Sq F value  Pr(>F)
A            2   35.9   17.93   2.187 0.19350
～
B:G          2    1.8    0.91   0.111 0.89700
Residuals    6   49.2    8.20
---
Signif. codes:  0 '***' 0.001 '**' 0.01 '*' 0.05 '.' 0.1 ' ' 1
> rei342.aov<-aov(x~A + B + C + D + G + A:B , data=rei34)
> summary(rei342.aov)
            Df Sum Sq Mean Sq F value   Pr(>F)
A            2   35.9   17.93   3.046 0.082230 .
～
A:B          4  512.6  128.15  21.777 1.15e-05 ***
Residuals   13   76.5    5.88
---
Signif. codes:  0 '***' 0.001 '**' 0.01 '*' 0.05 '.' 0.1 ' ' 1
```

手順 **2**　推定・予測

分散分析の結果から，データの構造式

$$x = \mu + a + b + c + d + g + (ab) + \varepsilon \tag{3.107}$$

と考えられる．この構造式に基づいて以下の推定を行う．

(a) 誤差分散の推定（プール後）

p.113 の出力ウィンドウの Anova Table より

```
> SEP=76.50;fEP=13;VEP=SEP/fEP;VEP
[1] 5.884615    #プール後の誤差分散の推定値
```

(b) 最適水準の決定と母平均の推定

①点推定 $MA_1B_3C_2D_2G_3 = MA_1B_3 + MC_2 + MD_2 + MG_3 - 3M$

```
> MA1B3C2D2G3=62/3+146/9+149/9+150/9-3*409/27;MA1B3C2D2G3
[1] 24.66667
```

②区間推定

```
> kei=1/3+1/9+1/9+1/9-3*1/27 #(=0.5556) (=1/ne=係数の和，伊奈の式)
> VHe=kei*VEP #(=3.269) 分散の推定値
> haba=qt(0.975,fEP)*sqrt(VHe) #(=3.906)
> sita=MA1B3C2D2G3-haba;ue=MA1B3C2D2G3+haba
> sita;ue
[1] 20.7605   #下側信頼限界
[1] 28.57283   #上側信頼限界
```

(c) 2 つの母平均の差の推定

①点推定 $MA_1B_3C_2D_2G_3 - MA_1B_1C_1D_1G_1$

```
> MA1B1C1D1G1=31/3+103/9+122/9+139/9-3*409/27 #(=5.333)
> sa=MA1B3C2D2G3-MA1B1C1D1G1;sa
[1] 19.33333
```

②差の区間推定

```
> kei1=1/3+1/9+1/9+1/9   #(=0.6667) (=1/ne1)
> kei2=1/3+1/9+1/9+1/9   #(=1/ne2)
> keid=kei1+kei2;VHsa=keid*VEP #(=7.846) (1/nd=1/ne1+1/ne2，差の分散の推定値)
> habasa=qt(0.975,fEP)*sqrt(VHsa)   #(=6.051) 区間幅
> sitasa=sa-habasa;uesa=sa+habasa
> sitasa;uesa
[1] 13.28193 #差の下側信頼限界
[1] 25.38474 #差の上側信頼限界
```

(d) データの予測

①点予測（最適条件での）

```
> yosoku=MA1B3C2D2G3;yosoku
[1] 24.66667
```

②予測区間

```
> keiyo=1+kei;VHyo=keiyo*VEP   #(=9.154) (=1+1/ne，予測値の分散の推定値)
> habayo=qt(0.975,fEP)*sqrt(VHyo) #(=6.536)
> sitayo=yosoku-habayo;ueyo=yosoku+habayo
> sitayo;ueyo
[1] 18.1304   #予測の下側信頼限界
[1] 31.20293   #予測の上側信頼限界
```

演習 3-4　ある電気製品の製造工程において，製品の特性値を高めることを目的とし，影響を及ぼすと思われる母数因子 A, B, C, D を取り上げ，因子 A, C は 2 水準とし，因子 B, D は 3 水準とって $L_9(3^4)$ 直交表による製造実験を行ったところ，表 3.66 のデータが得られら．交互作用は考慮しないでよいとする．

(1) 因子の割り付けを考えよ．因子 A については 2 つの水準のうち，A_1 を重要な水準と考えて，擬水準として

第 3 水準を考える（因子 A に対する形式的な 3 水準因子を P と表す）．また C については 2 つの水準のうち，C_2 を重要な因子と考えて擬水準として第 3 水準と考える（因子 C に対する形式的な 3 水準因子を Q と表す）．
(2) 分散分析を行い，要因効果について検討せよ．
(3) 強度が最大となる条件での母平均の点推定，95 %信頼限界を求めよ．

表 3.66　$L_9(3^4)$ 直交配列表による実験データ

No. ＼ 列番	P	B	Q	D	x
1	1	1	1	1	35
2	1	2	2	2	43
3	1	3	3	3	30
4	2	1	2	3	36
5	2	2	3	1	40
6	2	3	1	2	32
7	3	1	3	2	36
8	3	2	1	3	41
9	3	3	2	1	31

3.5　混合系の直交配列実験

2 水準の因子と 3 水準の因子が混合した場合の直交表を利用した実験を考えよう．代表的なものとして次の場合がある．$L_{12}(2^{11}), L_{18}(2^1 \times 3^7), L_{36}(2^2 \times 3^7), \ldots,$
実際に $L_{18}(2^1 \times 3^7)$ を載せておこう．

表 3.67　L_{18} 直交配列表

No. ＼ 列番	[1]	[2]	[3]	[4]	[5]	[6]	[7]	[8]
1	1	1	1	1	1	1	1	1
2	1	1	2	2	2	2	2	2
3	1	1	3	3	3	3	3	3
4	1	2	1	1	2	2	3	3
5	1	2	2	2	3	3	1	1
6	1	2	3	3	1	1	2	2
7	1	3	1	2	1	3	2	3
8	1	3	2	3	2	1	3	1
9	1	3	3	1	3	2	1	2
10	2	1	1	3	3	2	2	1
11	2	1	2	1	1	3	3	2
12	2	1	3	2	2	1	1	3
13	2	2	1	2	3	1	3	2
14	2	2	2	3	1	2	1	3
15	2	2	3	1	2	3	2	1
16	2	3	1	3	2	3	1	2
17	2	3	2	1	3	1	2	3
18	2	3	3	2	1	2	3	1

3.5.1　コンジョイント分析における利用

商品やサービスの評価をする際に，それらを構成する要素（規格や性能など）がどの程度影響するか，また商品やサービスにどの程度寄与しているのかを調べるための手法にコンジョイント分析がある．どの項目を重視して商品を選ぶのか，どのような組み合わせで評価がされるかを予測したりするために使われる．

例題 3-5 L_{18} 直交表

あるパンの売上げに影響のある要因を調査することになり，次のようなアンケート調査を行った．食べたいなら 10 点，どちらともいえないなら 5 点，食べたくないなら 0 点で回答したときの平均点とする満足度調査を行った結果．影響を及ぼすと思われる母数因子 A を 2 水準，B, C, D, F, G, H, I をそれぞれ 3 水準とって $L_{18}(2^1 \times 3^7)$ 直交表によるアンケート調査を行った．なお，交互作用はないと考えられる．割り付けは表 3.68 に示すように行われた．得られたデータも表 3.68 に併記してある．このとき，効いている要因について考察せよ．A：天然酵母であるか，ないかの 2 水準，B：生地がデニッシュ，フランスパン，ロールパンの 3 水準，C：形が丸いか，四角か，細長いの 3 水準，D：大きさが大，中，小の 3 水準，F：甘味が強いか，普通か，ないの 3 水準，G：素材が米粉，小麦粉，それらの混合の 3 水準，H：具が果物・野菜系か，肉系か，なしの 3 水準，I：値段がやや高いか，普通か，安いの 3 水準．

表 3.68 L_{18} 直交配列表

No. ＼ 列番	A	B	C	D	F	G	H	I	x
1	1	1	1	1	1	1	1	1	5.4
2	1	1	2	2	2	2	2	2	8.4
3	1	1	3	3	3	3	3	3	5.9
4	1	2	1	1	2	2	3	3	4.6
5	1	2	2	2	3	3	1	1	6.9
6	1	2	3	3	1	1	2	2	6.7
7	1	3	1	2	1	3	2	3	5.3
8	1	3	2	3	2	1	3	1	5.7
9	1	3	3	1	3	2	1	2	7.0
10	2	1	1	3	3	2	2	1	6.9
11	2	1	2	1	1	3	3	2	6.3
12	2	1	3	2	2	1	1	3	6.4
13	2	2	1	2	3	1	3	2	5.1
14	2	2	2	3	1	2	1	3	7.4
15	2	2	3	1	2	3	2	1	5.4
16	2	3	1	3	2	3	1	2	7.1
17	2	3	2	1	3	1	2	3	4.4
18	2	3	3	2	1	2	3	1	5.7

《R（コマンダー）による解析》

(0) 予備解析

手順 1　データの読み込み

【データ】▶【データのインポート】▶【テキストファイルまたはクリップボード，URL から...】を選択し，ダイアログボックスで，フィールドの区切り記号としてカンマにチェックをいれて，[OK] を左クリックする．フォルダからファイルを指定後，[開く (O)] を左クリックする．[データセットを表示] をクリックすると，図 3.38 のようにデータが表示される．

```
rei35 <- read.table("rei35.csv",
header=TRUE, sep=",", na.strings="NA", dec=".", strip.white=TRUE)
showData(rei35, placement='-20+200', font=getRcmdr('logFont'),
maxwidth=80, maxheight=30)
```

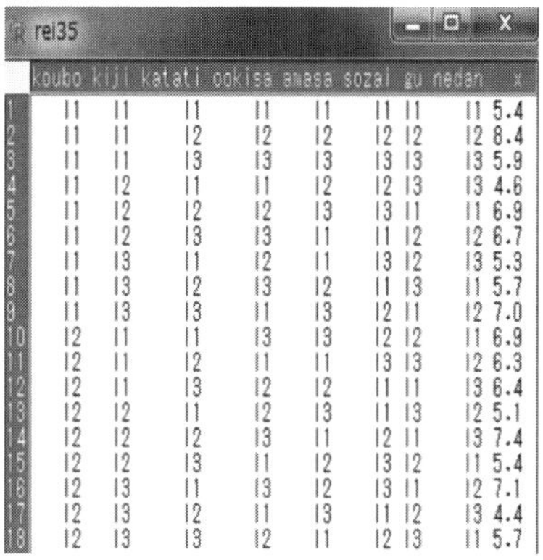

rei35

	koubo	kiji	katati	ookisa	amasa	sozai	gu	nedan	x
1	l1	l1	l1	l1	l1	l1	l1	l1	5.4
2	l1	l1	l2	l2	l2	l2	l2	l2	8.4
3	l1	l1	l3	l3	l3	l3	l3	l3	5.9
4	l1	l2	l1	l1	l2	l2	l3	l3	4.6
5	l1	l2	l2	l2	l3	l3	l1	l1	6.9
6	l1	l2	l3	l3	l1	l1	l2	l2	6.7
7	l1	l3	l1	l2	l1	l3	l2	l3	5.3
8	l1	l3	l2	l3	l2	l1	l3	l1	5.7
9	l1	l3	l3	l1	l3	l2	l1	l2	7.0
10	l2	l1	l1	l3	l3	l2	l2	l1	6.9
11	l2	l1	l2	l1	l1	l3	l3	l2	6.3
12	l2	l1	l3	l2	l2	l1	l1	l3	6.4
13	l2	l2	l1	l2	l3	l1	l3	l2	5.1
14	l2	l2	l2	l3	l1	l2	l1	l3	7.4
15	l2	l2	l3	l1	l2	l3	l2	l1	5.4
16	l2	l3	l1	l3	l2	l3	l1	l2	7.1
17	l2	l3	l2	l1	l3	l1	l2	l3	4.4
18	l2	l3	l3	l2	l1	l2	l3	l1	5.7

図 **3.38**　データの表示

(1) 分散分析

手順 1　モデル化：線形モデル（データの構造）

【統計量】▶【モデルへの適合】▶【線形モデル...】を選択し，ダイアログボックスで，モデル式：左側のボックスに上のボックスより x を選択し，ダブルクリックにより代入し，右側のボックスに上側のボックスより aji から yasa を選択し，ダブルクリックにより同様にして，右側のボックスに aji +amai +gu +kata + okisa +taipu +ten +yasa を入力する．そして，OK を左クリックすると，次の出力結果が表示される．

```
> LinearModel.1 <- lm(x ~ amasa + gu + katati + kiji + koubo + nedan
+ ookisa + sozai,data=rei35)
> summary(LinearModel.1)
Call:
lm(formula = x ~ amasa + gu + katati + kiji + koubo + nedan +
    ookisa + sozai, data = rei35)
∼
Residual standard error: 0.1472 on 2 degrees of freedom
Multiple R-squared:  0.9977,Adjusted R-squared:  0.9802
F-statistic: 57.23 on 15 and 2 DF,  p-value: 0.0173
```

手順 2　モデルの検討：分散分析表の作成と要因効果の検定

【モデル】▶【仮説検定】▶【分散分析表...】を選択し，ダイアログボックスで，Type II にチェックをいれ，OK を左クリックすると，次の出力結果が表示される．

```
> Anova(LinearModel.1, type="II")
Anova Table (Type II tests)
Response: x
          Sum Sq Df F value  Pr(>F)
amasa     0.1644  2  3.7949 0.20856
gu        3.9811  2 91.8718 0.01077 *
katati    1.8544  2 42.7949 0.02283 *
kiji      1.5478  2 35.7179 0.02723 *
koubo     0.0800  1  3.6923 0.19461
nedan     3.8178  2 88.1026 0.01122 *
ookisa    3.8478  2 88.7949 0.01114 *
sozai     3.3078  2 76.3333 0.01293 *
Residuals 0.0433  2
Signif. codes:  0 '***' 0.001 '**' 0.01 '*' 0.05 '.' 0.1 ' ' 1
```

手順 3 再モデル化

amasa の p 値が 20.8 %で 20 %より大きく，koubo の p 値が 0.195 とほぼ 20 %なので，これら 2 つの要因を誤差にプールしたモデルについて分散分析表を作成しなおす．

```
> LinearModel.2  <- lm(x ~ gu + katati + kiji + nedan + ookisa + sozai,
  data=rei35)
> summary(LinearModel.2)
Call:
lm(formula = x ~ gu + katati + kiji + nedan + ookisa + sozai,
    data = rei35)
~
Residual standard error: 0.2399 on 5 degrees of freedom
Multiple R-squared:  0.9846,Adjusted R-squared:  0.9475
F-statistic: 26.58 on 12 and 5 DF,  p-value: 0.0009856
> Anova(LinearModel.2, type="II")
Anova Table (Type II tests)
Response: x
          Sum Sq Df F value   Pr(>F)
gu        3.9811  2  34.585 0.001180 **
katati    1.8544  2  16.110 0.006614 **
kiji      1.5478  2  13.446 0.009732 **
nedan     3.8178  2  33.166 0.001301 **
ookisa    3.8478  2  33.427 0.001277 **
sozai     3.3078  2  28.735 0.001812 **
Residuals 0.2878  5
---
Signif. codes:  0 '***' 0.001 '**' 0.01 '*' 0.05 '.' 0.1 ' ' 1
```

この分散分析結果から，上記のどの説明変数もよく売上げに効いていることがわかる．

(2) 分散分析後の推定・予測

手順 1 データの構造式 分散分析の結果から，データの構造式として，以下を考える．

$x = \mu + gu + katati + kiji + nedan + ookisa + sozai + \varepsilon$

(a) 基本的診断

【モデル】▶【グラフ】▶【基本的診断プロット...】クリックすると，図 3.39 の診断プロットが表示される．大体当てはまりも良さそうである．

(b) 効果プロット

【モデル】▶【グラフ】▶【効果プロット...】とクリックする，図 3.40 の効果プロットが表示される．

手順 2 推定・予測

• データの構造式

分散分析の結果から，データの構造式が，

$$x = \mu + gu + katati + kiji + nedan + ookisa + sozai + \varepsilon \tag{3.108}$$

と考えられる．この構造式に基づいて以下の推定を行う．

```
> Confint(LinearModel.2, level=0.95)   #信頼区間
Estimate         2.5 %       97.5 %
(Intercept)   5.3944444  4.87034888  5.91854001
gu[T.l2]     -0.5166667 -0.87271949 -0.16061384
gu[T.l3]     -1.1500000 -1.50605282 -0.79394718
katati[T.l2]  0.7833333  0.42728051  1.13938616
katati[T.l3]  0.4500000  0.09394718  0.80605282
```

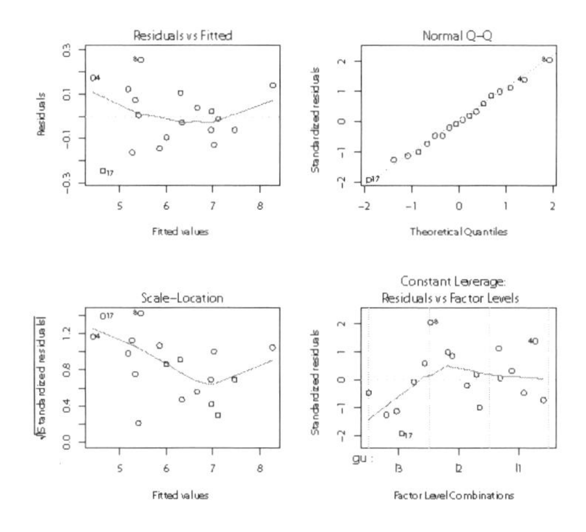

図 3.39　基本的診断プロット

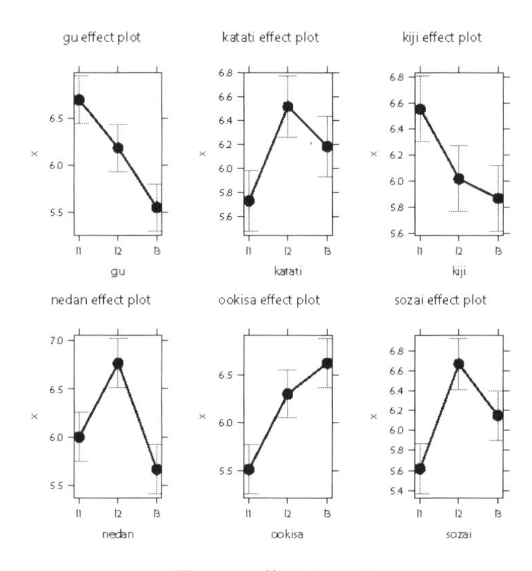

図 3.40　効果プロット

```
kiji[T.l2]    -0.5333333 -0.88938616 -0.17728051
kiji[T.l3]    -0.6833333 -1.03938616 -0.32728051
nedan[T.l2]    0.7666667  0.41061384  1.12271949
nedan[T.l3]   -0.3333333 -0.68938616  0.02271949
ookisa[T.l2]   0.7833333  0.42728051  1.13938616
ookisa[T.l3]   1.1000000  0.74394718  1.45605282
sozai[T.l2]    1.0500000  0.69394718  1.40605282
sozai[T.l3]    0.5333333  0.17728051  0.88938616
> predict(LinearModel.2, level=0.95)     #予測値
1        2        3        4        5        6
5.394444 8.261111 5.994444 4.427778 6.961111 6.661111
       7        8        9       10       11       12
5.177778 5.444444 6.977778 7.027778 6.327778 6.294444
      13       14       15       16       17       18
5.261111 7.461111 5.327778 7.111111 4.644444 5.844444
```

演習 3-5　ランチの魅力度を測るためにアンケート調査を行った．なお，食べたいなら 10 点，どちらともいえないなら 5 点，食べたくないなら 0 点で回答したときの平均点とするとき，表 3.69 の結果が得られた．要因としては以下の A, B, C, D, F, G, H, I が考えられる．効いている要因について考察せよ．

表 3.69　L_{18} 直交配列表

No.＼列番	A	B	C	D	F	G	H	I	x
1	1	1	1	1	1	1	1	1	4
2	1	1	2	2	2	2	2	2	6.5
3	1	1	3	3	3	3	3	3	5
4	1	2	1	1	2	2	3	3	4
5	1	2	2	2	3	3	1	1	6.5
6	1	2	3	3	1	1	2	2	1.5
7	1	3	1	2	1	3	2	3	2
8	1	3	2	3	2	1	3	1	1
9	1	3	3	1	3	2	1	2	1.5
10	2	1	1	3	3	2	2	1	6
11	2	1	2	1	1	3	3	2	7.5
12	2	1	3	2	2	1	1	3	4.5
13	2	2	1	2	3	1	3	2	3.5
14	2	2	2	3	1	2	1	3	4.5
15	2	2	3	1	2	3	2	1	4.5
16	2	3	1	3	2	3	1	2	3
17	2	3	2	1	3	1	2	3	3.5
18	2	3	3	2	1	2	3	1	5.5

A：ダイエット，2 水準，B：価格 650 円，750 円，900 円の 3 水準，C：店内音楽，ポップス，ジャズ，クラシック，D：店員，横柄，普通，丁寧，F：場所，近場，都心，見晴らしが良い，G：容量，少ない，普通，多い，H：付く物，サラダ，コーヒー，デザート，I：割引，ない，少し，やや大の 3 水準がある．このとき $L_{18}(2^1 \times 3^7)$ 直交表による割り付けが表 3.69 に示すように行われ，得られたデータも表 3.69 に併記してある．

4

乱　塊　法

4.1　乱塊法とは

実験の場のばらつきを小さくするため，ブロック因子を導入し，実験をいくつかのブロックに分け，各ブロックごとに効果を把握したい制御因子の各水準を無作為化して実験する方法を**乱塊法** (randomized block design) という．売上げ高を特性とする店舗の場合，営業日や地区などがブロック因子にあたる．乱塊法ではブロック因子と制御因子との交互作用はないと仮定している．ブロック因子を除いた因子の数で **1 因子実験**，**2 因子実験**，$\cdots$ という．

ここでは，1 因子と 2 因子の場合の具体的な例について解析を考えてみよう．

4.2　1因子実験の乱塊法

データの構造式は，以下のように表される．

(4.1)
$$x_{ij} = \mu + a_i + r_j + \varepsilon_{ij} \quad (i = 1, \ldots, \ell; j = 1, \ldots, r)$$
$$\sum_{i=1}^{\ell} a_i = 0$$
$$r_j \sim N(0, \sigma_R^2), \varepsilon_{ij} \sim N(0, \sigma^2), r_j と \varepsilon_{ij} は独立$$

このようにブロック因子（の反復効果）r_j は確率変数であり，2 元配置の分散分析と異なる．次にこの構造式を出発点として，限定していくとすれば，図 4.1 のようなモデルの流れが考えられる．

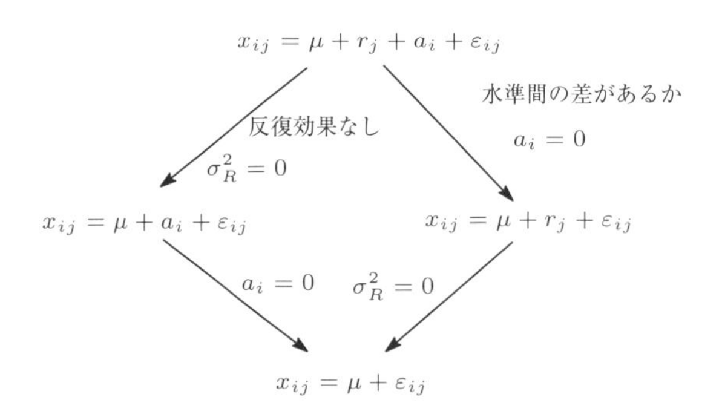

図 4.1　1 因子の乱塊法でのモデル

(1) 分散分析

手順 1　データの構造式

(4.2)
$$x_{ij} = \mu + a_i + r_j + \varepsilon_{ij}$$
$$(i = 1, \ldots, \ell; j = 1, \ldots, r)$$
$$r_j \sim N(0, \sigma_R^2), \varepsilon_{ij} \sim N(0, \sigma^2), r_j と \varepsilon_{ij} は独立$$

手順 2　平方和の分解

繰返しなしの 2 元配置法と同じ分解が得られる．つまり，

$$S_T = S_E + S_A + S_R \tag{4.3}$$

と分解される．

(a) 平方和の計算

$$CT = \frac{T^2}{N} \tag{4.4}$$

$$S_T = \sum_{i=1}^{\ell}\sum_{j=1}^{m} x_{ij}^2 - CT \tag{4.5}$$

$$S_A = \sum_{i=1}^{\ell} \frac{x_{i\cdot}^2}{r} - CT \tag{4.6}$$

$$S_R = \sum_{j=1}^{r} \frac{x_{\cdot j}^2}{\ell} - CT \tag{4.7}$$

$$S_E = S_T - S_A - S_R \tag{4.8}$$

(b) 自由度の計算

$$\phi_T = N - 1 = \ell r - 1, \phi_A = \ell - 1, \phi_R = r - 1 \tag{4.9}$$
$$\phi_E = \phi_T - (\phi_A + \phi_R)$$

手順 3　分散分析表の作成

表 4.1　分散分析表

要因	平方和 (S)	自由度 (ϕ)	平均平方 (MS)	F_0	$E(V)$
A	S_A	$\phi_A = \ell - 1$	$V_A = S_A/\phi_A$	V_A/V_E	$\sigma^2 + r\sigma_A^2$
R	S_R	$\phi_R = r - 1$	$V_R = S_R/\phi_R$	V_R/V_E	$\sigma^2 + \ell\sigma_R^2$
E	S_E	$\phi_E = \ell(r-1)$	$V_E = S_E/\phi_E$		σ^2
計	S_T	$\phi_T = \ell r - 1$			

ここに，$\sigma_A^2 = \dfrac{\sum_{i=1}^{\ell} a_i^2}{\ell - 1}$ であり，σ_R^2 はブロック因子 R の分散である．

手順 4　平均平方の期待値

$$E(V_A) = \sigma^2 + r\sigma_A^2 \tag{4.10}$$

$$E(V_R) = \sigma^2 + \ell\sigma_R^2 \tag{4.11}$$

手順 5　要因効果の検定

このとき以下のような検定（推定）が行われる．

$$\begin{cases} H_0: & \sigma_A^2 = 0 \\ H_1: & \sigma_A^2 > 0 \end{cases}$$

(2) 分散分析後の推定・予測

分散分析の結果，データの構造式が仮定されるとその構造に応じて推定方法が異なる．以下で場合分けしながら検討していく．

製造時の最小製造数単位をロットといい，ここではブロック因子と考える．

■**case 1**　ロット (R) の効果を考慮する（無視しない：プールしない）場合

手順 1　データの構造式

ブロック因子であるロット R の効果があるとすれば，その構造式を以下のように考える．

(4.12)
$$x_{ij}=\mu+a_i+r_j+\varepsilon_{ij}$$

手順 2　推定・予測

(a) ブロック因子の母分散（ブロック間変動）σ_R^2 の推定

①点推定

$E(V_R)=\sigma^2+\ell\sigma_R^2$ より，$\sigma_R^2=\dfrac{E(V_R)-\sigma^2}{\ell}$ だから

(4.13)
$$\widehat{\sigma_R^2}=\frac{V_R-V_E}{\ell}\quad (なお, \widehat{\sigma^2}=V_E\text{: 誤差分散の推定量})$$

②区間推定

森口の方法（近似法）による

(4.14)
$$(\sigma_R^2)_U=\frac{V_R}{\ell r}\left(\frac{1}{F(\phi_R,\infty;1-\alpha/2)}-\frac{V_E}{V_R}+b_U\left(\frac{V_E}{V_R}\right)^2\right)$$

なお，

$$b_U=\frac{1}{\phi_E}\left(\frac{\phi_R-2}{2}-\frac{\phi_R F(\phi_R,\infty;1-\alpha/2)}{2}2\right)F(\phi_R,\infty;1-\alpha/2)$$

(4.15)
$$(\sigma_R^2)_L=\frac{V_R}{\ell r}\left(\frac{1}{F(\phi_R,\infty;\alpha/2)}-\frac{V_E}{V_R}-b_L\left(\frac{V_E}{V_R}\right)^2\right)$$

なお，

(4.16)
$$b_L=\frac{1}{\phi_E}\left(\frac{\phi_R F(\phi_R,\infty;\alpha/2)}{2}-\frac{\phi_R-2}{2}\right)F(\phi_R,\infty;\alpha/2)$$

(b) 各水準での母平均の推定

- A_i 水準での母数 $(\mu(A_i)=\mu+a_i)$ の推定

①点推定

(4.17)
$$\widehat{\mu}(A_i)=\overline{x}(A_i)=\overline{x}_{i\cdot}=\mu+a_i+\overline{r}_{\cdot}+\overline{\varepsilon}_{i\cdot}$$

この推定量の分散は，

(4.18)
$$V=V(\widehat{\mu}(A_i))=V(\text{点推定})=\frac{\sigma_R^2}{r}+\frac{\sigma^2}{r}=\frac{1}{r}(\sigma_R^2+\sigma^2)$$

より，この分散の推定量は

(4.19)
$$\begin{aligned}\widehat{V}=\widehat{V}(\text{点推定})=\widehat{V}(\widehat{\mu}(A_i))&=\frac{1}{r}\frac{V_R-V_E}{\ell}+\frac{V_E}{r}=\frac{V_R}{\ell r}+\frac{\ell-1}{\ell r}V_E\\&=\frac{1}{N}V_R+\frac{\ell-1}{N}V_E=\frac{V_R}{\text{総データ数}}+\frac{V_E}{n_e}\quad (N=\ell r\text{ : 総データ数})\end{aligned}$$

なお，有効反復数 n_e は上式をまとめた以下の式から求められる．

(4.20)
$$\frac{1}{n_e}=\frac{\ell-1}{\ell r}=\frac{\text{点推定に用いた要因}(R\text{は除く})\text{の自由度の和}}{\text{総データ数}}$$

②区間推定

信頼率 $1-\alpha$ の信頼区間は，

(4.21)
$$\widehat{\mu}(A_i)\pm t(\phi^*,\alpha)\sqrt{\widehat{V}(\widehat{\mu}(A_i))}$$

で与えられる．ここに，自由度 ϕ^* はサタースウェイトの方法より，

(4.22)
$$\frac{\left(\dfrac{V_R}{N}+\dfrac{\ell-1}{N}V_E\right)^2}{\phi^*}=\frac{\left(\dfrac{V_R}{N}\right)^2}{\phi_R}+\frac{\left(\dfrac{\ell-1}{N}V_E\right)^2}{\phi_E}$$

で求め，線形補間により，

(4.23)
$$t(\phi^*,\alpha)=(1-(\phi^*-[\phi^*]))t([\phi^*],\alpha)+(\phi^*-[\phi^*])t([\phi^*]+1,\alpha)$$

を求める．なお $[a]$ はガウス記号で，a を超えない最大の整数を表す．

式 (4.23) を導くには，図 4.2 で相似な三角形の辺の長さの比を考えて

$$t([\phi^*],\alpha)-t(\phi^*,\alpha):t(\phi^*,\alpha)-t([\phi^*]+1,\alpha)=\phi^*-[\phi^*]:[\phi^*]+1-\phi^* \tag{4.24}$$

が成立するので，この式から $t(\phi^*,\alpha)$ について解けば良い．

以上をまとめて

公式

- 母平均の推定

①点推定値　$\widehat{\mu}(A_i)=\overline{x}(A_i)=\overline{x}_{i\cdot}=\mu+a_i+\overline{r}_{\cdot}+\overline{\varepsilon}_{i\cdot}$

②信頼区間　$\widehat{\mu}(A_i)\pm t(\phi^*,\alpha)\sqrt{\widehat{V}(\widehat{\mu}(A_i))}$　$\left(\widehat{V}(\widehat{\mu}(A_i))=\dfrac{V_R}{N}+\dfrac{V_E}{n_e},\dfrac{1}{n_e}=\dfrac{\ell-1}{N}\right)$

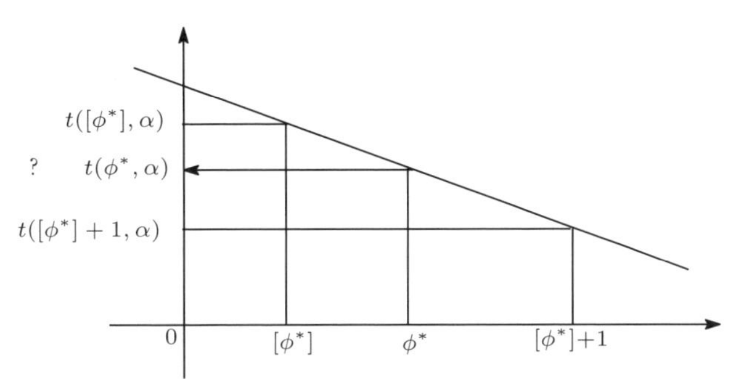

図 **4.2**　線形補間の概念

なお，サタースウェイトの方法は以下のような方法である．

サタースウェイトの方法

k 個の $\sigma_i^2(i=1\sim k)$ の自由度 ϕ_i の不偏分散を V_i とする．これらが互いに独立であるとする．これらの線形結合 $a_1V_1+\cdots+a_kV_k=\sum_{i=1}^k a_iV_i$（$a_1,\ldots,a_k$は定数）の自由度 ϕ^* は，近似的に次式で求められる．*1)

$$\frac{(a_1V_1+\cdots+a_kV_k)^2}{\phi^*}=\frac{\sum_{i=1}^k(a_iV_i)^2}{\phi^*}=\frac{(a_1V_1)^2}{\phi_1}+\cdots+\frac{(a_iV_k)^2}{\phi_k}=\sum_{i=1}^k\frac{(a_iV_i)^2}{\phi_i} \tag{4.25}$$

(c) 母平均の差の推定

- 水準 A_i と $A_{i'}$ の母平均の差 $(\mu(A_i)-\mu(A_{i'})=\mu+a_i-(\mu+a_{i'}))$ の推定

①点推定

$$\widehat{\mu(A_i)-\mu(A_{i'})}=\widehat{\mu}(A_i)-\widehat{\mu}(A_{i'})=\widehat{a_i-a_{i'}} \tag{4.26}$$
$$=\overline{x}(A_i)-\overline{x}(A_{i'})=\overline{x}_{i\cdot}-\overline{x}_{i'\cdot}=a_i-a_{i'}+\overline{\varepsilon}_{i\cdot}-\overline{\varepsilon}_{i'\cdot}$$

*1)　$(k=2$ の場合）$aT=a_1V_1+a_2V_2$ で $T\sim\chi_{\phi^*}$ とする．この aT の期待値と分散が右辺のそれらと一致するため，

$$E(a_1V_1+a_2V_2)=a_1\sigma_1^2+a_2\sigma_2^2=a\phi^*,\ V(a_1V_1+a_2V_2)=a_1^2\frac{2\sigma_1^4}{\phi_1}+a_2^2\frac{2\sigma_2^4}{\phi_2}\sigma_2^2=2a^2\phi^*$$

が成立するように a,ϕ^* を決めるとする．そこで，前の式の 2 乗を後ろの式で割って，

$$\phi^*=\frac{(a_1\sigma_1^2+a_2\sigma_2^2)^2}{\dfrac{(a_1\sigma_1^2)^2}{\phi_1}+\dfrac{(a_2\sigma_2^2)^2}{\phi_2}}$$

で，σ_1^2 を V_1，σ_2^2 を V_2 で置き換えて，サタースウェイトの近似式が導かれる．

であり，その分散は，

$$V(\overline{x}_{i\cdot}-\overline{x}_{i'\cdot})=V(差)=\frac{2}{r}\sigma^2 \tag{4.27}$$

である．そこで，この分散の推定量は，

$$\widehat{V}(\overline{x}_{i\cdot}-\overline{x}_{i'\cdot})=\widehat{V}(差)=\frac{2}{r}V_E=\frac{V_E}{n_d} \tag{4.28}$$

である．なお，

$$\frac{1}{n_d}=\frac{1}{n_{e_1}}+\frac{1}{n_{e_2}}=\frac{1}{r}+\frac{1}{r}=\frac{2}{r} \tag{4.29}$$

②区間推定

$$\widehat{\mu(A_i)-\mu(A_{i'})}\pm t(\phi_E,\alpha)\sqrt{\frac{V_E}{n_d}} \tag{4.30}$$

公式

- 母平均の差の推定

①点推定値

$$\widehat{\mu(A_i)-\mu(A_{i'})}=\overline{x}(A_i)-\overline{x}(A_{i'})=\overline{x}_{i\cdot}-\overline{x}_{i'\cdot}=(a_i-a_{i'})+(\overline{\varepsilon}_{i\cdot}-\overline{\varepsilon}_{i'\cdot})(i\neq i')$$

②信頼区間　$\widehat{\mu(A_i)-\mu(A_{i'})}\pm t(\phi_E,\alpha)\sqrt{\dfrac{V_E}{n_d}}\quad\left(\dfrac{1}{n_d}=\dfrac{2}{r}\right)$

(d) データの予測

データの構造式を

$$x_{ij}=\mu+a_i+r_j+\varepsilon_{ij} \tag{4.31}$$

と考えるので，データの予測値は

①点予測

$$\widehat{x}(A_i)=\widehat{x_{ij}}=\widehat{\mu+a_i}=\overline{x}(A_i)=\overline{x}_{i\cdot}=\mu+a_i+\overline{r}_{\cdot}+\overline{\varepsilon}_{i\cdot} \tag{4.32}$$

より，その分散は

$$V(\overline{x}_{i\cdot})=\frac{\sigma_R^2+\sigma^2}{r} \tag{4.33}$$

で，その予測値の分散の推定量は $r_j+\varepsilon_{ij}$ の分散 $\sigma_R^2+\sigma^2$ を加えて

$$\begin{aligned}&推定値の分散+個々のデータの分散\\&=V(\overline{x}_{i\cdot})+V(x_{ij})=\frac{\sigma_R^2}{r}+\frac{\sigma^2}{r}+\sigma_R^2+\sigma^2=\left(1+\frac{1}{r}\right)(\sigma_R^2+\sigma^2)\end{aligned} \tag{4.34}$$

より，その推定量は，以下のようになる．

$$\widehat{V}(予測)=\left(1+\frac{1}{r}\right)\left(\frac{V_R-V_E}{\ell}+V_E\right)=(1+r)\left(\frac{V_R}{N}+\frac{(\ell-1)V_E}{N}\right) \tag{4.35}$$

②予測区間

公式

- データの予測

①点予測　$\widehat{x}(A_i)=\widehat{\mu}(A_i)=\overline{x}(A_i)=\overline{x}_{i\cdot}$

②予測区間　$\widehat{x}(A_i)\pm t(\phi^*,\alpha)\sqrt{(1+r)\left(\dfrac{V_R}{N}+\dfrac{\ell-1}{N}V_E\right)}$

■case 2　ロット (R) の効果を無視する（考慮しない：プールする）場合

データの構造式

ブロック因子であるロット R の効果がないとすれば，その構造式を以下のように考える．

$$x_{ij} = \mu + a_i + \varepsilon_{ij} \tag{4.36}$$

R を誤差にプールして，表 4.2 のように分散分析表（2）を作成する．以後は 1 元配置の分散分析と同様に扱う．

表 4.2　分散分析表（2）プール後

要因	平方和 (S)	自由度 (ϕ)	平均平方 (MS)	F_0	$E(V)$
A	S_A	$\phi_A = \ell - 1$	$V_A = S_A/\phi_A$	$V_A/V_{E'}$	$\sigma^2 + r\sigma_A^2$
E'	$S_{E'} = S_E + S_R$	$\phi_{E'} = \phi_E + \phi_R$	$V_{E'} = S_E/\phi_{E'}$		σ^2
計	S_T	$\phi_T = \ell m - 1$			

公式

● 母平均の推定

①点推定値　$\widehat{\mu}(A_i) = \widehat{\mu + a_i} = \overline{x}(A_i) = \overline{x}_{i\cdot} = \mu + a_i + \overline{\varepsilon}_{i\cdot}$

②信頼区間　$\widehat{\mu}(A_i) \pm t(\phi_{E'}, \alpha)\sqrt{\widehat{V}(\widehat{\mu}(A_i))}$

なお，$\widehat{V}(\widehat{\mu}(A_i)) = \dfrac{V_{E'}}{r} = \dfrac{V_{E'}}{\ell r} + \dfrac{\ell - 1}{\ell r}V_{E'} = \dfrac{V_{E'}}{\text{総データ数}} + \dfrac{V_{E'}}{n_e}$，$\dfrac{1}{n_e} = \dfrac{\ell - 1}{\ell r}$

● 母平均の差の推定

①点推定値　$\widehat{\mu(A_i) - \mu(A_{i'})} = \overline{x}_{i\cdot} - \overline{x}_{i'\cdot} (i \neq i')$

②信頼区間　$\widehat{\mu(A_i) - \mu(A_{i'})} \pm t(\phi_{E'}, \alpha)\sqrt{\dfrac{V_{E'}}{n_d}}$　$\left(\dfrac{1}{n_d} = \dfrac{2}{r}\right)$

● データの予測

①点予測　$\widehat{x}(A_i) = \widehat{\mu}(A_i) = \overline{x}(A_i) = \overline{x}_{i\cdot}$

②予測区間 $\widehat{x}(A_i) \pm t(\phi_{E'}, \alpha)\sqrt{\left(1 + \dfrac{1}{n_e}\right)V_{E'}}$

例題 4-1

薬剤を 3 種類 (A_1, A_2, A_3) 選び，これらの効果を確認したい．実験地区をブロック因子 R とし 4 つの異なった地区を選定した．各地区で 3 つの場所を選び，場所に関してランダムに 3 種類の薬剤を注入した．注入後の地盤の強度を測定した結果表 4.3 のデータを得た．薬剤による違いの強度への影響について検討し，解析せよ．なお，具体的には以下のような項目について検討せよ．

(1) データの構造式および制約条件を示せ．

(2) データをグラフ化し，要因効果の概略について考察せよ．

(3) 分散分析を行い，要因効果の有無を検討せよ．

(4) 分散分析後のデータの構造式を示せ．

(5) 地区による強度の変動（ブロック間変動）を点推定せよ．

(6) 強度が最大となる薬剤の種類と最適条件における強度の母平均を点推定し，次に信頼率 95%で区間推定せよ．

(7) 最適条件において将来新たにデータを採るとき，どのような値が得られるのかを点予測し，次に信頼率 95%で区間予測せよ．

(8) 最適条件と現行条件 (A_1) における強度の母平均の差を点推定し，次に信頼率 95%で区間推定せよ．

表 **4.3** 強度

A ＼ 反復 R	反復			
	R_1	R_2	R_3	R_4
A_1	3.8	5.1	3.5	2.8
A_2	4.2	4.6	2.5	2.4
A_3	3.2	4.3	2.1	2.2

《**R**（コマンダー）による解析》

(0) 予備解析

手順 **1**　データの読み込み

【データ】▶【データのインポート】▶【テキストファイルまたはクリップボード，URL から...】を選択し，ダイアログボックスで，フィールドの区切り記号としてカンマにチェックをいれて，OK を左クリックする．フォルダからファイルを指定後，開く (O) を左クリックする．次に データセットを表示 をクリックすると，図 4.3 のようにデータが表示される．

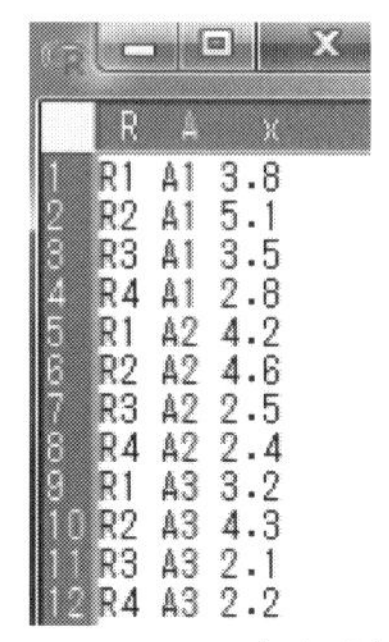

図 **4.3**　データの表示（確認）

```
>rei41<-read.table("rei41.csv",
 header=TRUE, sep=",",  na.strings="NA", dec=".", strip.white=TRUE)
> showData(rei41, placement='-20+200', font=getRcmdr('logFont'),
 maxwidth=80,maxheight=30)
```

手順 **2**　基本統計量の計算

【統計量】▶【要約】▶【数値による要約...】を選択し，層別して要約... をクリックする．さらに，層別変数に A を指定し，OK を左クリックする．次に，統計量を選択し，すべての項目にチェックをいれて，OK を左クリックすると，次の出力結果が表示される．

```
>numSummary(rei41[,"x"],groups=rei41$A,statistics=c("mean", "sd", "IQR",
+   "quantiles"), quantiles=c(0,.25,.5,.75,1))
    mean        sd   IQR  0%   25%  50%   75% 100% data:n
A1 3.800 0.9626353 0.800 2.8 3.325 3.65 4.125  5.1      4
A2 3.425 1.1383468 1.825 2.4 2.475 3.35 4.300  4.6      4
A3 2.950 1.0279429 1.300 2.1 2.175 2.70 3.475  4.3      4
```

手順 **3**　データのグラフ化

【グラフ】▶【平均のプロット...】を選択し，OK を左クリックすると，図 4.4 の平均のプロットが表示される．

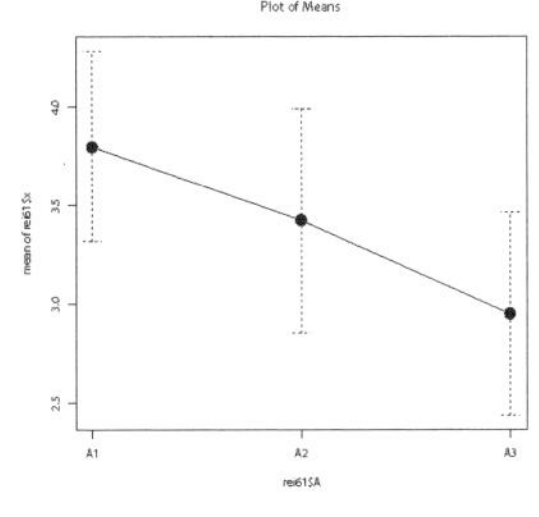

図 **4.4** 平均のプロット

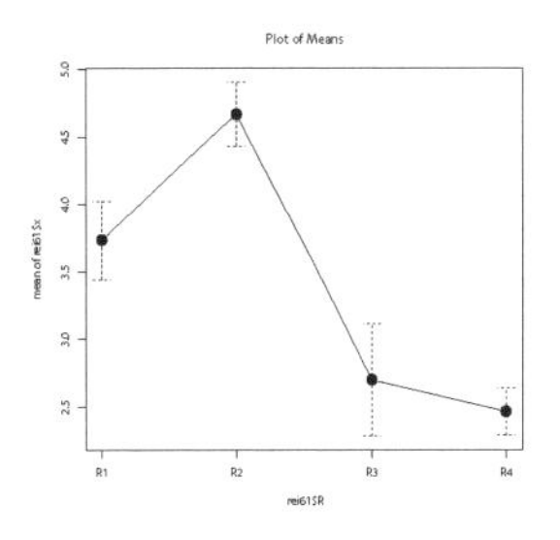

図 **4.5** 平均のプロット

```
> plotMeans(rei41$x, rei41$A, error.bars="se")
```

同様に，【グラフ】▶【平均のプロット...】を選択し，OK を左クリックすると，図 4.5 の平均のプロットが表示される．

```
> plotMeans(rei41$x, rei41$R, error.bars="se")
```

(1) 分散分析

R で実行するには，以下のような選択肢がある．

使用できる関数

①aov 関数を利用する．

②パッケージ lme4 の lmer 関数を利用する．

誤差（変量）であることを記述するには，Error() の括弧内に変数を Error(R) のように記述する．またはパッケージ lme4 を利用するときには，(1|R) のように記述する．

手順 1　モデル化

①aov 関数の利用

aov 関数は，aov(formula,data) のように書き，formula は例えば，x~ 構造式として x が因子でどのようにモデル化されるかを記述する．用いるデータが data であることを示している．そこで，以下の 1 行目は，x は因子 A と因子 R でモデル化され，R は変量因子であることを示している．なおデータは rei41 を用いることを示している．

```
> rei41.aov<-aov(x~A+R+Error(R),data=rei41)
> summary(rei41.aov)
Error: R #変量因子 R に関する分散分析
  Df Sum Sq Mean Sq
R  3  9.229   3.076
Error: Within  #母数因子 A に関する分散分析
          Df Sum Sq Mean Sq F value Pr(>F)
A          2 1.4517  0.7258   7.159 0.0258 *
Residuals  6 0.6083  0.1014
---
Signif. codes:  0 '***' 0.001 '**' 0.01 '*' 0.05 '.' 0.1 ' ' 1
```

この結果から，表 4.4 の分散分析表が得られる．

なお，上記のモデルの記述には，aov(x~A+Error(R/A),data=rei41) と書いてもよい．また，lmer 関数の場合には以下のように記述して実行する．

②別法　lmer 関数の利用

lmer(formula,data) のように書き，formula は例えば，x~ 構造式として x が因子でどのようにモデ

表 4.4 分散分析表

要因	平方和 (S)	自由度 (ϕ)	平均平方 (MS)	F_0	p 値
A	1.4517	$\phi_A = 2$	$V_A = 0.7258$	7.159	0.0258*
R	9.229	$\phi_R = 3$	$V_R = 3.076$		
E	0.6083	$\phi_E = 6$	0.1014		

ル化されるかを記述する．そして用いるデータが data であることを示している．以下の式では (1|R) で | の右の変量効果 (R) がブロックの水準で一定であることを示している．

```
> library(lme4)
> rei41.lmer<-lmer(x~A+(1|R),data=rei41)
> summary(rei41.lmer)
Linear mixed model fit by REML ['lmerMod']
Formula: x ~ A + (1 | R)
   Data: rei41
REML criterion at convergence: 19.3383
Random effects:
 Groups   Name        Variance Std.Dev.
 R        (Intercept) 0.9917   0.9958
 Residual             0.1014   0.3184
Number of obs: 12, groups: R, 4
Fixed effects:
            Estimate Std. Error t value
(Intercept)   3.8000     0.5227   7.269
A[T.A2]      -0.3750     0.2252  -1.666
A[T.A3]      -0.8500     0.2252  -3.775
Correlation of Fixed Effects:
        (Intr) A[T.A2
A[T.A2] -0.215
A[T.A3] -0.215  0.500
> anova(rei41.lmer)
Analysis of Variance Table
  Df Sum Sq Mean Sq F value
A  2 1.4517 0.72583  7.1589
```

なお，R を誤差にプールする場合には，aov(x~A+Error(R:A),data=rei41) と記述する．

(2) 分散分析後の推定・予測

分散分析により，要因効果を確認し，その場合に応じてデータの構造式が変わる．分散分析の結果から，データの構造式が，

$$x_{ij} = \mu + a_i + r_j + \varepsilon_{ij} \quad (i = 1, \ldots, \ell; j = 1, \ldots, r)$$

と考えられる．このもとで，以下の推定・予測を行う．

(a) 変動（ばらつき）の推定

p.129 の出力ウィンドウの Anova Table より

```
>SR=9.229;SA=1.4517;SE=0.6083 #平方和
> fR=3;fA=2;fE=6   #自由度
> VR=SR/fR;VE=SE/fE #平均平方
> VR;VE   #ブロック変動，誤差分散の推定値
[1] 3.076333
[1] 0.1013833
```

(b) 最適水準の決定と母平均の推定

A について最大となるのは A_1 水準

①点推定

```
> MA1=(3.8+5.1+3.5+2.8)/4;MA1
[1] 3.8
> VHe=VR/12+VE/6;VHe#(=0.273)(=kei=1/ne=1/6:有効繰返し数, 分散の推定値)
[1] 0.2732583
```

②区間推定 等価自由度

```
> fs=VHe^2/((VR/12)^2/fR+(VE/6)^2/fE);fs   #サタースウェイトの方法
[1] 3.401116
> fss=floor(fs);syosu=fs-fss
> ts=syosu*qt(0.975,fss+1)+(1-syosu)*qt(0.975,fss);ts #直線補間
[1] 3.019593
# qt(0.975,fs) (=2.980)   #自由度をそのまま用いる場合
#自由度 2.98 の t 分布の下側 97.5 %点
> haba=ts*sqrt(VHe)  #(=1.578) 区間幅
> sita=MA1-haba;ue=MA1+haba;sita;ue
[1] 2.221535   #下側信頼限界
[1] 5.378465   #上側信頼限界
```

(c) 2 つの母平均の差の推定

①点推定

```
> MA2=(4.2+4.6+2.5+2.4)/4;MA2
[1] 3.425
> sa=MA1-MA2;sa
[1] 0.375
```

②差の区間推定

```
>keid=1/4+1/4;VHsa=keid*VE #(=0.05069)
# (keid=1/nd=1/ne1+1/ne2, 差の分散の推定値)
> ts=qt(0.975,fE);habasa=ts*sqrt(VHsa) #(=0.5509)
> sitasa=sa-habasa;uesa=sa+habasa;sitasa;uesa
[1] -0.1759176     #下側信頼限界
[1] 0.9259176       #上側信頼限界
```

(d) データの予測

①点予測

```
> yosoku=MA1;yosoku
[1] 3.8
```

②予測区間

```
> keiyo=1+4;VHyo=keiyo*VHe#(=1.367)(=1+r, 予測値の分散の推定値)
> fsy=VHyo^2/((5/12*VR)^2/fR+(5/6*VE)^2/fE)#(=3.401) サタースウェイトの方法
> fssy=floor(fsy);syosuy=fsy-fssy
> tsy=syosuy*qt(0.975,fssy+1)+(1-syosuy)*qt(0.975,fssy);tsy #直線補間
[1] 3.019593
> habayo=tsy*sqrt(VHyo);habayo #区間幅
```

```
> sitayo=yosoku-habayo;ueyo=yosoku+habayo #予測の下側信頼限界，上側信頼限界
> sitayo;ueyo
[1] 0.270444    #下側信頼限界
[1] 7.329556     #上側信頼限界
```

演習 4-1　ある製品の粘度を上げる添加剤である A が 3 種類ある．それらを比較するため，製品ロットをブロック因子 (R) として選び，添加剤を加えた製品の粘度を測定したところ，以下の表 4.5 のデータが得られた．分散分析せよ．

表 4.5　粘度（単位：省略）

添加剤 A ＼ ロット R	R_1	R_2	R_3	R_4
A_1	2.75	3.10	2.62	2.41
A_2	2.83	3.16	2.54	2.45
A_3	2.67	2.80	2.43	2.23

4.3　2因子実験の乱塊法

要因が 2 つある場合に，反復を行ってデータが得られるときには以下のような構造式が考えられる．

このとき，モデルとして図 4.6 のような流れを考えることができる．r_k はブロック因子の反復効果で，確率変数である．

(1) 分散分析

手順 1　データの構造式

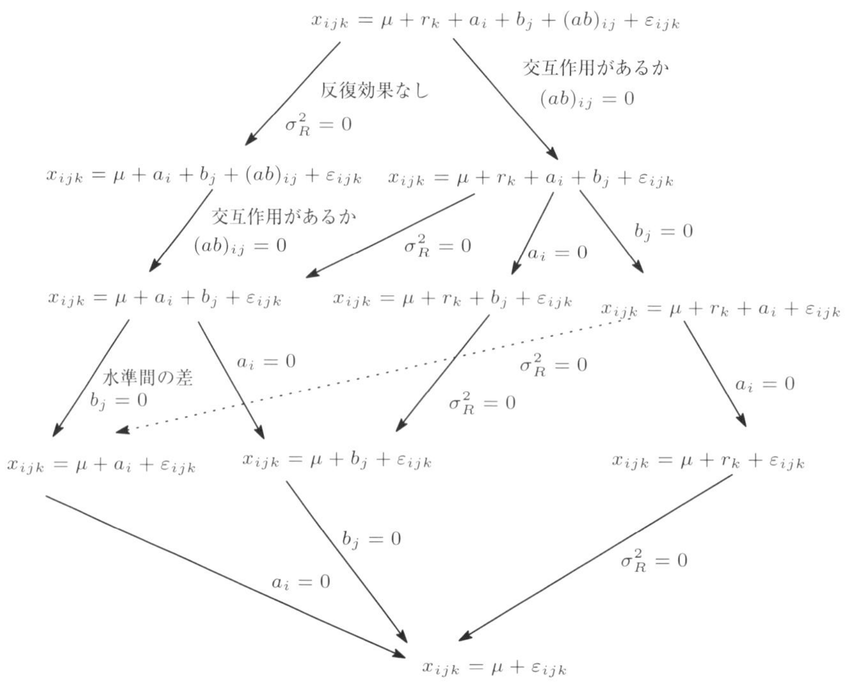

図 4.6　2 因子の乱塊法でのモデル

$$x_{ijk} = \mu + a_i + b_j + r_k + (ab)_{ij} + \varepsilon_{ijk} \tag{4.37}$$
$$(i = 1, \ldots, \ell; j = 1, \ldots, m; k = 1, \ldots, r)$$
$$\sum_{i=1}^{\ell} a_i = 0,\ \sum_{j=1}^{m} b_j = 0,\ \sum_{i=1}^{\ell} (ab)_{ij} = 0,\ \sum_{j=1}^{m} (ab)_{ij} = 0,$$
$$r_k \sim N(0, \sigma_R^2),\ \varepsilon_{ijk} \sim N(0, \sigma^2),\ r_k \text{と} \varepsilon_{ijk} \text{は独立}$$

手順 2　平方和の分解

繰返しのない 3 元配置法と同じ分解が得られる．つまり，

$$S_T = S_E + S_A + S_B + S_R + S_{A\times B} \tag{4.38}$$

(a) 平方和の計算

$$CT = \frac{T^2}{N} \tag{4.39}$$

$$S_T = \sum_{i=1}^{\ell}\sum_{j=1}^{m}\sum_{k=1}^{r} x_{ijk}^2 - CT \tag{4.40}$$

$$S_A = \sum_{i=1}^{\ell} \frac{x_{i\cdot\cdot}^2}{mr} - CT \tag{4.41}$$

$$S_B = \sum_{j=1}^{m} \frac{x_{\cdot j\cdot}^2}{\ell r} - CT \tag{4.42}$$

$$S_R = \sum_{j=1}^{m} \frac{x_{\cdot\cdot j}^2}{\ell} - CT \tag{4.43}$$

$$S_{AB} = \sum_{i=1}^{\ell}\sum_{j=1}^{m} \frac{x_{ij\cdot}^2}{r} - CT \tag{4.44}$$

$$S_{A\times B} = S_{AB} - (S_A + S_B) \tag{4.45}$$

$$S_E = S_T - (S_A + S_B + S_R + S_{A\times B}) \tag{4.46}$$

(b) 自由度の計算

$$\phi_T = N - 1 = \ell m - 1,\ \phi_A = \ell - 1,\ \phi_B = m - 1,\ \phi_R = r - 1 \tag{4.47}$$
$$\phi_{A\times B} = \phi_A \times \phi_B = (\ell - 1)(m - 1),\ \phi_E = \phi_T - (\phi_A + \phi_B + \phi_R + \phi_{A\times B})$$

手順 3　分散分析表の作成・要因効果の検定

(2) 分散分析後の推定・予測

分散分析により，要因効果を確認しその場合に応じてデータの構造式が変わる．そのため，以下のような場合分けを行って推定・予測を進める．

■**case 1**　交互作用 $A \times B$ を考慮する（無視しない）場合

データの構造式としては，

$$x_{ijk} = \mu + a_i + b_j + r_k + (ab)_{ij} + \varepsilon_{ijk} \tag{4.48}$$

と考えられる．さらに，

case 1.1　ロットの効果を考慮する（無視しない：プールしない）場合

手順 1　データの構造式

$$x_{ijk} = \mu + a_i + b_j + r_k + (ab)_{ij} + \varepsilon_{ijk} \tag{4.49}$$

となる．

手順 2　推定

(a) ブロック因子の母分散（ブロック間変動）σ_R^2 の推定

①点推定

表 4.6　分散分析表

要因	平方和 (S)	自由度 (ϕ)	平均平方 (MS)	F_0	$E(V)$
A	S_A	$\phi_A=\ell-1$	$V_A=\dfrac{S_A}{\phi_A}$	$\dfrac{V_A}{V_E}$	$\sigma^2+mr\sigma_A^2$
B	S_B	$\phi_B=m-1$	$V_B=\dfrac{S_B}{\phi_B}$	$\dfrac{V_B}{V_E}$	$\sigma^2+\ell r\sigma_B^2$
R	S_R	$\phi_R=r-1$	$V_R=\dfrac{S_R}{\phi_R}$	$\dfrac{V_R}{V_E}$	$\sigma^2+\ell m\sigma_R^2$
$A\times B$	$S_{A\times B}$	$\phi_{A\times B}=(\ell-1)(m-1)$	$V_{A\times B}=\dfrac{S_{A\times B}}{\phi_{A\times B}}$	$\dfrac{V_{A\times B}}{V_E}$	$\sigma^2+r\sigma_{A\times B}^2$
E	S_E	$\phi_E=\ell m(r-1)$	$V_E=\dfrac{S_E}{\phi_E}$		σ^2
計	S_T	$\phi_T=\ell mr-1$			

$E(V_R)=\sigma^2+\ell m\sigma_R^2$ より，$\sigma_R^2=\dfrac{E(V_R)-\sigma^2}{\ell m}$ だから

(4.50)
$$\widehat{\sigma_R^2}=\frac{V_R-V_E}{\ell m}$$

②区間推定

森口の方法（近似法）による

(4.51)
$$(\sigma_R^2)_U=\frac{V_R}{mn}\left(\frac{1}{F(\phi_R,\infty;1-\alpha/2)}-\frac{V_E}{V_R}+b_U\left(\frac{V_E}{V_R}\right)^2\right)$$

なお，

$$b_U=\frac{1}{\phi_E}\left(\frac{\phi_R-2}{2}-\frac{\phi_R F(\phi_R,\infty;1-\alpha/2)}{2}\right)F(\phi_R,\infty;1-\alpha/2)$$

(4.52)
$$(\sigma_R^2)_L=\frac{V_R}{mn}\left(\frac{1}{F(\phi_R,\infty;\alpha/2)}-\frac{V_E}{V_R}-b_L\left(\frac{V_E}{V_R}\right)^2\right)$$

なお，

$$b_L=\frac{1}{\phi_E}\left(\frac{\phi_R F(\phi_R,\infty;\alpha/2)}{2}-\frac{\phi_R-2}{2}\right)F(\phi_R,\infty;\alpha/2)$$

(b) 因子の各水準での母平均の推定

● 因子 A_i 水準での母平均 $(\mu+a_i)$ の推定

①点推定

(4.53)
$$\widehat{\mu}(A_i)=\widehat{\mu+a_i}=\overline{x}(A_i)=\overline{x}_{i\cdot\cdot}=\mu+a_i+\overline{r}_{\cdot}+\overline{\varepsilon}_{i\cdot\cdot}$$

この推定量の分散は，

(4.54)
$$V=V(\text{点推定})=V(\widehat{\mu}(A_i))=V(\overline{r}_{\cdot}+\overline{\varepsilon}_{i\cdot\cdot})=\frac{\sigma_R^2}{r}+\frac{\sigma^2}{mr}$$

である．そこで，この分散の推定量は，

(4.55)
$$\widehat{V}=\widehat{V}(\text{点推定})=\widehat{V}(\widehat{\mu}(A_i))=\widehat{V}(\overline{x}_{i\cdot\cdot})=\frac{\widehat{\sigma_R^2}}{r}+\frac{\widehat{\sigma_2}}{mr}$$
$$=\frac{1}{r}\frac{V_R-V_E}{\ell m}+\frac{V_E}{mr}=\frac{V_R}{\ell mr}+\frac{\ell-1}{\ell mr}V_E=\frac{V_R}{N}+\frac{V_E}{n_e}$$

②区間推定

(4.56)
$$\widehat{\mu}(A_i)\pm t(\phi^*,\alpha)\sqrt{\widehat{V}(\widehat{\mu}(A_i))}$$

ただし，（等価）自由度 ϕ^* は次のサタースウェイトの方法による．

(4.57)
$$\phi^* = \frac{\left(\dfrac{V_R}{N} + \dfrac{V_E}{n_e}\right)^2}{(V_R/N)^2/\phi_R + (V_E/n_e)^2/\phi_E}$$

また

(4.58)
$$\frac{1}{n_e} = \frac{\text{点推定に用いた要因 }(R\text{ は除く})\text{ の自由度の和}}{\text{総データ数}} = \frac{\phi_A}{N} = \frac{\ell - 1}{N}$$

● 因子 B_j 水準での母平均 $(\mu + b_j)$ の推定

$\mu(A_i)$ の推定と同様に行う．

● 因子の (A_i, B_j) 水準組合せでの母平均 $(\mu + a_i + b_j + (ab)_{ij})$ の推定

①点推定

(4.59)
$$\begin{aligned}\widehat{\mu}(A_iB_j) &= \widehat{\mu + a_i + b_j + (ab)_{ij}} = \overline{x}(A_iB_j) = \overline{x}_{ij\cdot} \\ &= \mu + a_i + b_j + (ab)_{ij} + \overline{r}_{\cdot} + \overline{\varepsilon}_{ij\cdot}\end{aligned}$$

この推定量の分散は

(4.60)
$$V = V(\text{点推定}) = V(\widehat{\mu}(A_iB_j)) = \frac{\sigma_R^2}{r} + \frac{\sigma^2}{r}$$

である．そこで，この分散の推定量は，

(4.61)
$$\begin{aligned}\widehat{V} &= \widehat{V}(\text{点推定}) = \widehat{V}(\widehat{\mu}(A_iB_j)) = \frac{\widehat{\sigma_R^2}}{r} + \frac{\widehat{\sigma^2}}{r} = \frac{1}{r}\frac{V_R - V_E}{\ell m} + \frac{V_E}{r} \\ &= \frac{V_R}{N} + \frac{\ell m - 1}{N}V_E = \frac{V_R}{N} + \frac{V_E}{n_e}\end{aligned}$$

②区間推定

(4.62)
$$\widehat{\mu}(A_iB_j)(= \overline{x}_{ij\cdot}) \pm t(\phi^*, \alpha)\sqrt{\hat{V}(\hat{\mu}(A_iB_j))}$$

ただし，ϕ^* は次のサタースウェイトの方法による．

(4.63)
$$\phi^* = \frac{\left(\dfrac{V_R}{N} + \dfrac{V_E}{n_e}\right)^2}{(V_R/N)^2/\phi_R + (V_E/n_e)^2/\phi_E}$$

(c) 2 つの母平均の差の推定

● $\mu(A_i)$ と $\mu(A_{i'})$ の差 $(= \mu + a_i - (\mu + a_{i'})\ (i \neq i'))$ の推定

①点推定

(4.64)
$$\begin{aligned}&\widehat{\mu + a_i - (\mu + a_{i'})} = \widehat{\mu}(A_i) - \widehat{\mu}(A_{i'}) \\ &= \widehat{\mu + a_i} - \widehat{\mu + a_{i'}} = \overline{x}(A_i) - \overline{x}(A_{i'}) = \overline{x}_{i\cdot\cdot} - \overline{x}_{i'\cdot\cdot} \\ &= \mu + a_i + \overline{r}_{\cdot} + \overline{\varepsilon}_{i\cdot\cdot} - (\mu + a_{i'} + \overline{r}_{\cdot} + \overline{\varepsilon}_{i'\cdot\cdot}) = a_i - a_{i'} + \overline{\varepsilon}_{i\cdot\cdot} - \overline{\varepsilon}_{i'\cdot\cdot}\end{aligned}$$

この推定量の分散は

(4.65)
$$V = V(\text{差}) = V(\widehat{\mu}(A_i - A_{i'})) = \frac{\sigma^2}{mr} + \frac{\sigma^2}{mr} = \frac{2\sigma^2}{mr}$$

である．そこで，この分散の推定量は，

(4.66)
$$\widehat{V} = \widehat{V}(\text{差}) = 2\frac{\widehat{\sigma^2}}{mr} = \frac{2}{mr}V_E = \frac{V_E}{n_d}$$

公式を用いると

(4.67)
$$\frac{1}{n_d} = \frac{1}{n_{e_1}} + \frac{1}{n_{e_2}}$$

で，

(4.68)
$$\overline{x}_{i\cdot\cdot} \to \frac{1}{n_{e_1}} = \frac{1}{mr},\ \overline{x}_{i'\cdot\cdot} \to \frac{1}{n_{e_2}} = \frac{1}{mr}\text{ より，}\ \frac{1}{n_d} = \frac{2}{mr}$$

②区間推定

(4.69)
$$\overline{x}_{i\cdot\cdot} - \overline{x}_{i'\cdot\cdot} \pm t(\phi_E, \alpha)\sqrt{\hat{V}(差)}$$

● $\mu(B_j)$ と $\mu(B_{j'})$ の差の推定

$\mu(A_i)$ と $\mu(A_{i'})$ の差の推定の場合と同様に行う．

● $\mu(A_iB_j)$ と $\mu(A_{i'}B_{j'})$ の差の推定を行う．

①点推定

(4.70)
$$\begin{aligned}\widehat{\mu(A_iB_j) - \mu(A_{i'}B_{j'})} &= \widehat{\mu}(A_iB_j) - \widehat{\mu}(A_{i'}B_{j'}) \\ &= \overline{x}(A_iB_j) - \overline{x}(A_{i'}B_{j'}) = \overline{x}_{ij\cdot} - \overline{x}_{i'j'\cdot} \\ &= \mu + a_i + b_j + \overline{r}_\cdot + (ab)_{ij} + \overline{\varepsilon}_{ij\cdot} \\ &\quad - (\mu + a_{i'} + b_{j'} + \overline{r}_\cdot + (ab)_{i'j'} + \overline{\varepsilon}_{i'j'\cdot}) \\ &= a_i - a_{i'} + b_j - b_{j'} + (ab)_{ij} - (ab)_{i'j'} + \overline{\varepsilon}_{ij\cdot} - \overline{\varepsilon}_{i'j'\cdot}\end{aligned}$$

その分散は，

(4.71)
$$V = V(差) = \frac{\sigma^2}{r} + \frac{\sigma^2}{r} = \frac{2}{r}\sigma^2$$

であり，その分散の推定量は，

(4.72)
$$\widehat{V} = \widehat{V}(差) = 2\frac{\widehat{\sigma^2}}{r} = 2\frac{V_E}{r} = \frac{V_E}{n_d}$$

公式を用いると

(4.73)
$$\frac{1}{n_d} = \frac{1}{n_{e_1}} + \frac{1}{n_{e_2}}$$

で，

(4.74)
$$\overline{x}_{ij\cdot} \to \frac{1}{n_{e_1}} = \frac{1}{r}, \quad \overline{x}_{i'j'\cdot} \to \frac{1}{n_{e_2}} = \frac{1}{r} \text{ より，} \frac{1}{n_d} = \frac{2}{r}$$

②区間推定

(4.75)
$$\widehat{\mu(A_iB_j) - \mu(A_{i'}B_{j'})} \pm t(\phi_E, \alpha)\sqrt{\frac{V_E}{n_d}}$$

(d) データの予測

公式

● データの予測

①点予測　$\widehat{x}(A_iB_j) = \widehat{\mu}(A_iB_j) = \overline{x}_{ij\cdot}$

②予測区間　$\widehat{x}(A_iB_j) \pm t(\phi_E, \alpha)\sqrt{\left(1 + \frac{1}{n_e}\right)V_E}$

case 1.2　ロットの効果を無視する（考慮しない：プールする）場合

データの構造式を

(4.76)
$$x_{ijk} = \mu + a_i + b_j + (ab)_{ij} + \varepsilon_{ijk}$$

と考えるので，繰り返しのある 2 元配置の分散分析と同様になる．

■**case 2**　交互作用 $A \times B$ を無視する場合

誤差に交互作用項をプールして，表 4.7 分散分析表（2）を作成する．

データの構造式

交互作用がないと考えられるので，データの構造式として以下が考えられる．

(4.77)
$$x_{ijk} = \mu + a_i + b_j + r_k + \varepsilon_{ijk}$$

表 4.7　分散分析表 (2)

要因	平方和 (S)	自由度 (ϕ)	平均平方 (MS)	F_0	$E(V)$
A	S_A	$\phi_A=\ell-1$	$V_A=\dfrac{S_A}{\phi_A}$	$\dfrac{V_A}{V_{E'}}$	$\sigma^2+mr\sigma_A^2$
B	S_B	$\phi_B=m-1$	$V_B=\dfrac{S_B}{\phi_B}$	$\dfrac{V_B}{V_{E'}}$	$\sigma^2+\ell r\sigma_B^2$
R	S_R	$\phi_R=r-1$	$V_R=\dfrac{S_R}{\phi_R}$	$\dfrac{V_R}{V_{E'}}$	$\sigma^2+\ell m\sigma_R^2$
E'	$S_{E'}=S_E+S_{A\times B}$	$\phi_{E'}=\phi_{A\times B}+\phi_E$	$V_{E'}=\dfrac{S_{E'}}{\phi_{E'}}$		σ^2
計	S_T	$\phi_T=\ell mr-1$			

さらに,

case 2.1　ロットの効果を考慮する（無視しない：プールしない）場合

手順 1　データの構造式

ブロック因子であるロット R の効果があるので，次の構造式が考えられる．

$$x_{ijk}=\mu+a_i+b_j+r_k+\varepsilon_{ijk} \tag{4.78}$$

手順 2　推定

(a) ブロック因子の母分散（ブロック間変動）σ_R^2 の推定

①点推定

$E(V_R)=\sigma^2+\ell m\sigma_R^2$ より，$\sigma_R^2=\dfrac{E(V_R)-\sigma^2}{\ell m}$ だから

$$\widehat{\sigma_R^2}=\frac{V_R-V_{E'}}{\ell m} \tag{4.79}$$

②区間推定

森口の方法（近似法）による

$$(\sigma_R^2)_U=\frac{V_R}{mn}\left(\frac{1}{F(\phi_R,\infty;1-\alpha/2)}-\frac{V_{E'}}{V_R}+b_U\left(\frac{V_{E'}}{V_R}\right)^2\right) \tag{4.80}$$

なお,

$$b_U=\frac{1}{\phi_{E'}}\left(\frac{\phi_R-2}{2}-\frac{\phi_R F(\phi_R,\infty;1-\alpha/2)}{2}\right)F(\phi_R,\infty;1-\alpha/2)$$

$$(\sigma_R^2)_L=\frac{V_R}{mn}\left(\frac{1}{F(\phi_R,\infty;\alpha/2)}-\frac{V_{E'}}{V_R}-b_L\left(\frac{V_{E'}}{V_R}\right)^2\right) \tag{4.81}$$

なお,

$$b_L=\frac{1}{\phi_{E'}}\left(\frac{\phi_R F(\phi_R,\infty;\alpha/2)}{2}-\frac{\phi_R-2}{2}\right)F(\phi_R,\infty;\alpha/2)$$

(b) 因子の各水準での母平均の推定

● 因子の A_i 水準での母平均 $(\mu+a_i)$ の推定

①点推定

$$\widehat{\mu}(A_i)=\widehat{\mu+a_i}=\overline{x}(A_i)=\overline{x}_{i\cdot\cdot}=\mu+a_i+\overline{r}_{\cdot}+\overline{\varepsilon}_{i\cdot\cdot} \tag{4.82}$$

この推定量の分散は,

$$V\text{（点推定）}=V(\widehat{\mu}(A_i))=\frac{\sigma_R^2}{r}+\frac{\sigma^2}{mr} \tag{4.83}$$

より，この分散の推定量は,

(4.84)
$$\widehat{V}(点推定)=\widehat{V}(\widehat{\mu}(A_i))$$
$$=\frac{\widehat{\sigma_R^2}}{r}+\frac{\widehat{\sigma^2}}{mr}=\frac{1}{n}\frac{V_R-V_{E'}}{\ell m}+\frac{V_{E'}}{mn}=\frac{V_R}{N}+\frac{\ell-1}{N}V_{E'}=\frac{V_R}{N}+\frac{V_{E'}}{n_e}$$

である.

②区間推定

(4.85)
$$\widehat{\mu}(A_i)\pm t(\phi^*,\alpha)\sqrt{\widehat{V}(\widehat{\mu}(A_i))}$$

ただし，ϕ^* はサタースウェイトの方法による．また

(4.86)
$$\frac{1}{n_e}=\frac{点推定に用いた要因\ (R\ は除く)\ の自由度の和}{総データ数}=\frac{\phi_A}{N}=\frac{\ell-1}{N}$$

• 因子の B_j 水準での母平均 $(\mu+b_j)$ の推定

$\mu+a_i$ の場合と同様に推定する.

• 因子の (A_i,B_j) 水準組合せでの母平均 $(\mu+a_i+b_j)$ の推定

①点推定

(4.87)
$$\widehat{\mu}(A_iB_j)=\widehat{\mu+a_i+b_j}=\widehat{\mu+a_i}+\widehat{\mu+b_j}-\widehat{\mu}$$
$$=\overline{x}(A_i)+\overline{x}(B_j)-\overline{\overline{x}}=\overline{x}_{i\cdot\cdot}+\overline{x}_{\cdot j\cdot}-\overline{\overline{x}}$$
$$=\mu+a_i+b_j+\overline{r}.+\overline{\varepsilon}_{i\cdot\cdot}+\overline{\varepsilon}_{\cdot j\cdot}-\overline{\overline{\varepsilon}}$$

この推定量の分散は,

(4.88)
$$V(点推定)=V(\widehat{\mu}(A_iB_j))=\frac{\sigma_R^2}{r}+\left(\frac{\sigma^2}{mr}+\frac{\sigma^2}{\ell r}-\frac{\sigma^2}{\ell mr}\right)$$

その推定量は,

(4.89)
$$\widehat{V}(点推定)=\widehat{V}(\widehat{\mu}(A_iB_j))$$
$$=\frac{1}{r}\frac{V_R-V_{E'}}{\ell m}+\frac{-1+\ell+m-1}{\ell mr}V_{E'}=\frac{V_R}{N}+\frac{\ell-1+m-1}{N}V_{E'}$$

②区間推定

(4.90)
$$\frac{1}{n_e}=\frac{点推定に用いた要因\ (R\ は除く)\ の自由度の和}{総データ数}=\frac{\phi_A+\phi_B}{N}$$

(4.91)
$$\widehat{V}(\widehat{\mu}(A_iB_j))=\frac{V_R}{N}+\frac{V_{E'}}{n_e}$$

自由度 ϕ^* はサタースウェイトの方法より

(4.92)
$$\phi^*=\frac{\left(\dfrac{V_R}{N}+\dfrac{V_{E'}}{n_e}\right)^2}{(V_R/N)^2/\phi_R+(V_{E'}/n_e)^2/\phi_{E'}}$$

線形補間より，$t(\phi^*,\alpha)=(1-(\phi^*-[\phi^*]))\times t([\phi^*],\alpha)+(\phi^*-[\phi^*])\times t([\phi^*]+1,\alpha)$ を求め，信頼区間は

(4.93)
$$\widehat{\mu}(A_iB_j)\pm t(\phi^*,\alpha)\sqrt{\widehat{V}(\widehat{\mu}(A_iB_j))}$$

(c) 2 つの母平均の差の推定

• $\mu(A_i)$ と $\mu(A_{i'})$ の差の推定

①点推定

(4.94)
$$\widehat{\mu(A_i)-\mu(A_{i'})}=\overline{x}(A_i)-\overline{x}(A_{i'})=\overline{x}_{i\cdot\cdot}-\overline{x}_{i'\cdot\cdot}$$

②区間推定

(4.95)
$$\widehat{\mu(A_i)-\mu(A_{i'})}\pm t(\phi_{E'},\alpha)\sqrt{\frac{V_{E'}}{n_d}}$$

• $\mu(B_j)$ と $\mu(B_{j'})$ の差の推定

$\mu(A_i)$ と $\mu(A_{i'})$ の差の推定の場合と同様に行う.

● $\mu(A_iB_j)$ と $\mu(A_{i'}B_{j'})$ の差の推定

①点推定

$$\widehat{\mu(A_iB_j)-\mu(A_{i'}B_{j'})}=\overline{x}_{i\cdot\cdot}-\overline{x}_{\cdot j\cdot}+\overline{\overline{x}}-(\overline{x}_{i'\cdot\cdot}-\overline{x}_{\cdot j'\cdot}+\overline{\overline{x}}) \tag{4.96}$$
$$=a_i+b_j-a_{i'}-b_{j'}+\overline{\varepsilon}_{i\cdot\cdot}+\overline{\varepsilon}_{\cdot j\cdot}-\overline{\overline{\varepsilon}}-(\overline{\varepsilon}_{i'\cdot\cdot}+\overline{\varepsilon}_{\cdot j'\cdot}-\overline{\overline{\varepsilon}})$$

②区間推定

$$\widehat{\mu(A_iB_j)-\mu(A_{i'}B_{j'})}\pm t(\phi_{E'},\alpha)\sqrt{\frac{V_{E'}}{n_d}} \tag{4.97}$$

(d) データの予測

公式

● データの予測

①点予測　$\widehat{x}(A_iB_j)=\widehat{\mu}(A_iB_j)=\overline{x}_{i\cdot\cdot}+\overline{x}_{\cdot j\cdot}-\overline{\overline{x}}$

②予測区間　$\widehat{x}(A_iB_j)\pm t(\phi_{E'},\alpha)\sqrt{\left(1+\frac{1}{n_e}\right)V_{E'}}$

case 2.2　ロットの効果を考慮しない（無視する：プールする）場合

データの構造式　ブロック因子であるロット R の効果がないので，次の構造式が考えられる．

$$x_{ijk}=\mu+a_i+b_j+\varepsilon_{ijk} \tag{4.98}$$

これは，繰返しのない 2 元配置分散分析と同様になる．

例題 4-2

製品の収量を増やす目的で，因子として添加剤 1 の量 A（3 水準），添加剤 2 の量 B（2 水準）を取り上げた．原料ロット R をブロック因子と考えランダムに 3 ロット選んで，合計 18 回の実験を実施して表 4.8 のデータを得た．収量に関する影響について解析せよ．具体的には以下のような項目について検討せよ．

(1) データの構造式および制約条件を示せ．

(2) データをグラフ化し，要因効果の概略について考察せよ．

(3) 分散分析を行い，要因効果の有無を検討せよ．なお，分散分析表には E(V) も記入せよ．

(4) 分散分析後のデータの構造式を示せ．

(5) ロットによる収量の変動（ブロック間変動）を点推定せよ．

(6) 収量が最大となる添加剤の種類と精製条件（最適条件）における特性の母平均を点推定し，次に信頼率 95%で区間推定せよ．

(7) 最適条件において将来新たにデータを採るとき，どのような値が得られるのかを点予測し，次に信頼率 95%で区間予測せよ．

(8) 最適条件と現行条件 (A_2B_2) における収量の母平均の差を点推定し，次に信頼率 95%で区間推定せよ．

表 **4.8** 収量（単位：省略）

添加剤 B・反復 R ／ 添加剤 A	$B1$			$B2$		
	$R1$	$R2$	$R3$	$R1$	$R2$	$R3$
$A1$	22	23.2	21.2	19	20.2	20.5
$A2$	17.8	22.3	21.3	18.9	18.5	19.2
$A3$	15.3	18.7	15.5	12.9	16.2	16.2

《**R**（コマンダー）による解析》

(0) 予備解析

手順 **1**　データの読み込み

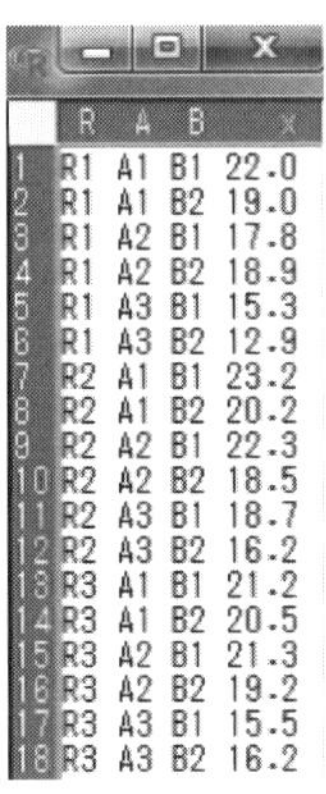

	R	A	B	x
1	R1	A1	B1	22.0
2	R1	A1	B2	19.0
3	R1	A2	B1	17.8
4	R1	A2	B2	18.9
5	R1	A3	B1	15.3
6	R1	A3	B2	12.9
7	R2	A1	B1	23.2
8	R2	A1	B2	20.2
9	R2	A2	B1	22.3
10	R2	A2	B2	18.5
11	R2	A3	B1	18.7
12	R2	A3	B2	16.2
13	R3	A1	B1	21.2
14	R3	A1	B2	20.5
15	R3	A2	B1	21.3
16	R3	A2	B2	19.2
17	R3	A3	B1	15.5
18	R3	A3	B2	16.2

図 **4.7**　データの表示（確認）

【データ】▶【データのインポート】▶【テキストファイルまたはクリップボード，URL から...】を選択し，ダイアログボックスで，フィールドの区切り記号としてカンマにチェックをいれて，[OK] を左クリックする．フォルダからファイルを指定後，[開く (O)] を左クリックする．[データセットを表示] をクリックすると，図 4.7 のようにデータが表示される．

```
>rei42<-read.table("rei42.csv",
header=TRUE, sep=",", na.strings="NA", dec=".", strip.white=TRUE)
> library(relimp, pos=4)
> showData(rei42, placement='-20+200', font=getRcmdr('logFont'),
 maxwidth=80, maxheight=30)
```

手順 **2**　基本統計量の計算

【統計量】▶【要約】▶【数値による要約...】を選択し，[層別して要約...] をクリックする．さらに，層別変数に A を指定し，[OK] を左クリックする．次に，統計量を選択し，すべての項目にチェックをいれて，[OK] を左クリックすると，次の出力結果が表示される．

```
> options(digits=3)
> numSummary(rei42[,"x"], groups=rei42$A, statistics=c("mean", "sd",
+  "IQR", "quantiles", "cv", "skewness", "kurtosis"),quantiles=c(0,.25,
+  .5,.75,1), type="2")
mean    sd  IQR    cv skewness kurtosis    0%   25%   50%   75%  100% data:n
A1 21.0 1.47 1.53 0.0698    0.2355    -0.105 19.0 20.3 20.9 21.8 23.2   6
A2 19.7 1.75 2.18 0.0888    0.7867    -1.016 17.8 18.6 19.0 20.8 22.3   6
A3 15.8 1.87 0.85 0.1183   -0.0011     1.859 12.9 15.4 15.8 16.2 18.7   6
```

手順 **3**　データのグラフ化

- 主効果に関して

【グラフ】▶【平均のプロット...】を選択し，OK を左クリックすると，図 4.8 の平均のプロットが表示される．

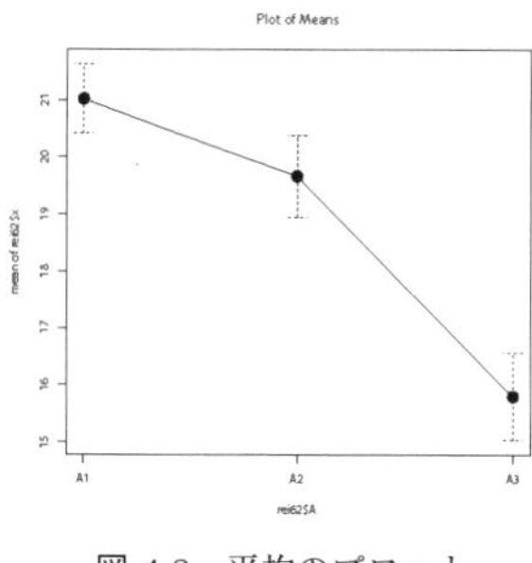

図 **4.8**　平均のプロット

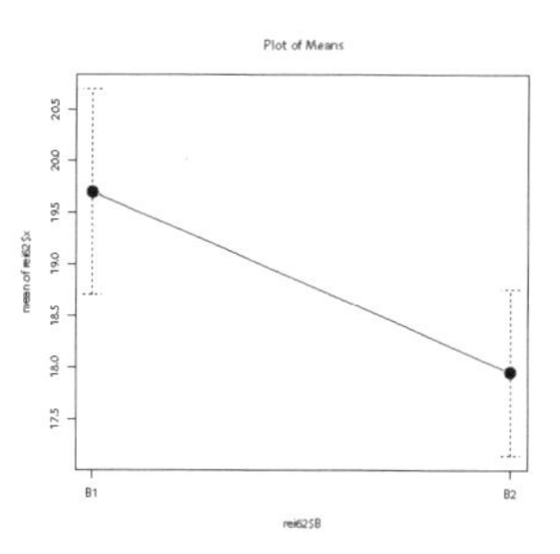

図 **4.9**　平均のプロット

```
> plotMeans(rei42$x, rei42$A, error.bars="se")
```

同様に，【グラフ】▶【平均のプロット...】を選択し，OK を左クリックすると，図 4.9 の平均のプロットが表示される．

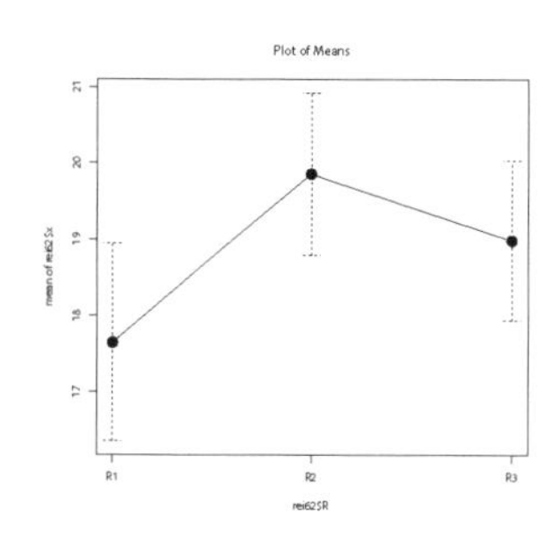

図 **4.10**　平均のプロット

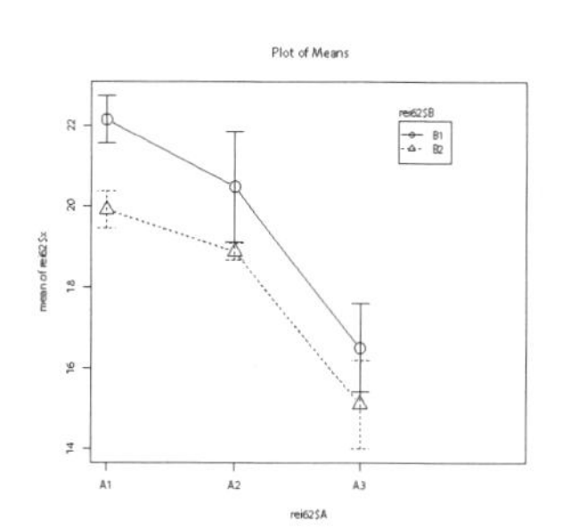

図 **4.11**　平均のプロット

```
> plotMeans(rei42$x, rei42$B, error.bars="se")
```

【グラフ】▶【平均のプロット...】を選択し，OK を左クリックすると，図 4.10 の平均のプロットが表示される．

```
> plotMeans(rei42$x, rei42$R, error.bars="se")
```

- 交互作用に関して

【グラフ】▶【平均のプロット...】を選択し，OK を左クリックすると，図 4.11 の平均のプロットが表示される．なお，複数選択するときは Ctrl キーを押しながら左クリックして指定する．

```
> plotMeans(rei42$x, rei42$A, rei42$B, error.bars="se")
```

(1) 分散分析

①aov 関数の利用

手順 1　モデル化

以下は，目的変数 x を母数因子 A,B，交互作用 A× B と変量因子 R でモデル化した場合を示している．

```
> rei42.aov<-aov(x~A+B+R+A:B+Error(R),data=rei42)
> summary(rei42.aov)
```

```
Error: R
  Df Sum Sq Mean Sq
R  2  14.74   7.369
Error: Within
          Df Sum Sq Mean Sq F value    Pr(>F)
A          2  87.97   43.99  30.331 5.68e-05 ***
B          1  13.69   13.69   9.443   0.0118 *
A:B        2   0.57    0.28   0.196   0.8253
Residuals 10  14.50    1.45
---
Signif. codes:  0 '***' 0.001 '**' 0.01 '*' 0.05 '.' 0.1 ' ' 1
```

A は 0.1%，B は 5%で有意であるが，交互作用 $A \times B$ は F 値が 0.196 と小さく，82.53 %で有意であるので，誤差にプールする．R は平均平方が 7.369 と大きいので，プールしない．

表 **4.9** 分散分析表 (1)

要因	平方和 (S)	自由度 (ϕ)	平均平方 (MS)	F_0	$E(V)$
A	87.97	$\phi_A = 2$	$V_A = 43.99$	35.03	$9.78e-06$
B	13.69	$\phi_B = 1$	$V_B = 13.69$	1090	0.00632
R	14.74	$\phi_R = 2$	$V_R = 7.369$		
$A \times B$	0.57	$\phi_{A\times B} = 2$	0.28	0.196	0.8253
E	14.5	$\phi_E = 10$	1.45		
計	S_T	$\phi_T = \ell mr - 1$			

他の記法として，

(1)R を誤差にプールしない場合

交互作用有：A+B+A:B+Error(R/(A+B+A:B))，A+B+A:B+Error(R+R:(A+B+A:B))，
A*B+Error(R)

交互作用無：A+B+Error(R+R：(A+B))，A+B+Error(R)

(2)R を誤差にプールする場合

交互作用有：A+B+A:B+Error(R:(A:B))

交互作用無：A+B+Error(R:(A+B))

手順 2　再モデル化

交互作用を誤差にプールする場合には，以下のような結果が得られる．

```
> rei42p.aov<-aov(x~R+A+B+Error(R),data=rei42) #R は変量因子であるモデル.
> summary(rei42p.aov)
Error: R   #変量因子 R の分散分析
  Df Sum Sq Mean Sq
R  2  14.74   7.369
Error: Within #母数因子 A,B に関する分散分析
          Df Sum Sq Mean Sq F value    Pr(>F)
A          2  87.97   43.99   35.03 9.78e-06 ***
B          1  13.69   13.69   10.90  0.00632 **
Residuals 12  15.07    1.26
Signif. codes:  0 '***' 0.001 '**' 0.01 '*' 0.05 '.' 0.1 ' ' 1
```

よって，誤差に交互作用をプールした後の分散分析表が得られる．A は 0.1%，B は 1%で有意であり，x に影響を与えている．

表 4.10　分散分析表 (2)

要因	平方和 (S)	自由度 (ϕ)	平均平方 (MS)	F_0	$E(V)$
A	87.97	$\phi_A = 2$	$V_A = 43.99$	35.03	$9.78e - 06$
B	13.69	$\phi_B = 1$	$V_B = 13.69$	1090	0.00632
R	14.74	$\phi_R = 2$	$V_R = 7.369$		
E'	15.07	$\phi_{E'} = 12$	$V_{E'} = 1.26$		
計	S_T	$\phi_T = \ell mr - 1$			

②別法　lmer 関数を利用した方法は次のようである.

```
> library(lme4)
> rei42.lmer<-lmer(x~A*B+(1|R),data=rei42)
> summary(rei42.lmer)
Linear mixed model fit by REML ['lmerMod']
Formula: x ~ A * B + (1 | R)
   Data: rei42
REML criterion at convergence: 48.3579
Random effects:
 Groups   Name        Variance Std.Dev.
 R        (Intercept) 0.9864   0.9932
 Residual             1.4502   1.2043
Number of obs: 18, groups: R, 3
Fixed effects:
                Estimate Std. Error t value
(Intercept)      22.1333     0.9012  24.559
A[T.A2]          -1.6667     0.9833  -1.695
A[T.A3]          -5.6333     0.9833  -5.729
B[T.B2]          -2.2333     0.9833  -2.271
A[T.A2]:B[T.B2]   0.6333     1.3906   0.455
A[T.A3]:B[T.B2]   0.8333     1.3906   0.599
Correlation of Fixed Effects:
            (Intr) A[T.A2] A[T.A3] B[T.B2 A[T.A2]:
A[T.A2]     -0.546
A[T.A3]     -0.546  0.500
B[T.B2]     -0.546  0.500   0.500
A[T.A2]:B[T  0.386 -0.707  -0.354  -0.707
A[T.A3]:B[T  0.386 -0.354  -0.707  -0.707  0.500
> anova(rei42.lmer)
Analysis of Variance Table
    Df Sum Sq Mean Sq F value
A    2 87.974  43.987 30.3313
B    1 13.694  13.694  9.4426
A:B  2  0.568   0.284  0.1958
```

(2) 分散分析後の推定・予測

分散分析の結果から, データの構造式が

$$x_{ijk} = \mu + a_i + b_j + r_k + \varepsilon_{ijk} \tag{4.99}$$

と考えられる. このモデルのもとで推定・予測を行う.

(a) 誤差分散の推定（プール後）

p.142 の出力ウィンドウの summary(rei42p.aov) より

```
> SR=14.74;SA=87.97;SB=13.69;SAxB=0.57;SE=14.5 #平方和
> fR=2;fA=2;fB=1;fAxB=2;fE=10;N=16 #自由度
> VR=SR/fR;SEP=15.07;fEP=12;VEP=SEP/fEP #(=7.37,=15.07,=12,=1.256)
# プール後の平方和, 自由度, 平均平方 (p.143)
```

(b) 最適水準の決定と母平均の推定 MA1B1

①点推定

```
> MA1B1=126.1/6+177.3/9-338.9/18#(=21.889)
> kei=1/6+1/9-1/18#(=0.2222) (=1/ne ne:有効繰返し数)
```

②区間推定

```
> VHe=VR/18+kei*VEP#(=0.6885) 分散の推定値
> fs=VHe^2/((VR/18)^2/fR+(kei*VEP)^2/fEP)#(=5.249) サタースウェイトの方法
> fss=floor(fs);syosu=fs-fss
> ts=syosu*qt(0.975,fss+1)+(1-syosu)*qt(0.975,fss)#(=2.540) 直線補間
> qt(0.975,fs) #(=2.534) 自由度をそのまま用いる場合
> haba=ts*sqrt(VHe) #(=2.107) 区間幅
> sita=MA1B1-haba;ue=MA1B1+haba   #下側信頼限界, 上側信頼限界
> sita;ue
[1] 19.78146  #下側信頼限界
[1] 23.99632  #上側信頼限界
```

(c) 2 つの母平均の差の推定

①点推定 $MA_1B_1 - MA_2B_2$

```
> MA2B2=118/6+161.6/9-338.9/18#(=18.794)
> sa=MA1B1-MA2B2;sa
[1] 3.094444
```

②差の区間推定

```
> kei1=1/6+1/9;kei2=1/6+1/9 #(1/ne1,1/ne2)
> keid=kei1+kei2   #keid=1/nd=1/ne1+1/ne2
> VHsa=keid*VEP #(=0.6977:差の分散の推定値)
> habasa=qt(0.975,fEP)*sqrt(VHsa) #(=1.820:区間幅)
> sitasa=sa-habasa;uesa=sa+habasa #下側信頼限界, 上側信頼限界
> sitasa;uesa
[1] 1.274535    #下側信頼限界
[1] 4.914353      #上側信頼限界
```

(d) データの予測

①点予測

```
> yosoku=MA1B1#(=21.8889)
```

②予測区間

```
> keiyo=1+kei;VHyo=7/18*VR+5/6*VEP#(=3.912)(=1+1/ne, 予測値の分散の推定値)
>fsy=VHyo^2/((7/18*VR)^2/fR+(5/6*VEP)^2/fE)#(=3.630) サタースウェイトの方法
> fssy=floor(fsy);syosuy=fsy-fssy
>tsy=syosuy*qt(0.975,fssy+1)+(1-syosuy)*qt(0.975,fssy)#(=2.927) 直線補間
```

```
> habayo=tsy*sqrt(VHyo) #(=5.789) 区間幅
> sitayo=yosoku-habayo;ueyo=yosoku+habayo
> sitayo;ueyo
[1] 16.10015     #予測の下側信頼限界
[1] 27.67763     #予測の上側信頼限界
```

演習 4-2　反応温度 A を 3 水準，反応助剤の種類 B を 2 水準にとり，原料の 2 ロット (R_1, R_2) を用いて，各ロットごとに 1 回ずつランダムに合成実験を行った．得られた製品のある特性を表 4.11 に示す．このとき分散分析を行い，要因の効果を確認せよ．

表 4.11　データ表（単位：分）

A \ $B \cdot R$	B	R_1	R_2
A_1	B_1	50.1	51.2
	B_2	51.6	53.3
A_2	B_1	54.6	54.0
	B_2	54.7	54.8
A_3	B_1	51.5	51.4
	B_2	51.8	53.9

5

分　割　法

5.1 分割法とは

一般に実験順序を完全に無作為（ランダム）に行うことが難しく，段階的にランダムな順序で実験を行うことがある．このように，実験順序の無作為化を 2 段階以上に分けて実験する方法を**分割法**という．無作為化を 2 段階に分けて行う場合を**単一分割法**（または 1 段分割法），3 段階に分けて行う場合を **2 段分割法**，…という．1 段階，2 段階，…で無作為化した因子をそれぞれ **1 次因子**，**2 次因子**，…といい，1 段階，2 段階，…でデータが持つ誤差をそれぞれ，**1 次誤差**，**2 次誤差**，…という．また 1 次因子と 1 次因子間の交互作用をまとめて **1 次要因**，2 次因子，1 次因子と 2 次因子間および 2 次因子間の交互作用をまとめて **2 次要因**，…といい，1 次因子を割り付けた実験の場を **1 次単位**，2 次因子を割り付けた実験の場を **2 次単位**，…という．

例えば，実験を行うとき，まず $A_1 \sim A_4$ をランダムに割り付け，各 A_i が割り付けられたブロックで $B_1 \sim B_3$ をランダムに 1 回ずつ割り付けて実験を行う図 5.1 のような方法が分割法である．図中の四角の枠内でランダム化されることを示している．

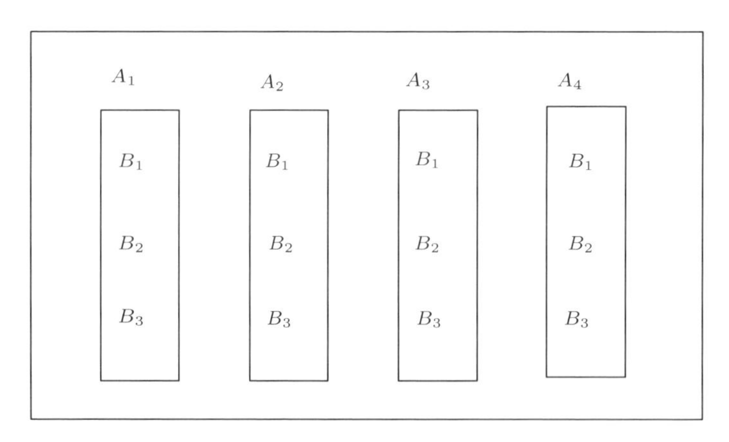

図 5.1　分割法の配置の例

例えば，ある製品の製造工程で，組成の因子 A（4 水準）について各水準のもとで，加工に関する因子 B について 3 水準を考え，各加工方法 $B_1 \sim B_3$ のもとで，ランダムに製造し製品特性を測定したとする．これを 2 回反復してデータを得た．この場合 A を 1 次因子，B を 2 次因子とする単一分割実験を 2 回反復したと考えられる．

(1) 分散分析（と要因効果の検定）

手順 1　データの構造式

まず，A, B を母数因子，反復 R を変量因子とみなせる．そこで，$A_iB_jR_k$ のもとで得られるデータ x_{ijk} の構造式は次のように考えられる．

$$x_{ijk} = \mu + r_k + a_i + \varepsilon_{(1)ik} + b_j + (ab)_{ij} + \varepsilon_{(2)ijk} \tag{5.1}$$

$$\sum_{i=1}^{\ell} a_i = 0,\ \sum_{j=1}^{m} b_j = 0,\ \sum_{i=1}^{\ell}(ab)_{ij} = \sum_{j=1}^{m}(ab)_{ij} = 0$$

$$r_k \sim N(0, \sigma_R^2),\ \varepsilon_{(1)ik} \sim N(0, \sigma_{(1)}^2),\ \varepsilon_{(2)ijk} \sim N(0, \sigma_{(2)}^2),$$

$r_k,\ \varepsilon_{(1)ik},\ \varepsilon_{(2)ijk}$ は互いに独立

$$(i = 1, \ldots, \ell; j = 1, \ldots, m; k = 1, \ldots, r)$$

このモデルのもとで，例えば図 5.2 のようにモデルを限定していく流れが考えられる．実際には，段階的に（同じ次数の変量を同時に検討しながら）モデルの変更の検討を行うことになると思われる．

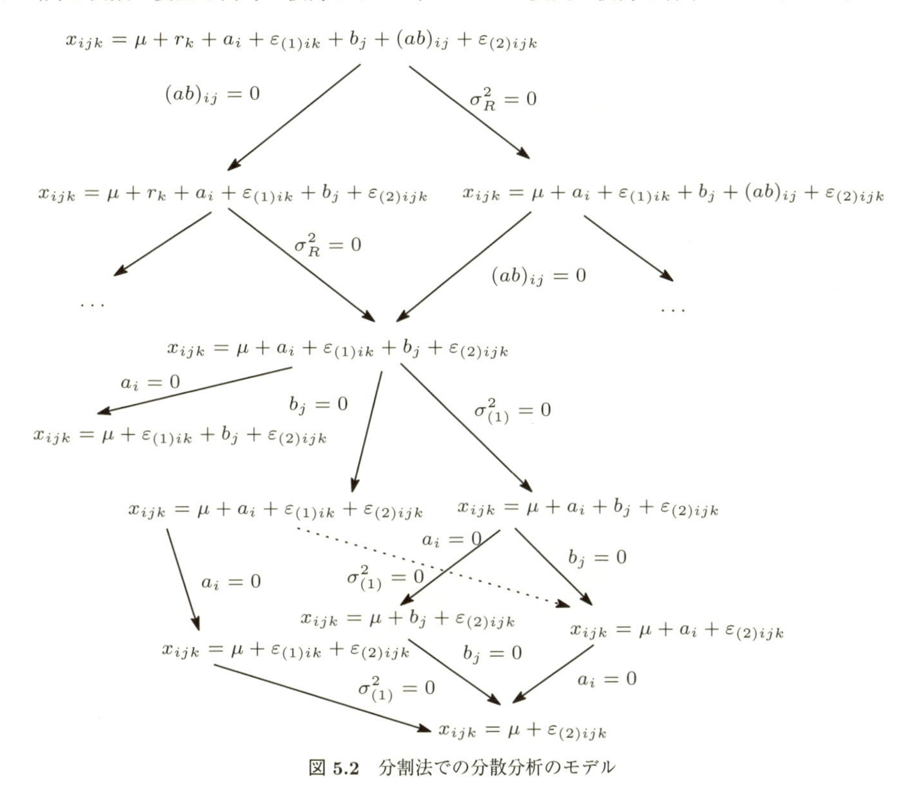

図 5.2 分割法での分散分析のモデル

手順 2　平方和（の分解）・自由度の計算

具体的な平方和の分解は以下のように行う．また各平方和は前と同様に計算して求める．式 (5.1) に現れる 3 個の因子 R, A, B の主効果と交互作用を次数も考慮してすべて書くと

- 0 次要因：R
- 1 次要因：$A, A \times R$
- 2 次要因：$B, A \times B, B \times R, A \times B \times R$

となる．それぞれの平方和は

$$\begin{aligned} S_{E_{(1)}} &= S_{A \times R} \\ &= S_{AR} - (S_A + S_R) \\ S_{E_{(2)}} &= S_{B \times R} + S_{A \times B \times R} \\ &= S_T - (S_R + S_A + S_{E_{(1)}} + S_B + S_{A \times B}) \end{aligned}$$

である．自由度は平方和に対応させて

$$\phi_{E_{(1)}} = \phi_{A \times R} = \phi_A \times \phi_R = \phi_{RA} - (\phi_A + \phi_R)$$

$$\phi_{E_{(2)}} = \phi_T - (\phi_R + \phi_A + \phi_{E_{(1)}} + +\phi_B + \phi_{A \times B})$$

分割法での次数の判定方式

反復 R は 0 次要因とする．同じ次数の因子間の交互作用はその次数の要因，異なる次数の因子間の交互作用は高次の次数の要因とする．

実際の式変形との対応を次に見てみよう．

1 次単位

(5.2)　$$\overline{x}_{i\cdot k} = \mu + r_k + a_i + \varepsilon_{(1)ik} + \overline{\varepsilon}_{(2)i\cdot k}$$

(5.3)　$$\overline{\overline{x}} = \mu + \overline{r} + \overline{\overline{\varepsilon}}_{(1)} + \overline{\overline{\varepsilon}}_{(2)}$$

より，

(5.4)　$$\overline{x}_{i\cdot k} - \overline{\overline{x}} = r_k - \overline{r} + a_i + \varepsilon_{(1)ik} - \overline{\overline{\varepsilon}}_{(1)} + \overline{\varepsilon}_{(2)i\cdot k} - \overline{\overline{\varepsilon}}_{(2)}$$

この分解に対応した次の変形を行う．

$$\underbrace{\overline{x}_{i\cdot k} - \overline{\overline{x}}}_{\text{データの偏差}} = \underbrace{\overline{x}_{i\cdot\cdot} - \overline{\overline{x}}}_{A_i\text{水準との偏差}} + \underbrace{\overline{x}_{\cdot\cdot k} - \overline{\overline{x}}}_{R_k\text{水準との偏差}} + \underbrace{\overline{x}_{i\cdot k} - \overline{x}_{\cdot\cdot k} - \overline{x}_{i\cdot\cdot} + \overline{\overline{x}}}_{1\text{ 次誤差に対応}}$$

次に平方和は，

(5.5)　$$\begin{aligned} S_{AR} &= m\sum_{i=1}^{\ell}\sum_{k=1}^{r}(\overline{x}_{i\cdot k} - \overline{\overline{x}})^2 \\ &= \underbrace{mr\sum_{i=1}^{\ell}(\overline{x}_{i\cdot\cdot} - \overline{\overline{x}})^2}_{S_A} + \underbrace{\ell m\sum_{k=1}^{r}(\overline{x}_{\cdot\cdot k} - \overline{\overline{x}})^2}_{S_R} + \underbrace{\sum_{i=1}^{\ell}\sum_{k=1}^{r}(\overline{x}_{i\cdot k} - \overline{x}_{\cdot\cdot k} - \overline{x}_{i\cdot\cdot} + \overline{\overline{x}})^2}_{S_{A\times R}=S_{E_{(1)}}} \\ &= S_A + S_R + S_{A\times R} \end{aligned}$$

なお，

(5.6)　$$T = \sum_{i=1}^{\ell}\sum_{j=1}^{m}\sum_{k=1}^{r} x_{ijk} \quad (\text{総計})$$

(5.7)　$$CT = \frac{T^2}{N} = \frac{(\sum_{i=1}^{\ell}\sum_{j=1}^{m}\sum_{k=1}^{r} x_{ijk})^2}{N} \quad (\text{修正項；}N = \ell mr\text{：総実験数})$$

(5.8)　$$S_T = \sum_{i=1}^{\ell}\sum_{j=1}^{m}\sum_{k=1}^{r}(x_{ijk} - \overline{\overline{x}})^2 = \sum_{i=1}^{\ell}\sum_{j=1}^{m}\sum_{k=1}^{r} x_{ijk}^2 - CT \quad (\text{総平方和})$$

(5.9)　$$S_{AR} = m\sum_{i=1}^{\ell}\sum_{k=1}^{r}(\overline{x}_{i\cdot k} - \overline{\overline{x}})^2 = \sum_{i=1}^{\ell}\sum_{q=1}^{r}\frac{x_{i\cdot k}^2}{m} - CT = \sum_{i=1}^{\ell}\sum_{q=1}^{r}\frac{T_{i\cdot k}^2}{m} - CT$$

(5.10)　$$S_R = \ell m\sum_{k=1}^{r}(\overline{x}_{\cdot\cdot k} - \overline{\overline{x}})^2 = \sum_{k=1}^{r}\frac{x_{\cdot\cdot k}^2}{\ell m} - CT = \sum_{k=1}^{r}\frac{T_{\cdot\cdot k}^2}{\ell m} - CT$$

(5.11)　$$S_A = mr\sum_{i=1}^{\ell}(\overline{x}_{i\cdot\cdot} - \overline{\overline{x}})^2 = \sum_{i=1}^{\ell}\frac{x_{i\cdot\cdot}^2}{mr} - CT = \sum_{i=1}^{\ell}\frac{T_{i\cdot\cdot}^2}{mr} - CT$$

(5.12)　$$S_{E_{(1)}} = S_{A\times R} = S_{AR} - (S_A + S_R)$$

(5.13)　$$S_{AR} = S_A + S_R + S_{E_{(1)}}$$

2次単位

$$x_{ijk} = \mu + r_k + a_i + \varepsilon_{(1)ik} + b_j + (ab)_{ij} + \varepsilon_{(2)ijk} \tag{5.14}$$

$$\overline{\overline{x}} = \mu + \overline{r} + \overline{\overline{\varepsilon}}_{(1)} + \overline{\overline{\varepsilon}}_{(2)} \tag{5.15}$$

なので，データの平均との偏差は，

$$x_{ijk} - \overline{\overline{x}} = r_k - \overline{r} + a_i + \varepsilon_{(1)ik} - \overline{\overline{\varepsilon}}_{(1)} + b_j + (ab)_{ij} + \varepsilon_{(2)ijk} - \overline{\overline{\varepsilon}}_{(2)} \tag{5.16}$$

と分解される．この分解に対応して，次の分解を行う．

$$\underbrace{x_{ijk} - \overline{\overline{x}}}_{\text{データの偏差}} = \underbrace{\overline{x}_{ij\cdot} - \overline{\overline{x}}}_{A_iB_j\text{水準との偏差}} + \underbrace{\overline{x}_{\cdot\cdot k} - \overline{\overline{x}}}_{R_k\text{水準との偏差}} + \underbrace{\overline{x}_{i\cdot k} - \overline{x}_{\cdot\cdot k} - \overline{x}_{i\cdot\cdot} + \overline{\overline{x}}}_{1\text{次誤差に対応}} + \underbrace{x_{ijk} - \overline{x}_{i\cdot k} - \overline{x}_{ij\cdot} + \overline{x}_{i\cdot\cdot}}_{2\text{次誤差に対応}} \tag{5.17}$$

次に平方和は，

$$\begin{aligned} S_T &= \sum_{i=1}^{\ell}\sum_{j=1}^{m}\sum_{k=1}^{r}\left(x_{ijk} - \overline{\overline{x}}\right)^2 \\ &= \underbrace{\ell m \sum_{k=1}^{r}\left(\overline{x}_{ij\cdot} - \overline{\overline{x}}\right)^2}_{S_{AB}} + \underbrace{mr\sum_{i=1}^{\ell}\left(\overline{x}_{\cdot\cdot k} - \overline{\overline{x}}\right)^2}_{S_R} \\ &\quad + \underbrace{\sum_{i=1}^{\ell}\sum_{k=1}^{r}(\overline{x}_{i\cdot k} - \overline{x}_{\cdot\cdot k} - \overline{x}_{i\cdot\cdot} + \overline{\overline{x}})^2}_{S_{E_{(1)}}} + \underbrace{\sum_{i=1}^{\ell}\sum_{k=1}^{r}(x_{ijk} - \overline{x}_{i\cdot k} - \overline{x}_{ij\cdot} + \overline{x}_{i\cdot\cdot})^2}_{S_{E_{(2)}}} \\ &= S_{AB} + S_R + S_{E_{(1)}} + S_{E_{(2)}} \end{aligned} \tag{5.18}$$

なお，

$$S_{AB} = r\sum_{i=1}^{\ell}\sum_{j=1}^{m}\left(\overline{x}_{ij\cdot\cdot} - \overline{\overline{x}}\right)^2 = \sum_{i=1}^{\ell}\sum_{j=1}^{m}\frac{x_{ij\cdot}^2}{r} - CT = \sum_{i=1}^{\ell}\sum_{j=1}^{m}\frac{T_{ij\cdot}^2}{r} - CT \tag{5.19}$$

$$S_T = S_R + S_A + S_{E_{(1)}} + S_B + S_{A\times B} + S_{E_{(2)}} \tag{5.20}$$

$$\begin{aligned} S_{E_{(2)}} &= S_{B\times R} + S_{A\times B\times R} = S_T - (S_R + S_A + S_{E_{(1)}} + S_B + S_{A\times B}) \\ &= S_T - S_{AR} - S_B - S_{A\times R} \\ &= S_T - S_{AB} - S_R - S_{E_{(1)}} \end{aligned} \tag{5.21}$$

自由度については

$$\phi_T = N - 1 = \ell mr - 1, \phi_R = r - 1, \phi_A = \ell - 1, \phi_B = m - 1 \tag{5.22}$$

$$\phi_{A\times B} = \phi_A \times \phi_B = (\ell - 1)(m - 1) \tag{5.23}$$

$$\phi_{E_{(1)}} = \phi_{A\times R} = \phi_A \times \phi_R = \phi_{RA} - (\phi_R + \phi_A) = (\ell - 1)(r - 1) \tag{5.24}$$

$$\begin{aligned} \phi_{E_{(2)}} &= \phi_{B\times R} + \phi_{A\times B\times R} = \phi_B \times \phi_R + \phi_A \times \phi_B \times \phi_R \\ &= \phi_T - (\phi_R + \phi_A + \phi_{E_{(1)}} + \phi_B + \phi_{A\times B}) = \ell(m - 1)(r - 1) \end{aligned} \tag{5.25}$$

- 平均平方 $E(V)$ の計算

$$\overline{x}_{\cdot\cdot k} - \overline{\overline{x}} = r_k - \overline{r} + (\overline{\varepsilon}_{(1)\cdot k} - \overline{\overline{\varepsilon}}_{(1)}) + (\overline{\varepsilon}_{(2)\cdot\cdot k} - \overline{\overline{\varepsilon}}_{(2)}) \tag{5.26}$$

$$\overline{x}_{i\cdot\cdot} - \overline{\overline{x}} = a_i + (\overline{\varepsilon}_{(1)i\cdot} - \overline{\overline{\varepsilon}}_{(1)}) + (\overline{\varepsilon}_{(2)i\cdot\cdot} - \overline{\overline{\varepsilon}}_{(2)}) \tag{5.27}$$

$$\overline{x}_{\cdot j\cdot} - \overline{\overline{x}} = b_j + (\overline{\varepsilon}_{(2)\cdot j\cdot} - \overline{\overline{\varepsilon}}_{(1)}) \tag{5.28}$$

$$\overline{x}_{ij\cdot} - \overline{x}_{i\cdot\cdot} - \overline{x}_{\cdot j\cdot} + \overline{\overline{x}} = (ab)_{ij} + (\overline{\varepsilon}_{(2)ij\cdot} - \overline{\varepsilon}_{(2)i\cdot\cdot} - \overline{\varepsilon}_{(2)\cdot j\cdot} + \overline{\overline{\varepsilon}}_{(2)}) \tag{5.29}$$

$$(5.30)\quad \begin{aligned} x_{ijk}-\overline{\overline{x}} &= \overline{x}_{\cdot\cdot k}-\overline{\overline{x}}-(\overline{\varepsilon}_{(1)\cdot k}-\overline{\overline{\varepsilon}}_{(1)})-(\overline{\varepsilon}_{(2)\cdot\cdot k}-\overline{\overline{\varepsilon}}_{(2)})\\ &+\overline{x}_{i\cdot\cdot}-\overline{\overline{x}}-(\overline{\varepsilon}_{(1)i\cdot}-\overline{\overline{\varepsilon}}_{(1)})-(\overline{\varepsilon}_{(2)i\cdot\cdot}-\overline{\overline{\varepsilon}}_{(2)})\\ &+\overline{x}_{\cdot j\cdot}-\overline{\overline{x}}-(\overline{\varepsilon}_{(2)\cdot j\cdot}-\overline{\overline{\varepsilon}}_{(2)})\\ &+\overline{x}_{ij\cdot}-\overline{x}_{i\cdot\cdot}-\overline{x}_{\cdot j\cdot}+\overline{\overline{x}}-(\overline{\varepsilon}_{(2)ij\cdot}-\overline{\varepsilon}_{(2)i\cdot\cdot}-\overline{\varepsilon}_{(2)\cdot j\cdot}+\overline{\overline{\varepsilon}}_{(2)})\\ &+\overline{x}_{\cdot\cdot k}-\overline{\overline{x}}+\overline{x}_{i\cdot\cdot}-\overline{\overline{x}}\\ &=\overline{x}_{\cdot\cdot k}-\overline{\overline{x}}+\overline{x}_{i\cdot\cdot}-\overline{\overline{x}}+\overline{x}_{\cdot j\cdot}-\overline{\overline{x}}+\overline{x}_{ij\cdot}-\overline{x}_{i\cdot\cdot}-\overline{x}_{\cdot j\cdot}+\overline{\overline{x}}\\ &+\varepsilon_{(1)ik}-\overline{\overline{\varepsilon}}_{(1)}+\varepsilon_{(2)ijk}-\overline{\overline{\varepsilon}}_{(2)}-(\overline{\varepsilon}_{(1)\cdot k}-\overline{\overline{\varepsilon}}_{(1)})-(\overline{\varepsilon}_{(2)\cdot\cdot k}-\overline{\overline{\varepsilon}}_{(2)})\\ &-(\overline{\varepsilon}_{(1)i\cdot}-\overline{\overline{\varepsilon}}_{(1)})-(\overline{\varepsilon}_{(2)i\cdot\cdot}-\overline{\overline{\varepsilon}}_{(2)})-(\overline{\varepsilon}_{(2)\cdot j\cdot}-\overline{\overline{\varepsilon}}_{(2)})\\ &-(\overline{\varepsilon}_{(2)ij\cdot}-\overline{\varepsilon}_{(2)i\cdot\cdot}-\overline{\varepsilon}_{(2)\cdot j\cdot}+\overline{\overline{\varepsilon}}_{(2)}) \end{aligned}$$

$$(5.31)\quad S_R=\sum_k(\overline{x}_{\cdot\cdot k}-\overline{\overline{x}})^2$$

$$(5.32)\quad E(S_R)=\sum_k E(r_k-\overline{r})^2+E(\overline{\varepsilon}_{(1)\cdot k}-\overline{\overline{\varepsilon}}_{(1)})^2+E(\overline{\varepsilon}_{(2)\cdot\cdot k}-\overline{\overline{\varepsilon}}_{(2)})^2$$

$$(5.33)\quad S_A=\sum_i(\overline{x}_{i\cdot\cdot}-\overline{\overline{x}})^2$$

$$(5.34)\quad E(S_A)=\sum_k E(a_i^2)+E(\overline{\varepsilon}_{(1)i\cdot}-\overline{\overline{\varepsilon}}_{(1)})^2+E(\overline{\varepsilon}_{(2)i\cdot\cdot}-\overline{\overline{\varepsilon}}_{(2)})^2$$

$$(5.35)\quad S_B=\sum_j(\overline{x}_{\cdot j\cdot}-\overline{\overline{x}})^2$$

$$(5.36)\quad E(S_B)=\sum_j E(b_j^2)+E(\overline{\varepsilon}_{(2)\cdot j\cdot}-\overline{\overline{\varepsilon}}_{(2)})^2$$

$$(5.37)\quad S_{A\times B}=\sum_{i,j}(\overline{x}_{ij\cdot}-\overline{x}_{i\cdot\cdot}-\overline{x}_{\cdot j\cdot}+\overline{\overline{x}})^2$$

$$(5.38)\quad E(S_{A\times B})=\sum_{i,j}E(ab)^2_{ij}+E(\overline{\varepsilon}_{(2)ij\cdot}-\overline{\varepsilon}_{(2)i\cdot\cdot}-\overline{\varepsilon}_{(2)i\cdot\cdot}+\overline{\overline{\varepsilon}}_{(2)})^2$$

....

（参考）平方和と自由度の計算について

データの構造式が以下で与えられる場合

例 1

$$(5.39)\quad \begin{aligned} x_{ijkq}&=\mu+r_q+a_i+\varepsilon_{(1)iq}\\ &+b_j+c_k+(ab)_{ij}+(ac)_{ik}+(bc)_{jk}+(abc)_{ijk}+\varepsilon_{(2)ijkq}\\ &(i=1,\ldots,\ell;j=1,\ldots,m;k=1,\ldots,n;q=1,\ldots,r) \end{aligned}$$

式に現れる 4 個の因子 R,A,B,C の主効果と交互作用を次数も考慮してすべて書くと
0 次要因：R
1 次要因：$A, A\times R$
2 次要因：$B,C,A\times B,A\times C,B\times C,B\times R,C\times R,A\times B\times C,A\times B\times R,,A\times C\times R,B\times C\times R,A\times B\times C\times R$
となる．誤差の平方和は

$$(5.40)\quad S_{E_{(1)}}=S_{A\times R}=S_{AR}-(S_A+S_R)$$

$$(5.41)\quad \begin{aligned} S_{E_{(2)}}&=S_{B\times R}+S_{C\times R}+S_{A\times B\times R}+S_{A\times C\times R}+S_{B\times C\times R}+S_{A\times B\times C\times R}\\ &=S_T-(S_R+S_A+S_{E_{(1)}}+S_B+S_C+S_{A\times B}+S_{A\times C}+S_{B\times C}+S_{A\times B\times C}) \end{aligned}$$

である．自由度は平方和に対応させて

$$(5.42)\quad \phi_{E_{(1)}}=\phi_A\times\phi_R$$

$$(5.43)\quad \phi_{E_{(2)}}=\phi_T-(\phi_R+\phi_A+\phi_{E_{(1)}}+\phi_B+\phi_C+\phi_{A\times B}+\phi_{A\times C}+\phi_{B\times C}+\phi_{A\times B\times C})$$

である．同様に次の構造式の場合を考えよう．

例 2

$$x_{ijkq} = \mu + r_q + a_i + \varepsilon_{(1)iq} + b_j + (ab)_{ij} + \varepsilon_{(2)ijq} + c_k + (ac)_{ik} + (bc)_{jk} + (abc)_{ijk} + \varepsilon_{(3)ijkq} \quad (i = 1, \ldots, \ell; j = 1, \ldots, m; k = 1, \ldots, n; q = 1, \ldots, r) \tag{5.44}$$

この式に現れる 4 個の因子 R, A, B, C の主効果と交互作用を次数も考慮してすべて書くと

0 次要因：R

1 次要因：$A, A \times R$

2 次要因：$B, A \times B, B \times R, A \times B \times R,$

3 次要因：$C, A \times C, B \times C, C \times R, A \times B \times C, A \times C \times R, B \times C \times R, A \times B \times C \times R$

となる．このとき，誤差の平方和, 自由度は平方和に対応させて以下のようになる．

$$S_{E_{(1)}} = S_{A\times R} = S_{AR} - (S_A + S_R) \tag{5.45}$$

$$S_{E_{(2)}} = S_{B\times R} + S_{A\times B\times R} = S_{ABR} - (S_A + S_B + S_R + S_{A\times B} + S_{E_{(1)}}) \tag{5.46}$$

$$S_{E_{(3)}} = S_{C\times R} + S_{A\times C\times R} + S_{B\times C\times R} + S_{A\times B\times C\times R} = S_T - (S_R + S_A + S_{E_{(1)}} + S_B + S_{A\times B} + S_{E_{(2)}} + S_C + S_{A\times C} + S_{B\times C} + S_{A\times B\times C}) \tag{5.47}$$

$$\phi_{E_{(1)}} = \phi_{A\times R} = \phi_A \times \phi_R \tag{5.48}$$

$$\phi_{E_{(2)}} = \phi_{B\times R} + \phi_{A\times B\times R} = \phi_B \times \phi_R + \phi_A \times \phi_B \times \phi_R \tag{5.49}$$

$$\phi_{E_{(3)}} = \phi_T - (\phi_R + \phi_A + \phi_{E_{(1)}} + \phi_B + \phi_{A\times B} + \phi_{E_{(2)}} + \phi_C + \phi_{A\times C} + \phi_{B\times C} + \phi_{A\times B\times C}) \tag{5.50}$$

……………………………………………………………………………………

手順 3　分散分析表の作成と要因効果の検定

平方和を表にまとめて表 5.1 を作成する．表 5.1 で要因が R の行から $E_{(1)}$ の行の $E(V)$ における引き算をして，σ_R^2 について解くことから

$$\widehat{\sigma_R^2} = \frac{V_R - V_{E_{(1)}}}{\ell m} \tag{5.51}$$

が導かれる．同様に

$$\widehat{\sigma_{(1)}^2} = \frac{V_{E_{(1)}} - V_{E_{(2)}}}{m} \tag{5.52}$$

$$\widehat{\sigma_{(2)}^2} = V_{E_{(2)}} \tag{5.53}$$

また，以下のように表 5.1 で要因が R の行の $E(V)$ において，σ_R^2 について解くと

$$\widehat{\sigma_R^2} = \frac{V_R - V_{E_{(2)}} - mV_{E_{(1)}}}{\ell m} = \frac{V_R - V_{E_{(2)}} - (V_{E_{(1)}} - V_{E_{(2)}})}{\ell m} = \frac{V_R - V_{E(1)}}{\ell m} \tag{5.54}$$

となり，式 (5.51) と一致する．

表 **5.1**　分散分析表（1）

要因	平方和 (S)	自由度 (ϕ)	平均平方 (MS)	検定	F_0	$E(V)$
R	S_R	$\phi_R = r-1$	$V_R = \dfrac{S_R}{\phi_R}$		$\dfrac{V_R}{V_{E_{(1)}}}$	$\sigma_{(2)}^2 + m\sigma_{(1)}^2 + \ell m\sigma_R^2$
A	S_A	$\phi_A = \ell-1$	$V_A = \dfrac{S_A}{\phi_A}$		$\dfrac{V_A}{V_{E_{(1)}}}$	$\sigma_{(2)}^2 + m\sigma_{(1)}^2 + mr\sigma_A^2$
$E_{(1)}$	$S_{E_{(1)}}$	$\phi_{E_{(1)}} = (\ell-1)(r-1)$	$V_{E_{(1)}} = \dfrac{S_{E_{(1)}}}{\phi_{E_{(1)}}}$		$\dfrac{V_{E_{(1)}}}{V_{E_{(2)}}}$	$\sigma_{(2)}^2 + m\sigma_{(1)}^2$
B	S_B	$\phi_B = m-1$	$V_B = \dfrac{S_A}{\phi_B}$		$\dfrac{V_B}{V_{E_{(2)}}}$	$\sigma_{(2)}^2 + \ell r\sigma_B^2$
$A\times B$	$S_{A\times B}$	$\phi_{A\times B} = (\ell-1)(m-1)$	$V_{A\times B} = \dfrac{S_{A\times B}}{\phi_{A\times B}}$		$\dfrac{V_{A\times B}}{V_{E_{(2)}}}$	$\sigma_{(2)}^2 + r\sigma_{A\times B}^2$
$E_{(2)}$	$S_{E_{(2)}}$	$\phi_{E_{(2)}} = \ell m(r-1)$	$V_{E_{(2)}} = \dfrac{S_{E_{(2)}}}{\phi_{E_{(2)}}}$			$\sigma_{(2)}^2$
計	S_T	$\phi_T = \ell mr-1$				

表 5.1 の $E(V)$ を見ることからも類推されるが，R および 1 次要因は 1 次誤差で検定し，1 次誤差および 2 次要因は 2 次誤差で検定する．

F 値が小さい（例えば 2 より小さいか p 値が 20%より大きいとき）要因を逐次プールする．ここでは，R が 1 次誤差 $E_{(1)}$ にプールされ，$A\times B$ が 2 次誤差 $E_{(2)}$ にプールされるとして，表 5.2 のように分散分析表（2）を作成する．そこで，$S_{E'_{(1)}} = S_{E_{(1)}} + S_R$，$\phi_{E'_{(1)}} = \phi_{E_{(1)}} + \phi_R$ かつ $S_{E'_{(2)}} = S_{E_{(2)}} + S_{A\times B}$，$\phi_{E'_{(2)}} = \phi_{E_{(2)}} + \phi_{A\times B}$ である．表 5.2 のもとでの分散の推定量は，表の A の行を考えると，

$$\widehat{\sigma_R^2} = \frac{V_A - V_{E'_{(1)}}}{\ell m} \tag{5.55}$$

が導かれる．同様に，

$$\widehat{\sigma_{(1)}^2} = \frac{V_{E'_{(1)}} - V_{E'_{(2)}}}{m} \tag{5.56}$$

$$\widehat{\sigma_{(2)}^2} = V_{E'_{(2)}} \tag{5.57}$$

が導かれる．

● 因子の次数と要因の次数の関係

①n 次因子の主効果は n 次要因である．

②n 次因子間の交互作用は n 次要因である．

③n 次要因と m 次要因 $(n < m)$ の交互作用は高い次数の m 次要因である．

● 平均平方（不偏分散）の期待値

①2 次誤差の分散 $\sigma_{(2)}^2$ は，1 次要因と 2 次要因の $E(V)$ のすべてに現れ，その係数は 1 である．

②1 次誤差の分散 $\sigma_{(1)}^2$ は，1 次要因の $E(V)$ のすべてに現れ，その係数は 1 次因子を割り付けた単位内のデータの総数である．

③因子と交互作用の $E(V)$ は，2 元配置や多元配置と同様である．

● 要因効果の検定

考えられる要因について，その効果があるかどうかを，以下のような分散に関する仮説を検定するこ

表 5.2 分散分析表 (2)

要因	平方和 (S)	自由度 (ϕ)	平均平方 (MS)	検定	F_0	$E(V)$
A	S_A	$\phi_A = \ell - 1$	$V_A = \dfrac{S_A}{\phi_A}$		$\dfrac{V_A}{V_{E'_{(1)}}}$	$\sigma^2_{(2)} + m\sigma^2_{(1)} + \ell m\sigma^2_R$
$E'_{(1)}$	$S_{E'_{(1)}}$	$\phi_{E'_{(1)}} = m - 1$	$V_{E'_{(1)}} = \dfrac{S_{E'_{(1)}}}{\phi_{E_1}}$		$\dfrac{V_{E'_{(1)}}}{V_{E'_{(2)}}}$	$\sigma^2_{(2)} + m\sigma^2_{(1)}$
B	S_B	$\phi_B = m - 1$	$V_B = \dfrac{S_B}{\phi_B}$		$\dfrac{V_B}{V_{E'_{(2)}}}$	$\sigma^2_{(2)} + \ell r\sigma^2_B$
$E'_{(2)}$	$S_{E'_{(2)}}$	$\phi_{E'_{(2)}} = \ell m(r-1)$	$V_{E'_{(2)}} = \dfrac{S_{E'_{(2)}}}{\phi_{E'_{(2)}}}$			$\sigma^2_{(2)}$
計	S_T	$\phi_T = \ell mr - 1$				

とでみる.

$H_0 : \sigma^2_R = 0,\ H_1 : \sigma^2_R > 0, H_0 : \sigma^2_A = 0,\ H_1 : \sigma^2_A > 0, H_0 : \sigma^2_B = 0,\ H_1 : \sigma^2_B > 0$
$H_0 : \sigma^2_{A\times B} = 0,\ H_1 : \sigma^2_{A\times B} > 0$

(2) 分散分析後の推定・予測

分散分析の結果に応じて，データの構造式が限定される．以下で場合分けしながら検討しよう．まず，推定と予測についてまとめておこう．複数の誤差から新たに誤差を考えるときには，サタースウェイトの方法を利用する．

推定方式

- 母平均の区間推定

$$(\text{点推定値}) \pm t(\phi^*, \alpha)\sqrt{\widehat{V}(\text{点推定値})}$$

$\widehat{V}$(点推定値) は

(a) 反復を考慮する（無視しない：プールしない）場合

$$\widehat{V}(\text{点推定値}) = \frac{V_R}{\text{総データ数}} + \frac{V_{E'_{(1)}}}{n_{e(1)}} + \frac{V_{E'_{(2)}}}{n_{e(2)}} + \cdots$$

(b) 反復を無視する（考慮しない：プールする）場合

$$\widehat{V}(\text{点推定値}) = \frac{V_{E'_{(1)}}}{\text{総データ数}} + \frac{V_{E'_{(1)}}}{n_{e(1)}} + \frac{V_{E'_{(2)}}}{n_{e(2)}} + \cdots$$

有効反復数 $n_{e(i)}$ は

$$\frac{1}{n_{e(i)}} = \frac{\text{点推定に用いた } i \text{ 次要因の自由度の和}}{\text{総データ数}} \quad (\text{田口の式})$$

から求める．反復は便宜的に 0 次要因と考える．

さらに，等価自由度 ϕ^* はサタースウェイトの方法により求める．

$$(5.58)\quad \phi^* = \frac{\left(\dfrac{V_R}{\text{総データ数}} + \dfrac{V_{E'_{(1)}}}{n_{e(1)}} + \dfrac{V_{E'_{(2)}}}{n_{e(2)}} + \cdots\right)^2}{(V_R/N)^2/\phi_R + (V_{E'_{(1)}}/n_{e(1)})^2/\phi_{E'_{(1)}} + (V_{E'_{(2)}}/n_{e(2)})^2/\phi_{E'_{(2)}} + \cdots}$$

と求める．なお，ϕ^* が整数値でない場合には，以下の線形補間で求めた値を用いる．

$$t(\phi^*, 0.05) = (\phi^* - [\phi^*]) \times t([\phi^*]+1, 0.05) + (1-(\phi^* - [\phi^*])) \times t([\phi^*], 0.05)$$

- 2 つの母平均の差の区間推定

$$(\text{母平均の差の点推定値}) \pm t(\phi^*, \alpha)\sqrt{\widehat{V}(\text{差の点推定値})}$$

$$\widehat{V}(\text{差の点推定値}) = \frac{V_{E'_{(1)}}}{n_{d(1)}} + \frac{V_{E'_{(2)}}}{n_{d(2)}} + \cdots$$

なお，$n_{d(1)}$ と $n_{d(2)}, \ldots$ は以下のように求める．

2 つの母平均の推定式を書き下し，同一次数ごとに，2 つの母平均を見比べて共通の平均を消去する．それぞれの推定式において残った平均について，伊奈の式を適用して，それぞれの 1 次における有効反復数 $n_{e_1(1)}$ と $n_{e_2(1)}$，それぞれの 2 次における有効反復数 $n_{e_1(2)}$ と $n_{e_2(2)}$ などを求める．そして

$$\frac{1}{n_{d(1)}} = \frac{1}{n_{e_1(1)}} + \frac{1}{n_{e_2(2)}}, \qquad \frac{1}{n_{d(2)}} = \frac{1}{n_{e_1(2)}} + \frac{1}{n_{e_2(2)}}$$

より $n_{d(1)}$ と $n_{d(2)}, \ldots$ を求める．なお，等価自由度 ϕ^* は以下のサタースウェイトの方法により求める．

$$\phi^* = \frac{\left(\dfrac{V_{E'_{(1)}}}{n_{d(1)}} + \dfrac{V_{E'_{(2)}}}{n_{d(2)}} + \cdots\right)^2}{(V_{E'_{(1)}}/n_{d(1)})^2/\phi_{E'_{(1)}} + (V_{E'_{(2)}}/n_{d(2)})^2/\phi_{E'_{(2)}} + \cdots} \tag{5.59}$$

と求める．なお，ϕ^* が整数値でない場合には，以下の線形補間で求めた値を用いる．

$$t(\phi^*, 0.05) = (\phi^* - [\phi^*]) \times t([\phi^*]+1, 0.05) + (1-(\phi^* - [\phi^*])) \times t([\phi^*], 0.05)$$

- データの予測区間

上記の $\widehat{V}$(点推定値) に

(a) 反復を考慮する（無視しない：プールしない）場合

$$\widehat{\sigma_R^2} + \widehat{\sigma}^2_{(1)} + \widehat{\sigma}^2_{(2)} + \cdots$$

を加えたものとして区間幅を構成する．

(b) 反復を無視する（考慮しない：プールする）場合

$$\widehat{\sigma}^2_{(1)} + \widehat{\sigma}^2_{(2)} + \cdots$$

を加えたものとして区間幅を構成する．

なお，[ ] はガウス記号でその数を超えない最大の整数を表す．R の関数 floor を使えば，floor(ϕ^*) のように得られる．

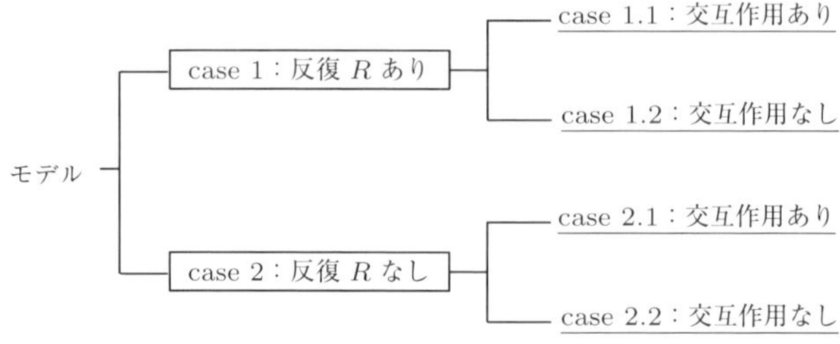

図 5.3 分割法での分散分析のモデルの場合分け

以下では，図 5.3 のように case 1：反復を考慮する場合と case 2：反復を無視する場合に大きく分けて検討していこう．

■case 1　反復 R を考慮する（あり：無視しない：プールしない）場合

データの構造式が

$$x_{ijk} = \mu + r_k + a_i + \varepsilon_{(1)ik} + b_j + (ab)_{ij} + \varepsilon_{(2)ijk} \tag{5.60}$$

と考えられる．

次に，交互作用を考慮する場合（**case 1. 1**）と，無視する場合（**case 1. 2**）に分けて，検討しよう．

case 1. 1　交互作用 $A \times B$ を考慮する（あり：無視しない：プールしない）場合

手順 1　データの構造式

データの構造式が

$$x_{ijk} = \mu + r_k + a_i + \varepsilon_{(1)ik} + b_j + (ab)_{ij} + \varepsilon_{(2)ijk} \tag{5.61}$$

となる．そこで，データの分散は

$$V(x_{ijk}) = \sigma_R^2 + \sigma_{(1)}^2 + \sigma_{(2)}^2 \tag{5.62}$$

手順 2　推定・予測

(a) 各水準での母平均の推定

推定を考える場合，因子として A, B の 2 つがあるので，1 つの因子のみの水準を考えるときと 2 つの水準を同時に考える場合がある．まず 1 つの因子のみを考える場合として，まず A のみの水準を考えよう．

• $\mu(A_i) = \mu + a_i$ の推定

①点推定

$$\widehat{\mu}(A_i) = \widehat{\mu + a_i} = \overline{x}(A_i) = \overline{x}_{i\cdot\cdot} = \mu + a_i + \overline{r} + \overline{\varepsilon}_{(1)i\cdot} + \overline{\varepsilon}_{(2)i\cdot\cdot} \tag{5.63}$$

この推定量の分散は，

$$V(\widehat{\mu}(A_i)) = \frac{\sigma_R^2}{r} + \frac{\sigma_{(1)}^2}{r} + \frac{\sigma_{(2)}^2}{mr} \tag{5.64}$$

より，この分散の推定量には，

$$\begin{aligned} \widehat{V} = \widehat{V}(\widehat{\mu}(A_i)) &= \frac{1}{r}\frac{V_R - V_{E'_{(1)}}}{\ell m} + \frac{1}{r}\frac{V_{E'_{(1)}} - V_{E'_{(2)}}}{m} + \frac{V_{E'_{(2)}}}{mr} \\ &= \frac{V_R}{\ell mr} + \frac{\ell - 1}{\ell mr}V_{E'_{(1)}} + \frac{0}{\ell mr}V_{E'_{(2)}} = \frac{V_R}{N} + \frac{\ell - 1}{N}V_{E'_{(1)}} + \frac{0}{N}V_{E'_{(2)}} \\ &= \frac{V_R}{N} + \frac{V_{E'_{(1)}}}{n_{e(1)}} + \frac{V_{E'_{(2)}}}{n_{e(2)}} \quad (N = \ell mr;\ \text{総データ数}) \end{aligned} \tag{5.65}$$

が用いられる．ここで，

$$\frac{1}{n_{e(1)}} = \frac{\text{点推定に用いた 1 次要因の自由度の和}}{\text{総データ数}} = \frac{\ell - 1}{\ell mr} = \frac{\ell - 1}{N} \tag{5.66}$$

$$\frac{1}{n_{e(2)}} = \frac{\text{点推定に用いた 2 次要因の自由度の和}}{\text{総データ数}} = \frac{0}{\ell mr} = \frac{0}{N} \tag{5.67}$$

②区間推定

母数 $\mu(A_i)$ の信頼度 $1 - \alpha$ の区間推定量は，以下になる．

$$\overline{x}_{ij\cdot} \pm t(\phi, \alpha)\sqrt{\frac{V_R}{r} + \frac{\ell - 1}{N}V_{E'_{(1)}} + \frac{0}{N}V_{E'_{(2)}}} \tag{5.68}$$

• $\mu(B_j) = \mu + b_j$ の推定

$\mu(A_i) = \mu + a_i$ の推定と同様に行う．

• $\mu(A_iB_j)$ の推定

①点推定

$$\begin{aligned} \widehat{\mu}(A_iB_j) &= \widehat{\mu + a_i + b_j + (ab)_{ij}} = \overline{x}(A_iB_j) = \overline{x}_{ij\cdot} \\ &= \mu + a_i + b_j + (ab)_{ij} + \overline{r} + \overline{\varepsilon}_{(1)i\cdot} + \overline{\varepsilon}_{(2)ij\cdot} \end{aligned} \tag{5.69}$$

この推定量の分散は,

(5.70) $$V = V(\widehat{\mu}(A_iB_j)) = V(\overline{r}) + V(\overline{\varepsilon}_{(1)i\cdot}) + V(\overline{\varepsilon}_{(2)ij\cdot}) = \frac{\sigma_R^2}{r} + \frac{\sigma_{(1)}^2}{r} + \frac{\sigma_{(2)}^2}{r}$$

より，この分散の推定量には,

(5.71) $$\begin{aligned}\widehat{V} = \widehat{V}(\widehat{\mu}(A_iB_j)) &= \frac{1}{r}\frac{V_R - V_{E'_{(1)}}}{\ell m} + \frac{1}{r}\frac{V_{E'_{(1)}} - V_{E'_{(2)}}}{m} + \frac{1}{r}V_{E'_{(2)}} \\ &= \frac{V_R}{\ell mr} + \frac{\ell - 1}{\ell mr}V_{E'_{(1)}} + \frac{\ell(m-1)}{\ell mr}V_{E'_{(2)}} = \frac{V_R}{N} + \frac{\ell - 1}{N}V_{E'_{(1)}} + \frac{\ell(m-1)}{N}V_{E'_{(2)}} \\ &= \frac{V_R}{N} + \frac{V_{E'_{(1)}}}{n_{e(1)}} + \frac{V_{E'_{(2)}}}{n_{e(2)}}\end{aligned}$$

が用いられる．ここで,

(5.72) $$\frac{1}{n_{e(1)}} = \frac{\text{点推定に用いた 1 次要因の自由度の和}}{\text{総データ数}} = \frac{\ell - 1}{\ell mr} = \frac{\ell - 1}{N}$$

(5.73) $$\frac{1}{n_{e(2)}} = \frac{\text{点推定に用いた 2 次要因の自由度の和}}{\text{総データ数}} = \frac{\ell(m-1)}{\ell mr} = \frac{\ell(m-1)}{N}$$

②区間推定

母数 $\mu(A_iB_j)$ の信頼度 $1-\alpha$ の区間推定量は，以下になる.

(5.74) $$\overline{x}_{ij\cdot} \pm t(\phi, \alpha)\sqrt{\frac{V_R}{N} + \frac{\ell - 1}{N}V_{E'_{(1)}} + \frac{\ell(m-1)}{N}V_{E'_{(2)}}}$$

(b) 水準間の母数の差の推定

● $\mu(A_i) - \mu(A_{i'})$

①点推定

(5.75) $$\begin{aligned}\widehat{\mu(A_i) - \mu(A_{i'})} &= \widehat{\mu + a_i} - \widehat{\mu + a_{i'}} \\ &= \overline{x}(A_i) - \overline{x}(A_{i'}) = \overline{x}_{i\cdot\cdot} - \overline{x}_{i'\cdot\cdot} \\ &= \mu + \overline{r} + a_i + \overline{\varepsilon}_{(1)i\cdot} + \overline{\varepsilon}_{(2)i\cdot\cdot} - (\mu + \overline{r} + a_{i'} + \overline{\varepsilon}_{(1)i'\cdot} + \overline{\varepsilon}_{(2)i'\cdot\cdot}) \\ &= a_i - a_{i'} + (\overline{\varepsilon}_{(1)i\cdot} - \overline{\varepsilon}_{(1)i'\cdot}) + (\overline{\varepsilon}_{(2)i\cdot\cdot} - \overline{\varepsilon}_{(2)i'\cdot\cdot})\end{aligned}$$

この推定量の分散は,

(5.76) $$\begin{aligned}V &= V(\widehat{\mu(A_i) - \mu(A_{i'})}) = V(\overline{x}_{i\cdot\cdot} - \overline{x}_{i'\cdot\cdot}) \\ &= V(\overline{\varepsilon}_{(1)i\cdot} - \overline{\varepsilon}_{(1)i'\cdot}) + V(\overline{\varepsilon}_{(2)i\cdot\cdot} - \overline{\varepsilon}_{(2)i'\cdot\cdot}) = \frac{2}{r}\sigma_{(1)}^2 + \frac{2}{mr}\sigma_{(2)}^2\end{aligned}$$

より，この分散の推定量には,

(5.77) $$\begin{aligned}\widehat{V} = \widehat{V}(\widehat{\mu(A_i) - \mu(A_{i'})}) &= \frac{2}{r}\frac{V_{E'_{(1)}} - V_{E'_{(2)}}}{m} + \frac{2}{mr}V_{E'_{(2)}} \\ &= \frac{2}{mr}V_{E'_{(1)}} = \frac{\sigma_{(1)}^2}{n_{d(1)}} + \frac{\sigma_{(2)}^2}{n_{d(2)}}\end{aligned}$$

が用いられる．なお，以下の関係がある.

(5.78) $$\frac{1}{n_{d(1)}} = \frac{1}{n_{e_1(1)}} + \frac{1}{n_{e_2(1)}} = \frac{2}{mr}$$

(5.79) $$\frac{1}{n_{d(2)}} = \frac{1}{n_{e_1(2)}} + \frac{1}{n_{e_2(2)}} = \frac{0}{mr}$$

②区間推定

母数 $\mu(A_i) - \mu(A_{i'})$ の信頼度 $1-\alpha$ の区間推定量は，以下になる.

(5.80) $$\overline{x}_{i\cdot\cdot} - \overline{x}_{i'\cdot\cdot} \pm t(\phi, \alpha)\sqrt{\frac{2V_{E'_{(1)}}}{r}}$$

● $\mu(A_iB_j) - \mu(A_{i'}B_{j'})$ について

①点推定

$$(5.81)\quad \widehat{\mu(A_iB_j)-\mu(A_{i'}B_{j'})}=\widehat{\mu}(A_iB_j)-\widehat{\mu}(A_{i'}B_{j'})$$
$$=\widehat{\mu+a_i+b_j+(ab)_{ij}}-\widehat{\mu+a_{i'}+b_{j'}+(ab)_{i'j'}}$$
$$=\overline{x}(A_iB_j)-\overline{x}(A_{i'}B_{j'})=\overline{x}_{ij\cdot}-\overline{x}_{i'j'\cdot}$$
$$=\underbrace{\mu+\overline{r}+a_i+b_j+(ab)_{ij}+\overline{\varepsilon}_{(1)i\cdot}+\overline{\varepsilon}_{(2)ij\cdot}}_{=\overline{x}_{ij\cdot}}$$
$$-\underbrace{(\mu+\overline{r}+a_{i'}+b_{j'}+(ab)_{i'j'}+\overline{\varepsilon}_{(1)i'\cdot}+\overline{\varepsilon}_{(2)i'j'\cdot})}_{=\overline{x}_{i'j'\cdot\cdot}}$$
$$=a_i-a_{i'}+b_j-b_{j'}+(ab)_{ij}-(ab)_{i'j'}+(\overline{\varepsilon}_{(1)i\cdot}-\overline{\varepsilon}_{(1)i'\cdot})+\overline{\varepsilon}_{(2)ij\cdot}-\overline{\varepsilon}_{(2)i'j'\cdot}$$

この推定量の分散は,

$$(5.82)\quad V=V(\widehat{\mu(A_iB_j)-\mu(A_{i'}B_{j'})})$$
$$=V(\overline{\varepsilon}_{(1)i\cdot}-\overline{\varepsilon}_{(1)i'\cdot})+V(\overline{\varepsilon}_{(2)ij\cdot}-\overline{\varepsilon}_{(2)i'j'\cdot})=\frac{2\sigma^2_{(1)}}{r}+\frac{2\sigma^2_{(2)}}{r}$$

である．この分散の推定量には,

$$(5.83)\quad \widehat{V}=\widehat{V}(\widehat{\mu(A_iB_j)-\mu(A_{i'}B_{j'})})=\frac{2\widehat{\sigma^2_{(1)}}}{r}+\frac{2\widehat{\sigma^2_{(2)}}}{r}=\frac{2}{r}\frac{V_{E'_{(1)}}-V_{E'_{(2)}}}{m}+\frac{2}{r}V_{E'_{(2)}}$$
$$=\frac{2}{mr}V_{E'_{(1)}}+\frac{2m-2}{mr}V_{E'_{(2)}}=\frac{V_{E'_{(1)}}}{n_{d(1)}}+\frac{V_{E'_{(2)}}}{n_{d(2)}}$$

が用いられる．なお,

$$(5.84)\quad \frac{1}{n_{d(1)}}=\frac{1}{n_{e_1(1)}}+\frac{1}{n_{e_2(1)}}=\frac{2}{mr}$$

$$(5.85)\quad \frac{1}{n_{d(2)}}=\frac{1}{n_{e_1(2)}}+\frac{1}{n_{e_2(2)}}=\frac{2(m-1)}{mr}$$

である．

②区間推定

母数 $\mu(A_iB_j)-\mu(A_{i'}B_{j'})$ の信頼度 $1-\alpha$ の区間推定量は，以下になる．

$$(5.86)\quad \overline{x}_{i\cdot\cdot}+\overline{x}_{\cdot j\cdot}-\overline{\overline{x}}-(\overline{x}_{i'\cdot\cdot}+\overline{x}_{\cdot j'\cdot}-\overline{\overline{x}})\pm t(\phi,\alpha)\sqrt{\frac{V_R}{r}+\frac{V_{E'_{(1)}}}{r}+\frac{V_{E'_{(2)}}}{mr}}$$

(c) データの予測

データの構造式が

$$(5.87)\quad x_{ijk}=\mu+r_k+a_i+\varepsilon_{(1)ik}+b_j+(ab)_{ij}+\varepsilon_{(2)ijk}$$

と考えられる．そこで，データの分散は，$\sigma^2_R+\sigma^2_{(1)}+\sigma^2_{(2)}$ である．

①点予測

水準 A_iB_j における点予測は,

$$(5.88)\quad \widehat{x}=\widehat{x_{ij}}=\widehat{\mu}(A_iB_j)=\widehat{\mu+a_i+b_j+(ab)_{ij}}$$
$$=\overline{x}_{ij\cdot}=\mu+a_i+b_j+(ab)_{ij}+\overline{r}+\overline{\varepsilon}_{(1)i\cdot}+\overline{\varepsilon}_{(2)ij\cdot}$$

であり，その分散は,

$$(5.89)\quad V=V(\widehat{\mu}(A_iB_j))=\frac{\sigma^2_R}{r}+\frac{\sigma^2_{(1)}}{r}+\frac{\sigma^2_{(2)}}{r}$$

ここで，その分散の推定量は

$$\widehat{V} = V(\widehat{\mu}(A_iB_j)) = \frac{\widehat{\sigma_R^2}}{r} + \frac{\widehat{\sigma_{(1)}^2}}{r} + \frac{\widehat{\sigma_{(2)}^2}}{r} = \frac{1}{r}\frac{V_R - V_{E'_{(1)}}}{\ell m} + \frac{1}{r}\frac{V_{E'_{(1)}} - V_{E'_{(2)}}}{m} + \frac{1}{r}V_{E'_{(2)}} \tag{5.90}$$

②予測区間

データの分散 $\sigma_R^2 + \sigma_{(1)}^2 + \sigma_{(2)}^2$ の推定量を分散の推定値に加えた

$$\widehat{x} \pm t(\phi^*, \alpha)\sqrt{\widehat{V} + \widehat{\sigma_R^2} + \widehat{\sigma_{(1)}^2} + \widehat{\sigma_{(2)}^2}} \tag{5.91}$$

case 1.2　交互作用 $A \times B$ を無視する（なし：プールする）場合

手順 1　データの構造式

データの構造式が

$$x_{ijk} = \mu + r_k + a_i + \varepsilon_{(1)ik} + b_j + \varepsilon_{(2)ijk} \tag{5.92}$$

と考えられる．そこで，データの分散は

$$V(x_{ijk}) = V(r_k) + V(\varepsilon_{(1)ik}) + V(\varepsilon_{(2)ijk}) = \sigma_R^2 + \sigma_{(1)}^2 + \sigma_{(2)}^2 \tag{5.93}$$

である．続いてこの構造式のもとで，推定を行う．

手順 2　推定

(a) 各水準での推定

● $\mu(A_i) = \mu + a_i$ の推定

①点推定

$$\widehat{\mu}(A_i) = \widehat{\mu + a_i} = \overline{x}(A_i) = \overline{x}_{i\cdot\cdot} = \mu + a_i + \overline{r} + \overline{\varepsilon}_{(1)i\cdot} + \overline{\varepsilon}_{(2)i\cdot\cdot} \tag{5.94}$$

ここで，この推定量の分散は

$$V = V(\widehat{\mu}(A_i)) = V(\overline{x}_{i\cdot\cdot}) = V(\overline{r}) + V(\overline{\varepsilon}_{(1)i\cdot}) + V(\overline{\varepsilon}_{(2)i\cdot\cdot}) = \frac{\sigma_R^2}{r} + \frac{\sigma_{(1)}^2}{r} + \frac{\sigma_{(2)}^2}{mr} \tag{5.95}$$

より，この分散の推定量には，

$$\begin{aligned}\widehat{V} = \widehat{V}(\widehat{\mu}(A_i)) &= \frac{\widehat{\sigma_R^2}}{r} + \frac{\widehat{\sigma_{(1)}^2}}{r} + \frac{\widehat{\sigma_{(2)}^2}}{mr} \\ &= \frac{1}{r}\frac{V_R - V_{E'_{(1)}}}{\ell m} + \frac{1}{r}\frac{V_{E'_{(1)}} - V_{E'_{(2)}}}{m} + \frac{V_{E'_{(2)}}}{mr} = \frac{V_R}{\ell mr} + \frac{\ell - 1}{\ell mr}V_{E'_{(1)}} + \frac{0}{\ell mr}V_{E'_{(2)}} \\ &= \frac{V_R}{N} + \frac{\ell - 1}{N}V_{E'_{(1)}} + \frac{0}{N}V_{E'_{(2)}} = \frac{V_R}{N} + \frac{V_{E'_{(1)}}}{n_{e(1)}} + \frac{V_{E'_{(2)}}}{n_{e(2)}} \quad (N = \ell mr)\end{aligned} \tag{5.96}$$

が用いられる．なお，

$$\frac{1}{n_{e(1)}} = \frac{\text{点推定に用いた 1 次要因の自由度の和}}{\text{総データ数}} = \frac{\ell - 1}{\ell mr} = \frac{\ell - 1}{N} \tag{5.97}$$

$$\frac{1}{n_{e(2)}} = \frac{\text{点推定に用いた 2 次要因の自由度の和}}{\text{総データ数}} = \frac{0}{\ell mr} = \frac{0}{N} \tag{5.98}$$

②区間推定

そこで，母数 $\mu(A_i) = \mu + a_i$ の信頼度 $1 - \alpha$ の区間推定量（信頼区間）は，

$$\overline{x}_{i\cdot\cdot} \pm t(\phi^*, \alpha)\sqrt{\frac{V_R}{N} + \frac{\ell - 1}{N}V_{E'_{(1)}}} \tag{5.99}$$

であり，等価自由度 ϕ^* はサタースウェイトの方法より

$$\phi^* = \frac{\left(\dfrac{V_R}{\text{総データ数}} + \dfrac{V_{E'_{(1)}}}{n_{e(1)}} + \dfrac{V_{E'_{(2)}}}{n_{e(2)}} + \cdots\right)^2}{(V_R/N)^2/\phi_R + (V_{E'_{(1)}}/n_{e(1)})^2/\phi_{E'_{(1)}} + (V_{E'_{(2)}}/n_{e(2)})^2/\phi_{E'_{(2)}} + \cdots} \tag{5.100}$$

と求める．なお，ϕ^* が整数値でない場合には，以下の線形補間で求めた値を用いる．

$$t(\phi^*, 0.05) = (\phi^* - [\phi^*]) \times t([\phi^*]+1, 0.05) + (1 - (\phi^* - [\phi^*])) \times t([\phi^*], 0.05) \tag{5.101}$$

次に B の水準を考えよう．

● 水準 B_j での母平均 $\mu(B_j) = \mu + b_j$ の推定　前述の $\mu(A_i)$ と同様に推定する．

さらに，2つの因子の水準を考えよう．

● 水準 A_iB_j における母平均 $\mu(A_iB_j) = \mu + a_i + b_j$ の推定

①点推定

$$\begin{aligned}\widehat{\mu}(A_iB_j) &= \widehat{\mu + a_i + b_j} = \widehat{\mu + a_i} + \widehat{\mu + b_j} - \widehat{\mu} \\ &= \overline{x}(A_i) + \overline{x}(B_j) - \overline{\overline{x}} = \overline{x}_{i\cdot\cdot} + \overline{x}_{\cdot j\cdot} - \overline{\overline{x}} \\ &= \underbrace{\mu + a_i + \overline{r} + \overline{\varepsilon}_{(1)i\cdot} + \overline{\varepsilon}_{(2)i\cdot\cdot}}_{=\overline{x}_{i\cdot\cdot}} + \underbrace{\mu + \overline{r} + b_j + \overline{\overline{\varepsilon}}_{(1)} + \overline{\varepsilon}_{(2)\cdot j\cdot}}_{=\overline{x}_{\cdot j\cdot}} - \underbrace{(\mu + \overline{r} + \overline{\overline{\varepsilon}}_{(1)} + \overline{\overline{\varepsilon}}_{(2)})}_{=\overline{\overline{x}}} \\ &= \mu + a_i + b_j + \overline{r} + \overline{\varepsilon}_{(1)i\cdot} + (\overline{\varepsilon}_{(2)i\cdot\cdot} + \overline{\varepsilon}_{(2)\cdot j\cdot} - \overline{\overline{\varepsilon}}_{(2)})\end{aligned} \tag{5.102}$$

この推定量の分散は，

$$\begin{aligned}V = V(\widehat{\mu}(A_iB_j)) &= V(\overline{r}) + V(\overline{\varepsilon}_{(1)i\cdot}) + V(\overline{\varepsilon}_{(2)i\cdot\cdot} + \overline{\varepsilon}_{(2)\cdot j\cdot} - \overline{\overline{\varepsilon}}_{(2)}) \\ &= \frac{\sigma_R^2}{r} + \frac{\sigma_{(1)}^2}{r} + \left(\frac{1}{mr} + \frac{1}{\ell r} - \frac{1}{\ell mr}\right)\sigma_{(2)}^2\end{aligned} \tag{5.103}$$

より，分散の推定量には，

$$\begin{aligned}\widehat{V} = \widehat{V}(\widehat{\mu}(A_iB_j)) &= \frac{1}{r}\frac{V_R - V_{E'_{(1)}}}{\ell m} + \frac{1}{r}\frac{V_{E'_{(1)}} - V_{E'_{(2)}}}{m} + \frac{\ell + m - 1}{\ell mr}V_{E'_{(2)}} \\ &= \frac{V_R}{\ell mr} + \frac{\ell - 1}{\ell mr}V_{E'_{(1)}} + \frac{m-1}{\ell mr}V_{E'_{(2)}} \\ &= \frac{V_R}{N} + \frac{\ell - 1}{N}V_{E'_{(1)}} + \frac{m-1}{N}V_{E'_{(2)}} = \frac{V_R}{N} + \frac{V_{E'_{(1)}}}{n_{e(1)}} + \frac{V_{E'_{(2)}}}{n_{e(2)}} (N = \ell mr)\end{aligned} \tag{5.104}$$

が用いられる．ここで，

$$\frac{1}{n_{e(1)}} = \frac{\text{点推定に用いた 1 次要因の自由度の和}}{\text{総データ数}} = \frac{\ell - 1}{\ell mr} = \frac{\ell - 1}{N} \tag{5.105}$$

$$\frac{1}{n_{e(2)}} = \frac{\text{点推定に用いた 2 次要因の自由度の和}}{\text{総データ数}} = \frac{m - 1}{\ell mr} = \frac{m - 1}{N} \tag{5.106}$$

②区間推定

そこで，母数 $\mu(A_iB_j) = \mu + a_i + b_j$ の信頼度 $1 - \alpha$ の区間推定量（信頼区間）は

$$\overline{x}_{i\cdot\cdot} + \overline{x}_{\cdot j\cdot} - \overline{\overline{x}} \pm t(\phi^*, \alpha)\sqrt{\frac{V_R}{N} + \frac{\ell - 1}{N}V_{E'_{(1)}} + \frac{m-1}{N}V_{E'_{(2)}}} \tag{5.107}$$

(b) 水準間の母数の差の推定

● $\mu(A_i) - \mu(A_{i'}) = \mu + a_i - (\mu + a_{i'})$ について

①点推定

$$\begin{aligned}\widehat{\mu(A_i) - \mu(A_{i'})} &= \widehat{\mu}(A_i) - \widehat{\mu}(A_{i'}) = \widehat{\mu + a_i} - \widehat{\mu + a_{i'}} \\ &= \overline{x}(A_i) - \overline{x}(A_{i'}) = \overline{x}_{i\cdot\cdot} - \overline{x}_{i'\cdot\cdot} \\ &= \mu + \overline{r} + a_i + \overline{\varepsilon}_{(1)i\cdot} + \overline{\varepsilon}_{(2)i\cdot\cdot} - (\mu + \overline{r} + a_{i'} + \overline{\varepsilon}_{(1)i'\cdot} + \overline{\varepsilon}_{(2)i'\cdot\cdot}) \\ &= a_i - a_{i'} + (\overline{\varepsilon}_{(1)i\cdot} - \overline{\varepsilon}_{(1)i'\cdot}) + (\overline{\varepsilon}_{(2)i\cdot\cdot} - \overline{\varepsilon}_{(2)i'\cdot\cdot})\end{aligned} \tag{5.108}$$

$$\widehat{\mu}(A_i) = \overline{x}_{i\cdot\cdot} = \overline{\overline{x}} + \underbrace{\overline{x}_{i\cdot\cdot} - \overline{\overline{x}}}_{1\text{ 次}} \tag{5.109}$$

$$\widehat{\mu}(A_{i'}) = \overline{x}_{i'\cdot\cdot} = \overline{\overline{x}} + \underbrace{\overline{x}_{i'\cdot\cdot} - \overline{\overline{x}}}_{1\text{ 次}} \tag{5.110}$$

そこで，差について同一次数ごとに共通の平均を消去して，伊奈の式を適用すると 1 次については，$\overline{x}_{i\cdot\cdot}, \overline{x}_{i'\cdot\cdot}$ より，

(5.111) $$\frac{1}{n_{d(1)}} = \frac{1}{n_{e_1(1)}} + \frac{1}{n_{e_2(1)}} = \frac{1}{mr} + \frac{1}{mr} = \frac{2}{mr}$$

ここで，この推定量の分散は

(5.112) $$V = V(\widehat{\mu(A_i) - \mu(A_{i'})}) = V(\overline{x}_{i\cdot\cdot} - \overline{x}_{i'\cdot\cdot})$$
$$= V(\overline{\varepsilon}_{(1)i\cdot} - \overline{\varepsilon}_{(1)i'\cdot}) + V(\overline{\varepsilon}_{(2)i\cdot\cdot} - \overline{\varepsilon}_{(2)i'\cdot\cdot}) = \frac{2}{r}\sigma^2_{(1)} + \frac{2}{mr}\sigma^2_{(2)}$$

より，この分散の推定量には，

(5.113) $$\widehat{V} = \widehat{V}(\widehat{\mu(A_i) - \mu(A_{i'})}) = \frac{2}{r}\frac{V_{E'_{(1)}} - V_{E'_{(2)}}}{m} + \frac{2}{mr}V_{E'_{(2)}}$$
$$= \frac{2}{mr}V_{E'_{(1)}} = \frac{V_{E'_{(1)}}}{n_{d(1)}} + \frac{V_{E'_{(2)}}}{n_{d(2)}}$$

が用いられる．なお，

(5.114) $$\frac{1}{n_{d(1)}} = \frac{1}{n_{e_1(1)}} + \frac{1}{n_{e_2(1)}} = \frac{2}{mr}$$

(5.115) $$\frac{1}{n_{d(2)}} = \frac{1}{n_{e_1(2)}} + \frac{1}{n_{e_2(2)}} = \frac{0}{mr}$$

である．

②区間推定

そこで，母数 $\mu(A_i) - \mu(A_{i'})$ の信頼度 $1-\alpha$ の区間推定量は

(5.116) $$\overline{x}_{i\cdot\cdot} - \overline{x}_{i'\cdot\cdot} \pm t(\phi, \alpha)\sqrt{\frac{2V_{E'_{(1)}}}{mr}}$$

- $\mu(B_j) - \mu(B_{j'})$ に関しても同様

- $\mu(A_iB_j) - \mu(A_{i'}B_{j'})$ について

(5.117) $$\widehat{\mu}(A_iB_j) = \widehat{\mu} + \underbrace{\widehat{a_i}}_{1\text{次}} + \underbrace{\widehat{b_j}}_{2\text{次}} = \overline{\overline{x}} + \underbrace{\overline{x}_{i\cdot\cdot} - \overline{\overline{x}}}_{1\text{次}} + \underbrace{\overline{x}_{\cdot j\cdot} - \overline{\overline{x}}}_{2\text{次}}$$

と書かれ，同様に

(5.118) $$\widehat{\mu}(A_{i'}B_{j'}) = \widehat{\mu} + \underbrace{\widehat{a_{i'}}}_{1\text{次}} + \underbrace{\widehat{b_{j'}}}_{2\text{次}} = \overline{\overline{x}} + \underbrace{\overline{x}_{i'\cdot\cdot} - \overline{\overline{x}}}_{1\text{次}} + \underbrace{\overline{x}_{\cdot j'\cdot} - \overline{\overline{x}}}_{2\text{次}}$$

と書かれる．そこで，差について同一次数ごとに共通の平均を消去して，伊奈の式を適用すると 1 次については，$\overline{x}_{i\cdot\cdot}, \overline{x}_{i'\cdot\cdot}$ より，

(5.119) $$\frac{1}{n_{d(1)}} = \frac{1}{n_{e_1(1)}} + \frac{1}{n_{e_2(1)}} = \frac{1}{mr} + \frac{1}{mr} = \frac{2}{mr}$$

2 次については，$\overline{x}_{\cdot j\cdot}, \overline{x}_{\cdot j'\cdot}$ より，

(5.120) $$\frac{1}{n_{d(2)}} = \frac{1}{n_{e_1(2)}} + \frac{1}{n_{e_2(2)}} = \frac{1}{\ell r} + \frac{1}{\ell r} = \frac{2}{\ell r}$$

①点推定

(5.121) $$\widehat{\mu(A_iB_j) - \mu(A_{i'}B_{j'})} = \widehat{\mu + a_i + b_j} - \widehat{\mu + a_{i'} + b_{j'}}$$
$$= \overline{x}(A_i) + \overline{x}(B_j) - \overline{\overline{x}} - (\overline{x}(A_{i'}) + \overline{x}(B_{j'}) - \overline{\overline{x}}) = \overline{x}_{i\cdot\cdot} + \overline{x}_{\cdot j\cdot} - \overline{\overline{x}} - (\overline{x}_{i'\cdot\cdot} + \overline{x}_{\cdot j'\cdot} - \overline{\overline{x}})$$
$$= \mu + \overline{r} + a_i + \overline{\varepsilon}_{(1)i\cdot} + \overline{\varepsilon}_{(2)i\cdot\cdot} + \mu + \overline{r} + b_j + \overline{\overline{\varepsilon}}_{(1)} + \overline{\varepsilon}_{(2)\cdot j\cdot} - (\mu + \overline{r} + \overline{\overline{\varepsilon}}_{(1)} + \overline{\overline{\varepsilon}}_{(2)})$$
$$- (\mu + \overline{r} + a_{i'} + \overline{\varepsilon}_{(1)i'\cdot} + \overline{\varepsilon}_{(2)i'\cdot\cdot} + \mu + \overline{r} + b_{j'} + \overline{\overline{\varepsilon}}_{(1)} + \overline{\varepsilon}_{(2)\cdot j'\cdot} - (\mu + \overline{r} + \overline{\overline{\varepsilon}}_{(1)} + \overline{\overline{\varepsilon}}_{(2)}))$$
$$= \mu + \overline{r} + a_i + b_j + \overline{\varepsilon}_{(1)i\cdot} + (\overline{\varepsilon}_{(2)i\cdot\cdot} + \overline{\varepsilon}_{(2)\cdot j\cdot} - \overline{\overline{\varepsilon}}_{(2)})$$
$$- (\mu + \overline{r} + a_{i'} + b_{j'} + \overline{\varepsilon}_{(1)i'\cdot} + (\overline{\varepsilon}_{(2)i'\cdot\cdot} + \overline{\varepsilon}_{(2)\cdot j'\cdot} - \overline{\overline{\varepsilon}}_{(2)}))$$
$$= a_i - a_{i'} + b_j - b_{j'} + \overline{\varepsilon}_{(1)i\cdot} - \overline{\varepsilon}_{(1)i'\cdot} + \overline{\varepsilon}_{(2)i\cdot\cdot} - \overline{\varepsilon}_{(2)i'\cdot\cdot} + \overline{\varepsilon}_{(2)\cdot j\cdot} - \overline{\varepsilon}_{(2)\cdot j'\cdot}$$

ここで，この推定量の分散は，

$$V = V(\widehat{\mu(A_iB_j) - \mu(A_{i'}B_{j'})}) = V(\overline{x}_{i\cdot\cdot} + \overline{x}_{\cdot j\cdot} - \overline{x}_{i'\cdot\cdot} - \overline{x}_{\cdot j'\cdot}) \tag{5.122}$$

$$= V(\overline{\varepsilon}_{(1)i\cdot} - \overline{\varepsilon}_{(1)i'\cdot}) + V(\overline{\varepsilon}_{(2)i\cdot\cdot} - \overline{\varepsilon}_{(2)i'\cdot\cdot} + \overline{\varepsilon}_{(2)\cdot j\cdot} - \overline{\varepsilon}_{(2)\cdot j'\cdot})$$

$$= V(\overline{\varepsilon}_{(1)i\cdot} - \overline{\varepsilon}_{(1)i'\cdot}) + V(\overline{\varepsilon}_{(2)i\cdot\cdot} - \overline{\varepsilon}_{(2)i'\cdot\cdot}) + V(\overline{\varepsilon}_{(2)\cdot j\cdot} - \overline{\varepsilon}_{(2)\cdot j'\cdot})$$

$$+ 2Cov(\overline{\varepsilon}_{(2)i\cdot\cdot} - \overline{\varepsilon}_{(2)i'\cdot\cdot}, \overline{\varepsilon}_{(2)\cdot j\cdot} - \overline{\varepsilon}_{(2)\cdot j'\cdot})$$

$$= \frac{2}{r}\sigma_{(1)}^2 + \left(\frac{2}{mr} + \frac{2}{\ell r}\right)\sigma_{(2)}^2$$

$$+ 2Cov(\overline{\varepsilon}_{(2)i\cdot\cdot}, \overline{\varepsilon}_{(2)\cdot j\cdot} - \overline{\varepsilon}_{(2)\cdot j'\cdot}) - 2Cov(\overline{\varepsilon}_{(2)i'\cdot\cdot}, \overline{\varepsilon}_{(2)\cdot j\cdot} - \overline{\varepsilon}_{(2)\cdot j'\cdot})$$

$$= \frac{2}{r}\sigma_{(1)}^2 + \left(\frac{2}{mr} + \frac{2}{\ell r}\right)\sigma_{(2)}^2 = \frac{\sigma_{(1)}^2}{n_{d(1)}} + \frac{\sigma_{(2)}^2}{n_{d(2)}}$$

より，この分散の推定量には，以下が用いられる．

$$\widehat{V} = \widehat{V}(\widehat{\mu(A_iB_j) - \mu(A_{i'}B_{j'})}) = \frac{2}{r}\frac{V_{E'_{(1)}} - V_{E'_{(2)}}}{m} + \frac{2(\ell + m)}{\ell mr}V_{E'_{(2)}} \tag{5.123}$$

$$= \frac{2}{mr}V_{E'_{(1)}} + \frac{2m}{\ell mr}V_{E'_{(2)}} = \frac{V_{E'_{(1)}}}{n_{d(1)}} + \frac{V_{E'_{(2)}}}{n_{d(2)}}$$

②区間推定

そこで，母数 $\mu(A_iB_j) - \mu(A_{i'}B_{j'})$ の信頼度 $1 - \alpha$ の区間推定量は

$$\overline{x}_{i\cdot\cdot} + \overline{x}_{\cdot j\cdot} - \overline{\overline{x}} - (\overline{x}_{i'\cdot\cdot} + \overline{x}_{\cdot j'\cdot} - \overline{\overline{x}}) \pm t(\phi, \alpha)\sqrt{\frac{2}{mr}V_{E'_{(1)}} + \frac{2}{\ell r}V_{E'_{(2)}}} \tag{5.124}$$

(c) データの予測

データの構造式が

$$x_{ijk} = \mu + r_k + a_i + \varepsilon_{(1)ik} + b_j + \varepsilon_{(2)ijk} \tag{5.125}$$

と考えられる．この構造式のもとで，以下の推定を行う．このデータの分散は，

$$V(x_{ijk}) = V(r_k) + V(\varepsilon_{(1)ik}) + V(\varepsilon_{(2)ijk}) = \sigma_R^2 + \sigma_{(1)}^2 + \sigma_{(2)}^2 \tag{5.126}$$

である．水準 A_iB_j のもとで，データの点予測値は点推定値と同じである．

①点予測

$$\widehat{x}(A_iB_j) = \widehat{x_{ijk}} = \widehat{\mu + a_i + b_j} = \widehat{\mu + a_i} + \widehat{\mu + b_j} - \widehat{\mu} = \overline{x}(A_i) + \overline{x}(B_j) - \overline{\overline{x}} \tag{5.127}$$

予測区間に関しては，予測値の分散の推定値は，点推定値の分散に反復を考慮したデータの分散を加えて，

$$\widehat{V} = \widehat{V}(\text{点予測値}) = \frac{V_R}{\text{総データ数}} + \frac{V_{E'_{(1)}}}{n_{e(1)}} + \frac{V_{E'_{(2)}}}{n_{e(2)}} + \widehat{\sigma_R^2} + \widehat{\sigma_{(1)}^2} + \widehat{\sigma_{(2)}^2} \tag{5.128}$$

より，その分散の推定値

$$\widehat{V} = \widehat{V}(\text{点予測値}) \tag{5.129}$$

$$= \frac{V_R}{\text{総データ数}} + \frac{V_{E'_{(1)}}}{n_{e(1)}} + \frac{V_{E'_{(2)}}}{n_{e(2)}} + \frac{V_R - V_{E'_{(1)}}}{\ell m} + \frac{V_{E'_{(1)}} - V_{E'_{(2)}}}{m} + V_{E'_{(2)}}$$

を用いた以下の式を利用する．

②予測区間

信頼度 $1 - \alpha$ のデータの予測区間は，以下の式で与えられる．

$$\widehat{x}(A_iB_j) \pm t(\phi^*, \alpha)\sqrt{\widehat{V}(\text{点予測値})} \tag{5.130}$$

■case 2　反復 R を無視する（なし：考慮しない：プールする）場合

データの構造式が

$$x_{ijk} = \mu + a_i + \varepsilon_{(1)ik} + b_j + (ab)_{ij} + \varepsilon_{(2)ijk} \tag{5.131}$$

と考えられる．反復を考慮する場合と同様に，交互作用を，考慮する場合（**case 2. 1**）と，無視する場合（**case 2. 2**）に分けて検討する．

case 2. 1　交互作用 $A \times B$ を考慮する（あり：無視しない：プールしない）場合

データの構造式が

$$x_{ijk} = \mu + a_i + \varepsilon_{(1)ik} + b_j + (ab)_{ij} + \varepsilon_{(2)ijk} \tag{5.132}$$

と考えられる．そこで，個々のデータの分散は，以下のようになる．

$$V(x_{ijk}) = \sigma^2_{(1)} + \sigma^2_{(2)} \tag{5.133}$$

case 2. 2　交互作用 $A \times B$ を無視する（なし：考慮しない：プールする）場合

データの構造式が

$$x_{ijk} = \mu + \underbrace{a_i + \varepsilon_{(1)ik}}_{1\,次} + \underbrace{b_j + \varepsilon_{(2)ijk}}_{2\,次} \tag{5.134}$$

と考えられる．そこで，個々のデータの分散は，以下のようになる．

$$V = V(x_{ijk}) = \sigma^2_{(1)} + \sigma^2_{(2)} \tag{5.135}$$

5. 2　分割法の適用例

5. 2. 1　1 段 分 割 法

ここでは，無作為化が 2 回行われる 1 段分割法（単一分割法）の例から考えよう．

例題 5-1

中間製品を作るときの因子として A (3 水準) および B (2 水準) を，中間製品から最終製品を作るときの因子として C (3 水準) を選び，$A_1B_1 \sim A_3B_2$ の 6 種の条件下で中間製品 1 ロットずつをランダムにつくり，各ロットを 3 分し，それぞれに $C_1 \sim C_3$ のうちのいずれかの条件をランダムに割り当てて最終製品とした．この実験を 2 回反復 (R) し，得られた最終製品の特性を測定した結果を表 5.3 に示す．以下のような項目について検討せよ．

(1) データの構造式，および制約条件を示せ．

(2) データをグラフ化し，要因効果の概略について述べよ．

(3) 分散分析を行い，要因効果の有無について検討せよ．

(4) 分散分析後のデータの構造式を示せ．

(5) 特性が最大となる条件を決定せよ．

(6) 最適条件における母平均を点推定し，次に，信頼率 95 %で区間推定せよ．

表 5.3　データ表（単位：省略）

因子 A の水準	因子 B の水準	反復 R_1			反復 R_2		
		C_1	C_2	C_3	C_1	C_2	C_3
A_1	B_1	8	14	22	10	18	24
	B_2	18	24	29	16	22	22
A_2	B_1	18	25	27	15	23	24
	B_2	22	30	27	15	23	24
A_3	B_1	22	28	19	20	23	23
	B_2	28	30	31	30	36	30

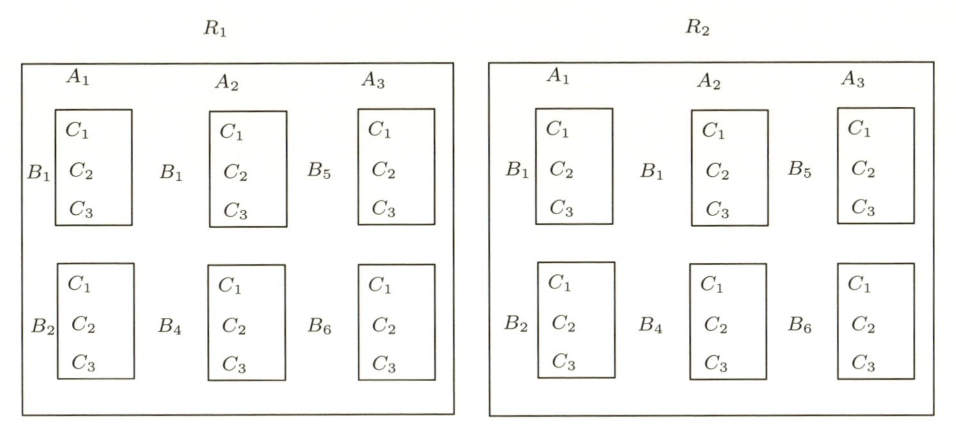

図 **5.4**　例題 5-1 の分割法の配置

この実験の場合のランダマイズされる枠を表したのが，図 5.4 である．

(0)　予備解析

手順 1　実験順序とデータの入力

反復 1 回目と 2 回目で区別して分割実験した順序を記入した例が表 5.4 である．

表 5.4　順序表

因子 A の水準	因子 B の水準	反復 R_1			反復 R_2		
		C_1	C_2	C_3	C_1	C_2	C_3
A_1	B_1	24	22	23	18	16	17
	B_2	30	29	9	4	6	5
A_2	B_1	34	35	36	7	9	8
	B_2	25	27	26	3	1	2
A_3	B_1	32	33	31	11	12	10
	B_2	20	19	21	14	15	13

手順 2　データの集計

交互作用が考えられる要因について 2 元表・3 元表を以下のように作成する．

表 5.5　$AB$2 元表

要因	B_1	B_2	計
A_1	$8+14+22+10+18+24=96$	$18+24+29+16+22+22=131$	227
A_2	$18+25+27+15+23+24=132$	$22+30+27+15+23+24=141$	273
A_3	$22+28+19+20+23+23=135$	$28+30+31+30+36+30=185$	320
計	363	457	820

表 5.6　$AC$2 元表

要因	C_1	C_2	C_3	計
A_1	52	78	97	227
A_2	70	101	102	273
A_3	100	117	103	320
計	220	299	302	820

表 5.7　$BC$2 元表

要因	C_1	C_2	C_3	計
B_1	93	131	139	363
B_2	129	165	163	457
計	222	296	302	820

表 5.8　ABC 3 元表

	C_1		C_2		C_3	
	B_1	B_2	B_1	B_2	B_1	B_2
A_1	18	34	32	46	46	51
A_2	33	37	48	53	51	51
A_3	42	58	51	66	42	61

手順 3　データのグラフ化

計算補助表と各 2 元表における特性値の平均に関して，グラフを作成し，因子の主効果，因子の交互作用の概略をみる．要因を縦と横にとって交差する位置にその交互作用に対応した合計を計算した表を作成し，この表をもとに図 5.5 のように主効果・交互作用のグラフを作成する．主効果については A, B がありそうであり，交互作用についてはいずれもなさそうである．その他は判然としない．

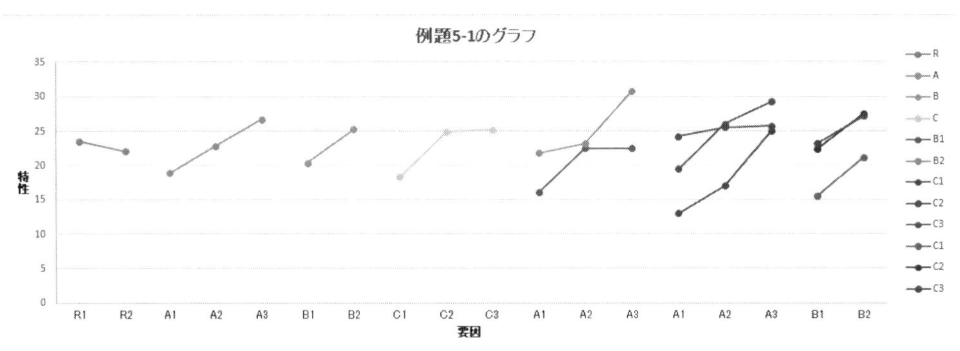

図 5.5　グラフ作成用データと主効果・交互作用（各要因効果）のグラフ

(1) 分散分析（と要因効果の検定）

手順 1　データの構造式として以下が考えられる．

(5.136)
$$\begin{aligned} x_{ijkq} &= \mu + r_q + a_i + b_j + (ab)_{ij} + \varepsilon_{(1)ijq} \\ &\quad + c_k + (ac)_{ik} + (bc)_{jk} + (abc)_{ijk} + \varepsilon_{(2)ijkq} \\ &\sum_{i=1}^{\ell} a_i = 0, \sum_{j=1}^{m} b_j = 0, \sum_{i=1}^{\ell} (ab)_{ij} = \sum_{j=1}^{m} (ab)_{ij} = 0 \\ &\sum_{i=1}^{\ell} (ac)_i = \sum_{k=1}^{n} (ac)_k = 0, \sum_{j=1}^{m} (bc)_{jk} = \sum_{k=1}^{n} (bc)_{jk} = 0, \\ &\sum_{i=1}^{\ell} (abc)_{ijk} = \sum_{j=1}^{m} (abc)_{ijk} = \sum_{k=1}^{n} (abc)_{ijk} = 0 \end{aligned}$$

$r_q \sim N(0, \sigma_R^2), \varepsilon_{(1)ik} \sim N(0, \sigma_{E_1}^2), \varepsilon_{(2)ik} \sim N(0, \sigma_{E_2}^2)$,

$r_q, \varepsilon_{(1)ik}, \varepsilon_{(2)ik}$ は互いに独立

$(i = 1, \ldots, \ell(=3); j = 1, \ldots, m(=2); k = 1, \ldots, n(=3); q = 1, \ldots, r(=2))$

手順 2　平方和（の分解）・自由度の計算

● 平方和について

式に現れる 4 個の因子 R, A, B, C の主効果と交互作用を次数も考慮してすべて書くと

・0 次要因：R

・1 次要因：$A, B, A \times B, A \times R, B \times R, A \times B \times R$

・2 次要因：$C, A \times C, B \times C, C \times R, A \times B \times C, A \times C \times R, B \times C \times R, A \times B \times C \times R$

となる．それぞれの平方和は

(5.137)
$$\begin{aligned} S_{E_{(1)}} &= S_{A \times R} + S_{B \times R} + S_{A \times B \times R} \\ &= S_{ABR} - (S_A + S_B + S_R + S_{A \times B}) \end{aligned}$$

(5.138)
$$\begin{aligned} S_{E_{(2)}} &= S_{C \times R} + S_{A \times C \times R} + S_{B \times C \times R} + S_{A \times B \times C \times R} \\ &= S_T - (S_R + S_A + S_B + S_{A \times B} + S_{E_{(1)}} + S_C + S_{A \times C} + S_{B \times C} + S_{A \times B \times C}) \end{aligned}$$

である．自由度は平方和に対応させて

(5.139)
$$\phi_{E_{(1)}} = \phi_{A \times B \times R} - (\phi_A + \phi_B + \phi_R + \phi_{A \times B})$$

(5.140)
$$\phi_{E_{(2)}} = \phi_T - (\phi_R + \phi_A + \phi_B + \phi_{A \times B} + \phi_{E_{(1)}} + \phi_C + \phi_{A \times C} + \phi_{B \times C} + \phi_{A \times B \times C})$$

具体的に平方和を計算してみよう．

1 次単位

$$(5.141)\ CT=\frac{\left(\sum_{i=1}^{\ell}\sum_{j=1}^{m}\sum_{k=1}^{n}\sum_{q=1}^{r}x_{ijkq}\right)^2}{N}=\frac{T^2}{N}=\frac{820^2}{36}=18677.78\quad(N=\ell mnr：総実験数)$$

$$(5.142)\ S_T=\sum_{i=1}^{\ell}\sum_{j=1}^{m}\sum_{k=1}^{n}\sum_{q=1}^{r}x_{ijkq}^2-CT=19988-18677.78=1310.22$$

$$(5.143)\ S_{RAB}=\sum_{i=1}^{\ell}\sum_{j=1}^{m}\sum_{q=1}^{r}\frac{x_{ij\cdot q}^2}{n}-CT=76034.67-18677.78=776.89$$

$$(5.144)\ S_{RA}=\sum_{i=1}^{\ell}\sum_{q=1}^{r}\frac{x_{i\cdot\cdot q}^2}{mn}-CT=19092.33-18677.78=414.56$$

$$(5.145)\ S_R=\sum_{q=1}^{r}\frac{x_{ijkq}^2}{\ell mn}-CT=18693.78-18677.78=16.00$$

$$(5.146)\ S_{AB}=\sum_{i=1}^{\ell}\sum_{j=1}^{m}\frac{x_{ij\cdot\cdot}^2}{\ell m}-CT=19355.33-18677.78=677.56$$

$$(5.147)\ S_{E_{(1)}}=S_{ABR}-S_A-S_B-S_R-S_{A\times B}$$
$$=776.89-360.39-245.44-16-71.72=83.33$$

2 次単位

$$(5.148)\qquad S_A=\sum_{i=1}^{\ell}\frac{x_{i\cdots}^2}{mnr}-CT=19038.17-18677.78=360.39$$

$$(5.149)\qquad S_B=\sum_{k=1}^{n}\frac{x_{\cdot\cdot k\cdot}^2}{\ell nr}-CT=340618/12-18677.78=245.44$$

$$(5.150)\qquad S_C=\sum_{k=1}^{n}\frac{x_{\cdot\cdot k\cdot}^2}{\ell mr}-CT=228104/18-18677.78=330.89$$

$$(5.151)\qquad S_{BC}=\sum_{j=1}^{m}\sum_{k=1}^{n}\frac{x_{\cdot jk\cdot}^2}{\ell r}-CT=115566/6-18677.78=583.22$$

$$(5.152)\qquad S_{AC}=\sum_{i=1}^{\ell}\sum_{k=1}^{n}\frac{x_{i\cdot k\cdot}^2}{mr}-CT=78000/4-18677.78=822.22$$

$$(5.153)\qquad S_{ABC}=\sum_{i=1}^{\ell}\sum_{j=1}^{m}\sum_{k=1}^{n}\frac{x_{ijk\cdot}^2}{r}-CT=19840-18677.78=1162.22$$

$$(5.154)\qquad S_{A\times B}=S_{AB}-S_A-S_B=677.56-360.39-245.44=71.72$$

$$(5.155)\qquad S_{A\times C}=S_{AC}-S_A-S_C=822.22-360.39-330.89=130.94$$

$$(5.156)\qquad S_{B\times C}=S_{BC}-S_B-S_C=583.22-245.44-330.89=6.89$$

$$(5.157)\qquad S_{A\times B\times C}=S_{ABC}-S_{AB}-S_C-S_{A\times C}-S_{B\times C}$$
$$=1162.22-677.56-330.89-130.94-6.89=15.94$$

$$(5.158)\qquad S_{E_{(2)}}=S_T-S_{ABC}-S_R-S_{E_{(1)}}=48.67$$

手順 3　分散分析表の作成と要因効果の検定

$E(V)$ の $\sigma_{(1)}^2$ の係数は，交互作用 $A\times B\times R$ については 3 個である（ABR の水準を決めて 3 回実験：C の個数される）．構造式においてその変数の添字を固定して，残りの添字について得られるデータの個数を係数と考えても良い．R および 1 次要因は 1 次誤差で検定し，1 次誤差および 2 次要因は 2 次誤差で検定する．F 値が小さい要因を逐次プールする．ここでは，R が 1 次誤差 $E_{(1)}$ にプールされ，

表 5.9 分散分析表 (1)

要因	平方和 (S)	自由度 (ϕ)	MS	検定	F_0	$E(V)$
R	$S_R = 16.0$	$\phi_R = 1$	16	←	$\dfrac{V_R}{V_{E_{(1)}}} = 0.96$	$\sigma^2_{(2)} + 3\sigma^2_{(1)} + 18\sigma^2_R$
A	$S_A = 360.39$	$\phi_A = 2$	180.19	←	$\dfrac{V_A}{V_{E_{(1)}}} = 10.81^*$	$\sigma^2_{(2)} + 3\sigma^2_{(1)} + 12\sigma^2_A$
B	$S_B = 245.44$	$\phi_B = 1$	245.44	←	$\dfrac{V_B}{V_{E_{(1)}}} = 14.73^*$	$\sigma^2_{(2)} + 3\sigma^2_{(1)} + 18\sigma^2_B$
$A \times B$	$S_{A\times B} = 71.72$	$\phi_{A\times B} = 2$	35.86	←	$\dfrac{V_{A\times B}}{V_{E_{(1)}}} = 2.152$	$\sigma^2_{(2)} + 3\sigma^2_{(1)} + 6\sigma^2_{A\times B}$
$E_{(1)}$	$S_{E_{(1)}} = 83.33$	$\phi_{E_{(1)}} = 5$	16.67	←	$\dfrac{V_{E_{(1)}}}{V_{E_{(2)}}} = 4.110^*$	$\sigma^2_{(2)} + 3\sigma^2_{(1)}$
C	$S_C = 330.89$	$\phi_C = 2$	165.44	←	$\dfrac{V_C}{V_{E_{(2)}}} = 40.79^{**}$	$\sigma^2_{(2)} + 12\sigma^2_C$
$A \times C$	$S_{A\times C} = 130.94$	$\phi_{A\times C} = 4$	32.74	←	$\dfrac{V_{A\times C}}{V_{E_{(2)}}} = 8.072^{**}$	$\sigma^2_{(2)} + 4\sigma^2_{A\times C}$
$B \times C$	$S_{B\times C} = 6.89$	$\phi_{B\times C} = 2$	3.44	←	$\dfrac{V_{B\times C}}{V_{E_{(2)}}} = 0.849$	$\sigma^2_{(2)} + 6\sigma^2_{B\times C}$
$A \times B \times C$	$S_{A\times B\times C} = 15.94$	$\phi_{A\times B\times C} = 4$	3.986	←	$\dfrac{V_{A\times B\times C}}{V_{E_{(2)}}} = 0.983$	$\sigma^2_{(2)} + 2\sigma^2_{A\times B\times C}$
$E_{(2)}$	$S_{E_{(2)}} = 48.67$	$\phi_{E_{(2)}} = 12$	4.056			$\sigma^2_{(2)}$
計	$S_T = 1310.22$	$\phi_T = 35$				

$F(1,5;0.05) = 6.61, F(1,5;0.01) = 16.3, F(2,5;0.05) = 5.79, F(2,5;0.01) = 13.3,$
$F(2,12;0.05) = 3.89, F(2,12;0.01) = 6.93, F(4,12;0.05) = 3.26, F(4,12;0.01) = 5.41,$
$F(5,12;0.05) = 3.11, F(5,12;0.01) = 5.06$

$B \times C$ と $A \times B \times C$ が 2 次誤差 $E_{(2)}$ にプールされるとして，分散分析表 (2) を作成する．

- 自由度について

$$\phi_T = N - 1 = \ell mnr - 1 = 36 - 1 = 5, \phi_R = r - 1 = 1 \tag{5.159}$$

$$\phi_A = \ell - 1 = 2, \phi_B = 2 - 1 = 1 \tag{5.160}$$

$$\phi_{A\times B} = \phi_A \times \phi_B = (\ell - 1)(m - 1) = 2 \tag{5.161}$$

$$\phi_{E_{(1)}} = \phi_{RA} - \phi_R - \phi_A = (\ell - 1)(n - 1), \phi_{RA} = n\ell - 1 \tag{5.162}$$

$$\phi_{E_{(2)}} = \phi_T - \phi_R - \phi_A - \phi_{E_{(1)}} - \phi_B - \phi_{A\times B} = \ell(n - 1)(m - 1) \tag{5.163}$$

表 5.10　分散分析表 (2)

要因	平方和 (S)	自由度 (ϕ)	平均平方 (MS)	検定	F_0	$E(V)$
A	$S_A = 360.39$	$\phi_A = 2$	$V_A = 180.194$		$\dfrac{V_A}{V_{E'_{(1)}}} = 8.427^*$	$\sigma^2_{(2)} + 3\sigma^2_{(1)} + 18\sigma^2_A$
B	$S_B = 245.44$	$\phi_B = 1$	$V_B = 245.44$		$\dfrac{V_B}{V_{E'_{(1)}}} = 11.48^{**}$	$\sigma^2_{(2)} + 3\sigma^2_{(1)} + 12\sigma^2_B$
$E'_{(1)}$	$S_{E'_{(1)}} = 171.06$	$\phi_{E'_{(1)}} = 8$	$V_{E'_{(1)}} = 21.38$		$\dfrac{V_{E'_{(1)}}}{V_{E'_{(2)}}} = 5.383^{**}$	$\sigma^2_{(2)} + 3\sigma^2_{(1)}$
C	$S_C = 330.89$	$\phi_C = 2$	$V_C = 165.44$		$\dfrac{V_C}{V_{E'_{(2)}}} = 41.65^{**}$	$\sigma^2_{(2)} + 12\sigma^2_C$
$A \times C$	$S_{A\times C} = 130.94$	$\phi_{A\times C} = 4$	$V_{A\times C} = 32.736$		$\dfrac{V_{A\times C}}{V_{E'_{(2)}}} = 8.241^{**}$	$\sigma^2_{(2)} + 4\sigma^2_{A\times C}$
$E'_{(2)}$	$S_{E'_{(2)}} = 71.5$	$\phi_{E'_{(2)}} = 18$	$V_{E'_{(2)}} = 3.972$			$\sigma^2_{(2)}$
計	$S_T = 1310.22$	$\phi_T = 35$				

$F(1,8;0.05) = 5.32, F(1,8;0.01) = 11.3, F(2,8;0.05) = 4.46, F(2,8;0.01) = 8.65,$
$F(2,18;0.05) = 3.55, F(2,18;0.01) = 6.01, F(4,18;0.05) = 2.93, F(4,18;0.01) = 4.58,$
$F(8,18;0.05) = 2.51, F(8,18;0.01) = 3.71$

(2) 分散分析後の推定・予測

分散分析の結果に基づき，要因の効果が確認され，モデルの構造式を仮定する．そのもとで，推定を行う．

手順 1　データの構造式

$$x_{ijkq} = \mu + \underbrace{a_i + b_j + \varepsilon_{(1)ijq}}_{1\,次} + \underbrace{c_k + (ac)_{ik} + \varepsilon_{(2)ijkq}}_{2\,次} \tag{5.164}$$

手順 2　推定・予測

(a) 誤差分散の推定

1 次誤差は無視できない．そのばらつき $\sigma^2_{(1)}$ の推定値，2 次誤差のばらつき $\sigma^2_{(2)}$ の推定値はそれぞれ

$$\widehat{\sigma^2_{(1)}} = \frac{V_{E'_{(1)}} - V_{E'_{(2)}}}{3} \doteqdot \frac{171.06 - 71.5}{3} = 33.187,\ \widehat{\sigma^2_{(2)}} = V_{E'_{(2)}} = 3.972 \tag{5.165}$$

(b) 最適水準での母平均の推定

交互作用のある A, C については，$AC$2 元表より，最大となるのは A_3C_2 であり，B については B_2 水準であるので，最適水準は $A_3B_2C_2$ である．

①点推定（水準 $A_3B_2C_2$ での）

$$\widehat{\mu}(A_3B_2C_2) = \widehat{\mu + a_3 + b_2 + c_2 + (ac)_{32}} \tag{5.166}$$

$$= \widehat{\mu + a_3 + c_2 + (ac)_{32}} + \widehat{\mu + b_2} - \widehat{\mu} = \overline{x}(A_3C_2) + \overline{x}(B_2) - \overline{\overline{x}}$$

$$= \overline{x}_{3\cdot2\cdot} + \overline{x}_{\cdot2\cdot\cdot} - \overline{\overline{x}} = \frac{117}{4} + \frac{457}{18} - \frac{820}{36} = 31.86$$

$$= \mu + a_3 + c_2 + (ac)_{32} + \overline{\varepsilon}_{(1)3\cdot\cdot} + \overline{\varepsilon}_{(2)3\cdot2\cdot}$$

$$+ \mu + b_2 + \overline{\varepsilon}_{(1)\cdot2\cdot} + \overline{\varepsilon}_{(2)\cdot2\cdot\cdot} - (\mu + \overline{\overline{\varepsilon}}_{(1)} + \overline{\overline{\varepsilon}}_{(2)})$$

$$= \mu + a_3 + b_2 + c_2 + (ac)_{32} + (\overline{\varepsilon}_{(1)3\cdot\cdot} + \overline{\varepsilon}_{(1)\cdot2\cdot} - \overline{\overline{\varepsilon}}_{(1)}) + (\overline{\varepsilon}_{(2)3\cdot2\cdot} + \overline{\varepsilon}_{(2)\cdot2\cdot\cdot} - \overline{\overline{\varepsilon}}_{(2)})$$

なお，

(5.167)
$$\widehat{\mu}(A_3B_2C_2)=\widehat{\mu}+\underbrace{\widehat{a_3}+\widehat{b_2}}_{1\text{次}}+\underbrace{\widehat{c_2}+\widehat{(ac)_{32}}}_{2\text{次}}$$
$$=\overline{\overline{x}}+\underbrace{\overline{x}_{3\cdots}-\overline{\overline{x}}+\overline{x}_{\cdot 2\cdot\cdot}-\overline{\overline{x}}}_{1\text{次}}+\underbrace{\overline{x}_{\cdot\cdot 2\cdot}-\overline{\overline{x}}+\overline{x}_{3\cdot 2\cdot}-\overline{x}_{3\cdots}-\overline{x}_{\cdot\cdot 2\cdot}+\overline{\overline{x}}}_{2\text{次}}$$

その推定量の分散は，$(\ell=3,m=2,n=3,r=2)$

(5.168)
$$V(\text{点推定})=V(\overline{\varepsilon}_{(1)3\cdot\cdot}+\overline{\varepsilon}_{(1)\cdot 2\cdot}-\overline{\overline{\varepsilon}}_{(1)})+V(\overline{\varepsilon}_{(2)3\cdot 2\cdot}+\overline{\varepsilon}_{(2)\cdot 2\cdot\cdot}-\overline{\overline{\varepsilon}}_{(2)})$$
$$=\left(\frac{1}{4}+\frac{1}{6}-\frac{1}{12}\right)\sigma^2_{(1)}+\left(\frac{1}{4}+\frac{1}{18}-\frac{1}{36}\right)\sigma^2_{(2)}$$

であり，その推定量は

(5.169)
$$\widehat{V}(\text{点推定})=\frac{3+2-1}{12}\widehat{\sigma^2_{(1)}}+\frac{9+2-1}{36}\widehat{\sigma^2_{(2)}}$$
$$=\frac{1}{3}\frac{V_{E'_{(1)}}-V_{E'_{(2)}}}{3}+\frac{5}{18}V_{E'_{(2)}}=\frac{1}{9}V_{E'_{(1)}}+\frac{1}{6}V_{E'_{(2)}}$$

となる．または，以下のように公式を用いて求まる．反復 (R) を無視する場合なので

(5.170)
$$\widehat{V}(\text{点推定})=\frac{V_{E'_{(1)}}}{\text{総データ数}}+\frac{V_{E'_{(1)}}}{n_{e(1)}}+\frac{V_{E'_{(2)}}}{n_{e(2)}}$$

なお，有効反復数 $n_{e(i)}$ は以下の田口の式を利用して求める．

(5.171)
$$\frac{1}{n_{e(i)}}=\frac{\text{点推定に用いた } i \text{ 次要因の自由度の和}}{\text{総データ数}}$$

(5.172)
$$\frac{1}{n_{e(1)}}=\frac{\phi_A+\phi_B}{N}=\frac{2+1}{36}=\frac{1}{12},\ \frac{1}{n_{e(2)}}=\frac{\phi_C+\phi_{A\times C}}{N}=\frac{2+4}{36}=\frac{1}{6}$$

より，

(5.173)
$$\widehat{V}(\text{点推定})=\frac{4}{36}V_{E'_{(1)}}+\frac{1}{6}V_{E'_{(2)}}=\frac{1}{9}\times 21.38+\frac{1}{6}\times 3.972=3.038$$

②区間推定

等価自由度 ϕ^* はサタースウェイトの方法より

(5.174)
$$\phi^*=\frac{\left(\widehat{V}(\text{点推定})\right)^2}{(V_{E'_{(1)}}/9)^2/\phi_{E'_{(1)}}+(V_{E'_{(2)}}/6)^2/\phi_{E'_{(2)}}}$$
$$=\frac{3.038^2}{(21.38/9)^2/8+(3.972/6)^2/18}=12.65$$

線形補間により

(5.175)
$$t(\phi^*,0.05)=(\phi^*-[\phi^*])\times t([\phi^*]+1,0.05)+(1-(\phi^*-[\phi^*]))\times t([\phi^*],0.05)$$
$$=(12.65-12)\times\overbrace{t(13,0.05)}^{=2.160}+(1-(12.65-12))\times\overbrace{t(12,0.05)}^{=2.179}=2.167$$

したがって信頼区間は

(5.176)
$$\widehat{\mu}(A_3B_2C_2)\pm t(\phi^*,\alpha)\sqrt{\widehat{V}(\text{点推定})}$$
$$=31.86\pm 2.167\sqrt{3.038}=31.86\pm 3.78=28.08,35.64$$

(c) 2 つの母平均の差の推定

- 最適水準と現状の水準間での母数の差　$\mu(A_3B_2C_2)-(A_1B_1C_1)$ について

①点推定　$(\widehat{\mu}(A_1B_1C_1)=\overline{x}_{1\cdot 1\cdot}+\overline{x}_{\cdot 1\cdot\cdot}-\overline{\overline{x}}=52/4+363/18-820/36=10.39)$

$$(5.177)\ \widehat{\mu}(A_3B_2C_2)-\widehat{\mu}(A_1B_1C_1)=\overline{x}_{3\cdot2\cdot}+\overline{x}_{\cdot2\cdot\cdot}-\overline{\overline{x}}-(\overline{x}_{1\cdot1\cdot}+\overline{x}_{\cdot1\cdot\cdot}-\overline{\overline{x}})=31.86-10.39=21.47$$

$$=\mu+a_3+b_2+c_2+(ac)_{32}+(\overline{\varepsilon}_{(1)3\cdot\cdot}+\overline{\varepsilon}_{(1)\cdot2\cdot}-\overline{\overline{\varepsilon}}_{(1)})+(\overline{\varepsilon}_{(2)3\cdot2\cdot}+\overline{\varepsilon}_{(2)\cdot2\cdot\cdot}-\overline{\overline{\varepsilon}}_{(2)})$$

$$-(\mu+a_1+b_1+c_1+(ac)_{11})-(\overline{\varepsilon}_{(1)1\cdot\cdot}+\overline{\varepsilon}_{(1)\cdot1\cdot}-\overline{\overline{\varepsilon}}_{(1)})-(\overline{\varepsilon}_{(2)1\cdot1\cdot}+\overline{\varepsilon}_{(2)\cdot1\cdot\cdot}-\overline{\overline{\varepsilon}}_{(2)})$$

$$=\overline{\overline{x}}+\underbrace{\overline{x}_{3\cdots}-\overline{\overline{x}}+\overline{x}_{\cdot2\cdot\cdot}-\overline{\overline{x}}}_{1\text{ 次}}+\underbrace{\overline{x}_{\cdot\cdot2\cdot}-\overline{\overline{x}}+\overline{x}_{3\cdot2\cdot}-\overline{x}_{3\cdots}-\overline{x}_{\cdot\cdot2\cdot}+\overline{\overline{x}}}_{2\text{ 次}}$$

$$-(\overline{\overline{x}}+\underbrace{\overline{x}_{1\cdots}-\overline{\overline{x}}+\overline{x}_{\cdot1\cdot\cdot}-\overline{\overline{x}}}_{1\text{ 次}}+\underbrace{\overline{x}_{\cdot\cdot1\cdot}-\overline{\overline{x}}+\overline{x}_{1\cdot1\cdot}-\overline{x}_{1\cdots}-\overline{x}_{\cdot\cdot1\cdot}+\overline{\overline{x}}}_{2\text{ 次}})$$

②区間推定

点推定値の差の分散の推定量は

$$(5.178)\quad \widehat{V}(\text{差})=V(\overline{\varepsilon}_{(1)3\cdot\cdot}-\overline{\varepsilon}_{(1)1\cdot\cdot}+\overline{\varepsilon}_{(1)\cdot2\cdot}-\overline{\varepsilon}_{(1)\cdot1\cdot})+V(\overline{\varepsilon}_{(2)3\cdot2\cdot}-\overline{\varepsilon}_{(2)1\cdot1\cdot}+\overline{\varepsilon}_{(2)\cdot2\cdot\cdot}-\overline{\varepsilon}_{(2)\cdot1\cdot\cdot})$$

$$=V(\overline{\varepsilon}_{(1)3\cdot\cdot}-\overline{\varepsilon}_{(1)1\cdot\cdot})+2\overbrace{Cov(\overline{\varepsilon}_{(1)3\cdot\cdot}-\overline{\varepsilon}_{(1)1\cdot\cdot},\overline{\varepsilon}_{(1)\cdot2\cdot}-\overline{\varepsilon}_{(1)\cdot1\cdot})}^{=0}+V(\overline{\varepsilon}_{(1)\cdot2\cdot}-\overline{\varepsilon}_{(1)\cdot1\cdot})$$

$$+V(\overline{\varepsilon}_{(2)3\cdot2\cdot}-\overline{\varepsilon}_{(2)1\cdot1\cdot})+2\overbrace{Cov(\overline{\varepsilon}_{(2)3\cdot2\cdot}-\overline{\varepsilon}_{(2)1\cdot1\cdot},\overline{\varepsilon}_{(2)\cdot2\cdot\cdot}-\overline{\varepsilon}_{(2)\cdot1\cdot\cdot})}^{=0}+V(\overline{\varepsilon}_{(2)\cdot2\cdot\cdot}-\overline{\varepsilon}_{(2)\cdot1\cdot\cdot})$$

$$=V(\overline{\varepsilon}_{(1)3\cdot\cdot})+V(\overline{\varepsilon}_{(1)1\cdot\cdot})+V(\overline{\varepsilon}_{(1)\cdot2\cdot})+V(\overline{\varepsilon}_{(1)\cdot1\cdot})+V(\overline{\varepsilon}_{(2)3\cdot2\cdot})+V(\overline{\varepsilon}_{(2)1\cdot1\cdot})+V(\overline{\varepsilon}_{(2)\cdot2\cdot\cdot})+V(\overline{\varepsilon}_{(2)\cdot1\cdot\cdot})$$

$$=\left(\frac{1}{4}+\frac{1}{4}+\frac{1}{6}+\frac{1}{6}\right)\widehat{\sigma^2_{(1)}}+\left(\frac{1}{4}+\frac{1}{4}+\frac{1}{18}+\frac{1}{18}\right)\widehat{\sigma^2_{(2)}}$$

$$=\frac{5}{6}\frac{V_{E'_{(1)}}-V_{E'_{(2)}}}{3}+\frac{11}{18}V_{E'_{(2)}}=\frac{5}{18}V_{E'_{(1)}}+\frac{1}{3}V_{E'_{(2)}}$$

……………………………………………………………………………………

(参考) $Cov(\overline{\varepsilon}_{(1)3\cdot\cdot}-\overline{\varepsilon}_{(1)1\cdot\cdot},\overline{\varepsilon}_{(1)\cdot2\cdot}-\overline{\varepsilon}_{(1)\cdot1\cdot})$

$$=Cov\left(\frac{\varepsilon_{(1)32\cdot}}{4},\frac{\varepsilon_{(1)32\cdot}}{6}\right)-Cov\left(\frac{\varepsilon_{(1)31\cdot}}{4},\frac{\varepsilon_{(1)31\cdot}}{6}\right)-Cov\left(\frac{\varepsilon_{(1)12\cdot}}{4},\frac{\varepsilon_{(1)12\cdot}}{6}\right)+Cov\left(\frac{\varepsilon_{(1)11\cdot}}{4},\frac{\varepsilon_{(1)11\cdot}}{6}\right)$$

$$=\frac{2}{24}\sigma^2_{(1)}-\frac{2}{24}\sigma^2_{(1)}-\frac{2}{24}\sigma^2_{(1)}+\frac{2}{24}\sigma^2_{(1)}=0$$

同様に $Cov(\overline{\varepsilon}_{(2)3\cdot2\cdot}-\overline{\varepsilon}_{(2)1\cdot1\cdot},\overline{\varepsilon}_{(2)\cdot2\cdot\cdot}-\overline{\varepsilon}_{(2)\cdot1\cdot\cdot})$

$$=Cov\left(\frac{\varepsilon_{(1)322\cdot}}{4},\frac{\varepsilon_{(1)322\cdot}}{18}\right)-Cov\left(\frac{\varepsilon_{(1)312\cdot}}{4},\frac{\varepsilon_{(1)312\cdot}}{18}\right)-Cov\left(\frac{\varepsilon_{(1)121\cdot}}{4},\frac{\varepsilon_{(1)121\cdot}}{18}\right)+Cov\left(\frac{\varepsilon_{(1)111\cdot}}{4},\frac{\varepsilon_{(1)111\cdot}}{18}\right)$$

$$=\frac{2}{72}\sigma^2_{(2)}-\frac{2}{72}\sigma^2_{(2)}-\frac{2}{72}\sigma^2_{(2)}+\frac{2}{72}\sigma^2_{(2)}=0$$

……………………………………………………………………………………

点推定値の差の分散の推定量は公式を利用して以下のようにも求められる.

$$(5.179)\quad \widehat{V}(\text{点推定値の差})=\widehat{V}(\text{差})=\frac{V_{E'_{(1)}}}{n_{d(1)}}+\frac{V_{E'_{(2)}}}{n_{d(2)}}$$

なお, $n_{d(1)}$, $n_{d(2)}$ などは次のように求める. 差の 1 次の項における係数 $n_{d(1)}$ については, 引かれる数の項の有効繰返し数 $n_{e1(1)}$ と引く数の項の有効繰返し数 $n_{e2(1)}$ について, 伊奈の式を用いる. 同様に差の 2 次の項における係数についても以下のように求める.

$$(5.180)\quad \frac{1}{n_{d(1)}}=\frac{1}{n_{e1(1)}}+\frac{1}{n_{e2(1)}},\ \frac{1}{n_{d(2)}}=\frac{1}{n_{e1(2)}}+\frac{1}{n_{e2(2)}}$$

1 次 : $\overline{x}_{3\cdots}+\overline{x}_{\cdot2\cdot\cdot},\overline{x}_{1\cdots}+\overline{x}_{\cdot1\cdot\cdot}\rightarrow\dfrac{1}{n_{d(1)}}=\dfrac{1}{n_{e1(1)}}+\dfrac{1}{n_{e2(1)}}=(\dfrac{1}{12}+\dfrac{1}{18})+(\dfrac{1}{12}+\dfrac{1}{18})=\dfrac{10}{36}=\dfrac{5}{18}$

2 次 : $\overline{x}_{3\cdot2\cdot}-\overline{x}_{3\cdots},\overline{x}_{1\cdot1\cdot}-\overline{x}_{1\cdots}\rightarrow\dfrac{1}{n_{d(2)}}=\dfrac{1}{n_{e1(2)}}+\dfrac{1}{n_{e2(2)}}=\dfrac{1}{4}-\dfrac{1}{12}+\dfrac{1}{4}-\dfrac{1}{12}=\dfrac{4}{12}=\dfrac{1}{3}$

$$(5.181)\quad \widehat{V}(\text{差})=\frac{V_{E'_{(1)}}}{n_{d(1)}}+\frac{V_{E'_{(2)}}}{n_{d(2)}}=\frac{5V_{E'_{(1)}}}{18}+\frac{V_{E'_{(2)}}}{3}=\frac{5}{18}\times21.38+\frac{3.972}{3}=7.263$$

等価自由度 ϕ^* はサタースウェイトの方法より

$$\phi^* = \frac{7.263^2}{5.939^2/8 + 1.324^2/18} = 11.706 \tag{5.182}$$

線形補間法により

$$\begin{aligned} t(\phi^*, 0.05) &= (\phi^* - [\phi^*]) \times t([\phi^*]+1, 0.05) + (1-(\phi^* - [\phi^*])) \times t([\phi^*], 0.05) \\ &= (11.706 - 11) \times \overbrace{t(12, 0.05)}^{=2.179} + (1-(11.706-11)) \times \overbrace{t(11, 0.05)}^{=2.201} = 2.185 \end{aligned} \tag{5.183}$$

したがって差の信頼区間は

$$\begin{aligned} &\widehat{\mu}(A_3B_2C_2) - \widehat{\mu}(A_1B_1C_1) \pm t(\phi^*, \alpha)\sqrt{\widehat{V}(差)} \\ &= 21.47 \pm 2.185\sqrt{7.263} = 21.47 \pm 5.89 = 15.58,\ 27.36 \end{aligned} \tag{5.184}$$

(d) データの予測

水準 $A_3B_2C_2$ においてデータの予測を行う．

①点予測

$$\widehat{x}(A_3B_2C_2) = \widehat{\mu}(A_3B_2C_2) = 31.86 \tag{5.185}$$

②予測区間

点推定量の分散にデータの分散 $\sigma^2_{(1)} + \sigma^2_{(2)}$ が加わることより，予測値の分散の推定量は

$$\begin{aligned} \widehat{V}(予測) &= \widehat{V}(\widehat{\mu}(A_3B_2C_2)) + \widehat{\sigma^2_{(1)}} + \widehat{\sigma^2_{(2)}} \\ &= \left(\frac{1}{9}V_{E'_{(1)}} + \frac{1}{6}V_{E'_{(2)}}\right) + \frac{V_{E'_{(1)}} - V_{E'_{(2)}}}{3} + V_{E'_{(2)}} \\ &= \frac{4+12}{36}V_{E'_{(1)}} + \frac{1-2+6}{6}V_{E'_{(2)}} = \frac{4}{9} \times 21.38 + \frac{5}{6} \times 3.972 = 12.81 \end{aligned} \tag{5.186}$$

等価自由度 ϕ^* はサタースウェイトの方法より

$$\phi^* = \frac{12.81^2}{\left(\frac{4}{9} \times 21.38\right)^2/8 + \left(\frac{5}{6} \times 3.972\right)^2/18} = 13.80 \tag{5.187}$$

線形補間法により

$$\begin{aligned} t(\phi^*, 0.05) &= (\phi^* - [\phi^*]) \times t([\phi^*]+1, 0.05) + (1-(\phi^* - [\phi^*])) \times t([\phi^*], 0.05) \\ &= (13.80 - 13) \times \overbrace{t(14, 0.05)}^{2.145} + (1-(13.80-13)) \times \overbrace{t(13, 0.05)}^{2.160} = 2.148 \end{aligned} \tag{5.188}$$

で，予測区間は

$$\begin{aligned} x_L, x_U &= \widehat{x}(A_3B_2C_2) \pm t(\phi^*, \alpha)\sqrt{\widehat{V}(点予測)} \\ &= 31.86 \pm 2.148\sqrt{12.81} = 31.86 \pm 7.69 = 24.17,\ 39.55 \end{aligned} \tag{5.189}$$

《**R**（コマンダー）による解析》

(0) 予備解析

手順 1　データの読み込み

【データ】▶【データのインポート】▶【テキストファイルまたはクリップボード，URL から...】を選択し，ダイアログボックスで，フィールドの区切り記号としてカンマにチェックをいれて，[OK] を左クリックする．フォルダからファイルを指定後，[開く (O)] を左クリックする．次に，[データセットを表示] をクリックすると，図 5.6 のようにデータが表示される．このデータについて集計を行う．

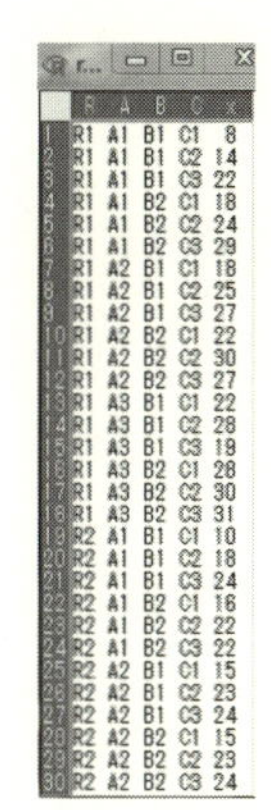

	R	A	B	C	x
1	R1	A1	B1	C1	8
2	R1	A1	B1	C2	14
3	R1	A1	B1	C3	22
4	R1	A1	B2	C1	18
5	R1	A1	B2	C2	24
6	R1	A1	B2	C3	29
7	R1	A2	B1	C1	18
8	R1	A2	B1	C2	25
9	R1	A2	B1	C3	27
10	R1	A2	B2	C1	22
11	R1	A2	B2	C2	30
12	R1	A2	B2	C3	27
13	R1	A3	B1	C1	22
14	R1	A3	B1	C2	28
15	R1	A3	B1	C3	19
16	R1	A3	B2	C1	28
17	R1	A3	B2	C2	30
18	R1	A3	B2	C3	31
19	R2	A1	B1	C1	10
20	R2	A1	B1	C2	18
21	R2	A1	B1	C3	24
22	R2	A1	B2	C1	16
23	R2	A1	B2	C2	22
24	R2	A1	B2	C3	22
25	R2	A2	B1	C1	15
26	R2	A2	B1	C2	23
27	R2	A2	B1	C3	24
28	R2	A2	B2	C1	15
29	R2	A2	B2	C2	23
30	R2	A2	B2	C3	24

図 **5.6**　データの表示（確認）

```
>rei51<-read.table("rei51.csv",
 header=TRUE, sep=",", na.strings="NA", dec=".", strip.white=TRUE)
> showData(rei51, placement='-20+200', font=getRcmdr('logFont'),
 maxwidth=80, maxheight=30)
```

手順 2　基本統計量の計算

【統計量】▶【要約】▶【アクティブデータセット】を選択すると，以下のような出力が得られる．

```
> summary(rei51)
  R         A         B         C               x
 R1:18     A1:12     B1:18     C1:12     Min.    : 8.00
 R2:18     A2:12     B2:18     C2:12     1st Qu.:18.75
           A3:12               C3:12     Median :23.00
                                         Mean   :22.81
                                         3rd Qu.:28.00
                                         Max.   :36.00
```

手順 3　データのグラフ化

【グラフ】▶【平均のプロット...】を選択後，因子に R，目的変数にデータを選択し OK をクリックすると図 5.7 が表示される．同様に因子を A, B, C を選択する場合，A と B，B と C，A と C を選択する場合などを選択し，平均をプロットしたグラフからその効果を予想する．因子として，A と B を選択する場合の結果は図 5.8 のようになる．

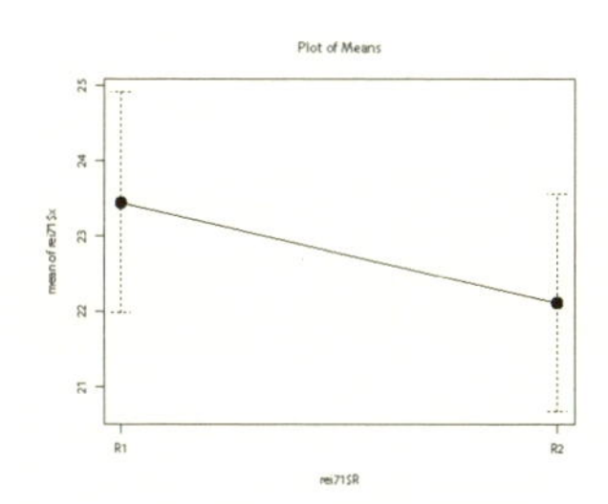

図 **5.7**　因子 R での平均のプロット

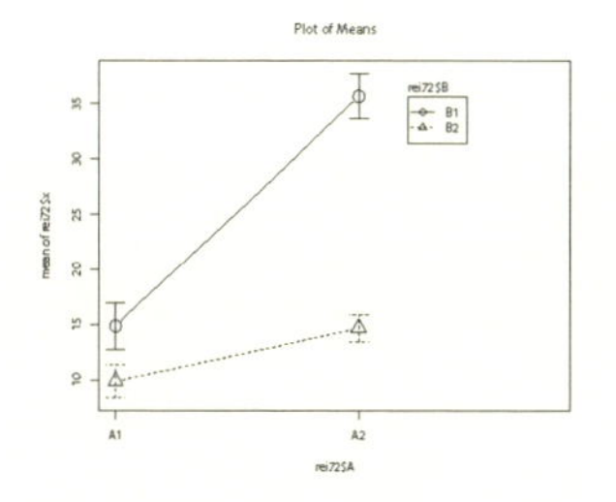

図 **5.8**　因子 A,B での平均のプロット

(1) 分散分析

誤差の表記法（分割法における Error の使用）

①ブロック因子 R が考慮されるとき

Error(R+1 次誤差の構造+2 次誤差の構造+⋯)，または Error(R/1 次因子/2 次因子/⋯)

②ブロック因子がない場合

Error(1 次誤差の構造+2 次誤差の構造+⋯)，Error(R+R：A)，または Error(R/A)

ブロック因子 R を誤差にプールすると Error(R:A) と書く．

誤差（変量）であることを記述するには，Error() の括弧内に変数を書く．その誤差がどこに位置づけられるか（変量として関係があるか）を，/の後に (関連する変量) のように記述する．

分散の期待値の係数（分割法）について

①主効果の場合

総データ数をその因子の水準数で割った値（水準を 1 つに固定した場合のデータ数），または水準を 1 つに固定した場合のデータ数

②交互作用の場合

総データ数を交互作用を構成する因子の水準の積で割った値（交互作用を構成する因子の水準の積）

手順 1　モデル化

モデルとして，x~A+B+C+A:B+A:C+B:C+A:B:C+Error(R/(A+B+A:B)) を仮定する．これは R が変量因子で，A+B+A:B が 1 次因子，その他が 2 次因子であることを意味している．一般に Error(R/A/B) のように記述すると，R が変量因子で，A が 1 次因子，B が 2 次因子，その他が 3 次因子を意味する．

```
>rei51.aov<-aov(x~A+B+A:B+C+A:C+B:C+A:B:C+Error(R/(A+B+A:B)),data=rei51)
> # Error の表記は Error(R+R:(A+B+A:B))(Error(R+R:A+R:B+R:A:B)) でも良い.
> summary(rei51.aov)
Error: R
          Df Sum Sq Mean Sq F value Pr(>F)
Residuals  1     16      16
Error: R:A
          Df Sum Sq Mean Sq F value Pr(>F)
A          2  360.4  180.19   9.443 0.0958 .
Residuals  2   38.2   19.08
---
Signif. codes:  0 '***' 0.001 '**' 0.01 '*' 0.05 '.' 0.1 ' ' 1
Error: R:B
          Df Sum Sq Mean Sq F value Pr(>F)
B          1  245.4   245.4   27.27   0.12
Residuals  1    9.0     9.0
Error: R:A:B
          Df Sum Sq Mean Sq F value Pr(>F)
A:B        2  71.72   35.86   1.983  0.335
Residuals  2  36.17   18.08
Error: Within
          Df Sum Sq Mean Sq F value   Pr(>F)
C          2  330.9  165.44  40.795 4.44e-06 ***
```

```
A:C         4  130.9    32.74    8.072  0.00213 **
B:C         2    6.9     3.44    0.849  0.45188
A:B:C       4   15.9     3.99    0.983  0.45301
Residuals 12   48.7     4.06
---
Signif. codes:  0 '***' 0.001 '**' 0.01 '*' 0.05 '.' 0.1 ' ' 1
```

(参考)　Error について，Error (R+R:(A+B+A:B)) と記述しても同じである．R は 1 次誤差とは別の変量因子である．

手順 2　再モデル化

分散分析の結果より，R を 1 次誤差にプールして，モデルとして x˜A+B+C+A:C+Error(R:(A+B)) を仮定する．$\underbrace{\text{A+B}}_{1\text{ 次因子}}$，$\underbrace{\text{C+A:C}}_{2\text{ 次因子}}$ であり，R を 1 次誤差にプールする．もし R を 1 次誤差にプールしないなら，A+B+C+A:C+Error(R+R:(A+B)) と記述する．

```
> rei51p.aov<-aov(x~A+B+C+A:C+Error(R:(A+B)),data=rei51)
> summary(rei51p.aov)
Error: R:A
          Df Sum Sq Mean Sq F value Pr(>F)
A          2  360.4  180.19    9.98 0.0472 *
Residuals  3   54.2   18.06
Signif. codes:  0 '***' 0.001 '**' 0.01 '*' 0.05 '.' 0.1 ' ' 1
Error: R:B
          Df Sum Sq Mean Sq F value Pr(>F)
B          1  245.4   245.4   27.27   0.12
Residuals  1    9.0     9.0
Error: Within
          Df Sum Sq Mean Sq F value   Pr(>F)
C          2  330.9  165.44  20.290 1.01e-05 ***
A:C        4  130.9   32.74   4.015   0.0136 *
Residuals 22  179.4    8.15
---
Signif. codes:  0 '***' 0.001 '**' 0.01 '*' 0.05 '.' 0.1 ' ' 1
```

点推定量の分散の推定（分割法）について

①ブロック因子 R を考慮するとき

$$\widehat{V}(\text{点推定量}) = \frac{V_R}{N} + \frac{1}{n_{e(1)}}V_{E_{(1)}} + \frac{1}{n_{e(2)}}V_{E_{(2)}} + \cdots$$

②ブロック因子がない場合

$$\widehat{V}(\text{点推定量}) = \frac{V_{E_{(1)}}}{N} + \frac{1}{n_{e(1)}}V_{E_{(1)}} + \frac{1}{n_{e(2)}}V_{E_{(2)}} + \cdots$$

(2) **分散分析後の推定・予測**

分散分析の結果から，データの構造式が，

(5.190)
$$x = \mu + \underbrace{a + b + \varepsilon_{(1)}}_{1\text{ 次}} + \underbrace{c + (ac) + \varepsilon_{(2)}}_{2\text{ 次}}$$

と考えられる．この構造式に基づいて以下の推定・予測を行う．

(a) 誤差分散の推定

p.172 の出力ウィンドウの summary から

```
> SR=16;SA=360.4;SB=245.4;SRxA=38.2;SAxB=71.72;SE1=83.37#(=38.2+9+36.17)
> SC=330.9;SAxC=130.9;SBxC=6.9;SAxBxC=15.9;SE2=48.7
> N=36;fR=1;fA=2;fB=1;fRxA=2;fAxB=2;fE1=5
> fC=2;fAxC=4;fBxC=2;fAxBxC=4;fE2=12
```

プール後，p.173 の出力ウィンドウの summary から

```
> SE1P=SE1+SR+SAxB;fE1P=fE1+fR+fAxB
> VE1P=SE1P/fE1P;VE1P
[1] 21.38625
> SE2P=SE2+SBxC+SAxBxC;fE2P=fE2+fBxC+fAxBxC
> VE2P=SE2P/fE2P;VE2P
[1] 3.972222
```

(b) 最適水準の決定と母平均の推定

①点推定 $MA_3B_2C_2 = MA_3C_2 + MB_2 - M$

```
> MA3B2C2=117/4+457/18-820/36;MA3B2C2
[1] 31.86111
```

②区間推定 等価自由度 fs

```
>kei1ji=4/36  #(=1/N+1/ne(1)=1/N+(fA+fB)/N)
>kei2ji=6/36  #(=1/ne(2)=(fC+fAxC)/N)
> VHe=kei1ji*VE1P+kei2ji*VE2P;VHe
[1] 3.038287
> fs=VHe^2/((kei1ji*VE1P)^2/fE1P+(kei2ji*VE2P)^2/fE2P);fs
[1] 12.64252
> ff=floor(fs) # 小数部分を切り捨てる (=12)
> ts=(fs-ff)*qt(0.975,ff+1)+(1-(fs-ff))*qt(0.975,ff);ts  #補間
[1] 2.166962
> haba=ts*sqrt(VHe) #区間幅 (=3.777)
> sita=MA3B2C2-haba;ue= MA3B2C2+haba
> sita;ue
[1] 28.08395  #下側信頼限界
[1] 35.63827  #上側信頼限界
```

(c) 2 つの母平均の差の推定

①点推定

```
> MA1B1C1=52/4+363/18-820/36 #(=10.38889)
> sa=MA3B2C2-MA1B1C1;sa
[1] 21.47222
```

②区間推定 等価自由度 fds

```
> keid1ji=5/18  #(=1/nd(1)=1/ne1(1)+1/ne2(1))
> keid2ji=1/3  #(=1/nd(2)=1/ne1(2)+1/ne2(2))
> VHsa=keid1ji*VE1P+keid2ji*VE2P;VHsa
```

```
[1] 7.264699
> fds=VHsa^2/((keid1ji*VE1P)^2/fE1P+(keid2ji*VE2P)^2/fE2P);fds
[1] 11.70514
> fd=floor(fds) # 小数部分を切り捨てる (=11)
> tds=(fds-fd)*qt(0.975,fd+1)+(1-(fds-fd))*qt(0.975,fd);tds  #補間 tds
[1] 2.185351
> habasa=tds*sqrt(VHsa)  #区間幅 (=5.8090)
> sitasa=sa-habasa;uesa=sa+habasa
> sitasa;uesa
[1] 15.58202 #差の下側信頼限界
[1] 27.36242 #差の上側信頼限界
```

(d) データの予測

①点予測

```
> yosoku=MA3B2C2;yosoku
[1] 31.86111
```

②予測区間

```
> VHyo=4/9*VE1P+5/6*VE2P;VHyo
[1] 12.81519
> fys=VHyo^2/((4/9*VE1P)^2/fE1P+(5/6*VE2P)^2/fE2P);fys
[1] 13.79859
> fy=floor(fys) #(=13)
> tys=(fys-fy)*qt(0.975,fy+1)+(1-(fys-fy))*qt(0.975,fy);tys
[1] 2.147925
> habayo=tys*sqrt(VHyo) #(=7.689207)  #区間幅
> sitayo=yosoku-habayo;ueyo=yosoku+habayo
> sitayo;ueyo
[1] 24.1719  #予測の下側信頼限界
[1] 39.55032 #予測の上側信頼限界
```

演習 5-1　ある製品の強度を高めるために，焼入れ温度 A（3 水準）と原料の配合 B（4 水準）を取り上げて実験を行うことにした．A_1, A_2, A_3 の順序をランダムに定め，各 A_i の下で $B_1 \sim B_4$ の 4 個の試料を同時に焼き入れをした．この実験をもう一度反復する．すなわち，A を 1 次因子，B を 2 次因子とする，反復 2 回の分割法による実験である．なお交互作用として $A \times B$ が考えられる．このとき表 5.11 に示すデータが得られた．分散分析せよ．

表 5.11　データ表（単位：省略）

因子 R の水準	因子 A の水準	因子 B の水準			
		B_1	B_2	B_3	B_4
R_1	A_1	19	20	20	21
	A_2	16	22	19	22
	A_3	21	23	24	25
R_2	A_1	17	18	19	19
	A_2	18	20	21	22
	A_3	20	19	19	23

ヒント：$x_{ijk} = \mu + \underbrace{r_q}_{0\text{次}} + \underbrace{a_i + \varepsilon_{(1)ik}}_{1\text{次}} + \underbrace{b_j + (ab)_{ij} + \varepsilon_{(2)ijq}}_{2\text{次}}$

5.2.2 直交表による実験における分割法

各 2 水準の因子 A, B, C, D をとりあげ，因子の交互作用はないものとする．そして，A, B を 1 次因子，C, D を 2 次因子とする分割実験を $L_8(2^7)$ を用いて計画する．実験の順序を $A_2B_1 \to A_1B_1 \to A_2B_2 \to A_1B_2$ と定めて，各 A_iB_j のもとで 2 回の実験を以下の表 5.12 のようにランダムに行い，直交表を利用した分割実験が行える．

表 5.12　L_8 直交配列表

割り付け	A	B		C	D			水準組合せ	実験順序
No.＼列番	[1]	[2]	[3]	[4]	[5]	[6]	[7]		
1	1	1	1	1	1	1	1	$A_1B_1C_1D_1$	8
2	1	1	1	2	2	2	2	$A_1B_1C_2D_2$	7
3	1	2	2	1	1	2	2	$A_1B_2C_1D_1$	1
4	1	2	2	2	2	1	1	$A_1B_2C_2D_2$	2
5	2	1	2	1	2	1	2	$A_2B_1C_1D_2$	5
6	2	1	2	2	1	2	1	$A_2B_1C_2D_1$	6
7	2	2	1	1	2	2	1	$A_2B_2C_1D_2$	4
8	2	2	1	2	1	1	2	$A_2B_2C_2D_1$	3
成	a		a		a		a		
		b	b			b	b		
分				c	c	c	c		
	1 群	2 群		3 群					

例題 5-2

各 2 水準の因子 A, B, C, D, F をとりあげる．因子の交互作用としては，$A \times B$，$B \times C$，$C \times D$ が考えられるとする．1 次因子：A，2 次因子：B，3 次因子：C, D, F とし，反復 R を 1 列，A を 2 列，B を 7 列，C を 9 列，F を 11 列，D を 13 列に割り付けとする分割実験を $L_{16}(2^{15})$ を用いて計画したところ，表 5.13 のデータを得た．解析せよ．なお，具体的には以下のような項目について検討せよ．

(1) データの構造式と制約条件を示せ．

(2) データをグラフ化し，要因効果の概略について述べよ．

(3) 分散分析を行い，要因効果の有無について検討せよ．

(4) 分散分析後のデータの構造式を示せ．

(5) 最適条件を求め，最適条件における母平均を点推定し，次に信頼率 95 %で区間推定せよ．

(6) 最適条件において将来新たにデータをとるとき，どのような値が得られるか点予測し，次に信頼率 95 %で区間予測せよ．

(7) 最適条件と現行条件 $A_1B_1C_1D_1F_1$ における特性の母平均の差を点推定し，次に信頼率 95 %で区間推定せよ．

表 5.13　L_{16} 直交配列表 による実験データ

要因	R	A	e_1			e_2	B	e_3	C	e_3	F	e_3	D		e_3	x
No. ＼ 列番	[1]	[2]	[3]	[4]	[5]	[6]	[7]	[8]	[9]	[10]	[11]	[12]	[13]	[14]	[15]	データ
1	1	1	1	1	1	1	1	1	1	1	1	1	1	1	1	21
2	1	1	1	1	1	1	1	2	2	2	2	2	2	2	2	20
3	1	1	1	2	2	2	2	1	1	1	1	2	2	2	2	12
4	1	1	1	2	2	2	2	2	2	2	2	1	1	1	1	20
5	1	2	2	1	1	2	2	1	1	2	2	1	1	2	2	19
6	1	2	2	1	1	2	2	2	2	1	1	2	2	1	1	22
7	1	2	2	2	2	1	1	1	1	2	2	2	2	1	1	33
8	1	2	2	2	2	1	1	2	2	1	1	1	1	2	2	33
9	2	1	2	1	2	1	2	1	2	1	2	1	2	1	2	6
10	2	1	2	1	2	1	2	2	1	2	1	2	1	2	1	4
11	2	1	2	2	1	2	1	1	2	1	2	2	1	2	1	17
12	2	1	2	2	1	2	1	2	1	2	1	1	2	1	2	14
13	2	2	1	1	2	2	1	1	2	2	1	1	2	2	1	20
14	2	2	1	1	2	2	1	2	1	1	2	2	1	1	2	21
15	2	2	1	2	1	1	2	1	2	2	1	2	1	1	2	26
16	2	2	1	2	1	1	2	2	1	1	2	1	2	2	1	18
	a		a		a		a		a		a		a		a	計
成分		b	b			b	b			b	b			b	b	306
				c	c	c	c					c	c	c	c	
								d	d	d	d	d	d	d	d	
	1 群	2 群		3 群				4 群								

[解] (0) 予備解析

手順 1　要因（因子）の割り付け

合計自由度が 9 となるので L_{16} 直交表を考える．主効果の問題での割り付けに対応して，交互作用を成分記号を利用して割り付け，残りを誤差に以下のように割り付ける．交互作用の列 $A \times B$：$b \times abc = ac \cdots 5$ 列，$B \times C$：$abc \times ad = bcd \cdots 14$ 列，$C \times D$：$ad \times acd = c \cdots 4$ 列，誤差の列 3,6,8,10,12,15 の 6 列（成分記号の利用）

……………………………………………………………………………………

（参考）この場合では問題で主効果が割り当てられていたため，交互作用等をそれに基づいて割り付けた．線点図を利用して割り付けると以下の図 5.9 のような割り付けが考えられる．

……………………………………………………………………………………

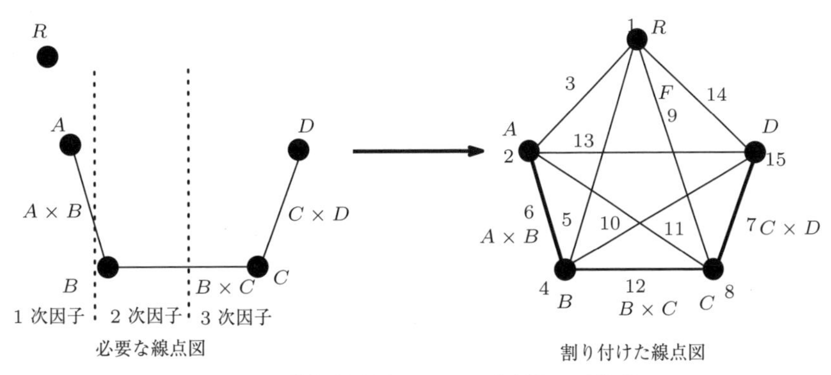

図 5.9　必要な線点図と用意されている線点図への割り当て

手順 2　実験順序とデータ入力

No1 から No.16 の実験を段階（分割）にあわせてランダム化しながら実験をする．

手順 3　データの集計

平方和を計算するための補助表や 2 元表等を作成する．

表 5.14　水準組合せと実験順序

No.	水準組合せ	実験順序
1	$A_1B_1C_1D_1F_1$	4
2	$A_1B_1C_2D_2F_2$	6
⋮	⋮	⋮
16	$A_2B_2C_1D_2F_2$	12

表 5.15　L_{16} 各列の平方和の計算表

割り付け	R		A		誤差		$C \times D$		$A \times B$		誤差		B		誤差	
列番	[1]		[2]		[3]		[4]		[5]		[6]		[7]		[8]	
水準	1	2	1	2	1	2	1	2	1	2	1	2	1	2	1	2
データ	21	6	21	19	21	19	21	16	21	16	21	16	21	16	21	20
	20	4	20	22	20	22	20	20	20	20	20	20	20	20	16	20
	16	17	16	33	16	33	19	33	19	33	33	19	33	19	19	22
	20	14	20	33	20	33	22	33	22	33	33	22	33	22	33	33
	19	20	6	20	20	6	6	17	17	6	6	17	17	6	6	4
	22	21	4	21	21	4	4	14	14	4	4	14	14	4	17	14
	33	26	17	26	26	17	20	26	26	20	26	20	20	26	20	21
	33	18	14	18	18	14	21	18	18	21	18	21	21	18	26	18
(1)	184	126	118	192	162	148	133	177	157	153	161	149	179	131	158	152
(2)	23	15.8	14.8	24	20.3	18.5	16.6	22.1	19.6	19.1	20.1	18.6	22.4	16.4	19.8	19
(3)	310		310		310		310		310		310		310		310	
(4)	58		−74		14		−44		4		12		48		6	
(5)	210.25		342.25		12.25		121		1		9		144		2.25	

割り付け	C		誤差		F		誤差		D		$B \times C$		誤差	
列番	[9]		[10]		[11]		[12]		[13]		[14]		[15]	
水準	1	2	1	2	1	2	1	2	1	2	1	2	1	2
データ	21	20	21	20	21	20	21	20	21	20	21	20	21	20
	16	20	16	20	16	20	20	16	20	16	20	16	20	16
	19	22	22	19	22	19	19	22	19	22	22	19	22	19
	33	33	33	33	33	33	33	33	33	33	33	33	33	33
	4	6	6	4	4	6	6	4	4	6	6	4	4	6
	14	17	17	14	14	17	14	17	17	14	14	17	17	14
	21	20	21	20	20	21	20	21	21	20	21	20	20	21
	18	26	18	26	26	18	18	26	26	18	26	18	18	26
(1)	146	164	154	156	156	154	151	159	161	149	163	147	155	155
(2)	18.3	20.5	19.3	19.5	19.5	19.3	18.9	19.9	20.1	18.6	20.4	18.4	19.4	19.4
(3)	310		310		310		310		310		310		310	
(4)	−18		−2		2		−8		12		16		0	
(5)	20.25		0.25		0.25		4		9		16		0	

(1)… 各水準の合計 $T_{[j]1}, T_{[j]2}$，(2)… $\overline{x}_{[j]1}, \overline{x}_{[j]2}$，(3)… 列ごとの合計 $T_{[j]1} + T_{[j]2}$，(4)… 水準の合計の差 $T_{[j]1} - T_{[j]2}$,(5)… $S_{[j]} = (T_{[j]1} - T_{[j]2})^2/16$

手順 4　データのグラフ化

計算補助表と各 2 元表における特性値の平均に関して，グラフ（図 5.10）を作成し，因子の主効果，

表 5.16 $AB2$ 元表

要因	B_1	B_2	計
A_1	72	42	114
A_2	107	85	192
計	179	127	306

表 5.17 $BC2$ 元表

要因	C_1	C_2	計
B_1	89	90	179
B_2	53	74	127
計	142	164	306

表 5.18 $CD2$ 元表

要因	D_1	D_2	計
C_1	65	77	142
C_2	96	68	164
計	161	145	306

因子の交互作用の概略をみる．反復の効果 R がありそうであり，主効果については A, B がありそうである．交互作用については $C \times D$ がありそうである．その他の主効果はなさそうであり，交互作用 $A \times B$ もなさそうである．その他は判然としない．

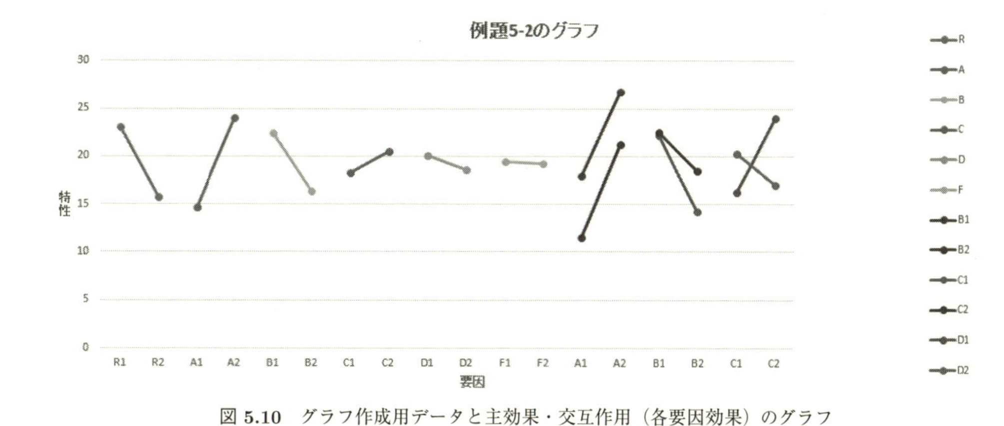

図 5.10 グラフ作成用データと主効果・交互作用（各要因効果）のグラフ

(1) 分散分析

手順 1　データの構造式

$$x = \mu + r + a + \varepsilon_{(1)} + b + (ab) + (cd) + \varepsilon_{(2)} + c + d + f + (bc) + \varepsilon_{(3)}$$

手順 2　平方和（の分解）・自由度の計算

$$S_T = \sum x^2 - CT = 6898 - \frac{310^2}{16} = 891.75,\ S_R = S_{[1]} = \frac{(184-126)^2}{16} = 210.25,$$
$$S_A = S_{[2]} = 342.25,\ S_{E(1)} = S_{[3]} = 12.25,\ S_{C\times D} = S_{[4]} = 121,\ S_{A\times B} = S_{[5]} = 1,$$
$$S_{E(2)} = S_{[6]} = 9,\ S_B = S_{[7]} = 144,\ S_{E(3)} = S_{[8]} + S_{[10]} + S_{[12]} + S_{[15]} = 6.5,$$
$$S_C = S_{[9]} = 20.25,\ S_F = S_{[11]} = 0.25,\ S_D = S_{[13]} = 9,\ S_{B\times C} = S_{[14]} = 16,$$
$$\phi_R = \phi_{[1]} = 1,\ \phi_A = \phi_{[2]} = 1,\ \phi_{E(1)} = \phi_{[3]} = 1,\ \phi_{C\times D} = \phi_{[4]} = 1,$$
$$\phi_{A\times B} = \phi_{[5]} = 1,\ \phi_{E(2)} = \phi_{[6]} = 1,\ \phi_B = \phi_{[7]} = 1,\ \phi_{E(3)} = \phi_{[8]} + \phi_{[10]} + \phi_{[12]} + \phi_{[15]} = 4,$$
$$\phi_C = \phi_{[9]} = 1,\ \phi_F = \phi_{[11]} = 1,\ \phi_D = \phi_{[13]} = 1,\ \phi_{B\times C} = \phi_{[14]} = 1$$

手順 3　分散分析表の作成・要因効果の検定

$E_{(1)}$ と $A \times B$ を $E_{(2)}$，F を $E_{(3)}$ にプールし，$E_{(1)}$，$E_{(2)}$ と書き換えて分散分析表 (2) を作成する．

(2) 分散分析後の推定・予測

手順 1　データの構造式

$$x = \mu + \underbrace{r}_{0\text{次}} + \underbrace{a + b + (cd) + \varepsilon_{(1)}}_{1\text{次}} + \underbrace{c + d + (bc) + \varepsilon_{(2)}}_{2\text{次}} \tag{5.191}$$

手順 2　推定・予測

(a) 誤差分散の推定

1 次誤差は無視できない．そのばらつき $\sigma^2_{(1)}$ の推定値は

表 5.19 分散分析表 (1)

要因	平方和 (S)	自由度 (ϕ)	平均平方 (MS)	検定	F_0	$E(V)$
R	$S_R=210.25$	$\phi_R=1$	210.25		$\dfrac{V_R}{V_{E_{(1)}}}=17.16$	$\sigma^2_{(3)}+2\sigma^2_{(2)}+4\sigma^2_{(1)}+8\sigma^2_R$
A	$S_A=342.25$	$\phi_A=1$	342.25		$\dfrac{V_A}{V_{E_{(1)}}}=27.94$	$\sigma^2_{(3)}+2\sigma^2_{(2)}+4\sigma^2_{(1)}+8\sigma^2_A$
$E_{(1)}$	$S_{E_1}=12.25$	$\phi_{E_{(1)}}=1$	12.25		$\dfrac{V_{E_{(1)}}}{V_{E_{(2)}}}=1.36$	$\sigma^2_{(3)}+2\sigma^2_{(2)}+4\sigma^2_{(1)}$
B	$S_B=144$	$\phi_B=1$	144		$\dfrac{V_B}{V_{E_{(2)}}}=16$	$\sigma^2_{(3)}+2\sigma^2_{(2)}+8\sigma^2_B$
$A\times B$	$S_{A\times B}=1$	$\phi_{A\times B}=1$	1		$\dfrac{V_{A\times B}}{V_{E_{(2)}}}=0.111$	$\sigma^2_{(3)}+2\sigma^2_{(2)}+4\sigma^2_{A\times B}$
$C\times D$	$S_{C\times D}=121$	$\phi_{A\times B}=1$	121		$\dfrac{V_{C\times D}}{V_{E_{(2)}}}=13.44$	$\sigma^2_{(3)}+2\sigma^2_{(2)}+4\sigma^2_{C\times D}$
$E_{(2)}$	$S_{E_{(2)}}=9$	$\phi_{E_{(2)}}=1$	9		$\dfrac{V_{E_{(2)}}}{V_{E_{(3)}}}=5.538^*$	$\sigma^2_{(3)}+2\sigma^2_{(2)}$
C	$S_C=20.25$	$\phi_C=1$	20.25		$\dfrac{V_C}{V_{E_{(3)}}}=12.46^*$	$\sigma^2_{(3)}+8\sigma^2_C$
D	$S_D=9$	$\phi_D=1$	9		$\dfrac{V_D}{V_{E_{(3)}}}=5.538$	$\sigma^2_{(3)}+8\sigma^2_D$
F	$S_F=0.25$	$\phi_F=1$	0.25		$\dfrac{V_F}{V_{E_{(3)}}}=0.154$	$\sigma^2_{(3)}+8\sigma^2_F$
$B\times C$	$S_{B\times C}=16$	$\phi_{B\times C}=1$	16		$\dfrac{V_{B\times C}}{V_{E_{(3)}}}=9.846^*$	$\sigma^2_{(3)}+4\sigma^2_{B\times C}$
$E_{(3)}$	$S_{E_{(3)}}=6.5$	$\phi_{E_{(3)}}=4$	1.625			$\sigma^2_{(3)}$
計	$S_T=891.75$	$\phi_T=15$				

$F(1,1;0.05)=161,\ F(1,1;0.01)=4052,\ F(1,4;0.05)=7.71,\ F(1,4;0.01)=21.2$

(5.192)
$$\widehat{\sigma^2_{(1)}}=\frac{V_{E'_{(1)}}-V_{E'_{(2)}}}{2}=\frac{7.41-1.35}{2}=3.03$$

2 次誤差のばらつき $\sigma^2_{(2)}$ の推定値は

(5.193)
$$\widehat{\sigma^2_{(2)}}=V_{E'_{(2)}}=1.35$$

(b) 最適水準での母平均の推定

$$\widehat{\mu}(ABCD)=\widehat{\mu+a+b+(cd)+c+d+(bc)}$$
$$=\widehat{\mu+a}+\widehat{\mu+c+d+(cd)}+\widehat{\mu+b+c+(bc)}-\widehat{\mu+c}-\widehat{\mu}$$

により推定を行う．$-\widehat{\mu+c}-\widehat{\mu}$(水準に関して一定) より，各 C の水準ごとに最大となる水準を求め

表 **5.20** 分散分析表 (2)

要因	平方和 (S)	自由度 (ϕ)	平均平方 (MS)	検定	F_0	$E(V)$
R	$S_R = 210.25$	$\phi_R = 1$	210.25		$\frac{V_R}{V_{E'_{(1)}}} = 28.35^*$	$\sigma^2_{(2)} + 2\sigma^2_{(1)} + 8\sigma^2_R$
A	$S_A = 342.25$	$\phi_A = 1$	342.25		$\frac{V_A}{V_{E'_{(1)}}} = 46.15^{**}$	$\sigma^2_{(2)} + 2\sigma^2_{(1)} + 8\sigma^2_A$
B	$S_B = 144$	$\phi_B = 1$	144		$\frac{V_B}{V_{E'_{(1)}}} = 19.42^*$	$\sigma^2_{(2)} + 2\sigma^2_{(1)} + 8\sigma^2_B$
$C \times D$	$S_{C\times D} = 121$	$\phi_{C\times D} = 1$	121		$\frac{V_{C\times D}}{V_{E'_{(1)}}} = 16.31^*$	$\sigma^2_{(2)} + 2\sigma^2_{(1)} + 4\sigma^2_{C\times D}$
$E'_{(1)}$	$S_{E'_{(1)}} = 22.25$	$\phi_{E'_{(1)}} = 3$	7.417		$\frac{V_{E'_{(1)}}}{V_{E'_{(2)}}} = 5.494^*$	$\sigma^2_{(2)} + 2\sigma^2_{(1)}$
C	$S_C = 20.25$	$\phi_C = 1$	20.25		$\frac{V_C}{V_{E'_{(2)}}} = 15^*$	$\sigma^2_{(2)} + 8\sigma^2_C$
D	$S_D = 9$	$\phi_D = 1$	9		$\frac{V_D}{V_{E'_{(2)}}} = 6.67^*$	$\sigma^2_{(2)} + 8\sigma^2_D$
$B \times C$	$S_{B\times C} = 16$	$\phi_{B\times C} = 1$	16		$\frac{V_{B\times C}}{V_{E'_{(2)}}} = 11.85^*$	$\sigma^2_{(2)} + 4\sigma^2_{B\times C}$
$E'_{(2)}$	$S_{E'_{(2)}} = 6.75$	$\phi_{E'_{(2)}} = 5$	1.35			$\sigma^2_{(2)}$
計	S_T	$\phi_T = 15$				

$F(1,3;0.05) = 10.1,\ F(1,3;0.01) = 34.1,\ F(1,5;0.05) = 6.61,\ F(1,5;0.01) = 16.3$

る．A については，A_2 で最大となる．次に，C_1 については，B, C での水準で最大となるのは $BC$2 元表より，B_1 水準であり，C, D での水準で最大となるのは $CD$2 元表より，D_2 水準である．A_2 で，A, B での水準で最大となるのは $AB$2 元表より，B_1 水準で，上と一致する．最適水準は $A_2B_1C_1D_2$ で，$\widehat{\mu}(A_2B_1C_1D_2) = 24.875$ である．同様に，C_2 については，B, C での水準で最大となるのは $BC$2 元表より，B_1 水準であり，C, D での水準で最大となるのは $CD$2 元表より，D_1 水準である．A_2 で，A, B での水準で最大となるのは $AB$2 元表より，B_1 水準で，上と一致する．最適水準は $A_2B_1C_2D_1$ で，$\widehat{\mu}(A_2B_1C_2D_1) = 30.625$ である．以上から最適水準は $A_2B_1C_2D_1$ である．

- $\mu(A_2B_1C_2D_1) = \mu + a_2 + b_1 + (cd)_{21} + c_2 + d_1 + (bc)_{12}$ について

①点推定

$$\widehat{\mu}(A_2B_1C_2D_1) = \widehat{\mu + a_2 + b_1 + (cd)_{21} + c_2 + d_1 + (bc)_{12}} \tag{5.194}$$

$$= \widehat{\mu + a_2} + \widehat{\mu + c + d + (cd)_{21}} + \widehat{\mu + b + c + (bc)_{12}} - \widehat{\mu + c_2} - \widehat{\mu}$$

$$= \overline{x}_{2\cdots} + \overline{x}_{\cdot\cdot 21} + \overline{x}_{\cdot 12\cdot} - \overline{x}_{\cdot\cdot 2\cdot} - \overline{\overline{x}} = \frac{192}{8} + \frac{90}{4} + \frac{96}{4} - \frac{164}{8} - \frac{310}{16} = 30.625$$

$$= \widehat{\mu} + \underbrace{\widehat{a}_2 + \widehat{b}_1 + \widehat{(cd)}_{21}}_{1\text{次}} + \underbrace{\widehat{c}_2 + \widehat{d}_1 + \widehat{(bc)}_{12}}_{2\text{次}}$$

$$= \overline{\overline{x}} + (\overline{x}(A_2) - \overline{\overline{x}}) + \overline{x}(C_2D_1) + (\overline{x}(B_1C_2) - \overline{x}(C_2) - \overline{\overline{x}})$$

$$= \mu + a + \varepsilon_{(1)} + c + d + (bc) + \varepsilon_{(2)}$$

この推定量の分散の分散の推定量は，公式より

$$\widehat{V}(\widehat{\mu}(A_2B_1C_2D_1)) = \widehat{V} = \widehat{V}(\text{点推定}) = \frac{1}{N}V_R + \frac{1}{n_{e(1)}}V_{E'_{(1)}} + \frac{1}{n_{e(2)}}V_{E'_{(2)}} \tag{5.195}$$

各単位での有効繰返し数（反復数）は

$$\frac{1}{n_{e(1)}} = \frac{\text{点推定に用いた 1 次要因の自由度の和}}{\text{総データ数}} = \frac{\phi_A + \phi_B + \phi_{C\times D}}{N} = \frac{3}{16}, \tag{5.196}$$

$$\frac{1}{n_{e(2)}} = \frac{\text{点推定に用いた 2 次要因の自由度の和}}{\text{総データ数}} = \frac{\phi_C + \phi_D + \phi_{B\times C}}{N} = \frac{3}{16} \tag{5.197}$$

②区間推定

R は変量と考えられるので，

$$\widehat{V} = \frac{1}{16}V_R + \frac{3}{16}V_{E'_{(1)}} + \frac{3}{16}V_{E'_{(2)}} \tag{5.198}$$

$$= \frac{1}{16} \times 210.25 + \frac{3}{16} \times 7.42 + \frac{3}{16} \times 1.35 = 14.78$$

等価自由度 ϕ^* はサタースウェイトの方法より

$$\phi^* = \frac{\left(\widehat{V}(\text{点推定})\right)^2}{(V_R/16)^2/\phi_R + (3/16 \times V_{E'_{(1)}})^2/\phi_{E'_{(1)}} + (3/16 \times V_{E'_{(2)}})^2/\phi_{E'_{(2)}}} \tag{5.199}$$

$$= 14.78^2/(13.14^2/1 + 1.391^2/3 + 0.253^2/5) = 1.261$$

線形補間により

$$t(\phi^*, 0.05) = (\phi^* - [\phi^*]) \times t([\phi^*] + 1, 0.05) + (1 - (\phi^* - [\phi^*])) \times t([\phi^*], 0.05) \tag{5.200}$$

$$= (1.26 - 1) \times \overbrace{t(6, 0.05)}^{=2.447} + (1 - (1.26 - 1)) \times \overbrace{t(5, 0.05)}^{=2.571} = 10.5$$

信頼区間は

$$\widehat{\mu}(A_2B_1C_2D_1) \pm t(\phi^*, 0.05)\sqrt{\widehat{V}(\text{点推定})} \tag{5.201}$$

$$= 30.625 \pm 10.5 \times \sqrt{14.78} = 30.625 \pm 40.42 = -9.80, 71.05$$

(c) 2 つの母平均の差の推定

- 水準 $A_2B_1C_2D_1$ と $A_1B_1C_1D_1$ の母平均の差（最適条件と現状の条件における）について

①点推定

$$\widehat{\mu + a_2 + b_1 + c_2 + d_1 + (cd)_{21} + (bc)_{12}} - \widehat{\mu + a_1 + b_1 + c_1 + d_1 + (cd)_{11} + (bc)_{11}} \tag{5.202}$$

$$= \widehat{a_2 - a_1} + \widehat{c_2 - c_1} + \widehat{(cd)_{21} - (cd)_{11}} + \widehat{(bc)_{21} - (bc)_{11}} = 30.625 - 15.625 = 15$$

②区間推定

$$\text{差} = \widehat{\mu}(A_2B_1C_2D_1) - \widehat{\mu}(A_1B_1C_1D_1) \tag{5.203}$$

$$= (\overline{x}(A_2) - \overline{x}(A_1) + \overline{x}(C_2D_1) - \overline{x}(C_1D_1)$$

$$+(\overline{x}(C_2) - \overline{x}(C_1)) + (\overline{x}(B_2C_1) - \overline{x}(B_1C_1))$$

1 次は，$\overline{x}(A_2), \overline{x}(A_1), \overline{x}(C_2D_1), \overline{x}(C_1D_1) \rightarrow \quad \dfrac{1}{n_{d(1)}} = \dfrac{1}{n_{e_{1(1)}}} + \dfrac{1}{n_{e_{2(1)}}} = 2\left(\dfrac{1}{8} + \dfrac{1}{4}\right) = \dfrac{3}{4}$

2 次は，$\overline{x}(C_2), \overline{x}(C_1), \overline{x}(B_2C_1), \overline{x}(B_1C_1) \rightarrow \quad \dfrac{1}{n_{d(2)}} = \dfrac{1}{n_{e_{1(2)}}} + \dfrac{1}{n_{e_{2(2)}}} = 2\left(\dfrac{1}{8} + \dfrac{1}{4}\right) = \dfrac{3}{4}$

より，その分散の推定量は，

$$\begin{aligned}(5.204) \qquad \widehat{V}(\text{差}) &= \frac{1}{n_{d(1)}}V_{E'_{(1)}} + \frac{1}{n_{d(2)}}V_{E'_{(2)}} \\ &= \frac{3}{4}V_{E_{(1)}} + \frac{3}{4}V_{E_{(2)}} = \frac{3}{4} \times 7.417 + \frac{3}{4} \times 1.35 = 6.575\end{aligned}$$

であり，等価自由度は

$$\begin{aligned}(5.205) \qquad \phi^* &= \frac{\left(\widehat{V}(\text{差})\right)^2}{(V_{E'_{(1)}}/N)^2/\phi_{E'_{(1)}} + (V_{E'_{(2)}}/N)^2/\phi_{E'_{(2)}}} \\ &= 6.575^2/(5.563^2/3 + 1.013^2/5) = 4.110\end{aligned}$$

と計算される．そして，線形補間により

$$\begin{aligned}(5.206) \qquad t(\phi^*, 0.05) &= (\phi^* - [\phi^*]) \times t([\phi^*]+1, 0.05) + (1 - (\phi^* - [\phi^*])) \times t([\phi^*], 0.05) \\ &= (4.11 - 4) \times \overbrace{t(5, 0.05)}^{=2.571} + (1 - (4.11 - 4)) \times \overbrace{t(4, 0.05)}^{=2.776} = 2.754\end{aligned}$$

信頼区間は

$$\begin{aligned}(5.207) \qquad &\widehat{\mu}(A_2B_1C_2D_1) \pm t(\phi^*, 0.05)\sqrt{\widehat{V}(\text{差})} \\ &= 15 \pm 2.754 \times \sqrt{6.575} = 15 \pm 7.06 = 7.94, 22.06\end{aligned}$$

(d) データの予測

- $\mu(A_2B_1C_2D_1) = \mu + a + b + (cd) + c + d + (bc)$ について

①点予測

$$(5.208) \qquad \widehat{x}(A_2B_1C_2D_1) = \widehat{x} = \widehat{\mu + a + b + (cd) + c + d + (bc)} = \widehat{\mu}(A_2B_1C_2D_1) = 30.625$$

②予測区間

反復を考慮するので，予測値の分散は，点推定量の分散にデータの分散 $\sigma_R^2 + \sigma_{(1)}^2 + \sigma_{(2)}^2$ が加わることより，

$$\begin{aligned}(5.209) \qquad \widehat{V}(\text{予測}) &= \widehat{V}(\text{点推定}) + \widehat{\sigma_R^2} + \widehat{\sigma_{(1)}^2} + \widehat{\sigma_{(2)}^2} \\ &= \frac{1}{16}V_R + \frac{3}{16}V_{E'_{(1)}} + \frac{3}{16}V_{E'_{(2)}} + \frac{V_R - V_{E'_{(1)}}}{8} + \frac{V_{E'_{(1)}} - V_{E'_{(2)}}}{2} + V_{E'_{(2)}} \\ &= \frac{3}{16}V_R + \frac{3-2+8}{16}V_{E'_{(1)}} + \frac{3-8+16}{16}V_{E'_{(2)}} = \frac{3}{16}210.25 + \frac{9}{16}7.417 + \frac{11}{16}1.35 = 44.52\end{aligned}$$

により推定する．等価自由度 ϕ^* はサタースウェイトの方法より

$$(5.210) \qquad \phi^* = \frac{(44.52)^2}{39.42^2/1 + 4.17^2/3 + 0.928^2/5} = 1.27$$

線形補間法により

$$\begin{aligned}(5.211) \qquad t(\phi^*, 0.05) &= (\phi^* - [\phi^*]) \times t([\phi^*]+1, 0.05) + (1 - (\phi^* - [\phi^*])) \times t([\phi^*], 0.05) \\ &= (1.27 - 1) \times \overbrace{t(2, 0.05)}^{=4.303} + (1 - (1.27 - 1)) \times \overbrace{t(1, 0.05)}^{=12.706} = 10.44\end{aligned}$$

そこで，予測区間は以下で与えられる．

$$\begin{aligned}(5.212) \qquad x_L, x_U &= \widehat{x}(A_2B_1C_2D_1) \pm t(\phi^*, \alpha)\sqrt{\widehat{V}(\text{予測})} \\ &= 30.625 \pm 10.44\sqrt{44.52} = 30.625 \pm 69.66 = -39.035, 100.285\end{aligned}$$

《R（コマンダー）による解析》

(0) 予備解析

手順 1　データの読み込み

【データ】▶【データのインポート】▶【テキストファイルまたはクリップボード，URL から...】を選択後，ダイアログボックスで，フィールドの区切り記号としてカンマにチェックをいれて，OK を左クリックする．フォルダからファイルを指定後，開く (O) を左クリックする．データセットを表示 をクリックすると，図 5.11 のようにデータが表示される．このデータの入力は p.177 の要因の割り付けに基づいて交互作用の現れる列を考慮している．

rei52

	R	A	e3	e4	e5	e6	B	e8	C	e10	F	e12	D	e14	e15	x
1	l1	l1	l1	l1	l1	l1	l1	l1	l1	l1	l1	l1	l1	l1	l1	21
2	l1	l1	l1	l1	l1	l1	l1	l2	l2	l2	l2	l2	l2	l2	l2	20
3	l1	l1	l1	l2	l2	l2	l2	l1	l1	l1	l1	l2	l2	l2	l2	16
4	l1	l1	l1	l2	l2	l2	l2	l2	l2	l2	l2	l1	l1	l1	l1	20
5	l1	l2	l2	l1	l1	l2	l2	l1	l1	l2	l2	l1	l1	l2	l2	19
6	l1	l2	l2	l1	l1	l2	l2	l2	l2	l1	l1	l2	l2	l1	l1	22
7	l1	l2	l2	l2	l2	l1	l1	l1	l1	l2	l2	l2	l2	l1	l1	33
8	l1	l2	l2	l2	l2	l1	l1	l2	l2	l1	l1	l1	l1	l2	l2	33
9	l2	l1	l2	l1	l2	l1	l2	l1	l2	l1	l2	l1	l2	l1	l2	6
10	l2	l1	l2	l1	l2	l1	l2	l2	l1	l2	l1	l2	l1	l2	l1	4
11	l2	l1	l2	l2	l1	l2	l1	l1	l2	l1	l2	l2	l1	l2	l1	17
12	l2	l1	l2	l2	l1	l2	l1	l2	l1	l2	l1	l1	l2	l1	l2	14
13	l2	l2	l1	l1	l2	l2	l1	l1	l2	l2	l1	l1	l2	l2	l1	20
14	l2	l2	l1	l1	l2	l2	l1	l2	l1	l1	l2	l2	l1	l1	l2	21
15	l2	l2	l1	l2	l1	l1	l2	l1	l2	l2	l1	l2	l1	l1	l2	26
16	l2	l2	l1	l2	l1	l1	l2	l2	l1	l1	l2	l1	l2	l2	l1	18

図 5.11　データの表示（確認）

```
>rei52<-read.table("rei52.csv",
header=TRUE, sep=",",na.strings="NA", dec=".", strip.white=TRUE)
> showData(rei52, placement='-20+200', font=getRcmdr('logFont'),
 maxwidth=80, maxheight=30)
```

手順 2　基本統計量の計算

【統計量】▶【要約】▶【アクティブデータセット】を選択すると，以下のような出力が得られる．

```
> numSummary(rei52[,"x"], statistics=c("mean", "sd", "IQR", "quantiles",
 "cv","skewness", "kurtosis"), quantiles=c(0,.25,.5,.75,1), type="2")
mean   sd IQR    cv  skewness kurtosis 0 %    25 % 50 %    75 % 100 %   n
19.125 7.8899    5 0.41254 -0.081006 0.4501  4 16.25  20 21.25    33 16
```

手順 3　データのグラフ化

【グラフ】▶【平均のプロット...】を選択後，因子を R，目的変数にデータを選択し OK をクリックすると図 5.12 が表示される．同様に因子を A, B, C を選択する場合，A と B，B と C，A と C を選択する場合などを選択し平均をプロットしたグラフからその効果を予想する．因子として，A と B を選択する場合とその結果は図 5.13 のようになる．

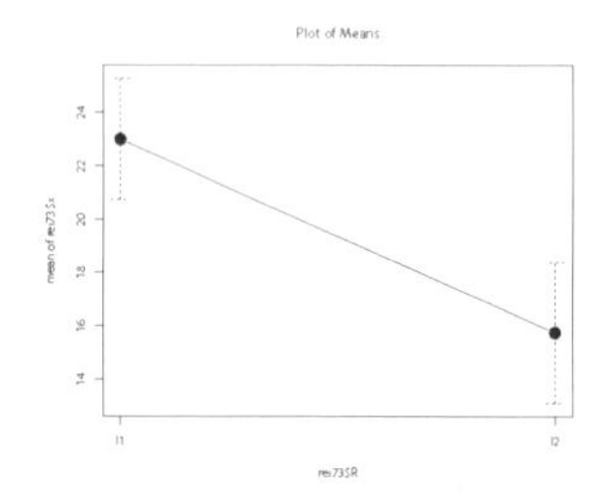

図 5.12　平均のプロット

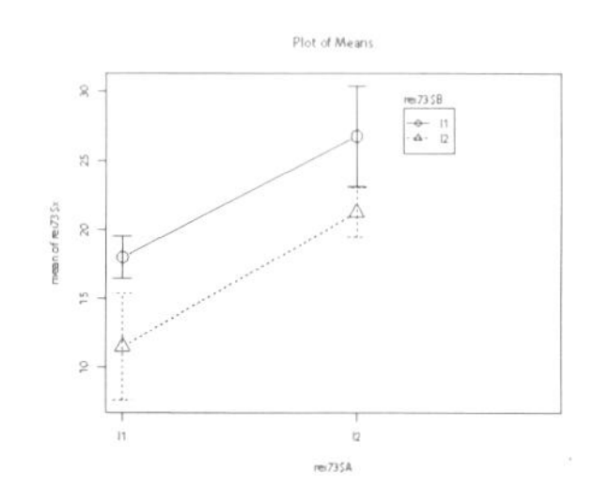

図 5.13　平均のプロット

(1) 分散分析

手順 1 モデル化

モデルとして，x ˜ A+B+A:B+C:D+C+D+F+B:C+Error(R/(A+B+A:B+C:D)) を仮定する．これは R が変量因子で，A+B+A:B+C:D が 1 次因子，その他が 2 次因子であることを意味している．一般に Error(R/A/B) のように記述すると，R が変量因子で，A が 1 次因子，B が 2 次因子，その他が 3 次因子を意味する．

```
> rei52.aov<-aov(x~A+B+A:B+C:D+C+D+F+B:C+Error(R/A/(B+A:B+C:D)),
data=rei52)
#x~A+B+A:B+C:D+C+D+F+B:C+Error(R+R:A+(B+A:B+C:D)) と記述しても同じ，
> summary(rei52.aov)
Error: R
          Df Sum Sq Mean Sq F value Pr(>F)
Residuals  1  210.2   210.2
Error: R:A
          Df Sum Sq Mean Sq F value Pr(>F)
A          1  342.2   342.2   27.94  0.119
Residuals  1   12.3    12.3
Error: R:A:B
          Df Sum Sq Mean Sq F value Pr(>F)
B          1    144     144  16.000  0.156
A:B        1      1       1   0.111  0.795
C:D        1    121     121  13.444  0.170
Residuals  1      9       9
Error: R:A:C:D
          Df Sum Sq Mean Sq F value Pr(>F)
C          1  20.25  20.250  12.462 0.0242 *
D          1   9.00   9.000   5.538 0.0782 .
F          1   0.25   0.250   0.154 0.7149
B:C        1  16.00  16.000   9.846 0.0349 *
Residuals  4   6.50   1.625
---
Signif. codes:  0 '***' 0.001 '**' 0.01 '*' 0.05 '.' 0.1 ' ' 1
```

(参考) 以下のようにコマンド入力してもよい．

```
>dat.aov<-aov(x~A+B+A:B+C:D+C+D+F+B:C+Error(R/(A+B+A:B+C:D)),data=rei52)
> summary(dat.aov)
Error: R
          Df Sum Sq Mean Sq F value Pr(>F)
Residuals  1  210.2   210.2
Error: R:A
          Df Sum Sq Mean Sq F value Pr(>F)
A          1  342.2   342.2   27.94  0.119
Residuals  1   12.3    12.3
Error: R:B
          Df Sum Sq Mean Sq F value Pr(>F)
B          1    144     144      16  0.156
Residuals  1      9       9
Error: R:A:B
    Df Sum Sq Mean Sq
```

```
A:B  1      1       1
C:D  1    121     121
Error: R:C:D
          Df Sum Sq Mean Sq F value Pr(>F)
C          1  20.25  20.250    6.48  0.126
D          1   9.00   9.000    2.88  0.232
Residuals  2   6.25   3.125
Error: Within
          Df Sum Sq Mean Sq F value  Pr(>F)
F          1   0.25   0.250       2 0.29289
B:C        1  16.00  16.000     128 0.00772 **
Residuals  2   0.25   0.125
---
Signif. codes:  0 '***' 0.001 '**' 0.01 '*' 0.05 '.' 0.1 ' ' 1
```

手順 **2**　再モデル化

分散分析の結果より，プールして，モデルとして，x~A+B+C:D+C+D+B:C+Error(R/(A+B+C:D)) を仮定する．そこで，$\underbrace{\text{A+B+C:D}}_{1\text{ 次誤差}}$，$\underbrace{\text{C+D+B:C}}_{2\text{ 次誤差}}$ である．また，R を 1 次誤差にプールしない．

```
> rei52p.aov<-aov(x~A+B+C:D+C+D+B:C+Error(R/(A+B+C:D)),data=rei52)
 #x~A+B+R+C:D+C+D+B:C+Error(R+R:(A+B+C:D)) と記述しても同じ.
>summary(rei52p.aov)
Error: R
          Df Sum Sq Mean Sq F value Pr(>F)
Residuals  1  210.2   210.2
Error: R:A
          Df Sum Sq Mean Sq F value Pr(>F)
A          1  342.2   342.2   27.94  0.119
Residuals  1   12.3    12.3
Error: R:B
          Df Sum Sq Mean Sq F value Pr(>F)
B          1    144     144      16  0.156
Residuals  1      9       9
Error: R:C:D
          Df Sum Sq Mean Sq F value Pr(>F)
C          1  20.25   20.25   8.379 0.0628 .
D          1   9.00    9.00   3.724 0.1492
C:D        1 121.00  121.00  50.069 0.0058 **
Residuals  3   7.25    2.42
---
Signif. codes:  0 '***' 0.001 '**' 0.01 '*' 0.05 '.' 0.1 ' ' 1
```

(2) 分散分析後の推定・予測

分散分析の結果から，データの構造式

$$x = \mu + r + a + b + (cd) + \varepsilon_{(1)} + c + d + (bc) + \varepsilon_{(2)} \tag{5.213}$$

と考えられる．この構造式に基づいて以下の推定を行う．

(a) 誤差分散の推定

p.185 の出力ウィンドウの summary(rei52.aov) から

```
> SR=210.2;SA=342.2;SE1=12.3;SB=144;SAxB=1;SCxD=121;SE2=9
> SC=20.25;SD=9.00;SF=0.25;SBxC=16.00;SE3=6.50 #平方和
> N=16;fR=1;fA=1;fE1=1;fB=1;fAxB=1;fCxD=1;fE2=1
> fC=1;fD=1;fF=1;fBxC=1;fE3=4
> VR=SR/fR;VR
[1] 210.2
> #プール後　p.185 の出力ウィンドウの summary(rei52p.aov) から
> SE1P=SE1+SAxB+SE2;fE1P=fE1+fAxB+fE2;VE1P=SE1P/fE1P;VE1P
[1] 7.433333
> SE2P=SE3+SF;fE2P=fE3+fF;VE2P=SE2P/fE2P;VE2P
[1] 1.35
```

(b) 最適水準の決定と母平均の推定

①点推定 $MA_2B_1C_2D_1 = MA_2 + MC_2D_1 + MB_1C_2 - MC_2 - M$

```
> MA2B1C2D1=192/8+90/4+96/4-164/8-310/16;MA2B1C2D1
[1] 30.625
```

②区間推定

```
> VHe=1/N*VR+3/N*VE1P+3/N*VE2P;VHe
[1] 14.78438
> fs=VHe^2/((1/N*VR)^2/fR+(3/N*VE1P)^2/fE1P+(3/N*VE2P)^2/fE2P);fs
[1] 1.261601
> f=floor(fs);f
[1] 1
> ts=(fs-f)*qt(0.975,f+1)+(1-(fs-f))*qt(0.975,f);ts  #補間
[1] 10.50783
> haba=ts*sqrt(VHe);haba  #区間幅
[1] 40.40307
> sita=MA2B1C2D1-haba;ue=MA2B1C2D1+haba
> sita;ue
[1] -9.778068 #下側信頼限界
[1] 71.02807  #上側信頼限界
```

(c) 2 つの母平均の差の推定

①点推定 $MA_2B_1C_2D_1 - MA_1B_1C_1D_1$

```
> MA1B1C1D1=118/8+89/4+65/4-146/8-310/16#(=15.625)
> sa=MA2B1C2D1-MA1B1C1D1;sa
[1] 15
```

②差の区間推定

```
> VHsa=1/2*VE1P+1/2*VE2P;VHsa #(=4.391667)
#等価自由度（差）fds
> fds=(VHsa)^2/((1/2*VE1P)^2/fE1P+(1/2*VE2P)^2/fE2P);fds
[1] 4.107352
> fd=floor(fds);fd
[1] 4
> tds=(fds-fd)*qt(0.975,fd+1)+(1-(fds-fd))*qt(0.975,fd);tds
[1] 2.754345
> habasa=tds*sqrt(VHsa);habasa  #差の区間幅
```

```
[1] 5.77209
> sitasa=sa-habasa;uesa=sa+habasa
> sitasa;uesa
[1] 9.22791     #下側信頼限界
[1] 20.77209    #上側信頼限界
```

(d) データの予測

①点予測

```
> yosoku=MA2B1C2D1;yosoku
[1] 30.625
```

②予測区間

```
> VHyo=3/16*VR+9/16*VE1P+11/16*VE2P;VHyo
[1] 44.52187
#等価自由度（予測）fys
> fys=VHyo^2/((3/16*VR)^2/fR+(9/16*VE1P)^2/fE2P+(11/16*VE2P)^2/fE2P);fys
[1] 1.273076
> fy=floor(fys);fy
[1] 1
> tys=(fys-fy)*qt(0.975,fy+1)+(1-(fys-fy))*qt(0.975,fy);tys
[1] 10.4114
> habayo=tys*sqrt(VHyo);habayo   #区間幅
[1] 69.46974
> sitayo=yosoku-habayo;ueyo=yosoku+habayo
> sitayo;ueyo
[1] -38.84474   #下側信頼限界
[1] 100.0947    #上側信頼限界
```

演習 5-2　例題 5-2 で（参考）の線点図（図 5.13）による割り付けを行った場合について，分散分析を行え．

演習 5-3　各 2 水準の因子 A, B, C, D, F, G を取り上げ，交互作用として $A\times D, C\times F, D\times G$ を考える．また，反復（ブロック因子）を R で表し，2 回行うとする．

1 次因子：R, A，2 次因子：B, C，3 次因子：D, F, G

とする分割実験を $L_{16}(2^{15})$ を用いて計画せよ．なお，主効果については表 5.21 のように割り付ける．

5.3　枝分かれ実験

ℓ 個のロットがあり，各ロットから m 個ずつサンプルがとられ，各サンプルについて n 回測定されるような場合を考えよう．すると，データの構造式は

$$x_{ijk} = \mu + \alpha_i + \beta_{ij} + \varepsilon_{ijk} \quad (i = 1 \sim \ell; j = 1 \sim m; k = 1 \sim n) \tag{5.214}$$

であり，　$V(\alpha_i) = \sigma_L^2$, $V(\beta_{ij}) = \sigma_S^2$, $V(\varepsilon_{ijk}) = \sigma_M^2$

α_i：ロットの違いによるばらつき，β_i：サンプリング誤差，ε_{ijk}：測定誤差を表し，期待値は 0 で互いに独立であるとする．これは図 5.14 のようにデータが得られると考えられる．

● 和について

$$T_{ij\cdot} = \sum_k x_{ijk}, T_{i\cdot\cdot} = \sum_j \sum_k x_{ijk}, T = \sum_i \sum_j \sum_k x_{ijk}$$

表 5.21 L_{16} 直交配列表 による実験データ

要因	R	A		B	C			D						F	G	x
No. ＼ 列番	[1]	[2]	[3]	[4]	[5]	[6]	[7]	[8]	[9]	[10]	[11]	[12]	[13]	[14]	[15]	x
1	1	1	1	1	1	1	1	1	1	1	1	1	1	1	1	14.9
2	1	1	1	1	1	1	1	2	2	2	2	2	2	2	2	13.7
3	1	1	1	2	2	2	2	1	1	1	1	2	2	2	2	12.8
4	1	1	1	2	2	2	2	2	2	2	2	1	1	1	1	12.9
5	1	2	2	1	1	2	2	1	1	2	2	1	1	2	2	11.6
6	1	2	2	1	1	2	2	2	2	1	1	2	2	1	1	10.6
7	1	2	2	2	2	1	1	1	1	2	2	2	2	1	1	12.4
8	1	2	2	2	2	1	1	2	2	1	1	1	1	2	2	8.6
9	2	1	2	1	2	1	2	1	2	1	2	1	2	1	2	12.9
10	2	1	2	1	2	1	2	2	1	2	1	2	1	2	1	12.4
11	2	1	2	2	1	2	1	1	2	1	2	2	1	2	1	14.5
12	2	1	2	2	1	2	1	2	1	2	1	1	2	1	2	13.4
13	2	2	1	1	2	2	1	1	2	2	1	1	2	2	1	11.2
14	2	2	1	1	2	2	1	2	1	1	2	2	1	1	2	8.7
15	2	2	1	2	1	1	2	1	2	2	1	2	1	1	2	14.3
16	2	2	1	2	1	1	2	2	1	1	2	1	2	2	1	12.8
成分	a	b	a b	c	a c	b c	a b c	d	a d	b d	a b d	c d	a c d	b c d	a b c d	
	1 群	2 群		3 群				4 群								

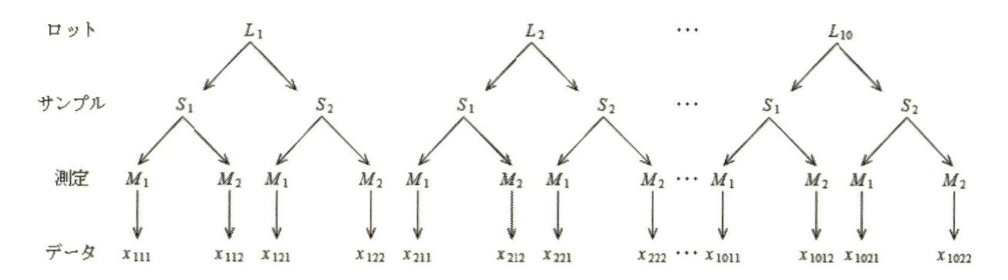

図 5.14 枝分かれ実験でのデータ

- 平方和について

(5.215)
$$S_T = \sum_i \sum_j \sum_k x_{ijk}^2 - \frac{T^2}{\ell mn}$$

(5.216)
$$S_L = \sum_i \frac{T_i^2}{mn} - \frac{T^2}{\ell mn}$$

(5.217)
$$S_S = \sum_i \sum_j \frac{T_{ij}^2}{n} - \sum_i \frac{T_i^2}{mn}$$

(5.218)
$$S_M = \sum_i \sum_j \sum_k x_{ijk}^2 - \sum_i \sum_j \frac{T_{ij}^2}{n}$$

- 自由度について

$$\phi_T = \ell mn - 1,\ \phi_L = \ell - 1,\ \phi_S = \ell(m-1),\ \phi_M = \ell m(n-1)$$

(5.219)
$$\widehat{\sigma_L^2} = \frac{V_L - V_S}{mn}$$

(5.220)
$$\widehat{\sigma_S^2} = \frac{V_S - V_M}{n}$$

(5.221)
$$\widehat{\sigma_M^2} = V_M$$

表 5.22 分散分析表

要因	平方和 S	自由度 ϕ	不偏分散 V	分散比 F 値 (F_0)	期待値 $E(V)$
L	S_L	$\phi_L = \ell - 1$	$V_L = \dfrac{S_L}{\phi_L}$	$\dfrac{V_L}{V_S}$	$\sigma_M^2 + n\sigma_S^2 + mn\sigma_L^2$
S	S_S	$\phi_S = \ell(m-1)$	$V_S = \dfrac{S_S}{\phi_S}$	$\dfrac{V_S}{V_M}$	$\sigma_M^2 + n\sigma_S^2$
M	S_M	$\phi_M = \ell m(n-1)$	$V_M = \dfrac{S_M}{\phi_M}$		σ_M^2
全変動 (T)	S_T	$\phi_T = \ell mn - 1$			

$$\widehat{\sigma_T^2} = \widehat{\sigma_L^2} + \widehat{\sigma_S^2} + \widehat{\sigma_M^2} \tag{5.222}$$

以下で具体的に解析してみよう．

例題 5-3

あるプラスチック製品の重要特性のばらつきが問題となっている．原料ロットが影響を与えていることがわかっている．原因究明のため，原料ロット（因子 L）からランダムに $\ell = 10$ 個，各ロットからランダムに製品を $m = 2$ 抜き取り，抜き取った製品を $n = 2$ 回測定したところ，表 5.23 のデータが得られた．このとき，ロット間の分散 σ_L^2，サンプル間の分散 σ_S^2，測定誤差の分散 σ_M^2 を求め，全体 σ_T^2 に占める割合を求めよ．

表 5.23 データ表（単位：省略）

ロット ＼ 処理方法	S（サンプル）	M（測定）	
		M_1	M_2
L_1	S_1	10.3	9.1
	S_2	9.7	9.2
L_2	S_1	8.5	7.8
	S_2	8.6	8.2
L_3	S_1	7.6	7.7
	S_2	8.4	8.2
L_4	S_1	9.6	8.9
	S_2	8.6	8.4
L_5	S_1	7.7	7.7
	S_2	8.1	7.2
L_6	S_1	7.2	7.0
	S_2	7.1	8.1
L_7	S_1	9.2	9.5
	S_2	9.4	8.9
L_8	S_1	8.6	8.2
	S_2	7.0	7.7
L_9	S_1	9.5	9.3
	S_2	8.7	9.1
L_{10}	S_1	8.7	9.2
	S_2	8.6	8.2

手順 1 平方和の計算

- 和について

$$T_{ij\cdot} = \sum_k x_{ijk} = 19.4, \ldots, 16.8 \tag{5.223}$$

$$T_{i\cdot\cdot} = \sum_j \sum_k x_{ijk} = 38.3, \ldots, 34.7 \tag{5.224}$$

$$T = \sum_i \sum_j \sum_k x_{ijk} = 338.7 \tag{5.225}$$

- 平方和について

$$S_T = \sum_i \sum_j \sum_k x_{ijk}^2 - \frac{T^2}{\ell mn} = 2894.27 - \frac{338.7^2}{10 \times 2 \times 2} = 26.328 \tag{5.226}$$

$$S_L = \sum_i \frac{T_i^2}{mn} - \frac{T^2}{\ell mn} = \frac{11552.11}{4} - \frac{338.7^2}{10 \times 2 \times 2} = 20.085 \tag{5.227}$$

$$S_S = \sum_i \sum_j \frac{T_{ij}^2}{n} - \sum_i \frac{T_i^2}{mn} = \frac{5782.17}{2} - \frac{11552.11}{2 \times 2} = 3.0575 \tag{5.228}$$

$$S_M = \sum_i \sum_j \sum_k x_{ijk}^2 - \sum_i \sum_j \frac{T_{ij}^2}{n} = 2894.27 - \frac{5782.17}{2} = 3.185 \tag{5.229}$$

- 自由度について

$$\phi_T = \ell mn - 1 = 10 \times 2 \times 2 - 1 = 39 \tag{5.230}$$

$$\phi_L = \ell - 1 = 10 - 1 = 9 \tag{5.231}$$

$$\phi_S = \ell(m-1) = 10 \times (2-1) = 10 \tag{5.232}$$

$$\phi_M = \ell m(n-1) = 10 \times 2 \times (2-1) = 20 \tag{5.233}$$

- 計算補助表の作成

図 5.15 のような補助表が作成される.

		データ		データ二乗					
ロット	サンプル	x_{ij1}	x_{ij2}	x_{ij1}^2	x_{ij2}^2	$T_{ij\cdot}$	$T_{ij\cdot}^2$	$T_{i\cdot\cdot}$	$T_{i\cdot\cdot}^2$
L1	S1	10.3	9.1	106.0900	82.8100	19.40	376.3600	38.30	1466.8900
	S2	9.7	9.2	94.0900	84.6400	18.90	357.2100		
L2	S1	8.5	7.8	72.2500	60.8400	16.30	265.6900	33.10	1095.6100
	S2	8.6	8.2	73.9600	67.2400	16.80	282.2400		
L3	S1	7.6	7.7	57.7600	59.2900	15.30	234.0900	31.90	1017.6100
	S2	8.4	8.2	70.5600	67.2400	16.60	275.5600		
L4	S1	9.6	8.9	92.1600	79.2100	18.50	342.2500	35.50	1260.2500
	S2	8.6	8.4	73.9600	70.5600	17.00	289.0000		
L5	S1	7.7	7.7	59.2900	59.2900	15.40	237.1600	30.70	942.4900
	S2	8.1	7.2	65.6100	51.8400	15.30	234.0900		
L6	S1	7.2	7.0	51.8400	49.0000	14.20	201.6400	29.40	864.3600
	S2	7.1	8.1	50.4100	65.6100	15.20	231.0400		
L7	S1	9.2	9.5	84.6400	90.2500	18.70	349.6900	37.00	1369.0000
	S2	9.4	8.9	88.3600	79.2100	18.30	334.8900		
L8	S1	8.6	8.2	73.9600	67.2400	16.80	282.2400	31.50	992.2500
	S2	7.0	7.7	49.0000	59.2900	14.70	216.0900		
L9	S1	9.5	9.3	90.2500	86.4900	18.80	353.4400	36.60	1339.5600
	S2	8.7	9.1	75.6900	82.8100	17.80	316.8400		
L10	S1	8.7	9.2	75.6900	84.6400	17.90	320.4100	34.70	1204.0900
	S2	8.6	8.2	73.9600	67.2400	16.80	282.2400		
	計	338.700		2894.27		338.7	5782.17	338.7	11552.11

図 **5.15** 計算補助表

手順 2 分散分析表の作成

手順 3 分散成分の推定

$$\widehat{\sigma_L^2} = \frac{V_L - V_S}{mn} = \frac{2.232 - 0.30575}{2 \times 2} = 0.4816 \tag{5.234}$$

表 **5.24**　分散分析表

要因	平方和 S	自由度 ϕ	不偏分散 V	分散比 F 値 (F_0)	期待値 $E(V)$
L	S_L $= 20.085$	$\phi_L = \ell - 1$ $= 9$	$V_L = \dfrac{S_L}{\phi_L}$ $= 2.232$	$\dfrac{V_L}{V_S}$ $= 7.300$	$\sigma_M^2 + 2\sigma_S^2 + 4\sigma_L^2$
S	S_S $= 3.0575$	$\phi_S = \ell(m-1)$ $= 10$	$V_S = \dfrac{S_S}{\phi_S}$ $= 0.30575$	$\dfrac{V_S}{V_M}$ $= 1.920$	$\sigma_M^2 + 2\sigma_S^2$
M	S_M $= 3.185$	$\phi_M = \ell m(n-1)$ $= 20$	$V_M = \dfrac{S_M}{\phi_M}$ $= 0.15925$		σ_M^2
全変動 (T)	S_T $= 26.328$	$\phi_T = \ell mn - 1$ $= 39$			

$$\widehat{\sigma_S^2} = \frac{V_S - V_M}{n} = \frac{0.30575 - 0.15925}{2} = 0.07325 \tag{5.235}$$

$$\widehat{\sigma_M^2} = V_M = 0.15925 \tag{5.236}$$

$$\widehat{\sigma_T^2} = \widehat{\sigma_L^2} + \widehat{\sigma_S^2} + \widehat{\sigma_M^2} \tag{5.237}$$

《**R**（コマンダー）による解析》

(0) 予備解析

手順 **1**　データの読み込み

【データ】▶【データのインポート】▶【テキストファイルまたはクリップボード，URL から...】を選択後，[OK] ▶ [データセットを表示] をクリックすると図 5.16 のようにデータが表示される．

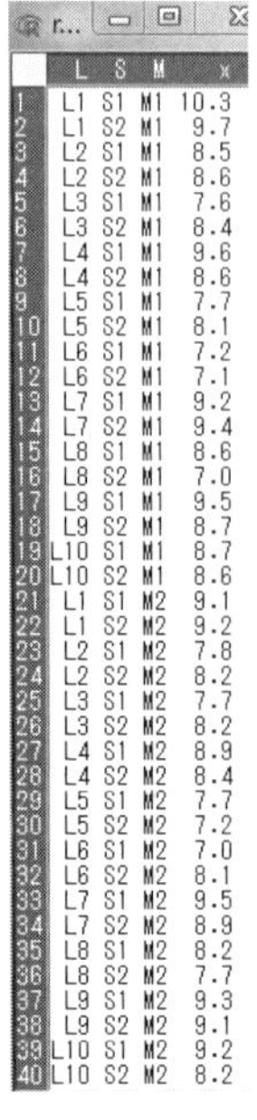

	L	S	M	x
1	L1	S1	M1	10.3
2	L1	S2	M1	9.7
3	L2	S1	M1	8.5
4	L2	S2	M1	8.6
5	L3	S1	M1	7.6
6	L3	S2	M1	8.4
7	L4	S1	M1	9.6
8	L4	S2	M1	8.6
9	L5	S1	M1	7.7
10	L5	S2	M1	8.1
11	L6	S1	M1	7.2
12	L6	S2	M1	7.1
13	L7	S1	M1	9.2
14	L7	S2	M1	9.4
15	L8	S1	M1	8.6
16	L8	S2	M1	7.0
17	L9	S1	M1	9.5
18	L9	S2	M1	8.7
19	L10	S1	M1	8.7
20	L10	S2	M1	8.6
21	L1	S1	M2	9.1
22	L1	S2	M2	9.2
23	L2	S1	M2	7.8
24	L2	S2	M2	8.2
25	L3	S1	M2	7.7
26	L3	S2	M2	8.2
27	L4	S1	M2	8.9
28	L4	S2	M2	8.4
29	L5	S1	M2	7.7
30	L5	S2	M2	7.2
31	L6	S1	M2	7.0
32	L6	S2	M2	8.1
33	L7	S1	M2	9.5
34	L7	S2	M2	8.9
35	L8	S1	M2	8.2
36	L8	S2	M2	7.7
37	L9	S1	M2	9.3
38	L9	S2	M2	9.1
39	L10	S1	M2	9.2
40	L10	S2	M2	8.2

図 **5.16**　データの表示

```
>rei55<-read.table("rei55.csv",
 header=TRUE, sep=",", na.strings="NA", dec=".", strip.white=TRUE)
> showData(rei55, placement='-20+200', font=getRcmdr('logFont'),
maxwidth=80, maxheight=30)
```

手順 2　基本統計量の計算

【統計量】▶【要約】▶【アクティブデータセット】を選択すると，以下のような出力が得られる．

```
> summary(rei55)
       L          S        M              x
 L1      : 4   S1:20   M1:20   Min.    : 7.000
 L10     : 4   S2:20   M2:20   1st Qu.: 7.775
 L2      : 4                   Median : 8.550
 L3      : 4                   Mean    : 8.467
 L4      : 4                   3rd Qu.: 9.125
 L5      : 4                   Max.    :10.300
 (Other):16
```

手順 3　データのグラフ化

【グラフ】▶【平均のプロット...】を選択後，図 5.17 で因子を L，目的変数に x を選択し OK をクリックすると図 5.18 が表示される．同様に因子を L, M, S を選択する場合などを選択し平均をプロットしたグラフからその効果を予想する．因子として，図 5.19 のように M を選択する場合とその結果は図 5.20 のようになる．

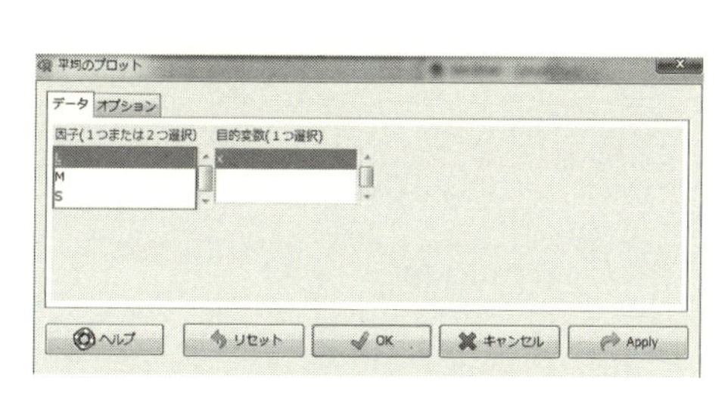

図 5.17　ダイアログボックス

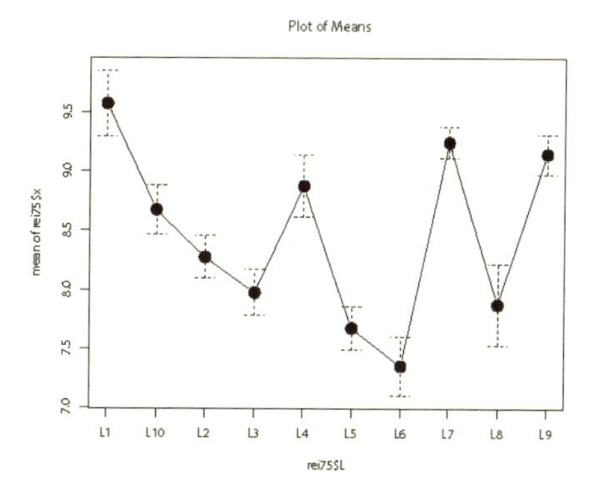

図 5.18　平均のプロット

(1) 分散分析

```
#rei5-5
> library(lme4)
> dat.lmer<-lmer(x~1+(1|L/S),data=rei55)
> summary(dat.lmer)
Linear mixed model fit by REML ['lmerMod']
Formula: x ~ 1 + (1 | L/S)
   Data: rei55
REML criterion at convergence: 72.9955
Random effects:
 Groups   Name        Variance Std.Dev.
 S:L      (Intercept) 0.07325  0.2706    #σ_S^2:S の分散　標準偏差
```

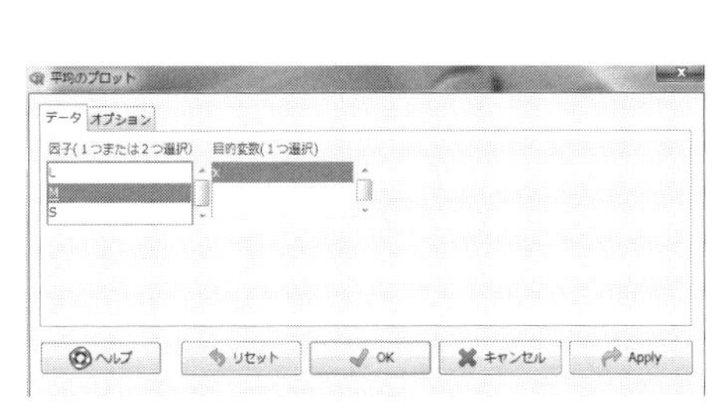

図 **5.19**　ダイアログボックス

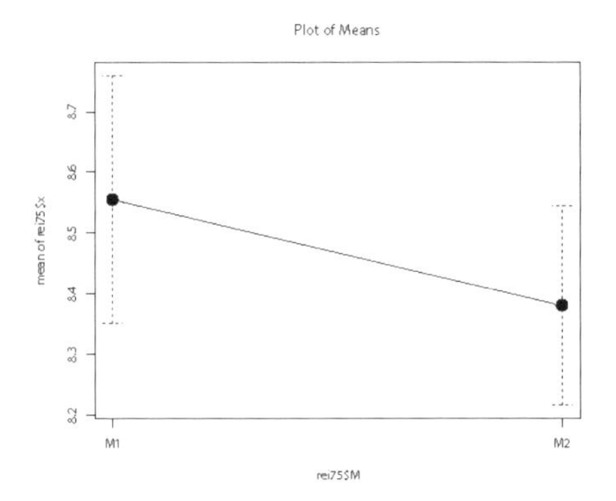

図 **5.20**　平均のプロット

```
 L         (Intercept) 0.48149  0.6939    #σ_L^2:Lの分散　標準偏差
 Residual              0.15925  0.3991    #σ_M^2:Mの分散　標準偏差
Number of obs: 40, groups: S:L, 20; L, 10
Fixed effects:
            Estimate Std. Error t value
(Intercept)   8.4675     0.2362   35.85
```

(2) 分析後の推定・予測

モデル式

```
x ~ 1 + (1 | L/S)
```

における 1 は，母数効果が一般平均 μ のみを示している．括弧内の L/S は 1 次の変量が L で，2 次の変量が S で，残り（M）が 3 次であることを示している．そして，分散成分を推定すると

$$\widehat{\sigma_M^2} = V_M = 0.15925$$
$$\widehat{\sigma_S^2} = \frac{V_S - V_M}{2} = \frac{0.30575 - 0.15925}{2} = 0.07325$$
$$\widehat{\sigma_L^2} = \frac{V_L - V_S}{4} = \frac{2.2317 - 0.30575}{4} = 0.48149$$

となり，一致することがわかる．

演習 5-4　原料 A を 2 ロットとり，A の各ロットをそれぞれ 3 つに分けてそのおのおのに処理 B を時間 B_1, B_2, B_3 の条件で施し，さらにこのようにして得られた中間製品のそれぞれを 2 分割して，それぞれ処理 C を温度 C_1, C_2 で施し，得られた製品についてそれぞれ 2 個のサンプル S_1, S_2 をとって特性値を測定した．このときのデータが表 5.25 に与えられている．各変動について考察せよ．

表 **5.25**　データ表（単位：省略）

処理方法 / ロット	B	C_1		C_2	
		S_1	S_2	S_1	S_2
A_1	B_1	10	11	14	15
	B_2	14	16	18	21
	B_3	7	10	6	9
A_2	B_1	13	11	9	12
	B_2	22	25	22	21
	B_3	10	9	8	6

A

R　入　門

A.1　Rのインストール

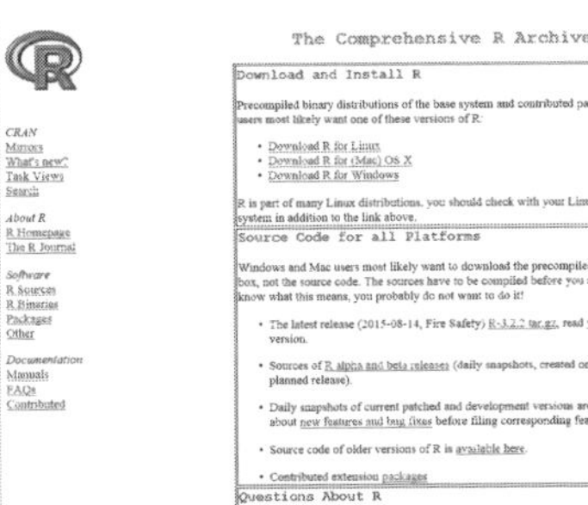

図 **A.1**　ダウンロードのサイト

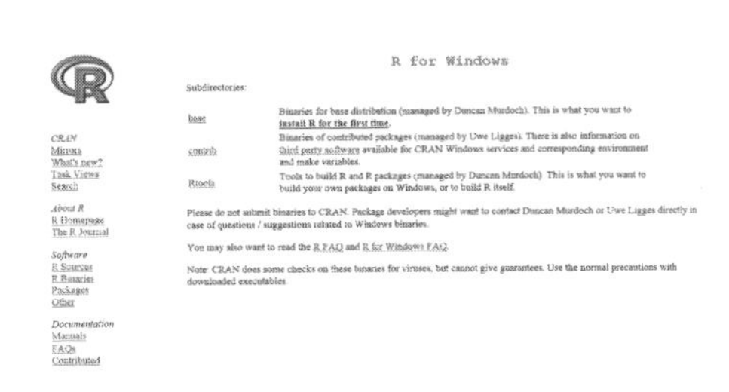

図 **A.2**　Windows 版のダウンロード画面

インターネットにより，下記の URL に行く．

　　http://cran.ism.ac.jp/　または　http://ftp.yz.yamagata-u.ac.jp/pub/cran/

すると図 A.1 のような画面となる．Download R for Windows をクリックすると図 A.2 の画面となり，図 A.2 で install R for the first time をクリックすると図 A.3 が表示される．そこで，Download R 3.2.2 for Windows （62 megabytes, 32/64 bit：2015 年 11 月 15 日現在）より R-3.2.2 をダウンロードし，作成したフォルダ（例えば R-3.2.2（フォルダ名））に保存する（図 A.4）．そして R-3.2.2-win をダブルクリックすると R のインストールが始まり，逐次画面上の指示に従って進むと完了する．デスクトップ上に R のアイコン（ショートカット）が作成され，それをダブルクリックすることで R が起動する．

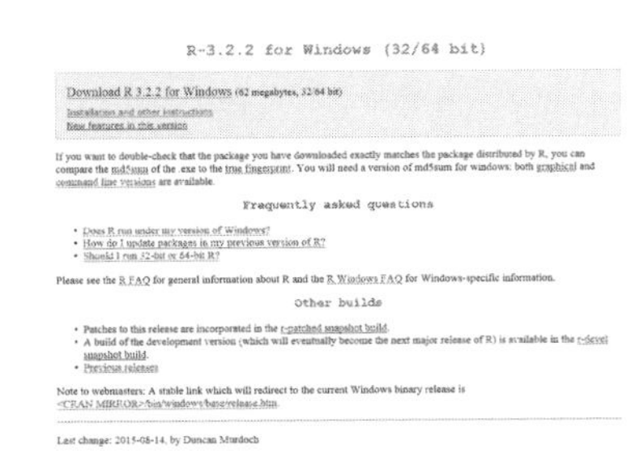

図 **A.3**　ファイルのダウンロード

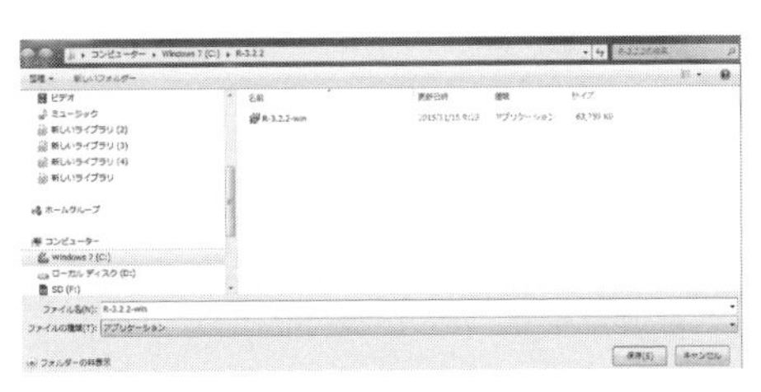

図 **A.4**　R-3.2.2 のフォルダ

A.2　Rcmdr パッケージのインストール

ここではパッケージの Rcmdr をインストールしよう．

手順1　インターネットに接続した状態で図A.11のRの起動画面において，メニューバーの「パッケージ」から「パッケージのインストール...」を選択（図A.5）する．

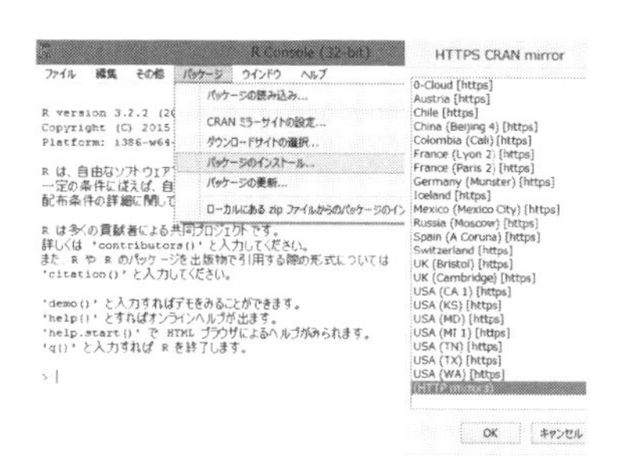

図 **A.5**　パッケージ選択インストール画面

図 **A.6**　ダウンロードサイト選択画面

手順2　CRAN mirrorから例えばJapan(Tokyo)を選択（図A.6）し，OKをクリックする．

手順3　さらにPackagesからRcmdrを選択（図A.7）し，OKをクリックすると図A.8のような画面となる．はい(Y)をクリックすると，図A.9の画面となり，はい(Y)をクリックすると，インストールが始まり，少しして完了する（図A.10）．

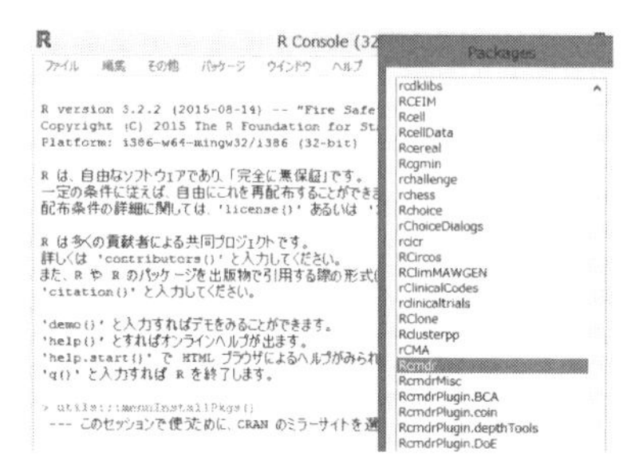

図 **A.7**　パッケージ選択画面

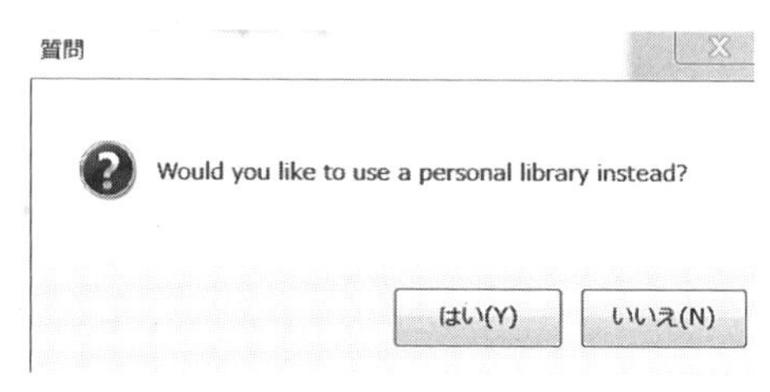

図 **A.8**　個人のライブラリインストール画面

図 **A.9**　個人のパッケージインストール画面

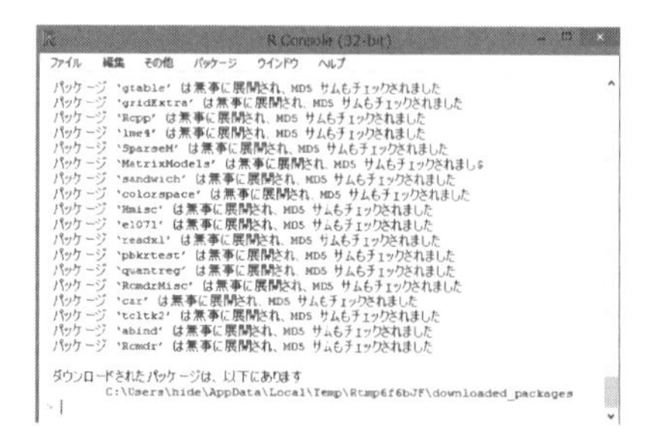

図 **A.10**　Rコマンダー完了画面

A.3　Rの起動と終了

Windows版の「R」の場合，Rを起動するには，以下の2通りなどがある．

①デスクトップ上に作成したショートカットのアイコンを左ダブルクリック（マウスの左側を続けて2回押す）．

②Program Filesフォルダ→Rフォルダ→R-3.2.2フォルダ→binフォルダ→i386フォルダにあるファイルRguiをダブルクリックする．

起動すると，図A.11のようなWindow画面が開かれる．

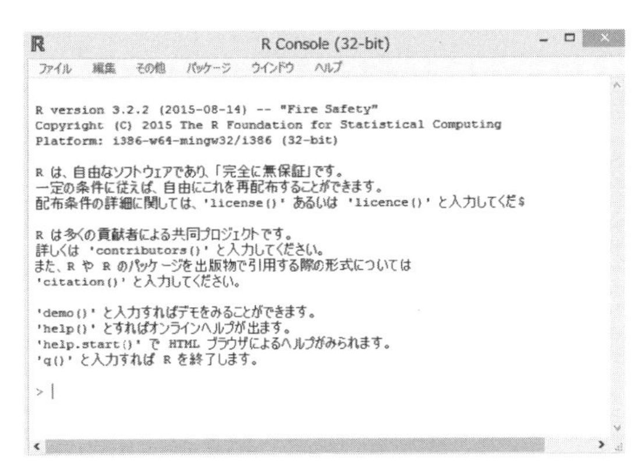

図 **A.11**　R の起動画面

A.4　R コマンダーの起動と終了

手順 1　R コマンダーの起動

以下の図 A.12 のように R Console 画面で，library (Rcmdr) と入力し [↩] ([ENTER]) キーを押す．すると初めて立ち上げる場合は，図 A.12 の右下のような画面が現れ，パッケージのインストールに対し，[はい] をクリックする．するとインストールが始まり，完了画面となり，コマンダーの起動画面（図 A.13）となる．次回からの R コマンダーは，途中のパッケージのインストールはなく起動画面となる．

R Console

```
> library(Rcmdr) #パッケージ Rcmdr の起動
```

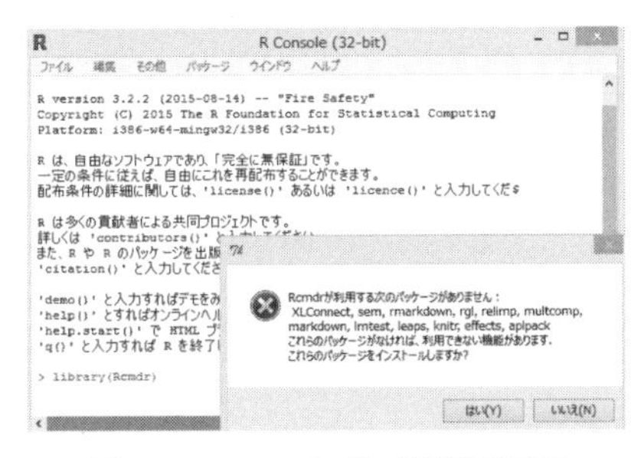

図 **A.12**　R コマンダー起動設定画面

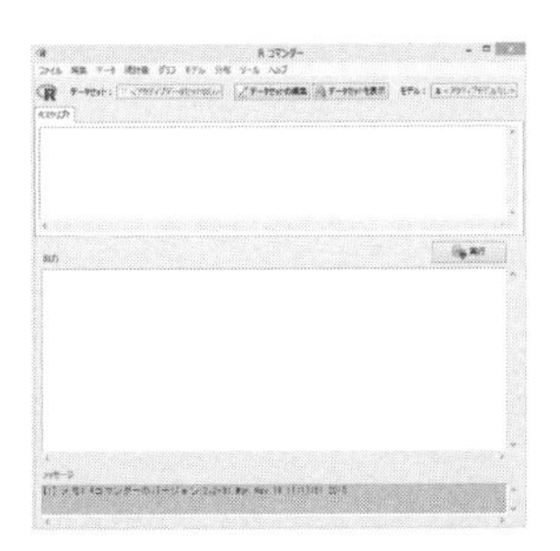

図 **A.13**　R コマンダー起動画面

手順 2　R コマンダーの終了

【ファイル】▶【終了】▶【コマンダーと R から】を選択しクリック後，[OK] を左クリックする．R コマンダーのみ終了する場合【ファイル】▶【終了】▶【コマンダーから】を選択しクリック後，[OK] を左クリックする．

手順 3　R コマンダーの再起動

以下のように R Console で，Commander() をキー入力して，[↩] ([ENTER]) キーを押す．

R Console

```
> Commander()
```

なお，R コマンダーが自動的に起動するようにするは，R-3.2.2 フォルダの etc フォルダの Rprofile.site ファイルに，次の 1 行を追加して保存しておくとよい．

```
options(defaultPackages=c(getOption("defaultPackages"),"Rcmdr"))
```

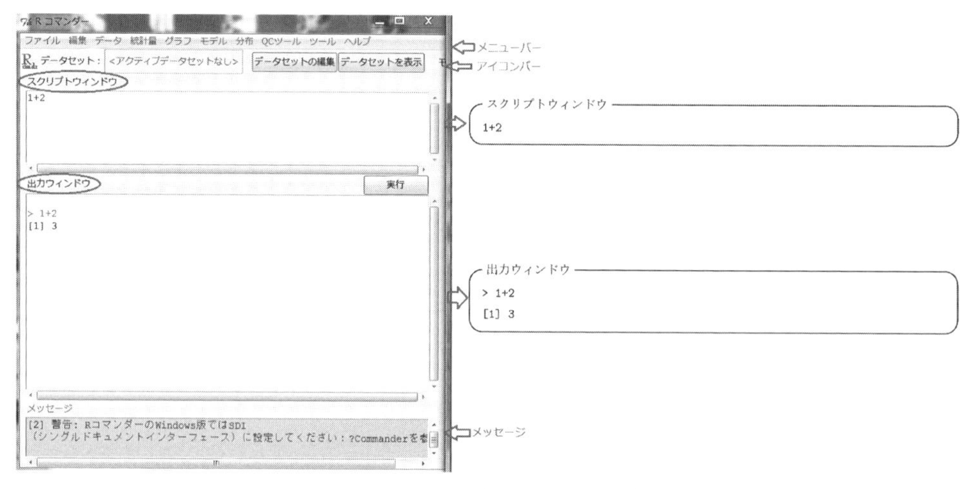

図 **A.14**　R コマンダーの画面とウィンドウ表示の対応

R コマンダーの中のウィンドウと文中での表示との対応が図 A.14 のようである．実際に図 A.14 では，スクリプトウィンドウで 1+2 をキー入力し，その行をドラッグ（範囲指定）し，実行 をクリックすると，結果が下側の出力ウィンドウに表示される場合を示している．

A.5　ディレクトリの変更

プログラムを作成・編集したり，ファイルを読んだり・書き込んだりする作業を行う場所（ディレクトリ）を前もって指定（変更）しておくと一連の操作を行ううえで便利である．そのディレクトリの変更方法は以下のように行う．

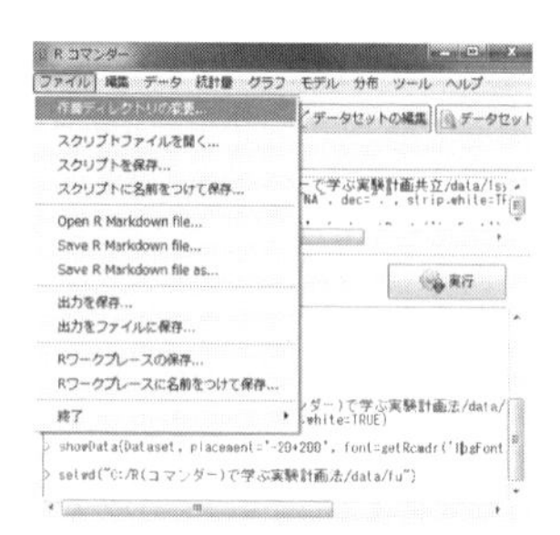

図 **A.15**　ディレクトリの変更画面

図 **A.16**　フォルダの指定画面

R console 画面で，図 A.15 のようにメニューバーから【ファイル】▶【作業ディレクトリの変更...】を選択する．そして，図 A.16 で，フォルダの参照から例えばデータを保存しているフォルダ（ここでは，C:/実験計画法/data）を選択し，OKをクリックする．*1)

A.6 基 本 計 算

A.6.1 データの型

実数 (numeric)，複素数 (complex)，文字・文字列 (character)，論理値 (logical)，空値 (NULL) がある．

A.6.2 データの構造

データを表現，指定する方法には，ベクトル，行列，配列，データフレーム，リストなどの形式がある．ベクトルは 1 行あるいは 1 列のデータセットであり，行列はデータを長方形に並べたものをいう．数値と文字列などの異なるデータが混在しているときには，データフレーム形式を用いる．データフレームは,R の標準的なデータ構造である．複数のデータ表を，1 つのオブジェクトとしてまとめたものが配列である．リストはベクトル，行列，配列，リストなどの異なったデータ構造のオブジェクトを 1 つのオブジェクトとして扱えるオブジェクトである．

次に，実際に R で計算等を行ってみよう．ただし，#以下はコメントでプログラムに影響を与えない．文末は改行または; で表す．[1] が出力結果である．

```
> x<-1          #x に 1 を代入
> x              #x を表示
[1] 1            #出力結果
> x<-"a"       #x に文字 a を代入
> x              #x を表示
[1] "a"         #出力結果
> 2+3;2*3;2-3;2/3;2^3;5%%3
[1] 5            #2+3
[1] 6            #2 × 3
[1] -1           #2-3
[1] 0.6666667    #2/3
[1] 8            #2 の 3 乗
[1] 2            #5 を 3 で割った余り
```

- 四則演算およびべき乗などの計算には表 A.1 のような算術演算子がある．

表 A.1　算術演算子

表　記	意　味	使用例	使用例の意味	優先順位
-	負の符号	-2	-2	1
^	べき乗	2 ^ 3	$2^3(=8)$	2
%/%	除算の商	5%/%3	5 を 3 で割った商 (=1)	3
%%	剰余	5% 3	5 を 3 で割った余り (=2)	3
*	乗算	2*3	2×3	4
/	除算	2/3	$2\div3$	4
+	加算	2+3	$2+3$	5
-	減算	2-3	$2-3$	5

*1) 次のようにコマンド入力してもよい．setwd("C:/実験計画法/data/fu")

- 基本的な数の関数として以下の表 A.2 のような関数がある.

表 A.2 いろいろな関数

関数	表記	意味
絶対値	abs(x)	実数 x の絶対値
整数部分	trunc(x)	実数 x の整数部分
丸め	round(x)	実数 x の小数を丸める（四捨五入する）
ガウス記号と同じ	floor(x)	実数 x を超えない最大の整数
切上げ	ceiling(x)	実数 x を切り上げる
平方根	sqrt(x)	$\sqrt{x}$
べき乗	x ^ y	x^y
正弦	sin(x)	$\sin x$
余弦	cos(x)	$\cos x$
正接	tan(x)	$\tan x$
逆正弦	asin(x)	$\sin^{-1} x$ ($\arcsin x$)
逆余弦	acos(x)	$\cos^{-1} x$ ($\arccos x$)
逆正接	atan(x)	$\tan^{-1} x$ ($\arctan x$)
自然対数	log(x)	$\log_e x$ ($x > 0$)
対数	log a(x) または log(x,a)	$\log_a x$ ($x > 0$)
指数関数	exp(x)	e^x

- 行列を扱う関数として以下の表 A.3 のような関数がある.

表 A.3 行列における演算

表記	意味	使用例	使用例の意味
-	負の符号	-A	$(-a_{ij})$
%*%	積	A%*%B	AB
*	要素ごとの積	A*B	$(a_{ij} \times b_{ij})$
t	転置	t(A)	A^{T}
solve	逆行列	solve(A)	A^{-1}
eigen	固有値と固有ベクトル	eigen(A)	A の固有値と固有ベクトル
+	加算	A+B	$(a_{ij} + b_{ij})$
-	減算	A−B	$(a_{ij} - b_{ij})$

- データの操作に関連した関数として以下の表 A.4 のような関数がある.

表 A.4 データの操作に関連した関数

表記	意味
nrow()	行の数
ncol()	列の数
length()	データの長さ
dim()	行列，配列のサイズ
names()	データ項目に名前を付ける
colnames()	列に名前を付ける
rownames()	行に名前を付ける
rm()	オブジェクトを削除する
ls()	オブジェクトのリストを返す
edit()	エディタの起動
fix()	オブジェクトの編集
rbind	データの行を縦に結合
cbind	データの列を横に結合

● いろいろな（統計）関数

表 A.5 R でのいろいろな関数

関数	表記	意味
平均	`mean(x)`	データの算術平均
長さ	`length(x)`	ベクトル x の要素の個数
中央値	`median(x)`	データ x を昇順に並べたときの真ん中の値
分位点	`quantile(x)`	データ x を昇順に並べたときの分位点
順位	`rank(x)`	ベクトル x の各成分の全成分中での順位
組合せ	`choose(n,r)`	異なる n 個から r 個とる組合せの数
階乗	`factorial(n)`	$n! = n \times (n-1) \times \cdots \times 1$
階乗	`gamma(n+1)`	$n! = n \times (n-1) \times \cdots \times 1 = \Gamma(n+1)$:ガンマ関数
位置	`order(x)`	ベクトル x の各成分の元の位置
並替え	`sort(x)`	昇順に整列する
逆順	`rev(x)`	データ x を逆の順に並べたもの
総和	`sum(x)`	ベクトル x の成分の合計
累積和	`cumsum(x)`	ベクトル x の各成分までの累積和
積	`prod(x)`	ベクトル x の成分の積
累積の積	`cumprod(x)`	ベクトル x の各成分までの積
行・列別への適用	`apply(x,n,sum)`	行列 x の行 (n=1) または列 (n=2) 和
度数	`table(x)`	ベクトル x の成分の値ごとの度数
最大値	`max(x)`	データ x で最も大きい値
累積最大値	`cummax(x)`	ベクトル x の各成分までの最大値
最小値	`min(x)`	データ x で最も小さい値
累積最小値	`cummin(x)`	ベクトル x の各成分までの最小値
5 数要約	`fivnum(x)`	最小値，下側ヒンジ，中央値，上側ヒンジ，最大値
不偏分散	`var(x)`	偏差平方和を データ数 −1 で割ったもの
標準偏差	`sd(x)`	不偏分散の正の平方根
中央絶対偏差	`mad(x)`	$1.4826 \times \underset{1 \leqq i \leqq n}{\mathrm{cMedian}} \lvert x_i - \mathrm{median}(x) \rvert$，なお，cMedian は lo-median または hi-median，n：偶数のときは，2 つの中央の値の小さい方：lo-median，大きい方：hi-median
範囲	`range(x)`	最大値から最小値を引いたもの
四分位範囲	`IQR(x)`	75%点から 25%点を引いた値
共分散	`cov(x,y)`	x と y の共分散を計算する
相関係数	`cor(x,y)`	x と y の相関係数を計算する
差分	`diff(x)`	ベクトル x の各成分の前と後ろの差

● 2 つの数の大小比較などを判断するために以下の表 A.6 のような関係演算子がある．なお，等号は右側にあることに注意しよう．

表 A.6 関係（比較）演算子

演算子	例	意味	優先順位
<	a<b	a が b より小さいとき真となる	1
<=	a<=b	a が b 以下のとき真となる	1
>	a>b	a が b より大きいとき真となる	1
>=	a>=b	a が b 以上のとき真となる	1
==	a==b	a と b が等しいとき真となる	2
!=	a!=b	a と b が等しくないとき真となる	2

- 1つおよび複数の命題についての関係を扱う以下の表 A.7 のような論理演算子がある.

表 A.7 論理演算子

<table>
<tr><th>演算子</th><th>意 味</th><th>優先順位</th></tr>
<tr><td>!</td><td>否定 (NOT) 否定</td><td>1</td></tr>
<tr><td>&</td><td>論理積 (AND) かつ</td><td>1</td></tr>
<tr><td>&&</td><td>論理積 (AND) かつ</td><td>2</td></tr>
<tr><td>|</td><td>論理和 (OR) または</td><td>3</td></tr>
<tr><td>||</td><td>論理和 (OR) または</td><td>3</td></tr>
<tr><td>xor</td><td>排他的論理和 (exclusive OR)</td><td>3</td></tr>
</table>

- 検定・推定でよく用いられる分布に関する R の関数を表 A.8 に載せる.

表 A.8 R の分布に関する関数

関 数	表 記	意 味
標準正規分布の密度関数の値	dnorm(x)	x での標準密度関数の値
標準正規分布での下側確率	pnorm(x)	x 以下である確率
標準正規分布での上側確率	pnorm(x,lower.tail=FALSE)	x より大きい確率
標準正規分布の下側分位点(パーセント点)	qnorm(q)	下側 q 分位点 (100q %点)
t 分布の密度関数の値	dt(x,ϕ)	自由度 ϕ の t 分布の x での密度関数の値
t 分布での下側確率	pt(x,ϕ)	自由度 ϕ の t 分布の x 以下である確率
t 分布の下側分位点(パーセント点)	qt(q,ϕ)	自由度 ϕ の t 分布の下側 q 分位点
カイ 2 乗分布の密度関数の値	dchisq(x,ϕ)	自由度 ϕ の χ^2 分布の x での密度関数の値
カイ 2 乗分布での下側確率	pchisq(ϕ,x)	自由度 ϕ の χ^2 分布の x 以下である確率
カイ 2 乗分布の下側分位点(パーセント点)	qchisq(q,ϕ)	自由度 ϕ の χ^2 分布の 下側 q 分位点
F 分布の密度関数の値	df(x,ϕ_1,ϕ_2)	自由度 ϕ_1, ϕ_2 の F 分布の x での密度関数の値
F 分布での下側確率	pf(ϕ_1,ϕ_2,x)	自由度 ϕ_1, ϕ_2 の F 分布の x 以下である確率
F 分布の下側分位点(パーセント点)	qf(q,ϕ_1,ϕ_2)	自由度 ϕ_1, ϕ_2 の F 分布の下側 q 分位点

- 検定で用いられる R の関数のいくつかを表 A.9 に載せる.

表 A.9 R の検定で用いられるいくつかの基本的な関数

関 数	表 記	意 味
1 標本の t 検定	t.test(x,μ)	群 x の平均値に関する検定・推定
2 標本での t 検定	t.test(x1,x2,var.equal=TRUE)	2 群 x1,x2 の等分散の下での平均値の差の検定・推定
ウェルチの検定	t.test(x1,x2,var.equal=FALSE)	2 群 x1,x2 の分散が異なる下での平均値の差の検定・推定
対応のある t 検定	t.test(x1,x2,paired=T)	対応のある 2 群 x1,x2 の平均値の差
分散比の検定	var.test(x1,x2)	2 群 x1,x2 の等分散の検定・推定
相関の検定	cor.test(x,y)	2 変量 x,y の無相関に関する検定・推定
カイ 2 乗検定	chisq.test(クロス集計表)	2 分類に関する独立性に関する検定

- 分散分析を行う際によく使われる R の関数を表 A.10 に載せる．

表 A.10 R の分散分析で利用される関数

関 数	表 記	意 味
1 元配置の分散分析	`oneway.test(x~A ,var.equal=TRUE)`	特性を x，要因を A とする 1 元配置分散分析
分散分析	`aov(x~A)`	特性を x，要因を A とする分散分析
2 元配置の分散分析	`aov(x~A*B)`	特性を x，主効果を A, B，交互作用を $A \times B$ とする 2 元配置分散分析
分散分析表の作成	`anova(lm(x~A))`	特性を x，要因を A とする回帰分析の分散分析
交互作用のプロット	`interation.plot(A,B,x)`	A と B の交互作用をみるグラフ表示
分散分析	`aov(x~A*B +ERROR(R:A+R:B+R:A:B))`	A と B の交互作用，反復ありのモデル
（混合モデル）	`aov(x~A*B +ERROR(R:A+R:A:B))`	A と B の交互作用あり，反復 R と A のモデルの分散分析
共分散分析	`lm(y~A *x )`	y を目的変数，x を説明変数，A を因子とするモデル

A.7 ファイル処理

A.7.1 ファイルからの入力

①ファイルの作成例

まず，Microsoft Excel などによりデータファイルを作成しておき，それを R コンソール上の read.table コマンドに読み込む．具体的に以下で実行してみよう．

	A	B	C	D	E
1	namae	eigo	sugaku	kokugo	
2	aoki	54	90	45	
3	itou	65	50	85	
4	ueda	80	75	65	
5	eto	75	60	55	
6	ota	70	80	75	
7					

図 A.17 Excel によるデータ作成画面

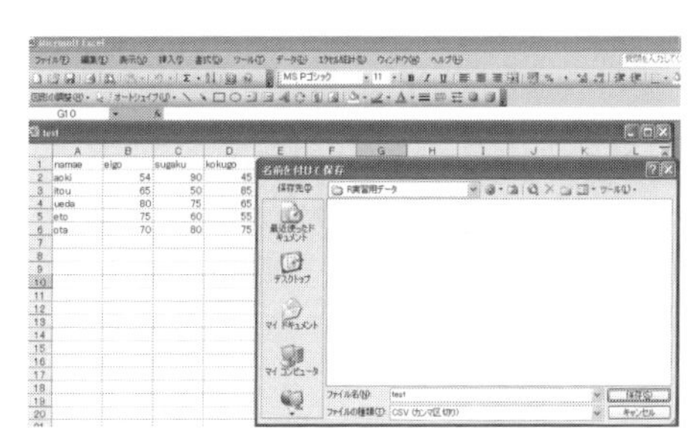

図 A.18 データ保存画面

Microsoft Excel によりワークシートで図 A.17 のようにデータをセルに入力し，csv ファイルで保存する．データを入力後，メニューバーの「ファイル」から「名前を付けて保存 (A)」を選択し，ファイルの種類 (T) としてプルダウンメニューから CSV ファイル，またはテキスト（タブ区切り）などを指定する．そして，ファイル名 (N)（ここでは test.csv）を入力し，保存 (S) をクリックする（図 A.18）．

すると，図 A.19 のような画面が現れるので，OK をクリックする．さらに，図 A.20 のような画面が現れるが，そのまま はい (Y) をクリックする．これで CSV ファイルができ上がる．

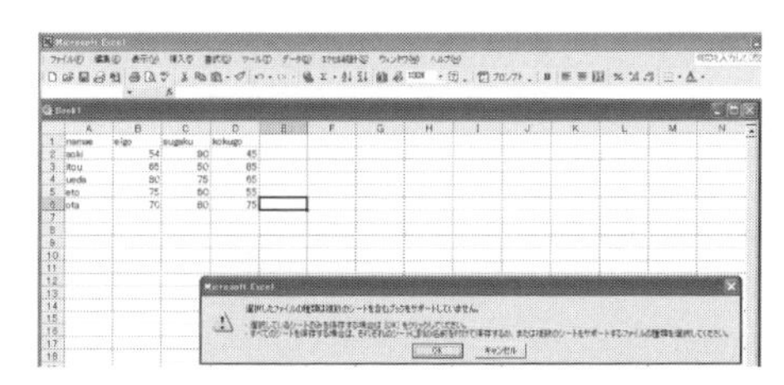

図 A.19 選択シートのみの保存の指定画面

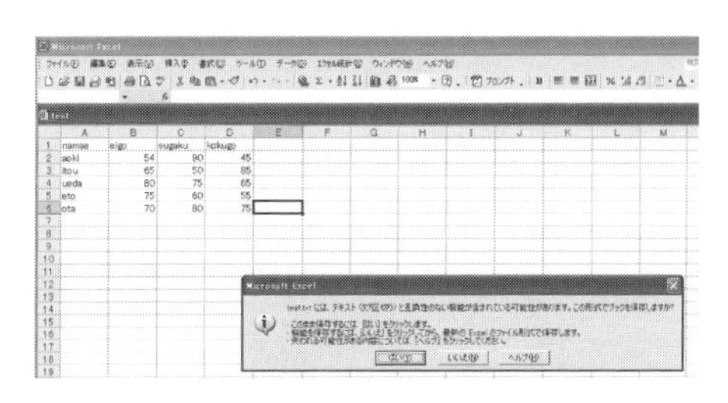

図 A.20 Excel によるデータ作成画面

②R（コマンダー）によるファイルの読込み

まず，A.5 節で述べた（作業）ディレクトリの変更により，データを読み込むディレクトリを変更しておく．保存しているフォルダ（ここでは，C:/実験計画法/data/fu）を選択し，OKをクリックする．次に，【データ】▶【データのインポート】▶【テキストファイルまたはクリップボード，URL から...】を選択し，読み込むファイルを開く．*2)

```
>test<-read.table("test.csv", header=TRUE, sep=",",row.names=1)
 # csv ファイルの場合
> #row.names=1 は第 1 列が行のラベルであることを示す.
> # test<-read.table("test.txt",header=T,row.names=1) test.txt を読み込んで test
に代入する.
# テキストファイル（タブ区切り）の場合
> test # test の表示をする.
     eigo sugaku kokugo
aoki    54     90     45
itou    65     50     85
ueda    80     75     65
eto     75     60     55
ota     70     80     75
> apply(test[,1:3],1,sum) #行和を求め表示する. apply(test,1,sum) でもよい.
aoki itou ueda  eto  ota
 189  200  220  190  225
> apply(test[,1:3],2,sum) #列和を求め表示する. mean(平均),var(分散) などもある.
  eigo sugaku kokugo
   344    355    325
```

A.7.2 ファイルへの出力

【データ】▶【アクティブデータセット】▶【アクティブデータセットのエクスポート...】を選択し，上から 3 個にチェックをいれ，NA のカンマにチェックをいれて，OK をクリックする．

保存先であるフォルダ（C:/実験計画法/data/fu）をディレクトリを指定した後で，保存する．

例題 A-1

データ 1, 3, 10, 6, 5, 2 のいくつかの基本統計量を求めよ．

《**R**（コマンダー）による解析》

手順 **1**　データの読み込み

図 A.21 のように，【データ】▶【データのインポート】▶【テキストファイルまたはクリップボード，URL から...】を選択すると，図 A.22 が表示される．

図 A.22 のダイアログボックスで，データセット名：を Dataset とし，フイールドの区切り記号で，カンマにチェックをいれ，OK を左クリック後，図 A.23 のようにファイルのあるファルダを開いてファイル (rei.csv) を指定し，開く (O) をクリックし，さらに図 A.24 で データセットを表示 をクリックすると，図 A.25 のようにデータが表示される．

```
>Dataset<-read.table("rei.csv"
,header=TRUE, sep=",", na.strings="NA", dec=".", strip.white=TRUE)
> library(relimp, pos=4)
```

*2) 同様に，R コンソール画面でデータファイルを読み込むには次のように入力する．csv ファイルの場合：test<-read.table("test.csv", header=TRUE, sep=",",row.names=1)

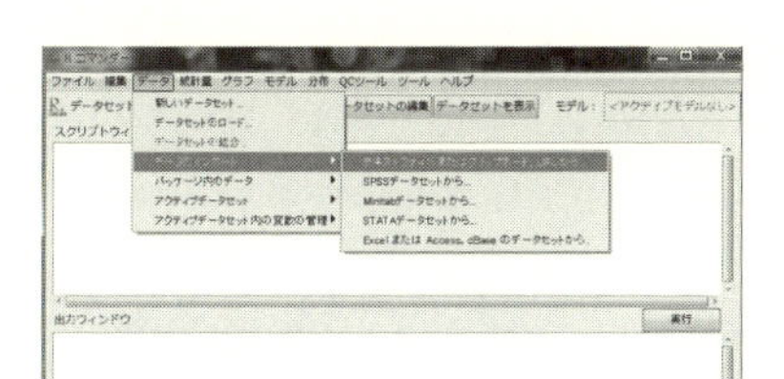

図 **A.21**　ファイルの読み込み

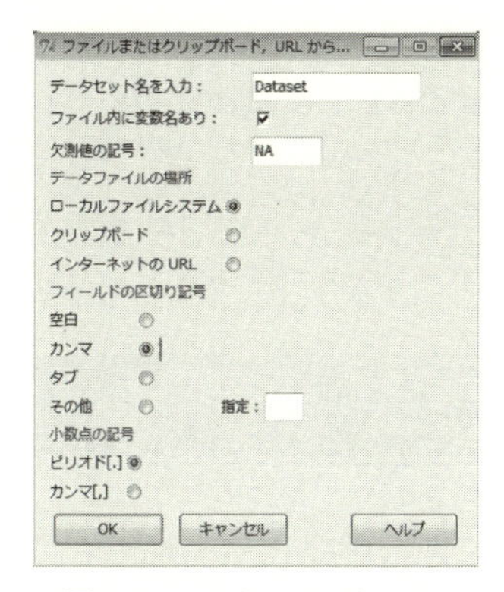

図 **A.22**　ダイアログボックス

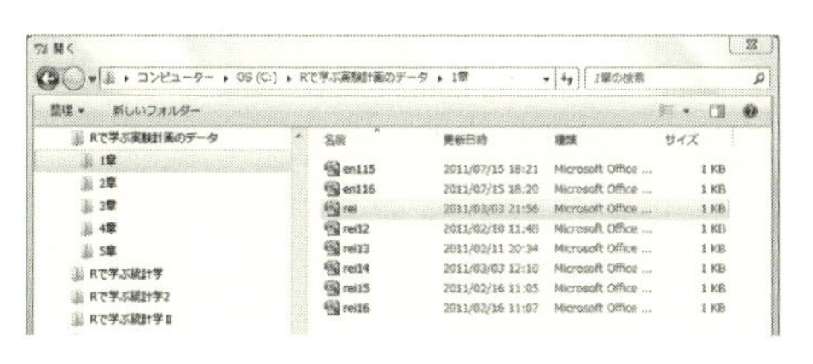

図 **A.23**　フォルダのファイル

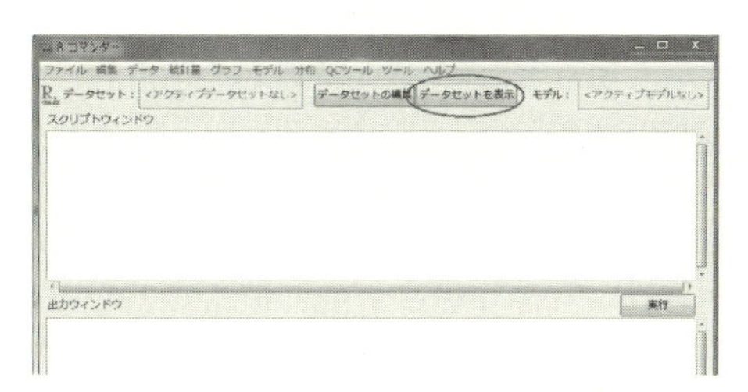

図 **A.24**　データの表示指定

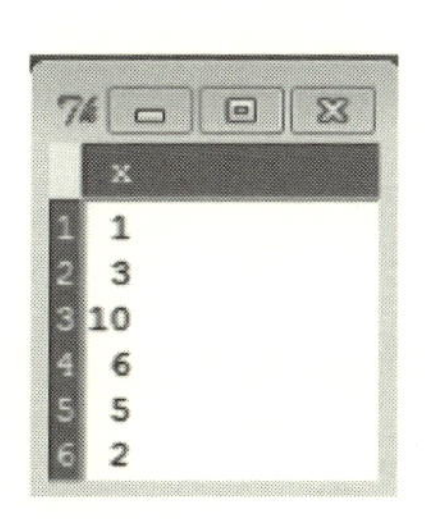

図 **A.25**　データ

```
> showData(Dataset, placement='-20+200', font=getRcmdr('logFont'),
+   maxwidth=80, maxheight=30)
```

手順 2　データの基本統計量の計算

図 A.26 のように【統計量】▶【要約】▶【数値による要約...】を選択クリックすると，図 A.27 が表示される．図 A.27 のダイアログボックスで，すべての項目にチェックをいれて，OK をクリックすると，次の出力結果が得られる．

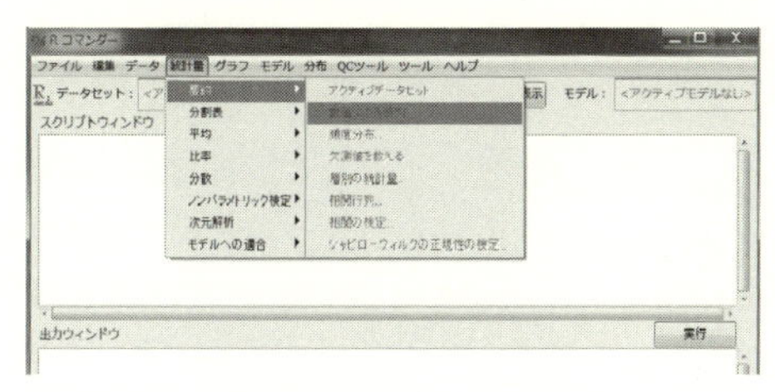

図 **A.26**　数値による要約

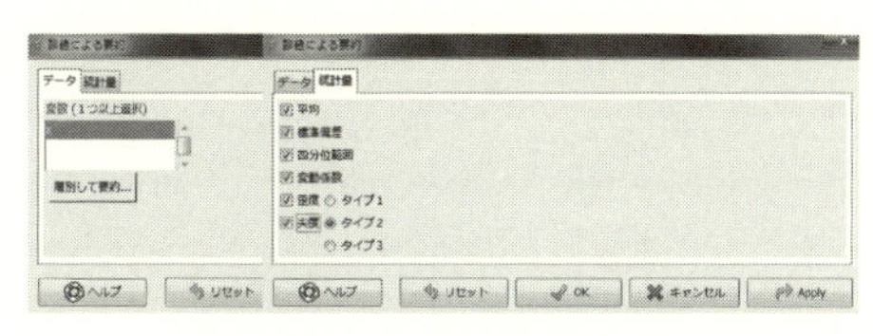

図 **A.27**　ダイアログボックス

```
> numSummary(rei11[,"x"], statistics=c("mean", "sd", "IQR", "quantiles",
+  "cv", "skewness", "kurtosis"), quantiles=c(0,.25,.5,.75,1), type="2")
```

```
 mean       sd IQR        cv skewness kurtosis 0%  25% 50%  75% 100% n
  4.5 3.271085 3.5 0.7269079 0.925698 0.563368  1 2.25   4 5.75   10 6
```

数値データの要約として，平均，標準偏差，四分位範囲，変動係数，歪度，尖度，分位点（0%点（最小値），25%点，50%点（中央値），75%点，100%点（最大値）），データ数が表示される．

A.8 簡単なプログラミング

プログラムを作成することは，実際には関数を作成することになる．以下で簡単な関数を作成してみよう．新たに関数を定義したい場合は以下のように記述する．

```
関数名 <- function(仮引数 1, ・・・ , 仮引数 n ) {
  関数の定義
}
```

(1) 返り値が **1** 個の場合

例えば数値 x を引数とし，$2x+1$ を返す関数を考えてみよう．それには以下のように書き，実行する．

```
> kansu1 <- function(x) {
+ return(2*x+1)
+ }
> kansu1(5)
[1] 11
```

return 文が実行され，関数が終了する．ただし，return を書かなくても最後の文が文全体の返り値になるので，単に値だけを書くことで値を返すこともできる．なお，上の+（記号）は文が続いていることを表している．

```
> kansu2 <- function(x) {
+    2*x+1      # 2*x+1 を返す ( return する)
+ }
> kansu2(5)
[1] 11
```

(2) 返り値が複数個の場合

複数の値を返すには，ベクトル・配列等のオブジェクトを返り値にすればよい．関数 return() に複数の引数を与えると，それらは自動的にリストとして返される．このとき，リストの各成分には元の変数名が名前タグとして自動的に付加される．

```
> kansu3 <- function(x){
+   y <- x^2; z <- 1/x
+   kai=c(x,y,z)
+   return(kai)
+ }
> kansu3(1:5)
 [1]  1.0000000  2.0000000  3.0000000  4.0000000  5.0000000  1.0000000
 [7]  4.0000000  9.0000000 16.0000000 25.0000000  1.0000000  0.5000000
[13]  0.3333333  0.2500000  0.2000000
```

プログラムは（基本となるのは），順接，分岐，反復を組合せることで作成できる．そこで，以下では分岐と反復のプログラムを作成してみよう．

(1) 分岐

例題 **A.1**（単一条件）

走り幅跳びの競技大会で，6 m 70 cm 以上跳べば予選通過となる．跳んだ距離（cm）を引数として 670 以上なら "決勝進出です．"，670 未満なら "予選落ちです．" と表示するプログラムを作成せよ．

```
tobi<-function(n){ # 引数（ひきすう）を 1 個の n とする関数 tobi() を定義する.
 if (n>=670){ cat("決勝進出です. \n") }
    else { cat("予選落ちです. \n") }
}
```

```
> tobi(700)
決勝進出です.
> tobi(600)
予選落ちです.
```

[解説]　関数 tobi の上から 2 行 で関係（比較）演算子 (>=) を用いて引数の値が，670 以上なら "決勝進出です．" と表示し，そうでなければ else の後の "予選落ちです．" と表示し，改行する．なお，cat は concatenate（結び付ける）の短縮形である．また，¥は外国のパソコンだと \ である．

例題 **A.2**（複合条件）

2 でも 3 でも割り切れたら "6 の倍数です．" と表示し，そうでなければ "6 の倍数ではありません．" と表示する関数を作成せよ．

```
hantei<-function(n){ # n:判定する自然数
 amari1<-n%%2;amari2<-n%%3
  if ((amari1==0) & (amari2==0)) {cat(n,"は 6 の倍数です. \n")}
  else {cat(n,"は 6 の倍数ではありません. \n")}
}
```

```
> hantei(15)
15 は 6 の倍数ではありません.
```

(2) 反復

例題 **A.3**

自然数 n に対し，1 から n までの整数の和を求め，表示する関数を作成せよ．

```
wa<-function(n){ # n までの和を求める関数の定義
 s=0
 for (i in 1:n){
      s<-s+i
 }
 return(s)
```

```
}
```

```
> wa(10) #関数 wa の実行
[1] 55
```

A.9 グラフ処理

グラフを作成するには，まず対象とするデータを用意し，それを高水準作図関数を利用してグラフに表示する．さらに，低水準作図関数でグラフに追加処理を行う．もし必要なら，グラフを保存する．メニューバーの「ファイル (F)」から「別名で保存」を選択し，保存タイプを選択後ファイル名を入力して保存するか，グラフの上で右クリックして，メタファイルにコピーかビットマップにコピーを選択し，ワープロソフトなどに貼り付ける．

A.9.1 関数のグラフ

われわれは，関数を習うとき同時にそれをグラフに描いてきた．ここではその基本的なグラフの描き方について述べる．実際，直線，2 次関数，正弦関数 (sin) を R によって描くと図 A.28 のようになる．

```
> sen<-function(x) {0.5*x+1}
# sen という関数を 0.5*x+1 で定義する.
> niji<-function(x) {x*x-1}
# niji という関数を x*x-1 で定義する.
> plot(sen,-4,4,lty=1)
# 関数 sen を定義域を-4 から 4 の範囲として実線で描く.
> plot(niji,-4,4,lty=2,add=T)
# 上に加えて関数 niji を定義域を-4 から 4 の範囲として点線で描く.
> plot(sin,-4,4,lty=3,lwd=2,add=T)
> abline(h=0,v=0,lty=2,col=2) #座標軸を描く.
# 上に加えて sin 関数を定義域を-4 から 4 の範囲として破線で描く.
```

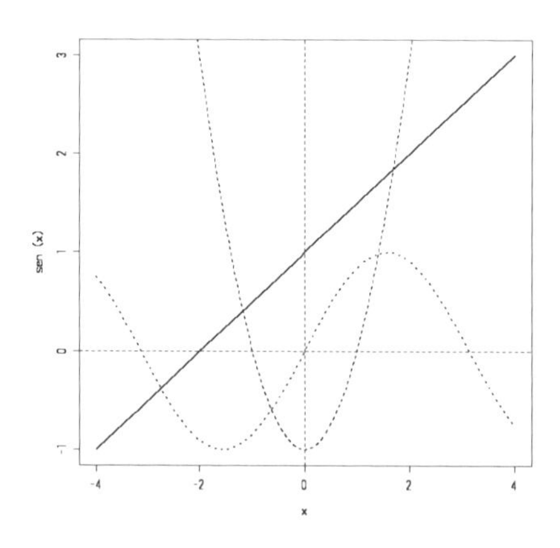

図 A.28 関数のグラフ

```
sankaku=function(x){
  y=ifelse(abs(x)<1,1-abs(x),0)
  return(y)
}
curve(sankaku,-2,2,lty=1,col=1,main="三角関数のグラフ")
```

```
abline(h=0,v=0,lty=2,col=2) #座標軸を描く.
#成分ごとに計算する
san=function(x){
 if (x<= -1) {y=0}
 else if (x<= 0) {y=x+1}
 else if (x<= 1) {y=1-x}
 else {y=0}
 return(y)
}
x<-c(0)
y<-c(0)
x<-seq(-3,3,by=0.01)
x
for (i in 1:601){
y[i]<-san(x[i])
}
plot(x,y,lty=1,col=1,main="三角関数のグラフ")
abline(h=0,v=0,lty=2,col=2) #座標軸を描く.
```

なお，線分の形式 lty(line type) は，lty=1 で実線，2 で点線，3 で破線，…のように指定する．プロットする点のマーカ pch(plotting character) を指定する場合は，pch="+" のように記入する．色を指定する場合は，col=2 または col="red"（赤色）のように記入する．画面の消去は，frame() または plot.new() を入力する．

ここで，グラフに例えば軸，題名，凡例を追加する場合には，表 A.11 のような低水準作図関数から対応した関数を用いて追加できる．図 A.28 で，凡例を追加したものが図 A.29 である．

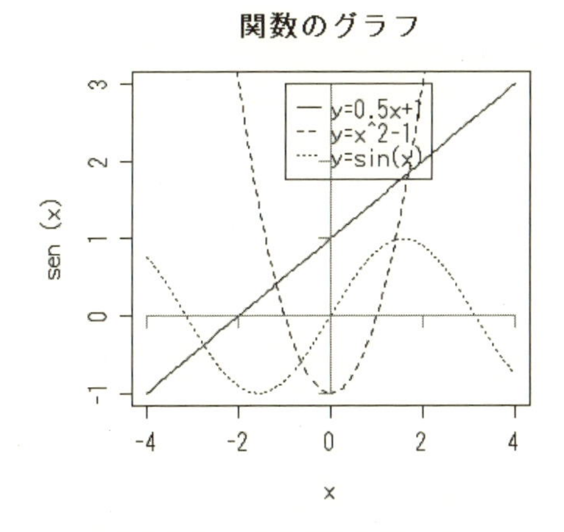

図 **A.29** 軸，タイトルなどを追加した関数のグラフ

```
>axis(side=2,pos=0,labels=F,col=2) # 原点を通る y 座標軸を赤で描く.
>axis(side=1,pos=0,labels=F,col=2) # 原点を通る x 座標軸を赤で描く.
>title("関数のグラフ") # タイトルの追加をする.
>legend(-1,3,c("y=0.5x+1","y=x^2-1","y=sin(x)"),lty=1:3) # 凡例の追加をする.
```

さらに，グラフを描くとき基本となる R の関数を表 A.12 に載せておこう．

グラフには，棒グラフ，折れ線グラフ，円グラフ，箱ひげ図，幹葉図，ヒストグラム等があるが，ここでは折れ線グラフを作成してみよう．

時とともに変化するデータをみるときなどそれをみるグラフとして役立つ折れ線のグラフがある．

表 **A.11** 低水準作図関数

種 類	関 数	機 能
点	`points(x,y)`	点を座標 (x, y) に表示する
直線	`lines(x,y)`	座標 (x, y) を通る直線を引く
直線	`abline(a,b)`	直線 $y = a + bx$（切片 a, 傾き b の直線）を描く
線分	`segments(x0,y0,x1,y1)`	始点 $(x0, y0)$ から終点 $(x1, y1)$ の線分を描く
矢印	`arrows(x0,y0,x1,y1)`	始点 $(x0, y0)$ から終点 $(x1, y1)$ への矢印を描く
矩形	`rect(x0,y0,x1,y1)`	$(x0, y0)$ と $(x1, y1)$ を頂点とする長方形を描く
格子	`grid(a,b)`	$a \times b$ 本の格子を描く
枠	`box()`	枠を描く
軸	`axis(side=1,labels=F)`	下 (side=1), 左 (side=2) に軸を描く 上 (side=3), 右 (side=4) に軸を描く labels=FALSE だと目盛りのラベルは描かれない
軸	`axis(side=1,pos=0)`	引数 pos で軸を描く位置を指定する pos=0 とすれば原点を通る座標軸を描く
題名	`title(main,sub)`	main と sub のタイトルを記入する
文字	`text(x,y, 文字)`	座標 (x, y) に文字を記入する
凡例	`legend(x,y, 文字)`	座標 (x, y) に凡例を記入する
多角形	`polygon(x,y)`	座標 (x, y) に多角形の頂点の座標ベクトルを指定して多角形を描いて中を塗りつぶす

表 **A.12** 基本的なグラフ

関 数	表 記	意 味
散布図をプロットする	`plot(x,y)`	点 (x, y) を打点する関数を描く
棒グラフを描く	`barplot(x)`	x の棒グラフを描く
曲線を描く	`curve(function,from,to)`	曲線を描く
パイ図（円グラフ）	`pie(x)`	x について円グラフを描く
幹葉(みきは)グラフ	`stem(x,scale=)`	x について幹葉図を描く
クロス集計する	`table(x,y)`	データ x, y のクロス集計をする
多数の直線を描く	`matplot()`	同時に折れ線を打点する
箱髭図を描く	`boxplot(x)`	x について箱ひげ図を描く
ヒストグラムを描く	`hist(x)`	x についてヒストグラムを描く
星型図（レーダーチャート）	`stars(x)`	x についてレーダーチャートを描く
散布図行列（多変量連関図）を描く	`pairs()`	散布図行列を描く

例題 A.4（折れ線グラフ）

表 **A.13** 売上げ高（単位：万円）

日	店舗	弁当	パン	おにぎり
1	A	25	35	68
2	B	15	19	41
3	A	11	22	28
4	A	21	25	35
5	B	13	26	43
6	C	16	18	40
7	A	23	28	55

表 A.13 はこの 1 週間の店舗 A,B,C の弁当，パン，おにぎりの売上高のデータである．各項目ごとの売上げ高に関して，横軸を日として，折れ線グラフを作成せよ．

手順 1　データの読み込み

【データ】▶【データのインポート】▶【テキストファイルまたはクリップボード，URL から...】を選択する．フィールドの区切り記号で，カンマにチェックをいれ，OK をクリックする．フォルダから reia4 を選択し，

開く (O) をクリックすると，ファイルが読み込まれる．

次に，データを折れ線グラフで表示するため，図 A.30 のように【グラフ】▶【折れ線グラフ】を選択し，図 A.31 で x 変数として日を指定して，y 変数としておにぎり，パン，弁当を選択して，凡例のプロットにチェックをいれて，OK をクリックすると，図 A.32 の折れ線グラフが表示される．

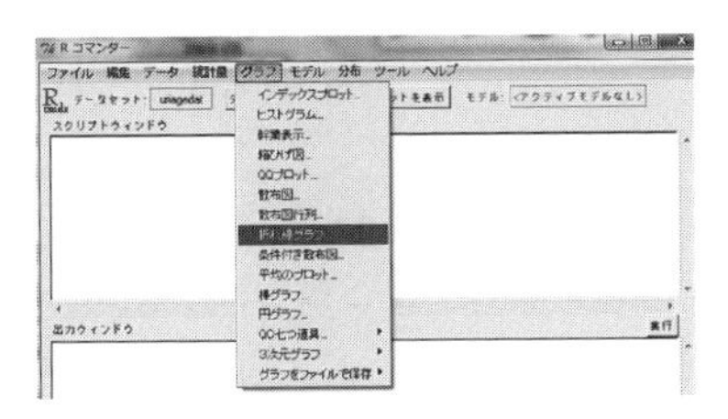

図 **A.30** グラフの指定

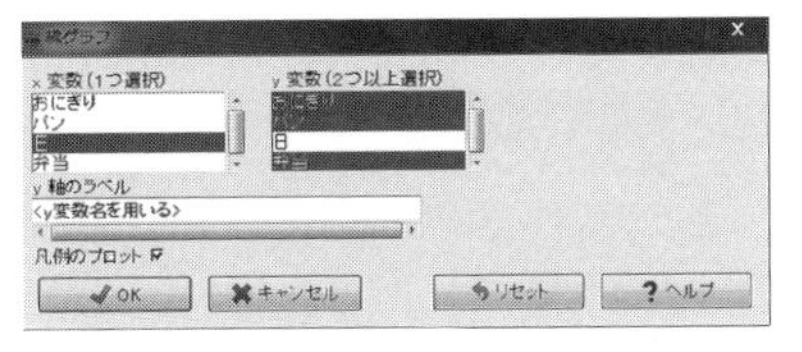

図 **A.31** 変数の選択

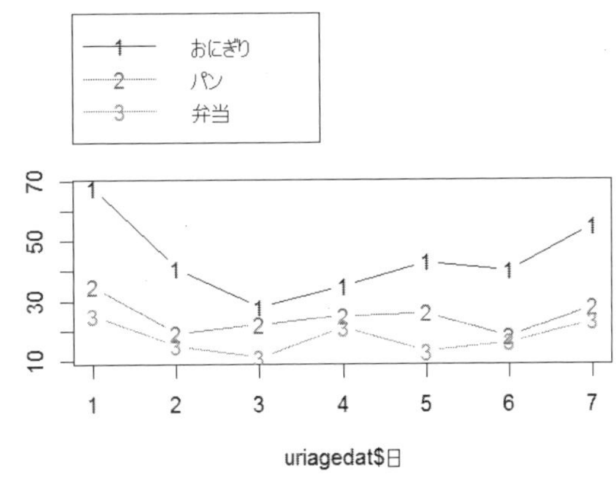

図 **A.32** 折れ線グラフの表示

演習問題

演習 A.1　cos, acos, tan, atan を利用した計算を行ってみよ．

演習 A.2　次の連立 1 次方程式を，行列を利用して解け．
（A：正則（逆行列を持つ）なとき，$A\boldsymbol{x} = \boldsymbol{b}$ の解は $\boldsymbol{x} = A^{-1}\boldsymbol{b}$）

① $\begin{cases} x + y - z = 2 \\ 3x + 5y - 7z = 0 \\ 2x - 3y + z = 5 \end{cases}$　② $\begin{cases} 2x + 4y - z = -4 \\ -x + 3y + 2z = 3 \\ x - 2y - z = 0 \end{cases}$　③ $\begin{cases} 3x + 2y - z = 4 \\ 2x + 3y + z = 11 \\ x - 4y + 3z = 6 \end{cases}$

演習 A.3　データ 2，8，9，7，4，6 の基本統計量を求めよ．

演習 A.4　5 人（例えば青木，石田，植木，太田，加藤）の身長，体重，血液型のデータのファイルを作成し，R で読込み，平均身長，平均体重を求めよ．

演習 A.5　ある数を引数として，その数を超えない最大の整数を表示する関数を作成せよ．

演習 A.6　ある 2 つの整数を引数として，それらの和，差，積，商，余り，べき乗を計算して表示する関数を作成せよ．

演習 A.7　ある整数について，偶数か奇数かを判定して表示するプログラムを作成せよ．

演習 A.8　次のデータの基本統計量を求め，箱ひげ図を描け．
①5，30，65，15，10，20，8，35（分）：通学時間のデータ
②3000，2000，5000，12000，6000，8000（円）：小遣いのデータ
③450，550，380，600，400（円）：昼食代のデータ

演習 A.9 ある整数について 2 または 3 で割り切れないとき，"6 の倍数ではありません．" と表示する関数を作成せよ．

演習 A.10 ある整数について 2 でも 3 でも割り切れたら "6 の倍数です．" と表示し，2 だけで割り切れたら "偶数です．" と表示し，3 だけで割り切れたら "3 だけで割り切れる．" と表示する関数を作成せよ．

演習 A.11 自然数 n に対し，n の階乗を求め表示する関数を作成せよ．

演習 A.12 ニュートン法により $x^2 = 2$ を解く関数を作成し，$\sqrt{2}$ を求めてみよ．

演習 A.13 フィボナッチ (Fibonacci) 数列 $\{a_n\}$：$a_1 = 1$，$a_2 = 1$，$a_{n+2} = a_n + a_{n+1} (n = 1, 2, \cdots)$ を逐次求め表示する関数を作成せよ．

参 考 文 献

本書を著すにあたっては，多くの書籍・事典などを参考にさせていただきました．また，一部を引用させていただきました．引用にあたっては本文中に明記させていただいております．ここに心から感謝いたします．以下に，R に関連した文献を中心にいくつかの文献をあげさせていただきます．なお，統計学全般について知りたい方は A[30] を，統計学の数学的面について知りたい方は [A13], [A34] を参照してください．

◆和書

[A1] 青木繁伸 (2009)『R による統計解析』オーム社
[A2] 朝尾正・安藤貞一・楠正・中村恒夫 (1973)『最新実験計画法』日科技連
[A3] 荒木孝治編著 (2007)『R と R コマンダーではじめる多変量解析』日科技連
[A4] 荒木孝治編著 (2009)『フリーソフトウェア R による統計的品質管理入門　第 2 版』日科技連
[A5] 荒木孝治編著 (2010)『R と R コマンダーではじめる実験計画法』日科技連
[A6] 安藤貞一・朝尾正編 (1968)『実験計画法演習』日科技連
[A7] 安藤貞一・田坂誠男 (1986)『実験計画法入門』日科技連
[A8] 安藤貞一監修 (1996)『『ザ・SQC メソッド』による統計的方法の実践 II—実験計画法編—』共立出版
[A9] 大森崇・阪田真己子・宿久洋 (2014)『R Commander によるデータ解析　第 2 版』共立出版
[A10] 金明哲 (2007)『R によるデータサイエンス—データ解析の基礎から最新手法まで』森北出版
[A12] 熊谷悦生・舟尾暢男 (2007)『R で学ぶデータマイニング〈1〉データ解析の視点から』九天社
[A13] 白石高章 (2012)『統計科学の基礎』日本評論社
[A14] 杉山高一・藤越康悦編著 (2009)『統計データ解析入門』みみずく舎
[A15] 田中豊 (1985)『パソコン実験計画法入門』現代数学社
[A16] 田中豊・垂水共之編 (1986)『パソコン統計解析ハンドブック III—実験計画法編—』共立出版
[A17] 中澤港 (2003)『R による統計解析の基礎』ピアソンエデュケーション
[A18] 永田靖 (2000)『入門実験計画法』日科技連
[A19] 長畑秀和 (2000)『統計学へのステップ』共立出版
[A20] 長畑秀和・大橋和正 (2008)『R で学ぶ経営工学の手法』共立出版
[A21] 長畑秀和 (2009)『R で学ぶ統計学』共立出版
[A22] 長畑秀和・中川豊隆・國米充之 (2013)『R コマンダーで学ぶ統計学』共立出版
[A23] 野間口謙太郎・菊池泰樹（訳），Michael J. Crawley（著）(2008)『統計学：R を用いた入門書』共立出版
[A24] 伏見正則・逆瀬川浩孝 (2012)『R で学ぶ統計解析』朝倉書店
[A25] 舟尾暢男 (2005)『The R Tips—データ解析環境 R の基本技・グラフィックス活用集』九天社
[A26] 舟尾暢男 (2006)『データ解析環境「R」』工学社
[A27] 舟尾暢男 (2007)『R Commander ハンドブック』九天社
[A28] 星野直人・関庸一 (2007)『Excel で学ぶ理論と技術『実験計画法入門』ソフトバンククリエイティブ株式会社
[A29] 間瀬茂・神保雅一・鎌倉稔成・金藤浩司 (2004)『工学のためのデータサイエンス入門』数理工学社
[A30] 松原望 (2000)『統計の考え方』(改訂版）放送大学教育振興会
[A31] 松本哲夫他 (2012)『実務に使える実験計画法』日科技連
[A32] 森田浩 (2010)『よくわかる最新実験計計画法の基本と仕組み』秀和システム
[A33] 森田浩・今里健一郎・奥村清志 (2011)『Excel でここまでできる実験計画法』日本規格協会
[A34] 柳川尭 (1990)『統計数学』近代科学社
[A35] 柳川尭他 (2011)『看護・リハビリ・福祉のための統計学』近代科学社
[A36] 山田剛史・杉澤武俊・村井潤一郎 (2009)『R によるやさしい統計学』オーム社
[A37] 鷲尾泰俊 (1988)『実験の計画と解析』岩波書店

◆洋書

[B1] Crawley, M. J.(2005) *Statistics:An Introduction using R.* John Wiley & Sons, England
[B2] Dalgaard, P. (2002) *Introductory Statistics with R.* Springer-Verlag, New York

[B3] Fox, J. (2006) *Getting started with the R Commander*, パッケージ Rcmdr に付属

[B4] Maindonald, J. and Braun, J. (2003) *Data Analysis and Graphics Using R–an Example-based Approach.* Cambridge University Press, United Kingdom

◆ウェブページ

[C1] CRAN (The Comprehensive R Archive Network) http://www.R-project.org/

[C2] RjpWiki http://www.okada.jp.org/RWiki/

索　　引

欧数字

あ　行

か　行

さ　行

た　行

な 行

は 行

ま 行

や 行

ら 行

わ 行

著者略歴

長畑秀和（ながはた ひでかず）

1954年　岡山県に生まれる
1979年　九州大学大学院理学研究科数学専攻博士前期課程修了
1980年　九州大学大学院理学研究科数学専攻博士後期課程中退
　　　　大阪大学，作陽短期大学，姫路短期大学，岡山大学教育学部を経て
現　在　岡山大学大学院社会文化科学研究科（経済学系）教授
　　　　博士（理学）

R で学ぶ実験計画法　　定価はカバーに表示

2016年 8月20日　初版第1刷

著　者　長　畑　秀　和
発行者　朝　倉　誠　造
発行所　株式会社　朝　倉　書　店

東京都新宿区新小川町 6-29
郵便番号　162-8707
電　話　03(3260)0141
FAX　03(3260)0180
http://www.asakura.co.jp

〈検印省略〉

中央印刷・渡辺製本

ISBN 978-4-254-12216-9　C 3041　　Printed in Japan